高等数学全程指导
同济八版　下册

王学理　编著

东北大学出版社
·沈阳·

© 王学理 2025

图书在版编目（CIP）数据

高等数学全程指导：同济八版. 下册 / 王学理编著.
沈阳：东北大学出版社，2025. 5. -- ISBN 978-7-5517-3818-7

Ⅰ. O13

中国国家版本馆 CIP 数据核字第 2025UE2077 号

出 版 者：	东北大学出版社
地　　址：	沈阳市和平区文化路三号巷 11 号
邮　　编：	110819
电　　话：	024-83683655（总编室）
	024-83687331（营销部）
网　　址：	http://press.neu.edu.cn
印 刷 者：	辽宁一诺广告印务有限公司
发 行 者：	东北大学出版社
幅面尺寸：	170 mm×240 mm
印　　张：	15.25
字　　数：	482 千字
出版时间：	2025 年 5 月第 1 版
印刷时间：	2025 年 5 月第 1 次印刷
责任编辑：	潘佳宁
责任校对：	郎　坤
封面设计：	潘正一
责任出版：	魏　巍

ISBN 978-7-5517-3818-7　　　　　　　　　　　定　价：35.00 元

前　言

　　同济大学主编的第八版《高等数学》是目前国内公认最好的"高等数学"教材之一，并被国内各高校广泛地使用．为了帮助广大学生学好同济八版《高等数学》，笔者编写出这套《高等数学全程指导》．对于刚刚走入大学校门的新生来说，对大学自主学习方式不太适应，加之高等数学概念的抽象和运算的繁杂，往往使他们感到力不从心．编写本书的目的恰恰在于让学生熟悉教材，尽快完成学习方法和思维方式的转变，对"高等数学"的学习进行全程指导，力求取得"用时少，成绩高"之效果．

　　本书以同济八版《高等数学》为蓝本，章节安排与其完全一致，可同步使用．每章均包括三部分内容：

　　1. **主要内容**　包括主要定义、主要结论和结论补充三项，结论补充给出了作者由多年教学经验总结出的行之有效的计算公式与方法．

　　2. **典型例题**　将所涉及的内容，尤其是重点内容进行系统归类，然后，通过相当数量的例题演示向学生介绍解题方法和运算技巧．

　　3. **习题全解**　对教材中的全部习题给出详细解答，有些题还给出多种解法，意在学生遇有疑难之时助一臂之力，起到课下辅导的作用．

　　本书还配备了10套期末测试模拟试题，上学期5套，下学期5套，供学生期末考试前复习、演练使用．

　　本书为下册，适用于使用同济八版《高等数学（下册）》的理工科院校的本科生，对其他"高等数学"学习者也有一定的参考价值．

　　由于笔者水平所限，加之时间仓促，书中难免会有疏漏和缺憾．若能得到读者的批评与同人的指教，那正是我所热切渴望的．

王学理

2025 年 3 月

目 录

第八章　向量代数与空间解析几何 ……………………………………… 1
- 一、主要内容 ……………………………………………………………… 1
- 二、典型例题 ……………………………………………………………… 3
- 三、习题全解 ……………………………………………………………… 10
  - 习题 8-1　向量及其线性运算 …………………………………………… 10
  - 习题 8-2　数量积　向量积　*混合积 ………………………………… 13
  - 习题 8-3　平面及其方程 ………………………………………………… 16
  - 习题 8-4　空间直线及其方程 …………………………………………… 18
  - 习题 8-5　曲面及其方程 ………………………………………………… 22
  - 习题 8-6　空间曲线及其方程 …………………………………………… 26
  - 总习题八 ………………………………………………………………… 28

第九章　多元函数微分学及其应用 ……………………………………… 35
- 一、主要内容 ……………………………………………………………… 35
- 二、典型例题 ……………………………………………………………… 38
- 三、习题全解 ……………………………………………………………… 48
  - 习题 9-1　多元函数的基本概念 ………………………………………… 48
  - 习题 9-2　偏导数 ………………………………………………………… 50
  - 习题 9-3　全微分 ………………………………………………………… 53
  - 习题 9-4　多元复合函数的求导法则 …………………………………… 56
  - 习题 9-5　隐函数的求导公式 …………………………………………… 59
  - 习题 9-6　多元函数微分学的几何应用 ………………………………… 63
  - 习题 9-7　方向导数与梯度 ……………………………………………… 67
  - 习题 9-8　多元函数的极值及其求法 …………………………………… 69
  - *习题 9-9　二元函数的泰勒公式 ………………………………………… 74
  - *习题 9-10　最小二乘法 ………………………………………………… 76
  - 总习题九 ………………………………………………………………… 77

第十章　重积分 ... 85
一、主要内容 ... 85
二、典型例题 ... 89
三、习题全解 ... 98
习题 10-1　二重积分的概念与性质 ... 98
习题 10-2　二重积分的计算法 ... 100
习题 10-3　三重积分 ... 108
习题 10-4　重积分的应用 ... 112
*习题 10-5　含参变量的积分 ... 118
总习题十 ... 121

第十一章　曲线积分与曲面积分 ... 129
一、主要内容 ... 129
二、典型例题 ... 135
三、习题全解 ... 143
习题 11-1　对弧长的曲线积分 ... 143
习题 11-2　对坐标的曲线积分 ... 146
习题 11-3　格林公式及其应用 ... 150
习题 11-4　对面积的曲面积分 ... 156
习题 11-5　对坐标的曲面积分 ... 159
习题 11-6　高斯公式　*通量与散度 ... 162
习题 11-7　斯托克斯公式　*环流量与旋度 ... 164
总习题十一 ... 167

第十二章　无穷级数 ... 173
一、主要内容 ... 173
二、典型例题 ... 178
三、习题全解 ... 187
习题 12-1　常数项级数的概念和性质 ... 187
习题 12-2　常数项级数的审敛法 ... 190
习题 12-3　幂级数 ... 194
习题 12-4　函数展开成幂级数 ... 197
习题 12-5　函数的幂级数展开式的应用 ... 199

*习题 12-6　函数项级数的一致收敛性及一致收敛级数的基本性质 ········· 205

习题 12-7　傅里叶级数 ············ 208

习题 12-8　一般周期函数的傅里叶级数 ············ 212

总习题十二 ············ 216

下学期期末测试模拟试题　224

第一套 ············ 224

第二套 ············ 225

第三套 ············ 226

第四套 ············ 227

第五套 ············ 228

下学期期末测试模拟试题参考答案 ············ 229

第八章　向量代数与空间解析几何

一、主要内容

(一) 主要定义

1. $a = a_x i + a_y j + a_z k$ 的模为 $|a| = \sqrt{a_x^2 + a_y^2 + a_z^2}$；

方向余弦为 $\cos\alpha = \dfrac{a_x}{|a|}$，$\cos\beta = \dfrac{a_y}{|a|}$，$\cos\gamma = \dfrac{a_z}{|a|}$.

2. $a = a_x i + a_y j + a_z k$，$b = b_x i + b_y j + b_z k$，

数量积(点积)为 $a \cdot b = |a||b|\cos(\widehat{a,b})$.

向量积(叉积)为 $a \times b$，其模为 $|a \times b| = |a||b|\sin(\widehat{a,b})$，方向服从右手定则.

3. 混合积 $[abc] = (a \times b) \cdot c$.

(二) 主要结论

1. 设 $a = (a_x, a_y, a_z)$，$b = (b_x, b_y, b_z)$，$c = (c_x, c_y, c_z)$，则

$$a \cdot b = a_x b_x + a_y b_y + a_z b_z,$$

$$a \times b = \begin{vmatrix} i & j & k \\ a_x & a_y & a_z \\ b_x & b_y & b_z \end{vmatrix},$$

$$[abc] = (a \times b) \cdot c = \begin{vmatrix} a_x & a_y & a_z \\ b_x & b_y & b_z \\ c_x & c_y & c_z \end{vmatrix}.$$

2. 平面方程

(1) 一般式　$Ax + By + Cz + D = 0$.

(2) 点法式　$A(x - x_0) + B(y - y_0) + C(z - z_0) = 0$.

(3) 截距式　$\dfrac{x}{a} + \dfrac{y}{b} + \dfrac{z}{c} = 1$.

(4) 三点式　过 $M_1(x_1, y_1, z_1)$，$M_2(x_2, y_2, z_2)$，$M_3(x_3, y_3, z_3)$ 的平面方程为

$$\begin{vmatrix} x - x_1 & y - y_1 & z - z_1 \\ x_2 - x_1 & y_2 - y_1 & z_2 - z_1 \\ x_3 - x_1 & y_3 - y_1 & z_3 - z_1 \end{vmatrix} = 0.$$

(5) 法式方程　$\cos\alpha \cdot x + \cos\beta \cdot y + \cos\gamma \cdot z - p = 0$，

式中 $\cos\alpha$，$\cos\beta$，$\cos\gamma$ 为平面上点 (x, y, z) 处法向量的方向余弦，$|p|$ 为原点到平面的距离.

3. 点到平面距离　$d = \dfrac{|Ax_0 + By_0 + Cz_0 + D|}{\sqrt{A^2 + B^2 + C^2}}$.

4. 直线方程

(1) 一般式　$\begin{cases} A_1 x + B_1 y + C_1 z + D_1 = 0, \\ A_2 x + B_2 y + C_2 z + D_2 = 0. \end{cases}$

(2) 对称式 $\dfrac{x-x_0}{m} = \dfrac{y-y_0}{n} = \dfrac{z-z_0}{p}.$

(3) 参数式 $\begin{cases} x = x_0 + mt, \\ y = y_0 + nt, \\ z = z_0 + pt. \end{cases}$

(4) 向量式 $\boldsymbol{r} = \boldsymbol{r}_0 + s t.$

式中 $\boldsymbol{r} = \begin{bmatrix} x \\ y \\ z \end{bmatrix}$, $\boldsymbol{r}_0 = \begin{bmatrix} x_0 \\ y_0 \\ z_0 \end{bmatrix}$, $\boldsymbol{s} = \begin{bmatrix} m \\ n \\ p \end{bmatrix}.$

(5) 两点式 $\dfrac{x-x_1}{x_2-x_1} = \dfrac{y-y_1}{y_2-y_1} = \dfrac{z-z_1}{z_2-z_1}.$

5. 夹角

(1) 两平面的夹角 θ

设 $\Pi_1: A_1 x + B_1 y + C_1 z + D_1 = 0,$
$\Pi_2: A_2 x + B_2 y + C_2 z + D_2 = 0,$

$$\cos\theta = \dfrac{|A_1 A_2 + B_1 B_2 + C_1 C_2|}{\sqrt{A_1^2 + B_1^2 + C_1^2} \cdot \sqrt{A_2^2 + B_2^2 + C_2^2}}.$$

(2) 两直线的夹角 θ

设 $L_1: \dfrac{x-x_1}{m_1} = \dfrac{y-y_1}{n_1} = \dfrac{z-z_1}{p_1},$

$L_2: \dfrac{x-x_2}{m_2} = \dfrac{y-y_2}{n_2} = \dfrac{z-z_2}{p_2},$

$$\cos\theta = \dfrac{|m_1 m_2 + n_1 n_2 + p_1 p_2|}{\sqrt{m_1^2 + n_1^2 + p_1^2} \cdot \sqrt{m_2^2 + n_2^2 + p_2^2}}.$$

(3) 直线与平面的夹角 θ

设 $L: \dfrac{x-x_0}{m} = \dfrac{y-y_0}{n} = \dfrac{z-z_0}{p},$

$\Pi: Ax + By + Cz + D = 0,$

$$\sin\theta = \dfrac{|Am + Bn + Cp|}{\sqrt{A^2 + B^2 + C^2} \cdot \sqrt{m^2 + n^2 + p^2}}.$$

6. 重要的二次曲面

(1) 球面 $(x-x_0)^2 + (y-y_0)^2 + (z-z_0)^2 = R^2.$

(2) 椭球面 $\dfrac{x^2}{a^2} + \dfrac{y^2}{b^2} + \dfrac{z^2}{c^2} = 1.$

(3) 锥面 $\dfrac{x^2}{a^2} + \dfrac{y^2}{b^2} - \dfrac{z^2}{c^2} = 0.$

(4) 椭圆抛物面 $z = \dfrac{x^2}{a^2} + \dfrac{y^2}{b^2}.$

(5) 双曲抛物面 $z = \dfrac{x^2}{2p} + \dfrac{y^2}{2q}$ (p,q 异号).

(6) 柱面 $F(x,y) = 0.$

(7) 单叶双曲面 $\dfrac{x^2}{a^2} + \dfrac{y^2}{b^2} - \dfrac{z^2}{c^2} = 1.$

(8) 双叶双曲面 $\dfrac{x^2}{a^2} - \dfrac{y^2}{b^2} + \dfrac{z^2}{c^2} = -1.$

(三) 结论补充

1. 非零向量 a, b 互相垂直的充要条件是 $a \cdot b = 0$,互相平行的充要条件是 $a \times b = \mathbf{0}$.
2. 非零向量 a, b, c 共面的充要条件是 $(a \times b) \cdot c = 0$.
3. 两直线平行、垂直,直线与平面平行、垂直,两平面平行、垂直的充要条件请读者自己总结,兹不赘述.
4. 过平面 $A_1 x + B_1 y + C_1 z + D_1 = 0$ 与平面 $A_2 x + B_2 y + C_2 z + D_2 = 0$ 的交线的平面束方程为
$$\lambda(A_1 x + B_1 y + C_1 z + D_1) + \mu(A_2 x + B_2 y + C_2 z + D_2) = 0.$$
5. 设 M_0 是直线 L 外一点,M 是直线 L 上任一点,且直线的方向向量为 s,则 M_0 到直线 L 的距离
$$d = \frac{|\overrightarrow{MM_0} \times s|}{|s|}.$$
6. $\text{Prj}(\lambda a + \mu b) = \lambda \text{Prj} a + \mu \text{Prj} b$, $\text{Prj}_a b = \dfrac{a \cdot b}{|a|}.$
7. 向量积的运算
(1) $a \times (b \times c) = (a \cdot c)b - (a \cdot b)c.$
(2) $(a \times b) \times c = (a \cdot c)b - (b \cdot c)a.$
(3) $a \times (b \times c) + b \times (c \times a) + c \times (a \times b) = \mathbf{0}.$
8. 不共线的空间三点 A, B, C 所决定的平面面积为
$$S = \frac{1}{2}|\overrightarrow{AB} \times \overrightarrow{AC}|.$$
若 $A(x_1, y_1), B(x_2, y_2), C(x_3, y_3)$ 为平面内不共线的三点,则面积为
$$S = \left| \frac{1}{2} \begin{vmatrix} x_1 & y_1 & 1 \\ x_2 & y_2 & 1 \\ x_3 & y_3 & 1 \end{vmatrix} \right|.$$
9. 空间异面直线 L_1, L_2 的方向向量为 s_1, s_2,A, B 分别为 L_1, L_2 上两点,则 L_1 与 L_2 之间的距离为
$$d = \frac{|[s_1 \ s_2 \ \overrightarrow{AB}]|}{|s_1 \times s_2|},$$
或
$$d = \frac{|(s_1 \times s_2) \cdot \overrightarrow{AB}|}{|s_1 \times s_2|}.$$

二、典型例题

(一) 向量代数

【例 8-1】 设 $2a + 5b$ 与 $a - b$ 垂直,$2a + 3b$ 与 $a - 5b$ 垂直,求 $(\widehat{a, b})$.

【解】 依题意有
$$(2a + 5b) \cdot (a - b) = 0, \quad (2a + 3b) \cdot (a - 5b) = 0,$$
即

$$2|\boldsymbol{a}|^2 + 3\boldsymbol{a}\cdot\boldsymbol{b} - 5|\boldsymbol{b}|^2 = 0, 2|\boldsymbol{a}|^2 - 7\boldsymbol{a}\cdot\boldsymbol{b} - 15|\boldsymbol{b}|^2 = 0.$$

解出
$$\boldsymbol{a}\cdot\boldsymbol{b} = -|\boldsymbol{b}|^2, |\boldsymbol{a}| = 2|\boldsymbol{b}|,$$

则
$$\cos(\widehat{\boldsymbol{a},\boldsymbol{b}}) = \frac{\boldsymbol{a}\cdot\boldsymbol{b}}{|\boldsymbol{a}||\boldsymbol{b}|} = \frac{-|\boldsymbol{b}|^2}{2|\boldsymbol{b}||\boldsymbol{b}|} = -\frac{1}{2}, (\widehat{\boldsymbol{a},\boldsymbol{b}}) = \frac{2}{3}\pi.$$

【例 8-2】 从点 $A(2, -1, 7)$ 沿向量 $\boldsymbol{\alpha} = 8\boldsymbol{i} + 9\boldsymbol{j} - 12\boldsymbol{k}$ 的方向取线段长 $|\overrightarrow{AB}| = 34$, 求 B 点坐标.

【解】 设 $B = B(x, y, z)$, 则 $\overrightarrow{AB} = (x - 2, y + 1, z - 7)$, 依题意有
$$\frac{x-2}{8} = \frac{y+1}{9} = \frac{z-7}{-12} = \lambda \quad (\lambda > 0).$$

$$|\overrightarrow{AB}| = \sqrt{(x-2)^2 + (y+1)^2 + (z-7)^2} = \sqrt{(8\lambda)^2 + (9\lambda)^2 + (-12\lambda)^2} = \sqrt{289\lambda^2}.$$

令 $\sqrt{289\lambda^2} = 34$, 求得 $\lambda = 2$. 从而 $x = 18, y = 17, z = -17$. 故 B 点坐标为 $(18, 17, -17)$.

【例 8-3】 已知 $\boldsymbol{p}, \boldsymbol{q}$ 和 $\boldsymbol{r}$ 两两垂直且 $|\boldsymbol{p}| = 1, |\boldsymbol{q}| = 2, |\boldsymbol{r}| = 3$, 求 $\boldsymbol{s} = \boldsymbol{p} + \boldsymbol{q} + \boldsymbol{r}$ 的长度.

【解法 1】
$$|\boldsymbol{s}|^2 = \boldsymbol{s}\cdot\boldsymbol{s} = (\boldsymbol{p} + \boldsymbol{q} + \boldsymbol{r})\cdot(\boldsymbol{p} + \boldsymbol{q} + \boldsymbol{r})$$
$$= \boldsymbol{p}\cdot\boldsymbol{p} + \boldsymbol{q}\cdot\boldsymbol{p} + \boldsymbol{r}\cdot\boldsymbol{p} + \boldsymbol{p}\cdot\boldsymbol{q} + \boldsymbol{q}\cdot\boldsymbol{q} + \boldsymbol{r}\cdot\boldsymbol{q} + \boldsymbol{p}\cdot\boldsymbol{r} + \boldsymbol{q}\cdot\boldsymbol{r} + \boldsymbol{r}\cdot\boldsymbol{r}$$
$$= \boldsymbol{p}\cdot\boldsymbol{p} + \boldsymbol{q}\cdot\boldsymbol{q} + \boldsymbol{r}\cdot\boldsymbol{r} = |\boldsymbol{p}|^2 + |\boldsymbol{q}|^2 + |\boldsymbol{r}|^2.$$

故
$$|\boldsymbol{s}| = \sqrt{|\boldsymbol{p}|^2 + |\boldsymbol{q}|^2 + |\boldsymbol{r}|^2} = \sqrt{1^2 + 2^2 + 3^2} = \sqrt{14}.$$

【解法 2】 记 $\boldsymbol{p}_0, \boldsymbol{q}_0, \boldsymbol{r}_0$ 分别表示与 $\boldsymbol{p}, \boldsymbol{q}, \boldsymbol{r}$ 方向一致的单位向量, 则
$$\boldsymbol{s} = \boldsymbol{p}_0 + 2\boldsymbol{q}_0 + 3\boldsymbol{r}_0.$$

故
$$|\boldsymbol{s}| = \sqrt{1 + 2^2 + 3^2} = \sqrt{14}.$$

【例 8-4】 已知 $|\boldsymbol{p}| = 2, |\boldsymbol{q}| = 3, (\widehat{\boldsymbol{p},\boldsymbol{q}}) = \frac{\pi}{3}$, 求以 $\boldsymbol{A} = 3\boldsymbol{p} - 4\boldsymbol{q}$ 和 $\boldsymbol{B} = \boldsymbol{p} + 2\boldsymbol{q}$ 为两邻边的平行四边形的周长.

【解】
$$|\boldsymbol{A}|^2 = \boldsymbol{A}\cdot\boldsymbol{A} = (3\boldsymbol{p} - 4\boldsymbol{q})\cdot(3\boldsymbol{p} - 4\boldsymbol{q}) = 9|\boldsymbol{p}|^2 - 24\boldsymbol{p}\cdot\boldsymbol{q} + 16|\boldsymbol{q}|^2$$
$$= 9\times 2^2 - 24\times 2\times 3\times \cos\frac{\pi}{3} + 16\times 3^2 = 108,$$
$$|\boldsymbol{B}|^2 = \boldsymbol{B}\cdot\boldsymbol{B} = (\boldsymbol{p} + 2\boldsymbol{q})(\boldsymbol{p} + 2\boldsymbol{q}) = |\boldsymbol{p}|^2 + 4\boldsymbol{p}\cdot\boldsymbol{q} + 4|\boldsymbol{q}|^2$$
$$= |\boldsymbol{p}|^2 + 4|\boldsymbol{q}|^2 + 4|\boldsymbol{p}||\boldsymbol{q}|\cos(\widehat{\boldsymbol{p},\boldsymbol{q}}) = 2^2 + 4\times 3^2 + 4\times 2\times 3\cos\frac{\pi}{3} = 52.$$

故
$$|\boldsymbol{A}| = \sqrt{108} = 6\sqrt{3}, |\boldsymbol{B}| = \sqrt{52} = 2\sqrt{13}.$$

设周长为 L, 则
$$L = 2(|\boldsymbol{A}| + |\boldsymbol{B}|) = 2(6\sqrt{3} + 2\sqrt{13}) = 12\sqrt{3} + 4\sqrt{13}.$$

【例 8-5】 用向量代数的方法证明三角形的三条高线交于一点.

【证】 作 $\triangle ABC$, 如图 8-1 所示, $AD \perp BC, BE \perp AC, AD$ 与 BE 交于点 H, 连接 CH 并延长交 AB 于 F. 只要证明 $CF \perp AB$ 即可.

由于 $AD \perp BC$, 从而 $AH \perp BC$, 有 $\overrightarrow{AH}\cdot\overrightarrow{BC} = 0$; 同理 $\overrightarrow{BH}\cdot\overrightarrow{CA} = 0$, 于是

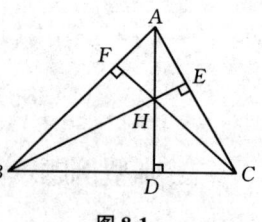

图 8-1

$$\overrightarrow{CH}\cdot\overrightarrow{AB} = (\overrightarrow{CA} + \overrightarrow{AH})\cdot(\overrightarrow{AH} + \overrightarrow{HB})$$
$$= \overrightarrow{CA}\cdot\overrightarrow{AH} + \overrightarrow{CA}\cdot\overrightarrow{HB} + \overrightarrow{AH}\cdot\overrightarrow{AH} + \overrightarrow{AH}\cdot\overrightarrow{HB}$$
$$= \overrightarrow{AH}\cdot(\overrightarrow{CA} + \overrightarrow{AH} + \overrightarrow{HB}) = \overrightarrow{AH}\cdot\overrightarrow{CB} = 0.$$

故 $CH \perp AB$, 从而 $CF \perp AB$.

(二) 空间平面与直线

1. 空间平面

【例 8-6】 求通过直线 $\dfrac{x-1}{2} = \dfrac{y+2}{3} = \dfrac{z+3}{4}$，且平行于直线 $x = y = \dfrac{z}{2}$ 的平面方程．

【解】 设所求平面的法向量为 $\boldsymbol{n}$，则

$$\boldsymbol{n} = \begin{vmatrix} \boldsymbol{i} & \boldsymbol{j} & \boldsymbol{k} \\ 2 & 3 & 4 \\ 1 & 1 & 2 \end{vmatrix} = (2, 0, -1),$$

而 $M_0(1, -2, -3)$ 是平面上的一点，故所求平面方程为

$$2(x-1) + 0(y+2) - (z+3) = 0,$$

即

$$2x - z - 5 = 0.$$

【例 8-7】 在由平面 $2x + y - 3z + 2 = 0$ 和平面 $5x + 5y - 4z + 3 = 0$ 所决定的平面束内，求两个相互垂直的平面，其中一个经过点 $(4, -3, 1)$．

【解】 由已知两平面决定的平面束方程为

$$2x + y - 3z + 2 + \lambda(5x + 5y - 4z + 3) = 0,$$

经过点 $(4, -3, 1)$ 之平面应满足条件

$$2 \times 4 + 1 \times (-3) + (-3) \times 1 + 2 + \lambda[5 \times 4 + 5 \times (-3) - 4 \times 1 + 3] = 0,$$

即

$$\lambda = -1.$$

故过点 $(4, -3, 1)$ 之所求平面为

$$2x + y - 3z + 2 - (5x + 5y - 4z + 3) = 0,$$

即

$$3x + 4y - z + 1 = 0.$$

另一平面也在平面束内，故

$$(2 + 5\lambda)x + (1 + 5\lambda)y - (3 + 4\lambda)z + (2 + 3\lambda) = 0,$$

应满足条件

$$(2 + 5\lambda) \cdot 3 + (1 + 5\lambda) \cdot 4 + (-3 - 4\lambda) \cdot (-1) = 0,$$

即

$$\lambda = -\dfrac{1}{3}.$$

故所求的另一平面方程为

$$2x + y - 3z + 2 - \dfrac{1}{3}(5x + 5y - 4z + 3) = 0,$$

即

$$x - 2y - 5z + 3 = 0.$$

【例 8-8】 一平面通过两直线 $L_1: \dfrac{x-1}{1} = \dfrac{y+2}{2} = \dfrac{z-5}{1}$ 和 $L_2: \dfrac{x}{1} = \dfrac{y+3}{3} = \dfrac{z+1}{2}$ 的公垂线 L，且平行于向量 $\boldsymbol{s} = (1, 0, -1)$，求此平面方程．

【解】 已知两直线的方向向量为

$$\boldsymbol{s}_1 = (1, 2, 1), \quad \boldsymbol{s}_2 = (1, 3, 2).$$

令 $\boldsymbol{s}_3 = \boldsymbol{s}_1 \times \boldsymbol{s}_2$，则 $\boldsymbol{s}_3 = (1, -1, 1)$．

设所求平面的法向量为 $\boldsymbol{n}$，则应有 $\boldsymbol{n} = \boldsymbol{s}_3 \times \boldsymbol{s}$，计算可得 $\boldsymbol{n} = (1, 2, 1)$．

下面求公垂线 L 上的一个点．

设此公垂线与 L_1 和 L_2 分别交于 $A(t+1, 2t-2, t+5)$ 和 $B(\lambda, 3\lambda-3, 2\lambda-1)$，则 $\overrightarrow{AB} \parallel \boldsymbol{s}_3$．

从而

$$\dfrac{\lambda - a - t - 1}{1} = \dfrac{3\lambda - 2t - 1}{-1} = \dfrac{2\lambda - t - 6}{1},$$

5

解出 $t = 6$, $\lambda = 5$. 故点 A 为 $(7, 10, 11)$. 所求平面方程为
$$(x - 7) + 2(y - 10) + (z - 11) = 0,$$
整理得
$$x + 2y + z - 38 = 0.$$

【例 8-9】 在过直线 $L: \begin{cases} x + y + z + 1 = 0, \\ 2x + y + z = 0 \end{cases}$ 的所有平面中，求一平面 Π，使原点到 Π 的距离最长．

【解】 平面 $2x + y + z = 0$ 过原点，也过直线 L，它不是所求的平面．故可设过 L 的平面束方程为
$$(x + y + z + 1) + \lambda(2x + y + z) = 0,$$
即
$$(1 + 2\lambda)x + (1 + \lambda)y + (1 + \lambda)z + 1 = 0.$$

原点与它的距离的平方
$$d^2 = \frac{1}{(1 + 2\lambda)^2 + (1 + \lambda)^2 + (1 + \lambda)^2}.$$

当 $(1 + 2\lambda)^2 + (1 + \lambda)^2 + (1 + \lambda)^2 = 6\left(\lambda + \frac{2}{3}\right)^2 + \frac{1}{3}$ 最小，即 $\lambda = -\frac{2}{3}$ 时，距离最长．所求平面为
$$x - y - z - 3 = 0.$$

2. 空间直线

【例 8-10】 推导两异面直线间的距离公式，并用此公式求两直线
$$L_1: \frac{x - 5}{-4} = \frac{y - 1}{1} = \frac{z - 2}{1} \text{ 与 } L_2: \frac{x}{2} = \frac{y}{2} = \frac{z - 8}{-3}$$
之间的距离．

【解】 设直线 L_1 的方向向量为 s_1，直线 L_2 的方向向量为 s_2，M_1 是直线 L_1 上的点，M_2 是 L_2 上的点，两直线 L_1, L_2 间的距离就是 $\overrightarrow{M_1M_2}$ 在 $s_1 \times s_2$ 上投影的大小，即

$$|\operatorname{Prj}_{s_1 \times s_2} \overrightarrow{M_1M_2}| = ||\overrightarrow{M_1M_2}|\cos\varphi| = \left|\,|\overrightarrow{M_1M_2}|\,\left|\frac{s_1 \times s_2}{|s_1 \times s_2|}\right|\cos\varphi\right|$$

$$= \left|\frac{1}{|s_1 \times s_2|}(s_1 \times s_2) \cdot \overrightarrow{M_1M_2}\right| = \frac{|[s_1\ s_2\ \overrightarrow{M_1M_2}]|}{|s_1 \times s_2|}.$$

$$s_1 = (-4, 1, 1),\quad s_2 = (2, 2, -3),$$
$$\overrightarrow{M_1M_2} = (0 - 5, 0 - 1, 8 - 2) = (-5, -1, 6),$$

$$[s_1\ s_2\ \overrightarrow{M_1M_2}] = \begin{vmatrix} -4 & 1 & 1 \\ 2 & 2 & -3 \\ -5 & -1 & 6 \end{vmatrix} = -25,\quad s_1 \times s_2 = \begin{vmatrix} i & j & k \\ -4 & 1 & 1 \\ 2 & 2 & -3 \end{vmatrix} = (-5, -10, -10),$$

$$|s_1 \times s_2| = 15,$$

所求距离为
$$d = \frac{25}{15} = \frac{5}{3}.$$

【例 8-11】 设有直线 $L_1: \frac{x}{4} = \frac{y}{1} = \frac{z}{1}$，$L_2: \begin{cases} z = 5x - 6, \\ z = 4y + 3, \end{cases}$ $L_3: \begin{cases} y = 2x - 4, \\ y = 3y + 5, \end{cases}$ 求平行于 L_1 而分别与 L_2, L_3 都相交的直线方程．

【解】 设过 L_2 且平行于 L_1 的平面方程为
$$5x - z - 6 + \lambda(4y - z + 3) = 0.$$
必有
$$5 \times 4 + 4\lambda \times 1 + (-1 - \lambda) \times 1 = 0,$$
得
$$\lambda = -\frac{19}{3}.$$

此平面即为
$$15x - 76y + 16z - 75 = 0;$$
同理可求得过 L_3 而平行于 L_1 的平面方程为
$$4x - 23y + 7z - 43 = 0.$$
所求直线即为
$$\begin{cases} 15x - 76y + 16z - 75 = 0, \\ 4x - 23y + 7z - 43 = 0. \end{cases}$$

【例 8-12】 在平面 $x + y + z + 1 = 0$ 内,作直线通过已知直线 $\begin{cases} y + z + 1 = 0, \\ x + 2z = 0 \end{cases}$ 与平面的交点且垂直于已知直线.

【解】 化已知直线为对称式,有
$$s = \begin{vmatrix} i & j & k \\ 0 & 1 & 1 \\ 1 & 0 & 2 \end{vmatrix} = 2i + j - k,$$
在直线上取一点 $(0, -1, 0)$,则对称式方程为
$$\frac{x}{2} = \frac{y+1}{1} = -\frac{z}{1}.$$
参数式为
$$\begin{cases} x = 2t, \\ y = -1 + t, \\ z = -t, \end{cases}$$
代入平面 $x + y + z + 1 = 0$,得 $t = 0$. 故已知直线与平面的交点为 $(0, -1, 0)$.

以 $s = 2i + j - k$ 为法向量且过点 $(0, -1, 0)$ 的平面为
$$2 \cdot (x - 0) + 1 \cdot (y + 1) - (z - 0) = 0,$$
即
$$2x + y - z + 1 = 0.$$
所求直线方程即为
$$\begin{cases} 2x + y - z + 1 = 0, \\ x + y + z + 1 = 0. \end{cases}$$

【例 8-13】 坐标面在平面 $3x - y + 4z - 12 = 0$ 上截得一个 $\triangle ABC$,从 z 轴上的一个顶点 C 作对边 AB 的垂线,求它的方程.

【解】 把已知平面写成截距式,有 $\frac{x}{4} + \frac{y}{-12} + \frac{z}{3} = 1$,从而可知 $\triangle ABC$ 三顶点坐标为
$$A(4, 0, 0), B(0, -12, 0), C(0, 0, 3).$$
设垂线为 $\overrightarrow{CD}$,则可令 $\overrightarrow{CD} = \overrightarrow{CA} + \lambda \overrightarrow{AB}$,于是
$$4(1 - \lambda)(-4) - 12\lambda(-12) + (-3) \times 0 = 0.$$
解出
$$\lambda = \frac{1}{10}.$$
从而
$$\overrightarrow{CD} = \left(\frac{18}{5}, -\frac{6}{5}, -3 \right).$$
垂线 CD 的方程为
$$\frac{x - 0}{\frac{18}{5}} = \frac{y - 0}{-\frac{6}{5}} = \frac{z - 3}{-3},$$
即
$$\frac{x}{6} = \frac{y}{-2} = \frac{z - 3}{-5}.$$

3. 点、线、面的其他问题

【例 8-14】 求点 $(1, 2, 3)$ 到直线 $\frac{x}{1} = \frac{y - 4}{-3} = \frac{z - 3}{-2}$ 的距离.

【解法 1】 先求已知点在该直线上的投影. 为此先以 $n = i - 3j - 2k$ 为法向量,过点 $(1, 2,$

3) 作平面,有
$$(x-1) - 3(y-2) - 2(z-3) = 0, \text{ 即 } x - 3y - 2z + 11 = 0.$$
将已知直线写成参数式,有
$$x = t, y = -3t + 4, z = -2t + 3,$$
代入平面方程得 $t = \dfrac{1}{2}$. 故
$$x = \frac{1}{2}, y = \frac{5}{2}, z = 2.$$
所求距离就是点 $(1, 2, 3)$ 与点 $\left(\dfrac{1}{2}, \dfrac{5}{2}, 2\right)$ 间的距离
$$d = \sqrt{\left(1 - \frac{1}{2}\right)^2 + \left(2 - \frac{5}{2}\right)^2 + (3 - 2)^2} = \frac{1}{2}\sqrt{6}.$$

【解法2】 记 $M_0(1, 2, 3), M(0, 4, 3), s = (1, -3, -2)$,则所求距离为
$$d = \frac{|\overrightarrow{MM_0} \times s|}{|s|} = \frac{\left\|\begin{matrix} i & j & k \\ -1 & 2 & 0 \\ 1 & -3 & -2 \end{matrix}\right\|}{\sqrt{1^2 + (-3)^2 + (-2)^2}} = \frac{\sqrt{21}}{\sqrt{14}} = \sqrt{\frac{3}{2}}.$$

【例 8-15】 一直线过点 $(2, -1, 3)$ 且与直线 $\dfrac{x-1}{2} = \dfrac{y}{-1} = \dfrac{z+2}{1}$ 相交,又平行于平面 $3x - 2y + z + 5 = 0$,求此直线.

【解】 过点 $(2, -1, 3)$ 作平行于已知平面的平面,有
$$3(x - 2) - 2(y + 1) + (z - 3) = 0,$$
即
$$3x - 2y + z - 11 = 0.$$
把已知直线的参数式 $x = 2t + 1, y = -t, z = t - 2$
代入此平面得 $t = \dfrac{10}{9}$,从而得交点 $\left(\dfrac{29}{9}, -\dfrac{10}{9}, -\dfrac{8}{9}\right)$,所求直线为
$$\frac{x - 2}{\dfrac{29}{9} - 2} = \frac{y + 1}{\left(-\dfrac{10}{9}\right) + 1} = \frac{z - 3}{-\dfrac{8}{9} - 3},$$
化简得
$$\frac{x - 2}{-11} = \frac{y + 1}{1} = \frac{z - 3}{35}.$$

【例 8-16】 求过直线 $\dfrac{x-2}{5} = \dfrac{y+1}{2} = \dfrac{z-2}{4}$ 且垂直于平面 $x + 4y - 3z + 7 = 0$ 的平面方程.

【解】 先将已知直线化成一般式,有
$$L: \begin{cases} 2x - 5y - 9 = 0, \\ 2y - z + 4 = 0. \end{cases}$$
再写出过 L 的平面束方程为 $2x - 5y + 9 + \lambda(2y - z + 4) = 0.$
此平面与已知平面垂直,故 $2 + 4(2\lambda - 5) + 3\lambda = 0.$
解出 $\lambda = \dfrac{18}{11}$,故所求平面为 $2x - 5y - 9 + \dfrac{18}{11}(2y - z + 4) = 0,$
即
$$22x - 19y - 18z - 27 = 0.$$

【例 8-17】 已知直线 $L: \begin{cases} x - 2y + z - 1 = 0, \\ x + 2y - z + 3 = 0, \end{cases}$ 求直线 L 在平面 $2x + z + 4 = 0$ 上的投影直线方程.

【解】 过已知直线 L 的平面束方程为 $x - 2y + z - 1 + \lambda(x + 2y - z + 3) = 0,$ 即

$$(1+\lambda)x + (-2+2\lambda)y + (1-\lambda)z + (-1+3\lambda) = 0, \quad \text{①}$$

若①为投影平面,应有此平面与已知平面垂直. 有 $2(1+\lambda) + (1-\lambda) = 0$,得 $\lambda = -3$. 代入①得
$$x + 4y - 2z + 5 = 0.$$

投影直线方程为
$$\begin{cases} x + 4y - 2z + 5 = 0, \\ 2x + z + 4 = 0. \end{cases}$$

(三) 曲面与曲线

【例 8-18】 一条直线通过坐标原点,且和连接原点与点 $M(1,1,1)$ 的直线成 $\dfrac{\pi}{4}$ 角. 求此直线上点的坐标满足的关系式.

【解】 设此直线上的点为 $A(x,y,z)$,由于 $\angle AOM = \dfrac{\pi}{4}$,故
$$\overrightarrow{OA} = x\boldsymbol{i} + y\boldsymbol{j} + z\boldsymbol{k}, \quad \overrightarrow{OM} = \boldsymbol{i} + \boldsymbol{j} + \boldsymbol{k},$$
$$\cos\frac{\pi}{4} = \frac{1 \cdot x + 1 \cdot y + 1 \cdot z}{\sqrt{1^2 + 1^2 + 1^2} \cdot \sqrt{x^2 + y^2 + z^2}}.$$

两边平方,整理得
$$x^2 + y^2 + z^2 - 4yz - 4zx - 4xy = 0.$$

注 这实际上是半顶角为 $\dfrac{\pi}{4}$,以 OM 为对称轴的正圆锥面.

【例 8-19】 求曲线
$$\begin{cases} -9y^2 + 6xy - 2zx + 24x - 9y + 3z - 63 = 0, & \text{①} \\ 2x - 3y + z = 9 & \text{②} \end{cases}$$
平行于 z 轴的投影柱面.

【解】 由式②得 $z = 9 - 2x + 3y$③. 将式③代入式①,有
$$-9y^2 + 6xy - 2x(9 - 2x + 3y) + 24x - 9y + 3(9 - 2x + 3y) - 63 = 0,$$
整理得 $4x^2 - 9y^2 = 36$,即为所求.

【例 8-20】 若椭圆抛物面的顶点在原点,z 轴是它的轴,且点 $A(-1,-2,2)$ 和 $B(1,1,1)$ 在该曲面上,求此曲面方程.

【解】 设所求曲面方程为
$$z = \frac{x^2}{a^2} + \frac{y^2}{b^2},$$
其中 a,b 为待定常数.

将点 A,B 坐标代入曲面方程得
$$\begin{cases} \dfrac{1}{a^2} + \dfrac{4}{b^2} = 2, \\ \dfrac{1}{a^2} + \dfrac{1}{b^2} = 1, \end{cases}$$

解出
$$\begin{cases} \dfrac{1}{a^2} = \dfrac{2}{3}, \\ \dfrac{1}{b^2} = \dfrac{1}{3}. \end{cases}$$

所求曲面方程为
$$z = \frac{2}{3}x^2 + \frac{1}{3}y^2.$$

【例 8-21】 求通过直线 $L: \begin{cases} 2x + y = 0, \\ 4x + 2y + 3z = 6, \end{cases}$ 且切于球面 $x^2 + y^2 + z^2 = 4$ 的平面方程.

【解】 通过已知直线的平面束方程为
$$(4+2\lambda)x+(2+\lambda)y+3z-6=0,$$
此平面切于已知球面, 故球心至此平面的距离为
$$\frac{0+0+0-6}{\sqrt{(4+2\lambda)^2+(2+\lambda)^2+3^2}}=2,$$
解得 $\lambda=-2$. 所求平面为
$$[4+2\times(-2)]x+(2-2)y+3z-6=0,$$
即 $z=2$.

三、习题全解

习题 8-1 向量及其线性运算

1. 设 $u=a-b+2c$, $v=-a+3b-c$. 试用 a, b, c 表示 $2u-3v$.

【解】 $2u-3v=2(a-b+2c)-3(-a+3b-c)=2a-2b+4c+3a-9b+3c$
$\qquad\qquad = 5a-11b+7c$.

2. 如果平面上一个四边形的对角线互相平分, 试用向量证明它是平行四边形.

【证】 四边形 $ABCD$ 中两对角线 AC 与 BD 交于点 M(见图 8-2), 且

$$\overrightarrow{AM}=\overrightarrow{MC}, \overrightarrow{DM}=\overrightarrow{MB},$$
$$\overrightarrow{AB}=\overrightarrow{AM}+\overrightarrow{MB}=\overrightarrow{MC}+\overrightarrow{DM}=\overrightarrow{DM}+\overrightarrow{MC}=\overrightarrow{DC},$$

所以 $\overrightarrow{AB}\;/\!/\;\overrightarrow{DC}$ 且 $|\overrightarrow{AB}|=|\overrightarrow{DC}|$.
于是 $ABCD$ 是平行四边形.

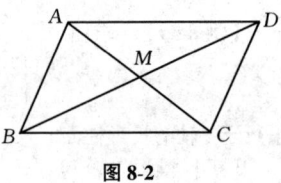
图 8-2

3. 把 $\triangle ABC$ 的 BC 边五等分, 设分点依次为 D_1, D_2, D_3, D_4, 再把各分点与点 A 连接. 试以 $\overrightarrow{AB}=c$, $\overrightarrow{BC}=a$ 表示向量 $\overrightarrow{D_1A}$, $\overrightarrow{D_2A}$, $\overrightarrow{D_3A}$ 和 $\overrightarrow{D_4A}$.

【解】 如图 8-3 所示.
$$\overrightarrow{D_1A}=\overrightarrow{D_1B}+\overrightarrow{BA}=-\frac{1}{5}a-c,$$
$$\overrightarrow{D_2A}=\overrightarrow{D_2B}+\overrightarrow{BA}=-\frac{2}{5}a-c,$$
$$\overrightarrow{D_3A}=\overrightarrow{D_3B}+\overrightarrow{BA}=-\frac{3}{5}a-c,$$
$$\overrightarrow{D_4A}=\overrightarrow{D_4B}+\overrightarrow{BA}=-\frac{4}{5}a-c.$$

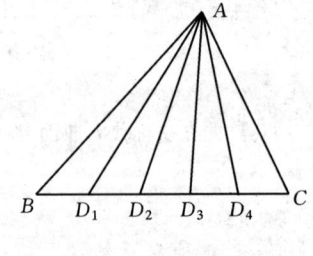
图 8-3

4. 已知两点 $M_1(0,1,2)$ 和 $M_2(1,-1,0)$. 试用坐标表示式表示向量 $\overrightarrow{M_1M_2}$ 及 $-2\overrightarrow{M_1M_2}$.

【解】 $\overrightarrow{M_1M_2}=\overrightarrow{OM_2}-\overrightarrow{OM_1}=(1,-1,0)-(0,1,2)=(1,-2,-2),$
$\qquad\qquad -2\overrightarrow{M_1M_2}=-2(1,-2,-2)=(-2,4,4).$

5. 求平行于向量 $a=(6,7,-6)$ 的单位向量.

【解】 $|a|=\sqrt{6^2+7^2+(-6)^2}=11,$

$$a^0 = \pm\frac{1}{|a|}a = \pm\frac{1}{11}(6, 7, -6) = \pm\left(\frac{6}{11}, \frac{7}{11}, -\frac{6}{11}\right).$$

6. 在空间直角坐标系中，指出下列各点在哪个卦限？
$$A(1, -2, 3); B(2, 3, -4); C(2, -3, -4); D(-2, -3, 1).$$

【解】 $A(1, -2, 3)$ 是第 Ⅳ 卦限点；$B(2, 3, -4)$ 是第 Ⅴ 卦限点；
$C(2, -3, -4)$ 是第 Ⅷ 卦限点；$D(-2, -3, 1)$ 是第 Ⅲ 卦限点.

7. 在坐标面上和在坐标轴上的点的坐标各有什么特征？指出下列各点的位置：
$$A(3, 4, 0); B(0, 4, 3); C(3, 0, 0); D(0, -1, 0).$$

【解】 xOy 面上的点的坐标为 $(x, y, 0)$；yOz 面上的点的坐标为 $(0, y, z)$；xOz 面上的点的坐标为 $(x, 0, z)$.

x 轴上的点的坐标为 $(x, 0, 0)$；y 轴上的点的坐标为 $(0, y, 0)$；z 轴上的点的坐标为 $(0, 0, z)$.

$A(3, 4, 0)$ 是 xOy 面上的点；　　　　　$B(0, 4, 3)$ 是 yOz 面上的点；
$C(3, 0, 0)$ 是 x 轴上的点；　　　　　　$D(0, -1, 0)$ 是 y 轴上的点.

8. 求点 (a, b, c) 关于 (1) 各坐标面；(2) 各坐标轴；(3) 坐标原点的对称点的坐标.

【解】 关于 xOy 面对称点 $(a, b, -c)$；　关于 yOz 面对称点 $(-a, b, c)$；
关于 zOx 面对称点 $(a, -b, c)$；　关于 x 轴对称点 $(a, -b, -c)$；
关于 y 轴对称点 $(-a, b, -c)$；　关于 z 轴对称点 $(-a, -b, c)$；
关于坐标原点对称点 $(-a, -b, -c)$.

9. 自点 $P_0(x_0, y_0, z_0)$ 分别作各坐标面和坐标轴的垂线，写出各垂足的坐标.

【解】 如图 8-4 所示，过点 P_0 作 $P_0D \perp xOy$ 面于 D，过点 D 在 xOy 面内分别作 x 轴与 y 轴的平行线，交 x 轴于点 A，交 y 轴于点 B. 过点 P_0 作 x 轴的平行线与过点 B 在 yOz 面内所作的与 z 轴平行的直线交于点 E，由点 E 在 yOz 面内作 $EC \perp z$ 轴，交于点 C，则 $P_0E \perp yOz$ 面. 过点 C 在 xOz 面内作 x 轴的平行线与由点 A 在 zOx 面内所作的与 z 轴平行的直线交于点 F，则 $P_0F \perp xOz$ 面. 垂足分别为 $D(x_0, y_0, 0)$，$E(0, y_0, z_0)$，$F(x_0, 0, z_0)$. $P_0A \perp x$ 轴于 $A(x_0, 0, 0)$，$P_0B \perp y$ 轴于 $B(0, y_0, 0)$，$P_0C \perp z$ 轴于 $C(0, 0, z_0)$.

10. 过点 $P_0(x_0, y_0, z_0)$ 分别作平行于 z 轴的直线和平行于 xOy 面的平面，问在它们上面的点的坐标各有什么特点？

【解】 过点 P_0 且平行于 z 轴的直线上的点有相同的横坐标 x_0 和相同的纵坐标 y_0，过点 P_0 且平行于 xOy 面的平面上的点具有相同的竖坐标 z_0.

11. 一棱长为 a 的立方体放置在 xOy 面上，其底面的中心在坐标原点，底面的顶点在 x 轴和 y 轴上，求它各顶点的坐标.

【解】 如图 8-5 所示. 各顶点坐标为
$$A\left(\frac{\sqrt{2}}{2}a, 0, 0\right); B\left(0, \frac{\sqrt{2}}{2}a, 0\right); C\left(-\frac{\sqrt{2}}{2}a, 0, 0\right); D\left(0, -\frac{\sqrt{2}}{2}a, 0\right);$$

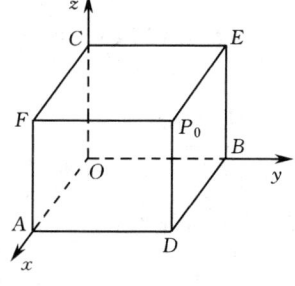

图 8-4

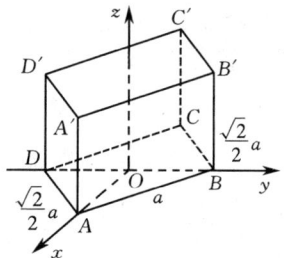

图 8-5

$A'\left(\dfrac{\sqrt{2}}{2}a,\ 0,\ a\right)$; $B'\left(0,\ \dfrac{\sqrt{2}}{2}a,\ a\right)$; $C'\left(-\dfrac{\sqrt{2}}{2}a,\ 0,\ a\right)$; $D'\left(0,\ -\dfrac{\sqrt{2}}{2}a,\ a\right)$.

12. 求点 $M(4,\ -3,\ 5)$ 到各坐标轴的距离.

【解】 点 M 到 x 轴距离为 $d_1 = \sqrt{(-3)^2 + 5^2} = \sqrt{34}$;

点 M 到 y 轴距离为 $d_2 = \sqrt{4^2 + 5^2} = \sqrt{41}$;

点 M 到 z 轴距离为 $d_3 = \sqrt{4^2 + (-3)^2} = 5$.

13. 在 yOz 面上,求与三点 $A(3,\ 1,\ 2)$,$B(4,\ -2,\ -2)$ 和 $C(0,\ 5,\ 1)$ 等距离的点.

【解】 设点 $P(0,\ y,\ z)$ 与 $A,\ B,\ C$ 三点等距离,则

$$|\overrightarrow{PA}|^2 = (-3)^2 + (y-1)^2 + (z-2)^2,$$
$$|\overrightarrow{PB}|^2 = (-4)^2 + (y+2)^2 + (z+2)^2,$$
$$|\overrightarrow{PC}|^2 = (y-5)^2 + (z-1)^2,$$

故
$$\begin{cases} 9 + (y-1)^2 + (z-2)^2 = (y-5)^2 + (z-1)^2, \\ 16 + (y+2)^2 + (z+2)^2 = (y-5)^2 + (z-1)^2, \end{cases}$$

解方程组,得 $y = 1, z = -2$. 故所求点的坐标为 $(0,\ 1,\ -2)$.

14. 试证明以三点 $A(4,\ 1,\ 9)$,$B(10,\ -1,\ 6)$,$C(2,\ 4,\ 3)$ 为顶点的三角形是等腰直角三角形.

【证】 由两点间距离公式

$$|\overrightarrow{AB}| = \sqrt{(10-4)^2 + (-1-1)^2 + (6-9)^2} = 7,$$
$$|\overrightarrow{BC}| = \sqrt{(2-10)^2 + (4+1)^2 + (3-6)^2} = \sqrt{98},$$
$$|\overrightarrow{AC}| = \sqrt{(2-4)^2 + (4-1)^2 + (3-9)^2} = 7,$$

所以 $|\overrightarrow{BC}|^2 = |\overrightarrow{AB}|^2 + |\overrightarrow{AC}|^2$, $|\overrightarrow{AB}| = |\overrightarrow{AC}|$,

$\triangle ABC$ 为等腰直角三角形.

15. 设已知两点 $M_1(4,\ \sqrt{2},\ 1)$ 和 $M_2(3,\ 0,\ 2)$. 计算向量 $\overrightarrow{M_1M_2}$ 的模、方向余弦和方向角.

【解】 $\overrightarrow{M_1M_2} = \overrightarrow{OM_2} - \overrightarrow{OM_1} = (-1,\ -\sqrt{2},\ 1),$

$|\overrightarrow{M_1M_2}| = \sqrt{(-1)^2 + (-\sqrt{2})^2 + 1^2} = 2,$

方向余弦为 $\cos\alpha = -\dfrac{1}{2},\ \cos\beta = -\dfrac{\sqrt{2}}{2},\ \cos\gamma = \dfrac{1}{2},$

方向角分别为 $\alpha = \dfrac{2}{3}\pi,\ \beta = \dfrac{3}{4}\pi,\ \gamma = \dfrac{\pi}{3}.$

16. 设向量的方向余弦分别满足 (1) $\cos\alpha = 0$;(2) $\cos\beta = 1$;(3) $\cos\alpha = \cos\beta = 0$,问这些向量与坐标轴或坐标面的关系如何?

【解】 (1) $\cos\alpha = 0$,则 $\alpha = \dfrac{\pi}{2}$,向量与 x 轴垂直,平行于 yOz 面;

(2) $\cos\beta = 1$,则 $\beta = 0$,向量与 y 轴同向垂直于 zOx 面;

(3) $\cos\alpha = \cos\beta = 0$,则 $\alpha = \beta = \dfrac{\pi}{2}$. 向量既垂直于 x 轴,又垂直于 y 轴,即向量垂直于 xOy 面,亦即与 z 轴平行.

17. 设向量 r 的模是 4,它与轴 u 的夹角是 $\dfrac{\pi}{3}$,求 r 在轴 u 上的投影.

【解】 $\text{Prj}_u r = |r| \cos(\widehat{r, u}) = 4 \cdot \cos 60° = 2.$

18. 一向量的终点在点 $B(2, -1, 7)$，它在 x 轴、y 轴和 z 轴上的投影依次为 4，-4 和 7. 求这向量的起点 A 的坐标.

【解】 设向量的起点 $A(x, y, z)$，则 $\begin{cases} 2 - x = 4 \\ -1 - y = -4 \\ 7 - z = 7 \end{cases} \Rightarrow \begin{cases} x = -2, \\ y = 3, \\ z = 0, \end{cases}$ 所以 $A(-2, 3, 0).$

19. 设 $m = 3i + 5j + 8k$，$n = 2i - 4j - 7k$ 和 $p = 5i + j - 4k$. 求向量 $a = 4m + 3n - p$ 在 x 轴上的投影及在 y 轴上的分向量.

【解】 $a = 4m + 3n - p = 4(3i + 5j + 8k) + 3(2i - 4j - 7k) - (5i + j - 4k)$
$= 13i + 7j + 15k,$

所以 a 在 x 轴上的投影为 13，在 y 轴上的分向量为 $7j$.

20. 设 O 是 A，B 的连线以外的一点，证明 A，B，C 三点共线的充分必要条件是 $\overrightarrow{OC} = \lambda \overrightarrow{OA} + \mu \overrightarrow{OB}$，其中 $\lambda + \mu = 1$.

【证】 若点 A，B，C 共线，则有 $\overrightarrow{BC} = \alpha \overrightarrow{BA}$，故 $\overrightarrow{OC} - \overrightarrow{OB} = \alpha(\overrightarrow{OA} - \overrightarrow{OB})$，即 $\overrightarrow{OC} = \alpha \overrightarrow{OA} + (1 - \alpha) \overrightarrow{OB}$，取 $\lambda = \alpha$，$\mu = 1 - \alpha$，则

$$\overrightarrow{OC} = \lambda \overrightarrow{OA} + \mu \overrightarrow{OB}, \text{其中 } \lambda + \mu = \alpha + 1 - \alpha = 1.$$

反之，若 $\overrightarrow{OC} = \lambda \overrightarrow{OA} + \mu \overrightarrow{OB}$，其中 $\lambda + \mu = 1$，即

$$\overrightarrow{OC} = \lambda \overrightarrow{OA} + (1 - \lambda) \overrightarrow{OB} = \lambda(\overrightarrow{OA} - \overrightarrow{OB}) + \overrightarrow{OB}, \text{即 } \overrightarrow{OC} - \overrightarrow{OB} = \lambda(\overrightarrow{OA} - \overrightarrow{OB}),$$

或 $\overrightarrow{BC} = \lambda \overrightarrow{BA}$，因此点 A，B，C 共线.

习题 8-2 数量积 向量积 *混合积

1. 设 $a = 3i - j - 2k$，$b = i + 2j - k$，求
(1) $a \cdot b$ 及 $a \times b$；(2) $(-2a) \cdot 3b$ 及 $a \times 2b$；(3) a，b 的夹角的余弦.

【解】 (1) $a \cdot b = 3 \times 1 + (-1) \times 2 + (-2) \times (-1) = 3,$

$$a \times b = \begin{vmatrix} i & j & k \\ 3 & -1 & -2 \\ 1 & 2 & -1 \end{vmatrix} = 5i + j + 7k;$$

(2) $(-2a) \cdot (3b) = -6(a \cdot b) = -18$，$a \times 2b = 2(a \times b) = 10i + 2j + 14k;$

(3) $\cos(\widehat{a, b}) = \dfrac{a \cdot b}{|a||b|} = \dfrac{3}{\sqrt{14} \times \sqrt{6}} = \dfrac{3}{2\sqrt{21}}.$

2. 设 a，b，c 为单位向量，且满足 $a + b + c = 0$，求 $a \cdot b + b \cdot c + c \cdot a$.

【解】 $a = -(b + c)$，$a \cdot b + c \cdot a = a \cdot (b + c) = a \cdot (-a) = -a^2 = -1,$

同理可得 $a \cdot b + b \cdot c = -b^2 = -1$，$b \cdot c + c \cdot a = -c^2 = -1,$

则 $2(a \cdot b + b \cdot c + c \cdot a) = -3$，$a \cdot b + b \cdot c + c \cdot a = -\dfrac{3}{2}.$

3. 已知 $M_1(1, -1, 2)$，$M_2(3, 3, 1)$ 和 $M_3(3, 1, 3)$. 求与 $\overrightarrow{M_1 M_2}$，$\overrightarrow{M_2 M_3}$ 同时垂直的单位向量.

【解】 $\overrightarrow{M_1 M_2} = (2, 4, -1)$，$\overrightarrow{M_2 M_3} = (0, -2, 2),$

与 $\overrightarrow{M_1 M_2}$，$\overrightarrow{M_2 M_3}$ 同时垂直的向量为

$$\overrightarrow{M_1M_2} \times \overrightarrow{M_2M_3} = \begin{vmatrix} i & j & k \\ 2 & 4 & -1 \\ 0 & -2 & 2 \end{vmatrix} = (6, -4, -4),$$

所求单位向量为

$$\pm \frac{1}{\sqrt{6^2 + (-4)^2 + (-4)^2}} (6, -4, -4) = \left(\pm \frac{3}{\sqrt{17}}, \pm \frac{2}{\sqrt{17}}, \pm \frac{2}{\sqrt{17}} \right).$$

4. 设质量为 100 kg 的物体从点 $M_1(3, 1, 8)$ 沿直线移动到点 $M_2(1, 4, 2)$，计算重力所做的功（坐标系长度单位为 m，重力方向为 z 轴负方向）。

【解】 $\overrightarrow{M_1M_2} = (-2, 3, -6)$，

$W = \boldsymbol{F} \cdot \overrightarrow{M_1M_2} = (0, 0, -9.8 \times 100) \cdot (-2, 3, -6) = 6 \times 980 = 5880$ (J).

5. 在杠杆上支点 O 的一侧与点 O 的距离为 x_1 的点 P_1 处，有一与 $\overrightarrow{OP_1}$ 成角 θ_1 的力 $\boldsymbol{F}_1$ 作用着；在 O 的另一侧与点 O 的距离为 x_2 的点 P_2 处，有一与 $\overrightarrow{OP_2}$ 成角 θ_2 的力 $\boldsymbol{F}_2$ 作用着（图 8-6）。问 θ_1，θ_2，x_1，x_2，$|\boldsymbol{F}_1|$，$|\boldsymbol{F}_2|$ 符合怎样的条件才能使杠杆保持平衡？

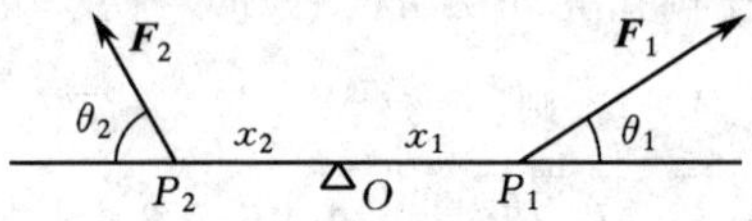

图 8-6

【解】 已知有固定转轴的物体的平衡条件是力矩的代数和为零。又因为对力矩正负的规定可得杠杆保持平衡的条件为 $x_1 |\boldsymbol{F}_1| \sin\theta_1 - x_2 |\boldsymbol{F}_2| \sin\theta_2 = 0$，即

$$x_1 |\boldsymbol{F}_1| \sin\theta_1 = x_2 |\boldsymbol{F}_2| \sin\theta_2.$$

6. 求向量 $\boldsymbol{a} = (4, -3, 4)$ 在向量 $\boldsymbol{b} = (2, 2, 1)$ 上的投影。

【解】 $\text{Prj}_b \boldsymbol{a} = |\boldsymbol{a}| \cdot \cos(\widehat{\boldsymbol{a}, \boldsymbol{b}}) = \dfrac{\boldsymbol{a} \cdot \boldsymbol{b}}{|\boldsymbol{b}|} = \dfrac{(4, -3, 4) \cdot (2, 2, 1)}{\sqrt{2^2 + 2^2 + 1^2}} = 2.$

7. 设 $\boldsymbol{a} = (3, 5, -2)$，$\boldsymbol{b} = (2, 1, 4)$，问 λ 与 μ 有怎样的关系，能使得 $\lambda\boldsymbol{a} + \mu\boldsymbol{b}$ 与 z 轴垂直？

【解】 $\lambda\boldsymbol{a} + \mu\boldsymbol{b}$ 与 z 轴垂直，则 $(\lambda\boldsymbol{a} + \mu\boldsymbol{b}) \cdot \boldsymbol{k} = 0$，即

$$(\lambda(3, 5, -2) + \mu(2, 1, 4)) \cdot (0, 0, 1) = 0,$$
$$(3\lambda + 2\mu, 5\lambda + \mu, -2\lambda + 4\mu) \cdot (0, 0, 1) = 0,$$
$$(-2\lambda + 4\mu) \cdot 1 = 0,$$
$$\lambda = 2\mu.$$

8. 试用向量证明直径所对的圆周角是直角。

【证】 如图 8-7 所示，AB 是圆 O 的直径，点 C 在圆周上，要证 $\angle ACB = 90°$，只需证 $\overrightarrow{AC} \cdot \overrightarrow{BC} = 0$。

$\overrightarrow{AC} = \overrightarrow{AO} + \overrightarrow{OC}$，
$\overrightarrow{BC} = \overrightarrow{BO} + \overrightarrow{OC} = -\overrightarrow{OB} + \overrightarrow{OC} = -\overrightarrow{AO} + \overrightarrow{OC}$，
$\overrightarrow{AC} \cdot \overrightarrow{BC} = (\overrightarrow{AO} + \overrightarrow{OC}) \cdot (-\overrightarrow{AO} + \overrightarrow{OC})$
$= -\overrightarrow{AO}^2 + \overrightarrow{OC}^2 = -R^2 + R^2 = 0,$

故 $\overrightarrow{AC} \perp \overrightarrow{BC}$，$\angle ACB = \dfrac{\pi}{2}.$

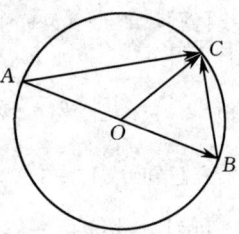

图 8-7

9. 已知向量 $\boldsymbol{a} = 2\boldsymbol{i} - 3\boldsymbol{j} + \boldsymbol{k}$，$\boldsymbol{b} = \boldsymbol{i} - \boldsymbol{j} + 3\boldsymbol{k}$ 和 $\boldsymbol{c} = \boldsymbol{i} - 2\boldsymbol{j}$，计算：

(1) $(a \cdot b)c - (a \cdot c)b$；(2) $(a+b) \times (b+c)$；(3) $(a \times b) \cdot c$.

【解】 (1) $a \cdot b = (2, -3, 1) \cdot (1, -1, 3) = 8$,
$$a \cdot c = (2, -3, 1) \cdot (1, -2, 0) = 8,$$
$$(a \cdot b)c - (a \cdot c)b = 8(1, -2, 0) - 8(1, -1, 3) = (0, -8, -24) = -8j - 24k;$$

(2) $a + b = 3i - 4j + 4k$, $b + c = 2i - 3j + 3k$,
$$(a+b) \times (b+c) = \begin{vmatrix} i & j & k \\ 3 & -4 & 4 \\ 2 & -3 & 3 \end{vmatrix} = -j - k;$$

(3) $(a \times b) \cdot c = \begin{vmatrix} 2 & -3 & 1 \\ 1 & -1 & 3 \\ 1 & -2 & 0 \end{vmatrix} = 2.$

10. 设一平行四边形对角线为 $c = a + 2b$, $d = 3a - 4b$, 其中 a, b 为单位向量且 $a \perp b$, 求该平行四边形的面积.

【解】 设平行四边形的相邻两边为 m, n, 则由 $c = m + n$, $d = m - n$, 即
$$m + n = a + 2b, \quad m - n = 3a - 4b,$$
可得
$$m = 2a - b, \quad n = -a + 3b,$$
故该平行四边形的面积为
$$S = |m \times n| = |(2a - b) \times (-a + 3b)| = 5|a \times b| = 5|a||b|\sin\frac{\pi}{2} = 5.$$

11. 设有四面体 $OPQR$(见图 8-8), 其中 $\triangle OPQ$, $\triangle OQR$, $\triangle OPR$ 和 $\triangle PQR$ 的面积分别为 A, B, C 和 D, 试用向量方法证明如下三维空间中的勾股定理:
$$A^2 + B^2 + C^2 = D^2.$$

【证】 如图 8-8 所示,
$$A = S_{\triangle OPQ} = \frac{1}{2}|\overrightarrow{OP} \times \overrightarrow{OQ}|,$$
$$B = S_{\triangle OQR} = \frac{1}{2}|\overrightarrow{OQ} \times \overrightarrow{OR}|,$$
$$C = S_{\triangle OPR} = \frac{1}{2}|\overrightarrow{OP} \times \overrightarrow{OR}|,$$
$$D = S_{\triangle PQR} = \frac{1}{2}|\overrightarrow{PR} \times \overrightarrow{PQ}|,$$

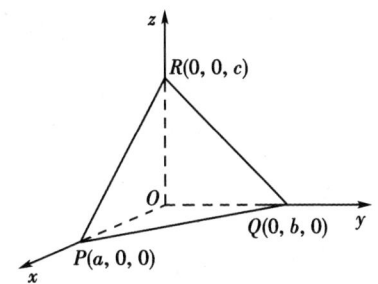

图 8-8

由 $\overrightarrow{PR} = \overrightarrow{PO} + \overrightarrow{OR} = \overrightarrow{OR} - \overrightarrow{OP}$, $\overrightarrow{PQ} = \overrightarrow{PO} + \overrightarrow{OQ} = \overrightarrow{OQ} - \overrightarrow{OP}$,
$$|\overrightarrow{PR} \times \overrightarrow{PQ}|^2 = |(\overrightarrow{OR} - \overrightarrow{OP}) \times (\overrightarrow{OQ} - \overrightarrow{OP})|^2 = (\overrightarrow{OR} \times \overrightarrow{OQ} - \overrightarrow{OR} \times \overrightarrow{OP} - \overrightarrow{OP} \times \overrightarrow{OQ})^2$$
$$= |\overrightarrow{OR} \times \overrightarrow{OQ}|^2 + |\overrightarrow{OR} \times \overrightarrow{OP}|^2 + |\overrightarrow{OP} \times \overrightarrow{OQ}|^2 - (\overrightarrow{OR} \times \overrightarrow{OQ}) \cdot (\overrightarrow{OR} \times \overrightarrow{OP}) -$$
$$(\overrightarrow{OR} \times \overrightarrow{OQ}) \cdot (\overrightarrow{OP} \times \overrightarrow{OQ}) + (\overrightarrow{OR} \times \overrightarrow{OP}) \cdot (\overrightarrow{OP} \times \overrightarrow{OQ}).$$

由 $(\overrightarrow{OR} \times \overrightarrow{OQ}) \perp (\overrightarrow{OR} \times \overrightarrow{OP})$, $(\overrightarrow{OR} \times \overrightarrow{OQ}) \perp (\overrightarrow{OP} \times \overrightarrow{OQ})$, $(\overrightarrow{OR} \times \overrightarrow{OP}) \perp (\overrightarrow{OP} \times \overrightarrow{OQ})$, 得
$$(\overrightarrow{OR} \times \overrightarrow{OQ}) \cdot (\overrightarrow{OR} \times \overrightarrow{OP}) = 0, (\overrightarrow{OR} \times \overrightarrow{OQ}) \cdot (\overrightarrow{OP} \times \overrightarrow{OQ}) = 0, (\overrightarrow{OR} \times \overrightarrow{OP}) \cdot (\overrightarrow{OP} \times \overrightarrow{OQ}) = 0,$$
故 $|\overrightarrow{PR} \times \overrightarrow{PQ}|^2 = |\overrightarrow{OR} \times \overrightarrow{OQ}|^2 + |\overrightarrow{OR} \times \overrightarrow{OP}|^2 + |\overrightarrow{OP} \times \overrightarrow{OQ}|^2$, 即 $A^2 + B^2 + C^2 = D^2$.

12. 已知 $a = (a_x, a_y, a_z)$, $b = (b_x, b_y, b_z)$, $c = (c_x, c_y, c_z)$. 试利用行列式的性质证明
$$(a \times b) \cdot c = (b \times c) \cdot a = (c \times a) \cdot b.$$

【证】 由行列式的性质知

$$(\boldsymbol{a} \times \boldsymbol{b}) \cdot \boldsymbol{c} = \begin{vmatrix} a_x & a_y & a_z \\ b_x & b_y & b_z \\ c_x & c_y & c_z \end{vmatrix} = - \begin{vmatrix} b_x & b_y & b_z \\ a_x & a_y & a_z \\ c_x & c_y & c_z \end{vmatrix} = \begin{vmatrix} b_x & b_y & b_z \\ c_x & c_y & c_z \\ a_x & a_y & a_z \end{vmatrix} = (\boldsymbol{b} \times \boldsymbol{c}) \cdot \boldsymbol{a},$$

同理可证 $(\boldsymbol{b} \times \boldsymbol{c}) \cdot \boldsymbol{a} = (\boldsymbol{c} \times \boldsymbol{a}) \cdot \boldsymbol{b}$,

故 $(\boldsymbol{a} \times \boldsymbol{b}) \cdot \boldsymbol{c} = (\boldsymbol{b} \times \boldsymbol{c}) \cdot \boldsymbol{a} = (\boldsymbol{c} \times \boldsymbol{a}) \cdot \boldsymbol{b}$.

13. 试用向量证明不等式:

$$\sqrt{a_1^2 + a_2^2 + a_3^2} \sqrt{b_1^2 + b_2^2 + b_3^2} \geqslant |a_1 b_1 + a_2 b_2 + a_3 b_3|,$$

其中 a_1, a_2, a_3, b_1, b_2, b_3 为任意实数. 并指出等号成立的条件.

【证】 设 $\boldsymbol{a} = (a_1, a_2, a_3)$, $\boldsymbol{b} = (b_1, b_2, b_3)$,

由 $\boldsymbol{a} \cdot \boldsymbol{b} = |\boldsymbol{a}||\boldsymbol{b}| \cos(\widehat{\boldsymbol{a}, \boldsymbol{b}})$

得 $\cos(\widehat{\boldsymbol{a}, \boldsymbol{b}}) = \dfrac{\boldsymbol{a} \cdot \boldsymbol{b}}{|\boldsymbol{a}||\boldsymbol{b}|}$,

从而 $\dfrac{|\boldsymbol{a} \cdot \boldsymbol{b}|}{|\boldsymbol{a}||\boldsymbol{b}|} = |\cos(\widehat{\boldsymbol{a}, \boldsymbol{b}})| \leqslant 1$,

于是有 $|\boldsymbol{a}| \cdot |\boldsymbol{b}| \geqslant |\boldsymbol{a} \cdot \boldsymbol{b}|$,

故 $\sqrt{a_1^2 + a_2^2 + a_3^2} \cdot \sqrt{b_1^2 + b_2^2 + b_3^2} \geqslant |a_1 b_1 + a_2 b_2 + a_3 b_3|$.

当 $\boldsymbol{a} \parallel \boldsymbol{b}$ 时, 取等号.

习题 8-3 平面及其方程

1. 求过点 $(3, 0, -1)$ 且与平面 $3x - 7y + 5z - 12 = 0$ 平行的平面方程.

【解】 所求平面与平面 $3x - 7y + 5z - 12 = 0$ 平行, 则可设所求平面法向量为 $\boldsymbol{n} = (3, -7, 5)$, 所求平面为

$$3(x - 3) - 7(y - 0) + 5(z + 1) = 0,$$

即 $3x - 7y + 5z - 4 = 0$.

2. 求过点 $M_0(2, 9, -6)$ 且与连接坐标原点及点 M_0 的线段 OM_0 垂直的平面方程.

【解】 $\overrightarrow{OM_0} = (2, 9, -6)$, 所求平面方程为

$$2(x - 2) + 9(y - 9) - 6(z + 6) = 0,$$

即 $2x + 9y - 6z - 121 = 0$.

3. 求过 $(1, 1, -1)$, $(-2, -2, 2)$ 和 $(1, -1, 2)$ 三点的平面方程.

【解】 设 $A(1, 1, -1)$, $B(-2, -2, 2)$, $C(1, -1, 2)$,

$$\overrightarrow{AB} = (-3, -3, 3), \quad \overrightarrow{AC} = (0, -2, 3),$$

则所求平面法向量为 $\boldsymbol{n} = \overrightarrow{AB} \times \overrightarrow{AC} = \begin{vmatrix} \boldsymbol{i} & \boldsymbol{j} & \boldsymbol{k} \\ -3 & -3 & 3 \\ 0 & -2 & 3 \end{vmatrix} = (-3, 9, 6)$,

所求平面方程为 $-3(x - 1) + 9(y - 1) + 6(z + 1) = 0$,

即 $x - 3y - 2z = 0$.

4. 指出下列各平面的特殊位置, 并画出各平面:

(1) $x = 0$;　　　　　(2) $3y - 1 = 0$;　　　　(3) $2x - 3y - 6 = 0$;

(4) $x - \sqrt{3} y = 0$;　　(5) $y + z = 1$;　　　　(6) $x - 2z = 0$;

(7) $6x + 5y - z = 0$.

【解】 各平面如图 8-9 所示.

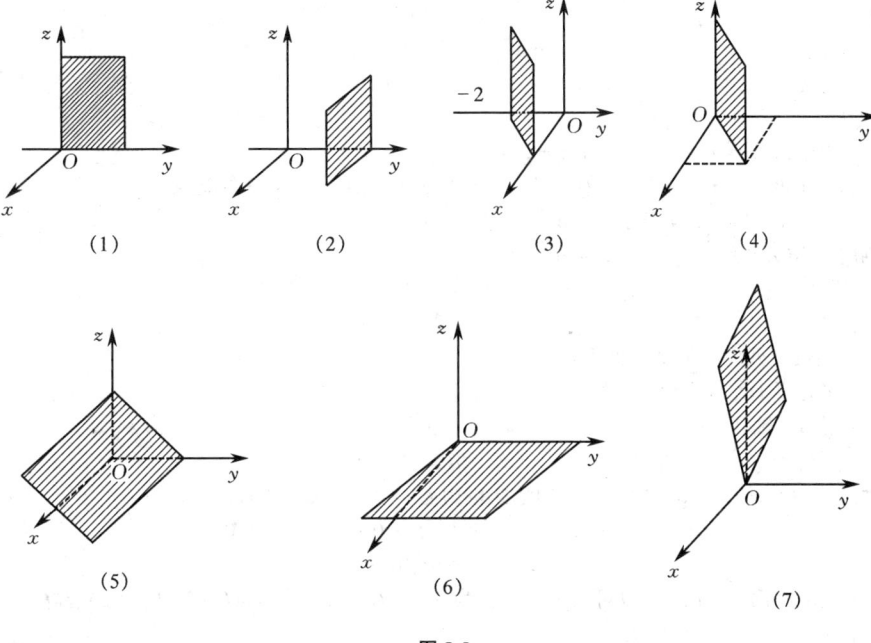

图 8-9

(1) 是 yOz 平面；

(2) 垂直于 y 轴的平面，垂足坐标为 $\left(0, \dfrac{1}{3}, 0\right)$；

(3) 平行于 z 轴并且在 x 轴, y 轴上的截距分别为 3 与 -2 的平面；

(4) 通过 z 轴并且在 xOy 面上的投影的斜率为 $\dfrac{\sqrt{3}}{3}$ 的平面；

(5) 平行于 x 轴并且在 y, z 轴上的截距均为 1 的平面；

(6) 通过 y 轴的平面；

(7) 过原点的平面.

5. 求平面 $2x - 2y + z + 5 = 0$ 与各坐标面的夹角的余弦.

【解】 平面的法向量为 $\boldsymbol{n} = (2, -2, 1)$.

平面与 yOz 面的夹角 $\alpha = (\stackrel{\wedge}{\boldsymbol{n}, \boldsymbol{i}})$.

$$\cos\alpha = \dfrac{\boldsymbol{n} \cdot \boldsymbol{i}}{|\boldsymbol{n}||\boldsymbol{i}|} = \dfrac{2 \times 1 - 2 \times 0 + 1 \times 0}{\sqrt{2^2 + (-2)^2 + 1^2} \cdot \sqrt{1^2 + 0^2 + 0^2}} = \dfrac{2}{3}.$$

平面与 xOz 面的夹角 $\beta = (\stackrel{\wedge}{\boldsymbol{n}, \boldsymbol{j}})$. $\cos\beta = \dfrac{\boldsymbol{n} \cdot \boldsymbol{j}}{|\boldsymbol{n}||\boldsymbol{j}|} = \dfrac{-2}{3}.$

平面与 xOy 面的夹角 $\gamma = (\stackrel{\wedge}{\boldsymbol{n}, \boldsymbol{k}})$. $\cos\gamma = \dfrac{\boldsymbol{n} \cdot \boldsymbol{k}}{|\boldsymbol{n}||\boldsymbol{k}|} = \dfrac{1}{3}.$

6. 设一平面过点 $M_0(1, 2, -1)$ 且垂直于平面 $3x - 4y + z + 16 = 0$ 和 $4x - z + 6 = 0$，试求这平面方程.

【解】 设所求平面的法向量为 $\boldsymbol{n}$, $M(x, y, z)$ 为平面上任一点，则向量 $\overrightarrow{M_0M} = (x - 1, y - 2, z + 1)$ 与 $\boldsymbol{n}$ 垂直.记两已知平面的法向量分别为 $\boldsymbol{n}_1, \boldsymbol{n}_2$，则 $\boldsymbol{n}_1 = (3, -4, 1)$, $\boldsymbol{n}_2 = (4, 0, -1)$.按

题意，$n \perp n_1$, $n \perp n_2$，故可取 $n = n_1 \times n_2$，从而有 $\overrightarrow{M_0M} \cdot (n_1 \times n_2) = 0$，即向量 $\overrightarrow{M_0M}, n_1, n_2$ 共面，故

$$\begin{vmatrix} x-1 & y-2 & z+1 \\ 3 & -4 & 1 \\ 4 & 0 & -1 \end{vmatrix} = 0.$$

得所求平面方程为 $4x + 7y + 16z - 2 = 0$.

7. 求三平面 $x + 3y + z = 1$, $2x - y - z = 0$, $-x + 2y + 2z = 3$ 的交点.

【解】 解方程组 $\begin{cases} x + 3y + z = 1, \\ 2x - y - z = 0, \\ -x + 2y + 2z = 3, \end{cases}$ 得 $\begin{cases} x = 1, \\ y = -1, \\ z = 3. \end{cases}$

所以交点坐标为 $(1, -1, 3)$.

8. 分别按下列条件求平面方程：

(1) 平行于 xOz 面且经过点 $(2, -5, 3)$；

(2) 通过 z 轴和点 $(-3, 1, -2)$；

(3) 平行于 x 轴且经过两点 $(4, 0, -2)$ 和 $(5, 1, 7)$.

【解】 (1) 平行于 xOz 面的平面的法向量为 $j = (0, 1, 0)$. 平面方程为

$$0 \cdot (x-2) + 1 \cdot (y+5) + 0 \cdot (z-3) = 0,$$

即

$$y + 5 = 0;$$

(2) 因为平面过 z 轴，所以可设平面方程为 $Ax + By = 0$，代入点 $(-3, 1, -2)$，得 $B = 3A$，则所求平面方程为 $x + 3y = 0$；

(3) 设两点 $A(4, 0, -2)$, $B(5, 1, 7)$, 则 $\overrightarrow{AB} = (1, 1, 9)$, 平面平行于 x 轴，且过 A, B, 则平面的法向量为

$$n = \overrightarrow{AB} \times i = \begin{vmatrix} i & j & k \\ 1 & 1 & 9 \\ 1 & 0 & 0 \end{vmatrix} = (0, 9, -1),$$

平面方程为

$$0 \cdot (x-4) + 9(y-0) - 1 \cdot (z+2) = 0,$$

即

$$9y - z - 2 = 0.$$

9. 求点 $(1, 2, 1)$ 到平面 $x + 2y + 2z - 10 = 0$ 的距离.

【解】 由点到直线的距离公式得 $d = \dfrac{|1 \times 1 + 2 \times 2 + 2 \times 1 - 10|}{\sqrt{1^2 + 2^2 + 2^2}} = 1.$

习题 8-4 空间直线及其方程

1. 求过点 $(4, -1, 3)$ 且平行于直线 $\dfrac{x-3}{2} = \dfrac{y}{1} = \dfrac{z-1}{5}$ 的直线方程.

【解】 因为所求直线与已知直线平行，所以可设直线的方向向量为 $s = (2, 1, 5)$，所求直线方程为

$$\frac{x-4}{2} = \frac{y+1}{1} = \frac{z-3}{5}.$$

2. 求过两点 $M_1(3, -2, 1)$ 和 $M_2(-1, 0, 2)$ 的直线方程.

【解】 $\overrightarrow{M_1M_2} = (-4, 2, 1)$. 所求直线方程为 $\dfrac{x-3}{-4} = \dfrac{y+2}{2} = \dfrac{z-1}{1}$.

3. 用对称式方程及参数方程表示直线 $\begin{cases} x - y + z = 1, \\ 2x + y + z = 4. \end{cases}$

【解】 令 $y = 0$，得直线上的一点坐标为$(3, 0, -2)$. 直线的方向向量为

$$s = (1, -1, 1) \times (2, 1, 1) = \begin{vmatrix} i & j & k \\ 1 & -1 & 1 \\ 2 & 1 & 1 \end{vmatrix} = (-2, 1, 3),$$

直线的对称式为 $\dfrac{x-3}{-2} = \dfrac{y}{1} = \dfrac{z+2}{3}$,

参数方程为 $\begin{cases} x = 3 - 2t, \\ y = t, \\ z = -2 + 3t. \end{cases}$

4. 求过点$(2, 0, -3)$且与直线$\begin{cases} x - 2y + 4z - 7 = 0, \\ 3x + 5y - 2z + 1 = 0 \end{cases}$垂直的平面方程.

【解】 由题知，平面的法向量就是直线的方向向量，则

$$n = (1, -2, 4) \times (3, 5, -2) = \begin{vmatrix} i & j & k \\ 1 & -2 & 4 \\ 3 & 5 & -2 \end{vmatrix} = (-16, 14, 11),$$

所求平面方程为 $-16(x-2) + 14(y-0) + 11(z+3) = 0$,
即 $16x - 14y - 11z - 65 = 0$.

5. 求直线$\begin{cases} 5x - 3y + 3z - 9 = 0, \\ 3x - 2y + z - 1 = 0 \end{cases}$与直线$\begin{cases} 2x + 2y - z + 23 = 0, \\ 3x + 8y + z - 18 = 0 \end{cases}$的夹角的余弦.

【解】 两直线的方向向量分别为

$$s_1 = (5, -3, 3) \times (3, -2, 1) = \begin{vmatrix} i & j & k \\ 5 & -3 & 3 \\ 3 & -2 & 1 \end{vmatrix} = (3, 4, -1),$$

$$s_2 = (2, 2, -1) \times (3, 8, 1) = \begin{vmatrix} i & j & k \\ 2 & 2 & -1 \\ 3 & 8 & 1 \end{vmatrix} = (10, -5, 10),$$

两直线夹角的余弦为

$$\cos(\widehat{s_1, s_2}) = \frac{|s_1 \cdot s_2|}{|s_1||s_2|} = \frac{3 \times 10 - 4 \times 5 - 1 \times 10}{\sqrt{3^2 + 4^2 + (-1)^2}\sqrt{10^2 + (-5)^2 + 10^2}} = 0.$$

6. 证明直线$\begin{cases} x + 2y - z = 7, \\ -2x + y + z = 7 \end{cases}$与直线$\begin{cases} 3x + 6y - 3z = 8, \\ 2x - y - z = 0 \end{cases}$平行.

【证】 直线$\begin{cases} x + 2y - z = 7, \\ -2x + y + z = 7 \end{cases}$的方向向量为

$$s_1 = (1, 2, -1) \times (-2, 1, 1) = \begin{vmatrix} i & j & k \\ 1 & 2 & -1 \\ -2 & 1 & 1 \end{vmatrix} = (3, 1, 5);$$

直线$\begin{cases} 3x + 6y - 3z = 8, \\ 2x - y - z = 0 \end{cases}$的方向向量为

$$s_2 = (3, 6, -3) \times (2, -1, -1) = \begin{vmatrix} i & j & k \\ 3 & 6 & -3 \\ 2 & -1 & -1 \end{vmatrix} = (-9, -3, -15).$$

所以 $s_2 = -3s_1$, 两直线平行.

7. 求过点$(1, 0, -2)$且与平面$3x + 4y - z + 6 = 0$平行，又与直线$\dfrac{x-3}{1} = \dfrac{y+2}{4} = \dfrac{z}{1}$垂直的直线方程.

【解】 已知平面的法向量为 $\boldsymbol{n} = (3, 4, -1)$，已知直线的方向向量为 $\boldsymbol{s}_1 = (1, 4, 1)$，故所求直线的方向向量为

$$\boldsymbol{s} = \boldsymbol{s}_1 \times \boldsymbol{n} = \begin{vmatrix} \boldsymbol{i} & \boldsymbol{j} & \boldsymbol{k} \\ 1 & 4 & 1 \\ 3 & 4 & -1 \end{vmatrix} = (-8, 4, -8) = -4(2, -1, 2).$$

因此所求直线方程为 $\dfrac{x-1}{2} = \dfrac{y}{-1} = \dfrac{z+2}{2}$.

8. 求过点 $(3, 1, -2)$ 且通过直线 $\dfrac{x-4}{5} = \dfrac{y+3}{2} = \dfrac{z}{1}$ 的平面方程.

【解】 设点 $A(3, 1, -2)$，直线上的点 $B(4, -3, 0)$，所求平面的法向量为 $\boldsymbol{n}$，则有

$$\overrightarrow{AB} \perp \boldsymbol{n}, \boldsymbol{n} \perp (5, 2, 1), \boldsymbol{n} = \overrightarrow{AB} \times \boldsymbol{n} = \begin{vmatrix} \boldsymbol{i} & \boldsymbol{j} & \boldsymbol{k} \\ 1 & -4 & 2 \\ 5 & 2 & 1 \end{vmatrix} = (-8, 9, 22),$$

所求平面方程为 $\qquad -8(x-3) + 9(y-1) + 22(z+2) = 0,$
即 $\qquad\qquad\qquad 8x - 9y - 22z - 59 = 0.$

9. 求直线 $\begin{cases} x + y + 3z = 0, \\ x - y - z = 0 \end{cases}$ 与平面 $x - y - z + 1 = 0$ 的夹角.

【解】 直线 $\begin{cases} x + y + 3z = 0, \\ x - y - z = 0 \end{cases}$ 的方向向量为

$$\boldsymbol{s} = (1, 1, 3) \times (1, -1, -1) = \begin{vmatrix} \boldsymbol{i} & \boldsymbol{j} & \boldsymbol{k} \\ 1 & 1 & 3 \\ 1 & -1 & -1 \end{vmatrix} = (2, 4, -2).$$

平面的法向量为 $\boldsymbol{n} = (1, -1, -1)$. 直线与平面的夹角为 φ，则

$$\sin\varphi = \frac{|2 \times 1 + 4 \times (-1) + (-2) \times (-1)|}{\sqrt{2^2 + 4^2 + (-2)^2}\sqrt{1^2 + (-1)^2 + (-1)^2}} = 0,$$

故 $\varphi = 0$.

10. 试确定下列各组中的直线和平面间的关系：

(1) $\dfrac{x+3}{-2} = \dfrac{y+4}{-7} = \dfrac{z}{3}$ 和 $4x - 2y - 2z = 3$.

【解】 直线的方向向量 $\boldsymbol{s} = (-2, -7, 3)$，平面的法向量 $\boldsymbol{n} = (4, -2, -2)$，而

$$\boldsymbol{s} \cdot \boldsymbol{n} = (-2) \times 4 + (-7) \times (-2) + 3 \times (-2) = 0,$$

又直线上的点 $(-3, -4, 0)$ 不在平面 $4x - 2y - 2z = 3$ 上，故直线与平面平行.

(2) $\dfrac{x}{3} = \dfrac{y}{-2} = \dfrac{z}{7}$ 和 $3x - 2y + 7z = 8$.

【解】 直线的方向向量 $\boldsymbol{s} = (3, -2, 7)$，平面的法向量 $\boldsymbol{n} = (3, -2, 7)$，则 $\boldsymbol{s} /\!/ \boldsymbol{n}$，故直线与平面垂直.

(3) $\dfrac{x-2}{3} = \dfrac{y+2}{1} = \dfrac{z-3}{-4}$ 和 $x + y + z = 3$.

【解】 直线的方向向量 $\boldsymbol{s} = (3, 1, -4)$，平面的法向量 $\boldsymbol{n} = (1, 1, 1)$，而

$$\boldsymbol{n} \cdot \boldsymbol{s} = 1 \times 3 + 1 \times 1 + 1 \times (-4) = 0,$$

又直线上的点 $(2, -2, 3)$ 在平面 $x + y + z = 3$ 上，故直线在平面上.

11. 求过点 $(1, 2, 1)$ 而与直线

$$\begin{cases} x + 2y - z + 1 = 0, \\ x - y + z - 1 = 0 \end{cases} \text{和} \begin{cases} 2x - y + z = 0, \\ x - y + z = 0 \end{cases}$$

平行的平面的方程.

【解】 两直线的方向向量为

$$s_1 = (1, 2, -1) \times (1, -1, 1) = \begin{vmatrix} i & j & k \\ 1 & 2 & -1 \\ 1 & -1 & 1 \end{vmatrix} = (1, -2, -3),$$

$$s_2 = (2, -1, 1) \times (1, -1, 1) = \begin{vmatrix} i & j & k \\ 2 & -1 & 1 \\ 1 & -1 & 1 \end{vmatrix} = (0, -1, -1),$$

取法向量

$$n = s_1 \times s_2 = \begin{vmatrix} i & j & k \\ 1 & -2 & -3 \\ 0 & -1 & -1 \end{vmatrix} = (-1, 1, -1),$$

所求平面方程为 $-1 \times (x-1) + 1 \times (y-2) - 1 \times (z-1) = 0$,
即 $x - y + z = 0$.

12. 求点 $(-1, 2, 0)$ 在平面 $x + 2y - z + 1 = 0$ 上的投影.

【解】 过点 $(-1, 2, 0)$ 与平面垂直的直线方程为

$$\frac{x+1}{1} = \frac{y-2}{2} = \frac{z}{-1},$$

参数方程为
$$\begin{cases} x = -1 + t, \\ y = 2 + 2t, \\ z = -t, \end{cases}$$

将参数方程代入方程 $x + 2y - z + 1 = 0$
得 $-1 + t + 2(2 + 2t) - (-t) + 1 = 0$,

解出 $t = -\frac{2}{3}$, 则点 $(-1, 2, 0)$ 在平面 $x + 2y - z + 1 = 0$ 上的投影点为 $\left(-\frac{5}{3}, \frac{2}{3}, \frac{2}{3}\right)$.

13. 求点 $P(3, -1, 2)$ 到直线 $\begin{cases} x + y - z + 1 = 0, \\ 2x - y + z - 4 = 0 \end{cases}$ 的距离.

【解】 直线的方向向量为

$$s = (1, 1, -1) \times (2, -1, 1) = \begin{vmatrix} i & j & k \\ 1 & 1 & -1 \\ 2 & -1 & 1 \end{vmatrix} = (0, -3, -3),$$

取直线上的点 $(1, -2, 0)$, 则直线的对称式为

$$\frac{x-1}{0} = \frac{y+2}{-3} = \frac{z}{-3},$$

参数方程为
$$\begin{cases} x = 1, \\ y = -2 - 3t, \\ z = -3t. \end{cases}$$

过点 $P(3, -1, 2)$ 作直线的垂直平面为

$$0(x-3) - 3(y+1) - 3(z-2) = 0,$$

即 $y + z - 1 = 0$. 将直线的参数方程代入平面方程, 得

$$-2 - 3t - 3t - 1 = 0,$$

解出 $t = -\frac{1}{2}$, 则由点 P 向直线作垂线, 垂足为 $\left(1, -\frac{1}{2}, \frac{3}{2}\right)$. 故点 P 到直线的距离为

$$d = \sqrt{(3-1)^2 + \left(-1 + \frac{1}{2}\right)^2 + \left(2 - \frac{3}{2}\right)^2} = \frac{3}{\sqrt{2}}.$$

14. 设 M_0 是直线 L 外一点, M 是直线 L 上任意一点, 且直线的方向向量为 s, 试证: 点 M_0 到直线 L 的距离

$$d = \frac{|\overrightarrow{M_0M} \times s|}{|s|}.$$

【证】 如图 8-10 所示.

设向量 $\overrightarrow{M_0M}$ 与 s 的夹角为 θ,则

$$d = |\overrightarrow{M_0M}| \sin\theta = \frac{|\overrightarrow{M_0M}||s|\sin\theta}{|s|} = \frac{|\overrightarrow{M_0M} \times s|}{|s|}.$$

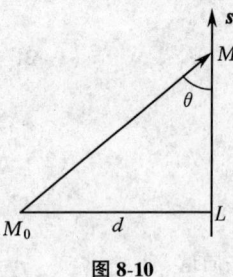

图 8-10

15. 求直线 $\begin{cases} 2x - 4y + z = 0, \\ 3x - y - 2z - 9 = 0 \end{cases}$ 在平面 $4x - y + z = 1$ 上的投影直线方程.

【解】 过直线 $\begin{cases} 2x - 4y + z = 0, \\ 3x - y - 2z - 9 = 0 \end{cases}$ 的平面束方程为 $2x - 4y + z + \lambda(3x - y - 2z - 9) = 0$,即

$$(2 + 3\lambda)x - (4 + \lambda)y + (1 - 2\lambda)z - 9\lambda = 0.$$

令

$$4(2 + 3\lambda) + (4 + \lambda) + (1 - 2\lambda) = 0,$$

解出

$$\lambda = -\frac{13}{11}.$$

代入平面束方程,得投影平面的方程为 $17x + 31y - 37z - 117 = 0$,故投影直线的方程为

$$\begin{cases} 4x - y + z - 1 = 0, \\ 17x + 31y - 37z - 117 = 0. \end{cases}$$

16. 画出下列各平面所围成的立体的图形:

(1) $x = 0, y = 0, z = 0, x = 2, y = 1, 3x + 4y + 2z - 12 = 0$;

(2) $x = 0, z = 0, x = 1, y = 2, z = \dfrac{y}{4}$.

【解】 如图 8-11 所示.

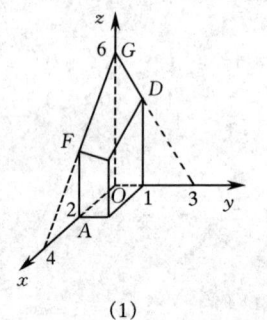

图 8-11

习题 8-5 曲面及其方程

1. 一球面过原点及 $A(4, 0, 0), B(1, 3, 0)$ 和 $C(0, 0, -4)$ 三点,求球面的方程及球心的坐标和半径.

【解】 令所求球面方程为 $(x - a)^2 + (y - b)^2 + (x - c)^2 = R^2$,将已知点的坐标代入上式,得

$$\begin{cases} a^2 + b^2 + c^2 = R^2, & \text{①} \\ (a-4)^2 + b^2 + c^2 = R^2, & \text{②} \\ (a-1)^2 + (b-3)^2 + c^2 = R^2, & \text{③} \\ a^2 + b^2 + (4+c)^2 = R^2. & \text{④} \end{cases}$$

由①,②得 $a = 2$;由①,④得 $c = -2$;将 $a = 2$ 代入②,③解得 $b = 1$. 因此 $R = 3$,故所求方程为 $(x-2)^2 + (y-1)^2 + (z+2)^2 = 9$,其中球心为 $(2, 1, -2)$,半径为 3.

2. 已知一球面的球心在点 $P_0(3, -5, 2)$ 且与平面 $\Pi: 2x - y + 3z + 9 = 0$ 相切,求该球面方程.

【解】 根据题意,可知点 P_0 到平面 Π 的距离即为球面半径 R,由

$$R = d = \frac{|2 \times 3 - 1 \times (-5) + 3 \times 2 + 9|}{\sqrt{2^2 + (-1)^2 + 3^2}} = \frac{26}{\sqrt{14}}, R^2 = \frac{338}{7},$$

得所求球面方程为

$$(x-3)^2 + (y+5)^2 + (z-2)^2 = \frac{338}{7}.$$

3. 方程 $x^2 + y^2 + z^2 - 2x + 4y + 2z = 0$ 表示什么曲面?

【解】 将方程整理,得

$$(x^2 - 2x + 1) + (y^2 + 4y + 4) + (z^2 + 2z + 1) = 1 + 4 + 1,$$

即

$$(x-1)^2 + (y+2)^2 + (z+1)^2 = 6,$$

所以此方程表示以 $(1, -2, -1)$ 为球心,以 $\sqrt{6}$ 为半径的球面.

4. 求与坐标原点 O 及点 $(2, 3, 4)$ 的距离之比为 $1:2$ 的点的全体所组成的曲面的方程,它表示怎样的曲面?

【解】 设曲面上的点 (x, y, z),则

$$\frac{\sqrt{x^2 + y^2 + z^2}}{\sqrt{(x-2)^2 + (y-3)^2 + (z-4)^2}} = \frac{1}{2},$$

化简整理,得 $\left(x + \frac{2}{3}\right)^2 + (y+1)^2 + \left(z + \frac{4}{3}\right)^2 = \left(\frac{2}{3}\sqrt{29}\right)^2,$

它表示以点 $\left(-\frac{2}{3}, -1, -\frac{4}{3}\right)$ 为球心,$\frac{2}{3}\sqrt{29}$ 为半径的球面.

5. 将 zOx 坐标面上的抛物线 $z^2 = 5x$ 绕 x 轴旋转一周,求所生成的旋转曲面的方程.

【解】 抛物线 $z^2 = 5x$ 绕 x 轴旋转,则旋转曲面的方程为 $(\pm\sqrt{y^2 + z^2})^2 = 5x$,即
$$y^2 + z^2 = 5x.$$

6. 将 zOx 坐标面上的圆 $x^2 + z^2 = 9$ 绕 z 轴旋转一周,求所生成的旋转曲面的方程.

【解】 圆 $x^2 + z^2 = 9$ 绕 z 轴旋转,旋转曲面的方程为 $x^2 + y^2 + z^2 = 9$.

7. 将 xOy 坐标面上的双曲线 $4x^2 - 9y^2 = 36$ 分别绕 x 轴及 y 轴旋转一周,求所生成的旋转曲面的方程.

【解】 双曲线 $4x^2 - 9y^2 = 36$ 绕 x 轴旋转,旋转曲面的方程为 $4x^2 - 9y^2 - 9z^2 = 36$;绕 y 轴旋转一周,旋转曲面的方程为 $4x^2 + 4z^2 - 9y^2 = 36$.

8. 画出下列各方程所表示的曲面:

(1) $\left(x - \frac{a}{2}\right)^2 + y^2 = \left(\frac{a}{2}\right)^2$;   (2) $-\frac{x^2}{4} + \frac{y^2}{9} = 1$;   (3) $\frac{x^2}{9} + \frac{z^2}{4} = 1$;

(4) $y^2 - z = 0$;   (5) $z = 2 - x^2$.

【解】 (1) 方程 $\left(x - \frac{a}{2}\right)^2 + y^2 = \left(\frac{a}{2}\right)^2$ 对应的图形如图 8-12 所示;

(2) 方程 $-\dfrac{x^2}{4}+\dfrac{y^2}{9}=1$ 对应的图形如图 8-13 所示；

(3) 方程 $\dfrac{x^2}{9}+\dfrac{z^2}{4}=1$ 对应的图形如图 8-14 所示；

(4) 方程 $y^2-z=0$ 对应的图形如图 8-15 所示；

(5) 方程 $z=2-x^2$ 对应的图形如图 8-16 所示.

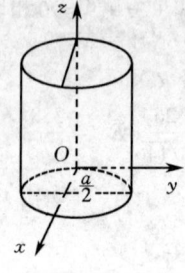

图 8-12

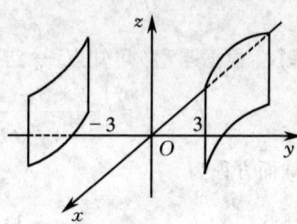

图 8-13

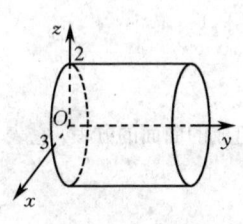

图 8-14

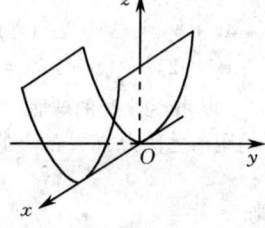

图 8-15

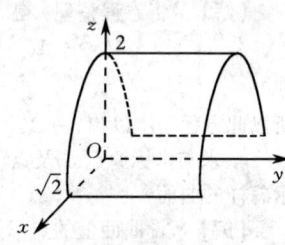

图 8-16

9. 指出下列方程在平面解析几何中和在空间解析几何中分别表示什么图形：
(1) $x=2$；　(2) $y=x+1$；　(3) $x^2+y^2=4$；　(4) $x^2-y^2=1$.

【解】

方　　程	在平面解析几何中表示	在空间解析几何中表示
$x=2$	平行于 y 轴的一直线	与 yOz 坐标面平行的平面
$y=x+1$	斜率及在 y 轴上的截距均为 1 的一直线	平行于 z 轴的一平面
$x^2+y^2=4$	圆心在原点，半径为 2 的圆	轴为 z 轴，半径为 2 的圆柱面
$x^2-y^2=1$	双曲线	母线平行于 z 轴的双曲柱面

10. 说明下列旋转曲面是怎样形成的：

(1) $\dfrac{x^2}{4}+\dfrac{y^2}{9}+\dfrac{z^2}{9}=1$；　　(2) $x^2-\dfrac{y^2}{4}+z^2=1$；

(3) $x^2-y^2-z^2=1$；　　(4) $(z-a)^2=x^2+y^2$.

【解】（1）是 xOy 坐标面上的椭圆 $\dfrac{x^2}{4}+\dfrac{y^2}{9}=1$ 绕 x 轴旋转一周所得，或是 xOz 坐标面上的椭圆 $\dfrac{x^2}{4}+\dfrac{z^2}{9}=1$ 绕 x 轴旋转一周形成；

（2）是 xOy 坐标面上的双曲线 $x^2-\dfrac{y^2}{4}=1$ 绕 y 轴旋转一周所得，或是 yOz 坐标面上的双曲线 $-\dfrac{y^2}{4}+z^2=1$ 绕 y 轴旋转一周形成；

(3) 是 xOy 坐标面上的双曲线 $x^2 - y^2 = 1$ 绕 x 轴旋转一周所得，或是 xOz 坐标面上的双曲线 $x^2 - z^2 = 1$ 绕 x 轴旋转一周形成；

(4) 是 yOz 坐标面上关于 z 轴对称的一对相交直线 $(z-a)^2 = y^2$，即 $z = y + a$ 和 $z = -y + a$ 中之一条绕 z 轴旋转一周所得；或是 xOz 坐标面上关于 z 轴对称的一对相交直线 $(z-a)^2 = x^2$，即 $z = x + a$ 和 $z = -x + a$ 中之一条绕 z 轴旋转一周形成.

11. 画出下列方程所表示的曲面：

(1) $4x^2 + y^2 - z^2 = 4$；　　(2) $x^2 - y^2 - 4z^2 = 4$；　　(3) $\dfrac{z}{3} = \dfrac{x^2}{4} + \dfrac{y^2}{9}$.

【解】 (1) $4x^2 + y^2 - z^2 = 4$ 表示单叶双曲线，图形如图 8-17 所示；

(2) $x^2 - y^2 - 4z^2 = 4$ 表示双叶双曲线，图形如图 8-18 所示；

(3) $\dfrac{z}{3} = \dfrac{x^2}{4} + \dfrac{y^2}{9}$ 表示椭圆抛物面，图形如图 8-19 所示.

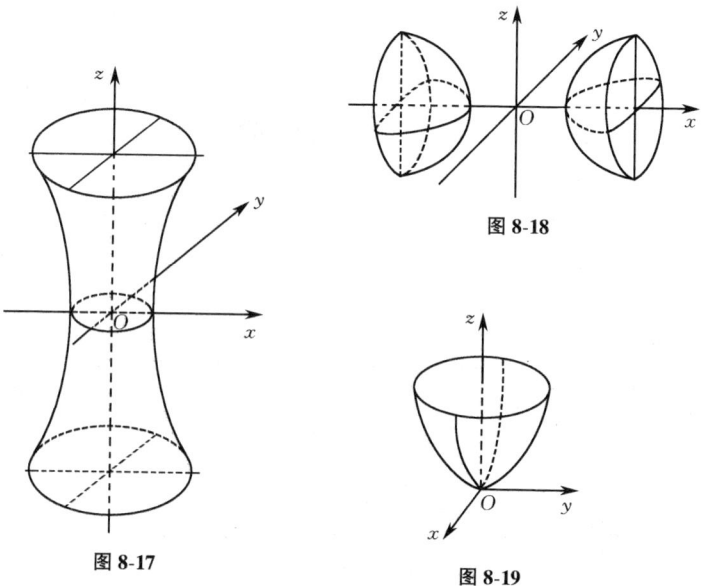

图 8-17　　　　图 8-18　　　　图 8-19

12. 画出下列各曲面所围立体的图形：

(1) $z = 0$，$z = 3$，$x - y = 0$，$x - \sqrt{3}y = 0$，$x^2 + y^2 = 1$（在第 Ⅰ 卦限内）；

(2) $x = 0$，$y = 0$，$z = 0$，$x^2 + y^2 = R^2$，$y^2 + z^2 = R^2$（在第 Ⅰ 卦限内）.

【解】 (1) 如图 8 - 20 所示；(2) 如图 8 - 21 所示。

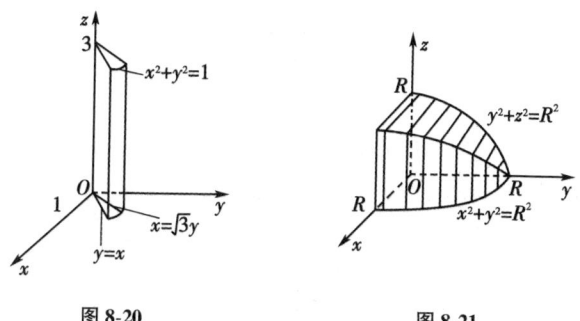

图 8-20　　　　　　　图 8-21

习题 8-6 空间曲线及其方程

1. 画出下列曲线在第 I 卦限内的图形:

(1) $\begin{cases} x = 1, \\ y = 2; \end{cases}$ (2) $\begin{cases} z = \sqrt{4 - x^2 - y^2}, \\ x - y = 0; \end{cases}$ (3) $\begin{cases} x^2 + y^2 = a^2, \\ x^2 + z^2 = a^2. \end{cases}$

【解】 (1) 如图 8-22 所示;(2) 如图 8-23 所示;(3) 如图 8-24 所示.

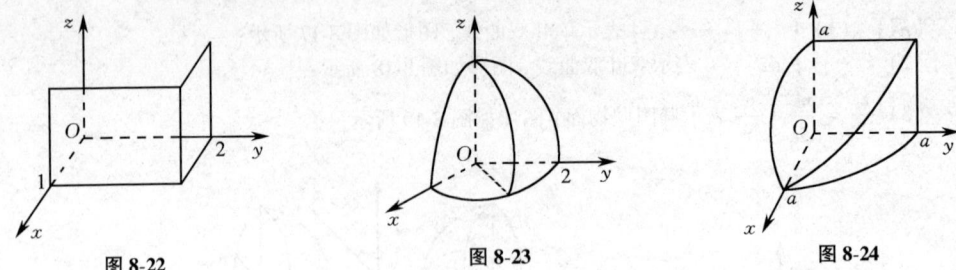

图 8-22　　　　　　　　图 8-23　　　　　　　　图 8-24

2. 指出下列方程组在平面解析几何中与在空间解析几何中分别表示什么图形:

(1) $\begin{cases} y = 5x + 1, \\ y = 2x - 3; \end{cases}$ (2) $\begin{cases} \dfrac{x^2}{4} + \dfrac{y^2}{9} = 1, \\ y = 3. \end{cases}$

【解】 (1) 在平面解析几何中表示两相交直线,两直线的交点为 $\left(-\dfrac{4}{3}, -\dfrac{17}{3}\right)$;在空间解析几何中表示两平面的交线;

(2) 在平面解析几何中表示椭圆与其一切线的交点 $(0, 3)$;在空间解析几何中表示椭圆柱面 $\dfrac{x^2}{4} + \dfrac{y^2}{9} = 1$ 与其切平面 $y = 3$ 的交线.

3. 分别求母线平行于 x 轴及 y 轴而且通过曲线 $\begin{cases} 2x^2 + y^2 + z^2 = 16, \\ x^2 + z^2 - y^2 = 0 \end{cases}$ 的柱面方程.

【解】 方程组消去 x,得母线平行于 x 轴的柱面方程为
$$3y^2 - z^2 = 16.$$
又方程组消去 y,得母线平行于 y 轴的柱面方程为
$$3x^2 + 2z^2 = 16.$$

4. 求下列两曲面的交线在 xOy 面上的投影的方程:

(1) 球面 $x^2 + y^2 + z^2 = 9$ 与平面 $x + z = 1$;

(2) 椭球面 $x^2 + y^2 + 4z^2 = 1$ 与圆锥面 $z^2 = x^2 + y^2$.

【解】 (1) 在 $\begin{cases} x^2 + y^2 + z^2 = 9, \\ x + z = 1 \end{cases}$ 中消去 z,得 $2x^2 - 2x + y^2 = 8$,它表示母线平行于 z 轴的椭圆柱面,故两曲面的交线在 xOy 面上的投影的方程为
$$\begin{cases} 2x^2 - 2x + y^2 = 8, \\ z = 0. \end{cases}$$

(2) 在 $\begin{cases} x^2 + y^2 + 4z^2 = 1, \\ z^2 = x^2 + y^2 \end{cases}$ 中消去 z,得 $x^2 + y^2 = \dfrac{1}{5}$,它表示母线平行于 z 轴的圆柱面,故两曲面的交线在 xOy 面上的投影的方程为
$$\begin{cases} x^2 + y^2 = \dfrac{1}{5}, \\ z = 0. \end{cases}$$

5. 将下列曲线的一般方程化为参数方程:

(1) $\begin{cases} x^2 + y^2 + z^2 = 9, \\ y = x. \end{cases}$

【解】 将 $y = x$ 代入方程 $x^2 + y^2 + z^2 = 9$, 得 $2x^2 + z^2 = 9$, 即

$$\frac{x^2}{\left(\frac{3}{\sqrt{2}}\right)^2} + \frac{z^2}{3^2} = 1.$$

取 $x = \frac{3}{\sqrt{2}}\cos t$, 则 $z = 3\sin t$. 故所求参数方程为 $\begin{cases} x = \frac{3}{\sqrt{2}}\cos t, \\ y = \frac{3}{\sqrt{2}}\cos t, \quad (0 \leq t \leq 2\pi). \\ z = 3\sin t \end{cases}$

(2) $\begin{cases} (x-1)^2 + y^2 + (z+1)^2 = 4, \\ z = 0. \end{cases}$

【解】 将 $z = 0$ 代入 $(x-1)^2 + y^2 + (z+1)^2 = 4$, 得 $(x-1)^2 + y^2 = 3$.
取 $x - 1 = \sqrt{3}\cos t$, 则 $y = \sqrt{3}\sin t$. 故所求曲线参数方程为

$$\begin{cases} x = 1 + \sqrt{3}\cos t, \\ y = \sqrt{3}\sin t, \quad (0 \leq t \leq 2\pi). \\ z = 0 \end{cases}$$

6. 求螺旋线 $\begin{cases} x = a\cos\theta, \\ y = a\sin\theta, \\ z = b\theta \end{cases}$ 在三个坐标面上的投影曲线的直角坐标方程.

【解】 由前两个方程得 $x^2 + y^2 = a^2$, 于是得螺旋线在 xOy 面上的投影方程为 $\begin{cases} x^2 + y^2 = a^2, \\ z = 0. \end{cases}$

由第三个方程得 $$\theta = \frac{z}{b},$$

代入第一个方程, 得 $$\frac{x}{a} = \cos\frac{z}{b},$$

于是得螺旋线在 zOx 面上的投影方程为 $\begin{cases} x = a\cos\frac{z}{b}, \\ y = 0. \end{cases}$

将 $\theta = \frac{z}{b}$ 代入第二个方程, 得 $y = a\sin\frac{z}{b}$, 于是得螺旋线在 yOz 面上的投影方程为

$$\begin{cases} y = a\sin\frac{z}{b}, \\ x = 0. \end{cases}$$

7. 求上半球 $0 \leq z \leq \sqrt{a^2 - x^2 - y^2}$ 与圆柱体 $x^2 + y^2 \leq ax$ $(a > 0)$ 的公共部分在 xOy 面和 zOx 面上的投影.

【解】 如图 8-25 所示.
两立体公共部分在 xOy 面上的投影为

$$x^2 + y^2 = ax.$$

由 $x^2 + y^2 - ax = 0$ 得

$$y^2 = ax - x^2,$$

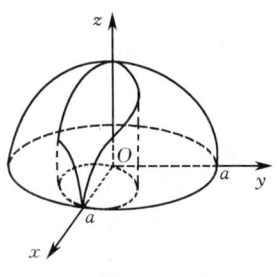

图 8-25

代入 $z = \sqrt{a^2 - x^2 - y^2}$,得
$$z = \sqrt{a^2 - ax} \quad (0 \leq x \leq a),$$
故此立体在 xOz 面上的投影为由 x 轴、z 轴及曲线 $z = \sqrt{a^2 - ax}$ 所围成的区域.

8. 求旋转抛物面 $z = x^2 + y^2$ $(0 \leq z \leq 4)$ 在三坐标面上的投影.

【解】 如图 8-26 所示.

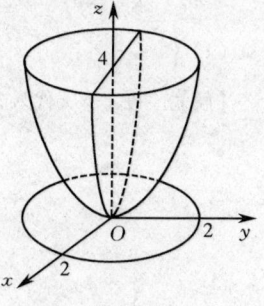

图 8-26

(1) 求在 xOy 面上的投影. 从 $z = x^2 + y^2$ 与 $z = 4$ 消去 z,得
$$x^2 + y^2 = 4,$$
故旋转抛物面在 xOy 面上的投影为
$$x^2 + y^2 \leq 4;$$

(2) 求在 yOz 面上的投影. 从 $z = x^2 + y^2$ 与 $z = 4$ 不可能消去 z,为此,求 $z = x^2 + y^2$ 与 $x = 0$ 的交线 $\begin{cases} x^2 + y^2 = z, \\ x = 0, \end{cases}$ 这交线在 yOz 平面上的方程为 $z = y^2$,它与 $z = 4$ 所围成部分 $y^2 \leq z \leq 4$ 就是所求投影;

(3) 同理可得旋转抛物面 $z = x^2 + y^2$ $(0 \leq z \leq 4)$ 在 xOz 面上的投影为 $x^2 \leq z \leq 4$.

总习题八

1. 填空:

(1) 设在坐标系 $[O; \boldsymbol{i}, \boldsymbol{j}, \boldsymbol{k}]$ 中点 A 和点 M 的坐标依次为 (x_0, y_0, z_0) 和 (x, y, z),则在 $[A; \boldsymbol{i}, \boldsymbol{j}, \boldsymbol{k}]$ 坐标系中,点 M 的坐标为_____,向量 $\overrightarrow{OM}$ 的坐标为_____.

【解】 应填 $(x - x_0, y - y_0, z - z_0)$ 和 (x, y, z).

由新旧坐标系的互换公式 $\begin{cases} x' = x - x_0, \\ y' = y - y_0, \\ z' = z - z_0 \end{cases}$

得,坐标平移后,向量坐标不变,故 $\overrightarrow{OM} = (x, y, z)$.

(2) 设数 $\lambda_1, \lambda_2, \lambda_3$ 不全为 0,使 $\lambda_1 \boldsymbol{a} + \lambda_2 \boldsymbol{b} + \lambda_3 \boldsymbol{c} = \boldsymbol{0}$,则 $\boldsymbol{a}, \boldsymbol{b}, \boldsymbol{c}$ 三个向量是_____的.

【解】 应填共面. 因为 $\lambda_1, \lambda_2, \lambda_3$ 不全为 0,不妨设 $\lambda_1 \neq 0$,则 $\boldsymbol{a} = -\dfrac{\lambda_2}{\lambda_1} \boldsymbol{b} - \dfrac{\lambda_3}{\lambda_1} \boldsymbol{c}$,所以向量 $\boldsymbol{a}$ 在 $\boldsymbol{b}$ 和 $\boldsymbol{c}$ 所决定的平面内.

(3) 设 $\boldsymbol{a} = (2, 1, 2)$,$\boldsymbol{b} = (4, -1, 10)$,$\boldsymbol{c} = \boldsymbol{b} - \lambda \boldsymbol{a}$,且 $\boldsymbol{a} \perp \boldsymbol{c}$,则 $\lambda = $ _____.

【解】 应填 3. 因为
$$\boldsymbol{c} = (4, -1, 10) - \lambda(2, 1, 2) = (4 - 2\lambda, -1 - \lambda, 10 - 2\lambda), \boldsymbol{a} \perp \boldsymbol{c},$$
则
$$\boldsymbol{a} \cdot \boldsymbol{c} = 2(4 - 2\lambda) + (-1 - \lambda) + 2(10 - 2\lambda) = 0,$$
解出 $\lambda = 3$.

(4) 设 $|\boldsymbol{a}| = 3$,$|\boldsymbol{b}| = 4$,$|\boldsymbol{c}| = 5$,且满足 $\boldsymbol{a} + \boldsymbol{b} + \boldsymbol{c} = \boldsymbol{0}$,则 $|\boldsymbol{a} \times \boldsymbol{b} + \boldsymbol{b} \times \boldsymbol{c} + \boldsymbol{c} \times \boldsymbol{a}| = $ _____.

【解】 应填 36.

因为 $\boldsymbol{a} + \boldsymbol{b} + \boldsymbol{c} = \boldsymbol{0}$,所以以 $\boldsymbol{a}, \boldsymbol{b}, \boldsymbol{c}$ 为边可构造一个三角形,又 $|\boldsymbol{a}| = 3$,$|\boldsymbol{b}| = 4$,$|\boldsymbol{c}| = 5$,故所构成的三角形为直角三角形. $\boldsymbol{a} \perp \boldsymbol{b}$.
$$\boldsymbol{c} = -(\boldsymbol{a} + \boldsymbol{b}),$$
$$|\boldsymbol{a} \times \boldsymbol{b} + \boldsymbol{b} \times \boldsymbol{c} + \boldsymbol{c} \times \boldsymbol{a}| = |\boldsymbol{a} \times \boldsymbol{b} + \boldsymbol{c} \times (\boldsymbol{a} - \boldsymbol{b})| = |\boldsymbol{a} \times \boldsymbol{b} + (-\boldsymbol{a} - \boldsymbol{b}) \times (\boldsymbol{a} - \boldsymbol{b})|$$
$$= 3|\boldsymbol{a} \times \boldsymbol{b}| = 3|\boldsymbol{a}||\boldsymbol{b}| \cdot \sin 90° = 36.$$

2. 下列两题中给出了四个结论,从中选择一个正确的结论:

(1) 设直线 L 的方程为 $\begin{cases} x - y + z = 1, \\ 2x + y + z = 4, \end{cases}$ 则 L 的参数方程为( );

A. $\begin{cases} x = 1 - 2t, \\ y = 1 + t, \\ z = 1 + 3t \end{cases}$ B. $\begin{cases} x = 1 - 2t, \\ y = -1 + t, \\ z = 1 + 3t \end{cases}$ C. $\begin{cases} x = 1 - 2t, \\ y = 1 - t, \\ z = 1 + 3t \end{cases}$ D. $\begin{cases} x = 1 - 2t, \\ y = -1 - t, \\ z = 1 + 3t \end{cases}$

(2) 下列结论中，错误的是( ).

A. $z + 2x^2 + y^2 = 0$ 表示椭圆抛物面   B. $x^2 + 2y^2 = 1 + 3z^2$ 表示双叶双曲面
C. $x^2 + y^2 - (z - 1)^2 = 0$ 表示圆锥面   D. $y^2 = 5x$ 表示抛物柱面

【解】 (1) 直线 L 的方向向量 $s = (-2, 1, 3)$，又过点 $(1, 1, 1)$，故选 A；
(2) 方程 $x^2 + 2y^2 = 1 + 3z^2$ 表示单叶双曲面，故选 B.

3. 在 y 轴上求与点 $A(1, -3, 7)$ 和点 $B(5, 7, -5)$ 等距离的点.

【解】 设所求点为 $M(0, y, 0)$，则
$$\sqrt{(0-1)^2 + (y+3)^2 + (0-7)^2} = \sqrt{(0-5)^2 + (y-7)^2 + (0+5)^2},$$
$$y = 2,$$
所求点为 $(0, 2, 0)$.

4. 已知 $\triangle ABC$ 的顶点为 $A(3, 2, -1)$，$B(5, -4, 7)$ 和 $C(-1, 1, 2)$，求从顶点 C 所引中线的长度.

【解】 设 AB 的中点为 D，则 $D(4, -1, 3)$，
$$|\overrightarrow{CD}| = \sqrt{(4+1)^2 + (-1-1)^2 + (3-2)^2} = \sqrt{30},$$
所以从顶点 C 所引中线长为 $\sqrt{30}$.

5. 设 $\triangle ABC$ 的三边 $\overrightarrow{BC} = \boldsymbol{a}$，$\overrightarrow{CA} = \boldsymbol{b}$，$\overrightarrow{AB} = \boldsymbol{c}$，三边中点依次为 D，E，F，试用向量 $\boldsymbol{a}$，$\boldsymbol{b}$，$\boldsymbol{c}$ 表示 $\overrightarrow{AD}$，$\overrightarrow{BE}$，$\overrightarrow{CF}$，并证明 $\overrightarrow{AD} + \overrightarrow{BE} + \overrightarrow{CF} = \boldsymbol{0}$.

【解】 如图 8-27 所示，$\boldsymbol{a}$，$\boldsymbol{b}$，$\boldsymbol{c}$ 是三角形三边的向量，则
$$\boldsymbol{a} + \boldsymbol{b} + \boldsymbol{c} = \boldsymbol{0},$$
$$\overrightarrow{AD} = \overrightarrow{AB} + \overrightarrow{BD} = \boldsymbol{c} + \frac{1}{2}\boldsymbol{a},$$
$$\overrightarrow{BE} = \overrightarrow{BC} + \overrightarrow{CE} = \boldsymbol{a} + \frac{1}{2}\boldsymbol{b},$$
$$\overrightarrow{CF} = \overrightarrow{CA} + \overrightarrow{AF} = \boldsymbol{b} + \frac{1}{2}\boldsymbol{c},$$

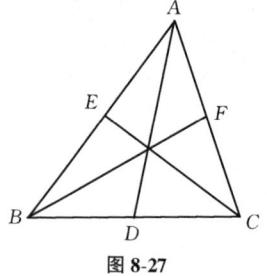

图 8-27

$$\overrightarrow{AD} + \overrightarrow{BE} + \overrightarrow{CF} = \left(\boldsymbol{c} + \frac{1}{2}\boldsymbol{a}\right) + \left(\boldsymbol{a} + \frac{1}{2}\boldsymbol{b}\right) + \left(\boldsymbol{b} + \frac{1}{2}\boldsymbol{c}\right) = \frac{3}{2}(\boldsymbol{a} + \boldsymbol{b} + \boldsymbol{c}) = \boldsymbol{0}.$$

6. 试用向量证明：梯形两腰中点的连线平行于底边，其长度等于上、下两底边长度之和的一半.

【证】 如图 8-28 所示.
$$\overrightarrow{EF} = \overrightarrow{EA} + \overrightarrow{AD} + \overrightarrow{DF}, \quad \overrightarrow{EF} = \overrightarrow{EB} + \overrightarrow{BC} + \overrightarrow{CF},$$
又 $\overrightarrow{EA} = -\overrightarrow{EB}$，$\overrightarrow{DF} = -\overrightarrow{CF}$，故
$$2\overrightarrow{EF} = \overrightarrow{AD} + \overrightarrow{BC}, \quad 即 \overrightarrow{EF} = \frac{1}{2}(\overrightarrow{AD} + \overrightarrow{BC}),$$

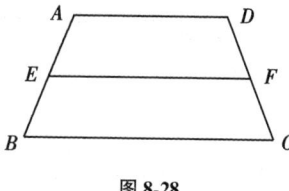

图 8-28

因为 $\overrightarrow{AD} /\!/ \overrightarrow{BC}$，且 $\overrightarrow{AD}$，$\overrightarrow{BC}$ 同向，所以 $\overrightarrow{EF} /\!/ \overrightarrow{BC}$，且 $|\overrightarrow{EF}| = \frac{1}{2}(|\overrightarrow{AD}| + |\overrightarrow{BC}|)$.

7. 设 $|\boldsymbol{a} + \boldsymbol{b}| = |\boldsymbol{a} - \boldsymbol{b}|$，$\boldsymbol{a} = (3, -5, 8)$，$\boldsymbol{b} = (-1, 1, z)$，求 z.

【解】 $a + b = (2, -4, 8+z)$, $a - b = (4, -6, 8-z)$,

则 $2^2 + (-4)^2 + (8+z)^2 = 4^2 + (-6)^2 + (8-z)^2$,

解出 $z = 1$.

8. 设 $|a| = \sqrt{3}$, $|b| = 1$, $(\widehat{a,b}) = \dfrac{\pi}{6}$, 求向量 $a + b$ 与 $a - b$ 的夹角.

【解】 $|a+b|^2 = (a+b)^2 = a^2 + 2a \cdot b + b^2 = 3 + 2 \times \sqrt{3} \times 1 \cdot \cos\dfrac{\pi}{6} + 1 = 7$,

$|a+b| = \sqrt{7}$,

$|a-b|^2 = (a-b)^2 = a^2 - 2a \cdot b + b^2 = 1$,

$|a-b| = 1$.

设 $a+b$ 与 $a-b$ 的夹角为 θ, 则

$$\cos\theta = \dfrac{(a-b) \cdot (a+b)}{|a-b||a+b|} = \dfrac{a^2 - b^2}{\sqrt{7} \times 1} = \dfrac{2}{\sqrt{7}}, \quad \theta = \arccos\dfrac{2}{\sqrt{7}}.$$

9. 设 $(a+3b) \perp (7a-5b)$, $(a-4b) \perp (7a-2b)$, 求 $(\widehat{a,b})$.

【解】 由题意可知 $\begin{cases} (a+3b) \cdot (7a-5b) = 0, \\ (a-4b) \cdot (7a-2b) = 0, \end{cases}$

即 $\begin{cases} 7a^2 + 16a \cdot b - 15b^2 = 0, \\ 7a^2 - 30a \cdot b + 8b^2 = 0, \end{cases}$

解得

$a^2 = 2a \cdot b$, $b^2 = 2a \cdot b$, $\cos(\widehat{a,b}) = \dfrac{a \cdot b}{|a||b|} = \dfrac{a \cdot b}{2a \cdot b} = \dfrac{1}{2}$, $(\widehat{a,b}) = \dfrac{\pi}{3}$.

10. 设向量 $a = (1, -2, 2)$, $b(-2, 1, 2)$, 若存在向量 c, 使 $a \times c = b$, 试求向量 c; 若向量 c 不止一个, 试找出模最小的那个 c.

【解】 因为 a, b 皆为非零向量, 由 $a \times c = b$ 知必有 $a \perp b$, 即 $a \cdot b = 0$, 而 $a \cdot b = -2 - 2 + 4 = 0$, 故知存在向量 $c = (x, y, z)$. 由 $a \times c = b$, 即

$$\begin{vmatrix} i & j & k \\ 1 & -2 & 2 \\ x & y & z \end{vmatrix} = (-2, 1, 2),$$

得 $\begin{cases} y + z = 1, \\ 2x - z = 1, \\ 2x + y = 2, \end{cases}$ 即 $\begin{cases} x = x, \\ y = 2 - 2x, \\ z = 2x - 1, \end{cases}$

$c = (x, 2x - 2, 2x - 1)$.

其中 x 为参数, 可见满足条件的 c 不止一个.

由 $|c| = \sqrt{(3x-2)^2 + 1}$ 知当 $x = \dfrac{2}{3}$ 时 $|c| = 1$ 最小, 此时,

$$c = \left(\dfrac{2}{3}, \dfrac{2}{3}, \dfrac{1}{3}\right).$$

11. 设 $|a| = 4$, $|b| = 3$, $(\widehat{a,b}) = \dfrac{\pi}{6}$, 求以 $a + 2b$ 和 $a - 3b$ 为边的平行四边形的面积.

【解】 以 $a + 2b$ 和 $a - 3b$ 为边的平行四边形的面积为

$S = |(a+2b) \times (a-3b)| = |-5a \times b| = 5|a||b|\sin(\widehat{a,b}) = 5 \times 4 \times 3 \times \sin\dfrac{\pi}{6} = 30$.

12. 设 $a = (2, -3, 1)$, $b = (1, -2, 3)$, $c = (2, 1, 2)$, 向量 r 满足 $r \perp a$, $r \perp b$, $\text{Prj}_c r = 14$, 求 r.

【解】 由 $r \perp a, r \perp b$,可设 $r = \lambda a \times b$,故

$$r = \lambda \begin{vmatrix} i & j & k \\ 2 & -3 & 1 \\ 1 & -2 & 3 \end{vmatrix} = \lambda(-7, -5, -1).$$

又 $$\text{Prj}_c r = \frac{r \cdot c}{|c|} = \frac{\lambda \cdot (-21)}{3} = -7\lambda = 14,$$

解出 $\lambda = -2$,故 $r = (14, 10, 2)$.

13. 设 $a = (-1, 3, 2), b = (2, -3, -4), c = (-3, 12, 6)$,证明三向量 a, b, c 共面,并用 a 和 b 表示 c.

【证】 $$(a \times b) \cdot c = \begin{vmatrix} -1 & 3 & 2 \\ 2 & -3 & -4 \\ -3 & 12 & 6 \end{vmatrix} = 0,$$

所以 a, b, c 三个向量共面.设 $c = \lambda a + \mu b$,则

$(-3, 12, 6) = \lambda(-1, 3, 2) + \mu(2, -3, -4) = (-\lambda + 2\mu, 3\lambda - 3\mu, 2\lambda - 4\mu)$,

$$\begin{cases} -\lambda + 2\mu = -3, \\ 3\lambda - 3\mu = 12, \\ 2\lambda - 4\mu = 6, \end{cases}$$

解得 $\lambda = 5, \mu = 1$,故 $c = 5a + b$.

14. 已知动点 $M(x, y, z)$ 到 xOy 平面的距离与点 M 到点 $(1, -1, 2)$ 的距离相等,求点 M 的轨迹的方程.

【解】 由题设 $z^2 = (x-1)^2 + (y+1)^2 + (z-2)^2$,即

$$4(z-1) = (x-1)^2 + (y+1)^2.$$

15. 指出下列旋转曲面的一条母线和旋转轴:

(1) $z = 2(x^2 + y^2)$.

【解】 母线为 $\begin{cases} x = 0, \\ z = 2y^2, \end{cases}$ 旋转轴为 z 轴.

(2) $\dfrac{x^2}{36} + \dfrac{y^2}{9} + \dfrac{z^2}{36} = 1$.

【解】 母线为 $\begin{cases} x = 0, \\ \dfrac{y^2}{9} + \dfrac{z^2}{36} = 1, \end{cases}$ 旋转轴为 y 轴.

(3) $z^2 = 3(x^2 + y^2)$.

【解】 母线为 $\begin{cases} x = 0, \\ z = \sqrt{3}y, \end{cases}$ 旋转轴为 z 轴.

(4) $x^2 - \dfrac{y^2}{4} - \dfrac{z^2}{4} = 1$.

【解】 母线为 $\begin{cases} z = 0, \\ x^2 - \dfrac{y^2}{4} = 1, \end{cases}$ 旋转轴为 x 轴.

16. 求通过点 $A(3, 0, 0)$ 和 $B(0, 0, 1)$ 且与 xOy 面成 $\dfrac{\pi}{3}$ 角的平面的方程.

【解】 设所求平面的截距式方程为

$$\frac{x}{a} + \frac{y}{b} + \frac{z}{c} = 1.$$

平面过点 $A(3, 0, 0), B(0, 0, 1)$,则 $a = 3, c = 1$.又

$$\left(\frac{1}{a},\frac{1}{b},\frac{1}{c}\right)\cdot(0,0,1)=\sqrt{\frac{1}{a^2}+\frac{1}{b^2}+\frac{1}{c^2}}\cdot\cos\frac{\pi}{3},$$

即
$$1=\sqrt{\frac{1}{9}+\frac{1}{b^2}+1}\cdot\frac{1}{2},\quad \frac{1}{b}=\pm\frac{\sqrt{26}}{3},$$

所求平面方程为 $x+\sqrt{26}y+3z-3=0$ 或 $x-\sqrt{26}y+3z-3=0$.

17. 设一平面垂直于平面 $z=0$,并通过从点 $(1,-1,1)$ 到直线 $\begin{cases}y-z+1=0,\\x=0\end{cases}$ 的垂线,求此平面的方程.

【解】 因为平面垂直于平面 $z=0$,所以可设平面方程为
$$Ax+By+D=0. \qquad ①$$

直线 $\begin{cases}y-z+1=0,\\x=0\end{cases}$ 的方向向量为 $s=\begin{vmatrix}i&j&k\\0&1&-1\\1&0&0\end{vmatrix}=(0,-1,-1)$.

设由点 $(1,-1,1)$ 作直线的垂线,垂足为 $(0,y_0,y_0+1)$,则垂线的方向向量为 $(-1,y_0+1,y_0)$,有

$$(-1,y_0+1,y_0)\cdot(0,-1,-1)=0,\quad y_0=-\frac{1}{2},$$

垂足为 $\left(0,-\frac{1}{2},\frac{1}{2}\right)$.

将点 $(1,-1,1)$, $\left(0,-\frac{1}{2},\frac{1}{2}\right)$ 代入式①,有
$$\begin{cases}A-B+D=0,\\-\frac{1}{2}B+D=0,\end{cases}$$

解得 $B=2D$, $A=D$,故所求平面方程为 $x+2y+1=0$.

18. 求过点 $(-1,0,4)$,且平行于平面 $3x-4y+z-10=0$,又与直线 $\frac{x+1}{1}=\frac{y-3}{1}=\frac{z}{2}$ 相交的直线的方程.

【解】 过点 $(-1,0,4)$ 且与平面 $3x-4y+z-10=0$ 平行的平面方程为 $3(x+1)-4y+(z-4)=0$,即
$$3x-4y+z-1=0. \qquad ①$$

直线 $\frac{x+1}{1}=\frac{y-3}{1}=\frac{z}{2}$ 的参数方程为 $\begin{cases}x=-1+t,\\y=3+t,\\z=2t.\end{cases}$

代入式①,有 $3(-1+t)-4(3+t)+2t-1=0$,
解出 $t=16$,

则所求直线与已知直线的交点为 $(15,19,32)$. 所求直线方程为 $\frac{x+1}{16}=\frac{y}{19}=\frac{z-4}{28}$.

19. 一直线 l 过点 $A(-3,5,-9)$ 且与两直线 $l_1:\begin{cases}y=3x+5,\\z=2x-3,\end{cases}$ $l_2:\begin{cases}y=4x-7,\\z=5x+10\end{cases}$ 相交,求此直线方程.

【解】 所求直线 l 与两直线 l_1, l_2 相交,故直线 l 分别与两直线 l_1, l_2 共面,不妨记这两平面的法向量分别为 n_1, n_2.

直线 l_1 的对称式方程为 $\frac{x}{1}=\frac{y-5}{3}=\frac{z+3}{2}$,可看出直线 l_1 过点 $M_1(0,5,-3)$,方向向量为

$s_1 = (1, 3, 2)$,故 $n_1 = s_1 \times \overrightarrow{AM_1} = \begin{vmatrix} i & j & k \\ 1 & 3 & 2 \\ 3 & 0 & 6 \end{vmatrix} = 9(2, 0, -1)$.

直线 l_2 的对称式方程为 $\dfrac{x}{1} = \dfrac{y+7}{4} = \dfrac{z-10}{5}$,可看出直线 l_2 过点 $M_2(0, -7, 10)$,方向向量为 $s_2 = (1, 4, 5)$,故 $n_2 = s_2 \times \overrightarrow{AM_2} = \begin{vmatrix} i & j & k \\ 1 & 4 & 5 \\ 3 & -12 & 19 \end{vmatrix} = 4(34, -1, -6)$.

因此所求直线的方向向量 $s = n_1 \times n_2 = \begin{vmatrix} i & j & k \\ 2 & 0 & -1 \\ 34 & -1 & -6 \end{vmatrix} = -(1, 22, 2)$,所求直线方程为

$$\frac{x+3}{1} = \frac{y-5}{22} = \frac{z+9}{2}.$$

20. 已知点 $A(1, 0, 0)$ 及点 $B(0, 2, 1)$,试在 z 轴上求一点 C,使 $\triangle ABC$ 的面积最小.

【解】 所求点位于 z 轴,设其坐标为 $C(0, 0, z)$,由向量的几何意义知

$$S_{\triangle ABC} = \frac{1}{2} | \overrightarrow{AB} \times \overrightarrow{AC} |,$$

而

$$\overrightarrow{AB} \times \overrightarrow{AC} = \begin{vmatrix} i & j & k \\ 0-1 & 2-0 & 1-0 \\ 0-1 & 0-0 & z-0 \end{vmatrix} = \begin{vmatrix} i & j & k \\ -1 & 2 & 1 \\ -1 & 0 & z \end{vmatrix}$$

$$= 2zi + (z-1)j + 2k,$$

故

$$S_{\triangle ABC} = \frac{1}{2}\sqrt{(2z)^2 + (z-1)^2 + 2^2} = \frac{1}{2}\sqrt{5z^2 - 2z + 5}.$$

设 $f(x) = 5z^2 - 2z + 5$,则由 $f'(z) = 10z - 2 = 0$ 得 $z = \dfrac{1}{5}$.因 $f''\left(\dfrac{1}{5}\right) = 10 > 0$,故当 $z = \dfrac{1}{5}$ 时,$\triangle ABC$ 的面积取得极小值,由于驻点唯一,故当 $z = \dfrac{1}{5}$,即 C 的坐标为 $\left(0, 0, \dfrac{1}{5}\right)$ 时,$S_{\triangle ABC}$ 最小.

21. 求曲线 $\begin{cases} z = 2 - x^2 - y^2, \\ z = (x-1)^2 + (y-1)^2 \end{cases}$ 在三个坐标平面上的投影曲线的方程.

【解】 方程组消去 z,得在 xOy 平面上的投影曲线方程为 $\begin{cases} x^2 + y^2 = x + y, \\ z = 0; \end{cases}$

方程组消去 y,得在 xOz 平面上的投影曲线方程为 $\begin{cases} 2x^2 + 2xz + z^2 - 4x - 3z + 2 = 0, \\ y = 0; \end{cases}$

方程组消去 x,得在 yOz 平面上的投影曲线方程为 $\begin{cases} 2y^2 + 2yz + z^2 - 4y - 3z + 2 = 0, \\ x = 0. \end{cases}$

22. 求锥面 $z = \sqrt{x^2 + y^2}$ 与柱面 $z^2 = 2x$ 所围成立体在三个坐标面上的投影.

【解】 锥面与柱面的交线在 xOy 平面上的投影方程为

$$\begin{cases} (x-1)^2 + y^2 = 1, \\ z = 0, \end{cases}$$

所以,立体在 xOy 平面上的投影方程为 $\begin{cases} (x-1)^2 + y^2 \leqslant 1, \\ z = 0. \end{cases}$

类似地,可得立体在 xOz 面上的投影方程为 $\begin{cases} x \leqslant z \leqslant \sqrt{2x}, \\ y = 0; \end{cases}$

立体在 yOz 面上的投影方程为 $\begin{cases}\left(\dfrac{z^2}{2}-1\right)^2+y^2\leqslant 1,z\geqslant 0,\\ x=0.\end{cases}$

23. 画出下列各曲面所围立体的图形：

(1) 抛物柱面 $2y^2=x$，平面 $z=0$ 及 $\dfrac{x}{4}+\dfrac{y}{2}+\dfrac{z}{2}=1$；

(2) 抛物柱面 $x^2=1-z$，平面 $y=0$，$z=0$ 及 $x+y=1$；

(3) 圆锥面 $z=\sqrt{x^2+y^2}$ 及旋转抛物面 $z=2-x^2-y^2$；

(4) 旋转抛物面 $x^2+y^2=z$，柱面 $y^2=x$，平面 $z=0$ 及 $x=1$.

【解】 如图 8-29 所示.

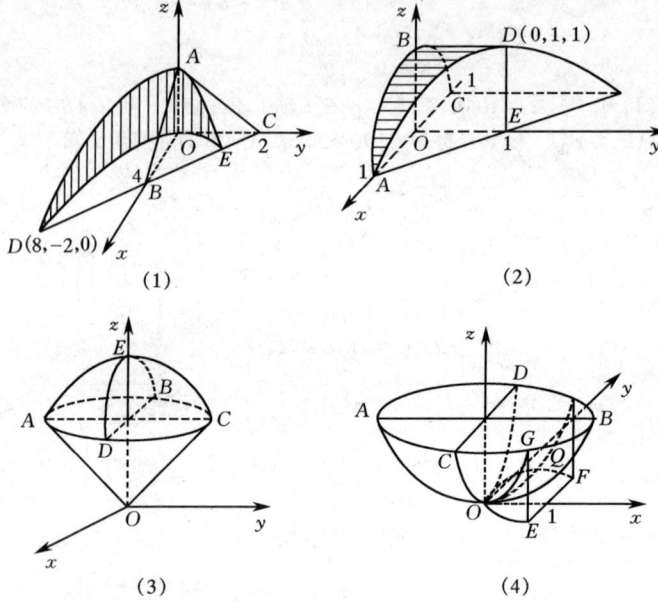

图 8-29

第九章 多元函数微分学及其应用

一、主要内容

(一) 主要定义

1. 二元函数的极限

设函数 $z = f(x, y)$ 在点 $P_0(x_0, y_0)$ 的附近有定义 (点 P_0 可除外),点 P_0 的任一个邻域内都有使 z 有定义的点 $P(x, y)$ 异于 P_0,当点 P 以任意方式趋近于 P_0 时,函数 $f(x, y)$ 相应地趋于一个确定的常数 A,则称 A 为 $f(x, y)$ 当 $x \to x_0$, $y \to y_0$ 时的极限,记作

$$\lim_{(x, y) \to (x_0, y_0)} f(x, y) = A.$$

2. 二元函数在一点连续

设函数 $z = f(x, y)$ 在点 $P_0(x_0, y_0)$ 的某邻域内有定义,若有

$$\lim_{(x, y) \to (x_0, y_0)} f(x, y) = f(x_0, y_0),$$

则称函数 $z = f(x, y)$ 在点 P_0 处连续.

3. 偏导数

设函数 $z = f(x, y)$ 在点 $P_0(x_0, y_0)$ 的某邻域内有定义,若极限

$$\lim_{\Delta x \to 0} \frac{f(x_0 + \Delta x, y_0) - f(x_0, y_0)}{\Delta x}, \text{ 或 } \lim_{x \to x_0} \frac{f(x, y_0) - f(x_0, y_0)}{x - x_0}$$

存在,则称此极限为 $z = f(x, y)$ 在点 P_0 处对 x 的偏导数;称极限

$$\lim_{\Delta y \to 0} \frac{f(x_0, y_0 + \Delta y) - f(x_0, y_0)}{\Delta y}, \text{ 或 } \lim_{y \to y_0} \frac{f(x_0, y) - f(x_0, y_0)}{y - y_0}$$

为 $f(x, y)$ 在 P_0 处对 y 的偏导数. 分别记作

$$\left.\frac{\partial z}{\partial x}\right|_{\substack{x=x_0 \\ y=y_0}}, f_x(x_0, y_0) \text{ 与 } \left.\frac{\partial z}{\partial y}\right|_{\substack{x=x_0 \\ y=y_0}}, f_y(x_0, y_0) \text{ 等}.$$

4. 全微分

若函数 $z = f(x, y)$ 在点 $P_0(x_0, y_0)$ 处的全增量

$$\Delta z = f(x_0 + \Delta x, y_0 + \Delta y) - f(x_0, y_0)$$

可表示为

$$\Delta z = A\Delta x + B\Delta y + o(\rho),$$

其中 A, B 不依赖于 $\Delta x, \Delta y, \rho = \sqrt{(\Delta x)^2 + (\Delta y)^2}$,则称 $z = f(x, y)$ 在点 (x, y) 处可微. 此时表达式

$$A\Delta x + B\Delta y$$

叫作 $z = f(x, y)$ 在点 (x_0, y_0) 处的全微分,记作 $\mathrm{d}z$,即

$$\mathrm{d}z = A\Delta x + B\Delta y \text{ 或 } \mathrm{d}z = A\mathrm{d}x + B\mathrm{d}y.$$

可以证明

$$\mathrm{d}z = f_x(x_0, y_0)\mathrm{d}x + f_y(x_0, y_0)\mathrm{d}y.$$

5. 方向导数

设 $z = f(x, y)$ 在包含 $P(x, y)$, $P'(x + \Delta x, y + \Delta y)$ 的邻域内有定义, $\boldsymbol{l} = (\Delta x, \Delta y)$,则 $f(x, y)$

在 $P(x, y)$ 处沿 l 方向的方向导数定义为

$$\frac{\partial f}{\partial l} = \lim_{\rho \to 0} \frac{f(x + \Delta x, y + \Delta y) - f(x, y)}{\rho}, \quad \rho = \sqrt{(\Delta x)^2 + (\Delta y)^2}.$$

类似地可以定义空间上的方向导数为

$$\frac{\partial f}{\partial l} = \lim_{\rho \to 0} \frac{f(x + \Delta x, y + \Delta y, z + \Delta z) - f(x, y, z)}{\rho}, \quad \rho = \sqrt{(\Delta x)^2 + (\Delta y)^2 + (\Delta z)^2}.$$

6. 梯度(gradient)

设函数 $z = f(x, y)$ 在点 $P(x, y)$ 的某邻域内有连续的一阶偏导数,则向量

$$\frac{\partial f}{\partial x}\boldsymbol{i} + \frac{\partial f}{\partial y}\boldsymbol{j}$$

称为 $z = f(x, y)$ 在点 $P(x, y)$ 处的梯度,记作 $\mathbf{grad}f(x, y)$,即

$$\mathbf{grad}f(x, y) = \frac{\partial f}{\partial x}\boldsymbol{i} + \frac{\partial f}{\partial y}\boldsymbol{j}.$$

注 $\mathbf{grad}f(x, y, z) = \frac{\partial f}{\partial x}\boldsymbol{i} + \frac{\partial f}{\partial y}\boldsymbol{j} + \frac{\partial f}{\partial z}\boldsymbol{k}.$

(二) 主要结论

1. 可微与可偏导的关系

函数 $z = f(x, y)$ 在点 $P_0(x_0, y_0)$ 处可微,则必可偏导,即 $f_x(x_0, y_0)$,$f_y(x_0, y_0)$ 存在,反之不真. 特别地,即使 $f_x(x_0, y_0)$,$f_y(x_0, y_0)$ 存在,函数 $z = f(x, y)$ 在点 $P_0(x_0, y_0)$ 处也不一定连续,当然也不一定可微.

2. 多元复合函数求导法则

(1) 如果 $u = u(x, y)$,$v = v(x, y)$ 在点 (x, y) 处有偏导数,$z = f(u, v)$ 在点 (u, v) 处有连续偏导数,那么 $z = f(u(x, y), v(x, y))$ 在点 $P(x, y)$ 处也有关于 x 或 y 的偏导数,且

$$\frac{\partial z}{\partial x} = \frac{\partial f}{\partial u} \cdot \frac{\partial u}{\partial x} + \frac{\partial f}{\partial v} \cdot \frac{\partial v}{\partial x}, \quad \frac{\partial z}{\partial y} = \frac{\partial f}{\partial u} \cdot \frac{\partial u}{\partial y} + \frac{\partial f}{\partial v} \cdot \frac{\partial v}{\partial y}.$$

在相应的条件下,还有下列求导公式:

(2) 若 $z = f(u, v, w)$,$u = u(x, y)$,$v = v(x, y)$,$w = w(x, y)$,则

$$\frac{\partial z}{\partial x} = \frac{\partial f}{\partial u} \cdot \frac{\partial u}{\partial x} + \frac{\partial f}{\partial v} \cdot \frac{\partial v}{\partial x} + \frac{\partial f}{\partial w} \cdot \frac{\partial w}{\partial x}, \quad \frac{\partial z}{\partial y} = \frac{\partial f}{\partial u} \cdot \frac{\partial u}{\partial y} + \frac{\partial f}{\partial v} \cdot \frac{\partial v}{\partial y} + \frac{\partial f}{\partial w} \cdot \frac{\partial w}{\partial y}.$$

(3) 若 $z = f(u, x, y)$,$u = u(x, y)$,则

$$\frac{\partial z}{\partial x} = \frac{\partial f}{\partial u} \cdot \frac{\partial u}{\partial x} + \frac{\partial f}{\partial x}, \quad \frac{\partial z}{\partial y} = \frac{\partial f}{\partial u} \cdot \frac{\partial u}{\partial y} + \frac{\partial f}{\partial y}.$$

(4) 若 $z = f(u, v, w)$,$u = u(t)$,$v = v(t)$,$w = w(t)$,则

$$\frac{\mathrm{d}z}{\mathrm{d}t} = \frac{\partial f}{\partial u} \cdot \frac{\mathrm{d}u}{\mathrm{d}t} + \frac{\partial f}{\partial v} \cdot \frac{\mathrm{d}v}{\mathrm{d}t} + \frac{\partial f}{\partial w} \cdot \frac{\mathrm{d}w}{\mathrm{d}t}.$$

3. 隐函数的求导公式

(1) 设 $y = y(x)$ 是由方程 $F(x, y) = 0$ 所确定的隐函数,且二元函数 $F(x, y)$ 有连续的偏导数,$F_y(x, y) \neq 0$,则

$$\frac{\mathrm{d}y}{\mathrm{d}x} = -\frac{F_x(x, y)}{F_y(x, y)}.$$

(2) 设 $z = z(x, y)$ 是由方程 $F(x, y, z) = 0$ 所确定的隐函数,三元函数 $F(x, y, z)$ 有连续的偏导数,且 $F_z(x, y, z) \neq 0$,则

$$\frac{\partial z}{\partial x} = -\frac{F_x(x, y, z)}{F_z(x, y, z)}, \quad \frac{\partial z}{\partial y} = -\frac{F_y(x, y, z)}{F_z(x, y, z)}.$$

(3) 方向导数的计算公式

函数 $z = f(x, y)$（或 $u = f(x, y, z)$）在其可微点处沿任何方向 l 的方向导数都存在，且有下列计算公式

$$\frac{\partial f}{\partial l} = \frac{\partial f}{\partial x}\cos\alpha + \frac{\partial f}{\partial y}\cos\beta. \quad \left(空间为 \quad \frac{\partial f}{\partial l} = \frac{\partial f}{\partial x}\cos\alpha + \frac{\partial f}{\partial y}\cos\beta + \frac{\partial f}{\partial z}\cos\gamma\right)$$

其中 α, β 为 l 与 x 轴和 y 轴正向的夹角（α, β, γ 为方向 l 的方向角）.

（三）结论补充

1. $\dfrac{\partial z}{\partial y}, \dfrac{\partial z}{\partial x}$ 在 $P_0(x_0, y_0)$ 点连续，则 $z = f(x, y)$ 在 $P_0(x_0, y_0)$ 处全微分存在.

2. 在 $P_0(x_0, y_0)$ 处 $\dfrac{\partial^2 z}{\partial x \partial y}$ 与 $\dfrac{\partial^2 z}{\partial y \partial x}$ 连续，则两者相等.

3. $z = f(x, y)$ 在 $P_0(x_0, y_0)$ 的某邻域内连续，且有一阶及二阶连续偏导数，又 $f_x(x_0, y_0) = f_y(x_0, y_0) = 0$. 记 $u(x, y) = f_{xx}f_{yy} - f_{xy}^2$，则

$u(P_0) > 0, f_{xx}(P_0) < 0$ 时取极大值；

$u(P_0) > 0, f_{xx}(P_0) > 0$ 时取极小值；

$u(P_0) < 0$ 时不取极值；

$u(P_0) = 0$ 时不能断定.

4. 可微函数 $z = f(x, y)$ 在可微函数 $\varphi(x, y) = 0$ 条件下取极值的必要条件：

令
$$F(x, y) = f(x, y) + \lambda\varphi(x, y),$$

满足

$$\begin{cases} f_x(x, y) + \lambda\varphi_x(x, y) = 0, \\ f_y(x, y) + \lambda\varphi_y(x, y) = 0, \\ \varphi(x, y) = 0. \end{cases}$$

5. 曲线

$$\begin{cases} x = \varphi(t), \\ y = \psi(t), \\ z = \omega(t) \end{cases}$$

在 $P_0(x_0, y_0, z_0)$ 处的切线方程和法平面方程分别为

$$\frac{x - x_0}{\varphi'(t_0)} = \frac{y - y_0}{\psi'(t_0)} = \frac{z - z_0}{\omega'(t_0)},$$

$$\varphi'(t_0)(x - x_0) + \psi'(t_0)(y - y_0) + \omega'(t_0)(z - z_0) = 0.$$

6. 曲面 $F(x, y, z) = 0$ 在 $P_0(x_0, y_0, z_0)$ 处的切平面方程和法线方程分别为

$$F_x(P_0)(x - x_0) + F_y(P_0)(y - y_0) + F_z(P_0)(z - z_0) = 0;$$

$$\frac{x - x_0}{F_x(P_0)} = \frac{y - y_0}{F_y(P_0)} = \frac{z - z_0}{F_z(P_0)}.$$

7. 全微分的几何意义

曲面 $z = f(x, y)$ 在点 $M_0(x_0, y_0, z_0)$ 处切平面上 z 坐标的增量就是全微分.

注 切平面

$$z - z_0 = f_x(x_0, y_0)(x - x_0) + f_y(x_0, y_0)(y - y_0),$$

记
$$\Delta x = x - x_0, \Delta y = y - y_0,$$

则全微分
$$dz = f_x(x_0, y_0)\Delta x + f_y(x_0, y_0)\Delta y.$$

8. 由两空间曲面决定的空间曲线

$$\Gamma: \begin{cases} F(x, y, z) = 0, \\ G(x, y, z) = 0 \end{cases}$$

的切向量为

$$T = \begin{vmatrix} i & j & k \\ F_x & F_y & F_z \\ G_x & G_y & G_z \end{vmatrix}.$$

9. 记 $e = \cos\alpha i + \cos\beta j$，$\alpha, \beta$ 为 l 的方向角，则

$$\frac{\partial f}{\partial l} = \mathbf{grad} f \cdot e.$$

10. 设 u, v 都是 x, y, z 的函数，u, v 具有各连续偏导数，f 可导，则有

(1) $\mathbf{grad}(u + cv) = \mathbf{grad} u + c\mathbf{grad} v$；

(2) $\mathbf{grad}(uv) = v\mathbf{grad} u + u\mathbf{grad} v$；

(3) $\mathbf{grad}\left(\dfrac{u}{v}\right) = \dfrac{1}{v^2}(v\mathbf{grad} u - u\mathbf{grad} v)$ $(v \neq 0)$；

(4) $\mathbf{grad} f(u) = f'(u)\mathbf{grad} u$.

二、典型例题

(一) 求导运算

1. 分段函数

【例 9-1】 设

$$f(x, y) = \begin{cases} \dfrac{xy}{\sqrt{x^2 + y^2}}, & x^2 + y^2 \neq 0, \\ 0, & x^2 + y^2 = 0, \end{cases}$$

试讨论 $f(x, y)$ 在点 $(0, 0)$ 处的连续性、偏导数存在性及函数的可微性.

【解】 $\forall \varepsilon > 0$，取 $\delta = 2\varepsilon$，当 $0 < \sqrt{x^2 + y^2} < \delta$ 时，恒有

$$\left|\frac{xy}{\sqrt{x^2 + y^2}} - 0\right| \leq \frac{1}{\sqrt{x^2 + y^2}} \cdot \frac{x^2 + y^2}{2} = \frac{1}{2}\sqrt{x^2 + y^2} < \frac{1}{2}\delta = \frac{1}{2} \cdot 2\varepsilon = \varepsilon,$$

故 $f(x, y)$ 在 $(0, 0)$ 处连续.

$$f_x(0, 0) = \lim_{x \to 0} \frac{f(x, 0) - f(0, 0)}{x - 0} = \lim_{x \to 0} \frac{0 - 0}{x} = 0.$$

类似地，$f_y(0, 0) = 0$.

$f(x, y)$ 在 $(0, 0)$ 处不可微，详见教材 71 页.

【例 9-2】 设

$$f(x, y) = \begin{cases} xy \cdot \dfrac{x^2 - y^2}{x^2 + y^2}, & x^2 + y^2 \neq 0, \\ 0, & x^2 + y^2 = 0, \end{cases}$$

试求 $f_{xy}(0, 0)$ 和 $f_{yx}(0, 0)$.

【解】 容易求得

$$f_x(0, 0) = 0, f_y(0, 0) = 0.$$

当 $y \neq 0$ 时，

$$f_x(0, y) = \lim_{x \to 0} \frac{f(x, y) - f(0, y)}{x - 0} = \lim_{x \to 0} \frac{y(x^2 - y^2)}{x^2 + y^2} = -y,$$

$$f_{xy}(0, 0) = \lim_{y \to 0} \frac{f_x(0, y) - f_x(0, 0)}{y - 0} = \lim_{y \to 0} \frac{-y}{y} = -1;$$

当 $x \neq 0$ 时,
$$f_y(x, 0) = \lim_{y \to 0} \frac{f(x, y) - f(x, 0)}{y - 0} = \lim_{y \to 0} \frac{x(x^2 - y^2)}{x^2 + y^2} = x.$$
类似于 $f_{xy}(0, 0)$ 的求法,得 $f_{yx} = (0, 0) = 1$.

【例 9-3】 设 $f(x, y) = \begin{cases} (x^2 + y^2)\sin\dfrac{1}{x^2 + y^2}, & x^2 + y^2 \neq 0, \\ 0, & x^2 + y^2 = 0, \end{cases}$

证明:$f(x, y)$ 在 $(0, 0)$ 处偏导数不连续但可微分.

【证】 $f_x(0, 0) = \lim_{x \to 0} \dfrac{f(x, 0) - f(0, 0)}{x} = \lim_{x \to 0} \dfrac{x^2 \sin\dfrac{1}{x^2}}{x} = \lim_{x \to 0} x\sin\dfrac{1}{x} = 0.$

类似地 $f_y(0, 0) = 0;$

$$f_x(x, y) = \begin{cases} 2x\sin\dfrac{1}{x^2 + y^2} - \dfrac{2x}{x^2 + y^2}\cos\dfrac{1}{x^2 + y^2}, & x^2 + y^2 \neq 0, \\ 0, & x^2 + y^2 = 0; \end{cases}$$

$$f_y(x, y) = \begin{cases} 2y\sin\dfrac{1}{x^2 + y^2} - \dfrac{2y}{x^2 + y^2}\cos\dfrac{1}{x^2 + y^2}, & x^2 + y^2 \neq 0, \\ 0, & x^2 + y^2 = 0. \end{cases}$$

$\lim\limits_{\substack{y = x \\ x \to 0}} f_x(x, y) = \lim\limits_{x \to 0} \left(2x\sin\dfrac{1}{2x^2} - \dfrac{1}{x}\cos\dfrac{1}{2x^2}\right)$ 不存在,故偏导数不连续.

$$\Delta z = f_x(0, 0)\Delta x + f_y(0, 0)\Delta y + \alpha,$$
$$\alpha = [(\Delta x)^2 + (\Delta y)^2]\sin\dfrac{1}{(\Delta x)^2 + (\Delta y)^2},$$
$$\lim_{(\Delta x, \Delta y) \to (0, 0)} \dfrac{\alpha}{\rho} = \lim_{(\Delta x, \Delta y) \to (0, 0)} \sqrt{(\Delta x)^2 + (\Delta y)^2} \cdot \sin\dfrac{1}{(\Delta x)^2 + (\Delta y)^2} = 0,$$

故可微分.

2. 复合函数

【例 9-4】 $z = f(x^2 - y^2, xy)$,求 $\dfrac{\partial^2 z}{\partial x \partial y}, \dfrac{\partial^2 z}{\partial x^2}, \dfrac{\partial^2 z}{\partial y^2}$,已知 $f(u, v)$ 二阶偏导数连续.

【解】 设 $u = x^2 - y^2, v = xy$,则
$$\dfrac{\partial z}{\partial x} = 2x\dfrac{\partial z}{\partial u} + y\dfrac{\partial z}{\partial v},$$

注意到 $\dfrac{\partial z}{\partial u}, \dfrac{\partial z}{\partial v}$ 仍然是 u 与 v 的函数. 于是
$$\dfrac{\partial^2 z}{\partial x \partial y} = 2x\left[\dfrac{\partial^2 z}{\partial u^2}(-2y) + \dfrac{\partial^2 z}{\partial u \partial v} \cdot x\right] + \dfrac{\partial z}{\partial v} + y\left[\dfrac{\partial^2 z}{\partial v \partial u}(-2y) + \dfrac{\partial^2 z}{\partial v^2} \cdot x\right]$$
$$= \dfrac{\partial z}{\partial v} - 4xy\dfrac{\partial^2 z}{\partial u^2} + (2x^2 - 2y^2)\dfrac{\partial^2 z}{\partial u \partial v} + xy\dfrac{\partial^2 z}{\partial v^2}.$$

类似地,可求得
$$\dfrac{\partial^2 z}{\partial x^2} = 2\dfrac{\partial z}{\partial u} + 4x^2\dfrac{\partial^2 z}{\partial u^2} + 4xy\dfrac{\partial^2 z}{\partial u \partial v} + y^2\dfrac{\partial^2 z}{\partial v^2}, \quad \dfrac{\partial^2 z}{\partial y^2} = -2\dfrac{\partial z}{\partial u} + 4y^2\dfrac{\partial^2 z}{\partial u^2} - 4xy\dfrac{\partial^2 z}{\partial u \partial v} + x^2\dfrac{\partial^2 z}{\partial v^2}.$$

【例 9-5】 设 $u = yf\left(\dfrac{x}{y}\right) + xg\left(\dfrac{y}{x}\right)$,$f$ 与 g 都具有连续二阶偏导数. 求 $x\dfrac{\partial^2 u}{\partial x^2} + y\dfrac{\partial^2 u}{\partial x \partial y}$.

【解】 $\dfrac{\partial u}{\partial x} = yf'\left(\dfrac{x}{y}\right) \cdot \dfrac{1}{y} + g\left(\dfrac{y}{x}\right) + xg'\left(\dfrac{y}{x}\right)\left(-\dfrac{y}{x^2}\right) = f'\left(\dfrac{x}{y}\right) + g\left(\dfrac{y}{x}\right) - \dfrac{y}{x}g'\left(\dfrac{y}{x}\right),$

$\dfrac{\partial^2 u}{\partial x^2} = \dfrac{1}{y}f''\left(\dfrac{x}{y}\right) - \dfrac{y}{x^2}g'\left(\dfrac{y}{x}\right) + \dfrac{y}{x^2}g'\left(\dfrac{y}{x}\right) + \dfrac{y^2}{x^3}g''\left(\dfrac{y}{x}\right) = \dfrac{1}{y}f''\left(\dfrac{x}{y}\right) + \dfrac{y^2}{x^3}g''\left(\dfrac{y}{x}\right),$

$\dfrac{\partial^2 u}{\partial x \partial y} = -\dfrac{x}{y^2}f''\left(\dfrac{x}{y}\right) + \dfrac{1}{x}g'\left(\dfrac{y}{x}\right) - \dfrac{1}{x}g'\left(\dfrac{y}{x}\right) - \dfrac{y}{x}g''\left(\dfrac{y}{x}\right) \cdot \dfrac{1}{x} = -\dfrac{x}{y^2}f''\left(\dfrac{x}{y}\right) - \dfrac{y}{x^2}g''\left(\dfrac{y}{x}\right),$

$x\dfrac{\partial^2 u}{\partial x^2} + y\dfrac{\partial^2 u}{\partial x \partial y} = x\left[\dfrac{1}{y}f''\left(\dfrac{x}{y}\right) + \dfrac{y^2}{x^3}g''\left(\dfrac{y}{x}\right)\right] + y\left[-\dfrac{x}{y^2}f''\left(\dfrac{x}{y}\right) - \dfrac{y}{x^2}g''\left(\dfrac{y}{x}\right)\right]$

$= \dfrac{x}{y}f''\left(\dfrac{x}{y}\right) - \dfrac{y^2}{x^2}g''\left(\dfrac{y}{x}\right) - \dfrac{x}{y}f''\left(\dfrac{x}{y}\right) - \dfrac{y^2}{x^2}g''\left(\dfrac{y}{x}\right) = 0.$

【例 9-6】 设 $w = f(u)$ 二阶可导,且
$$u = \ln\sqrt{(x-a)^2 + (y-b)^2 + (z-c)^2},$$
求 $\dfrac{\partial^2 w}{\partial x^2} + \dfrac{\partial^2 w}{\partial y^2} + \dfrac{\partial^2 w}{\partial z^2}.$

【解】 令 $r = \sqrt{(x-a)^2 + (y-b)^2 + (z-c)^2}$,于是 $u = \ln r$,则

$\dfrac{\partial w}{\partial x} = f'(u)\dfrac{\partial u}{\partial x} = f'(u)\dfrac{du}{dr}\dfrac{\partial r}{\partial x} = f'(u)\dfrac{1}{r}\dfrac{x-a}{r} = f'(u)(x-a)r^{-2},$

$\dfrac{\partial^2 w}{\partial x^2} = f''(u)\dfrac{(x-a)^2}{r^4} + \dfrac{f'(u)}{r^2} - \dfrac{2(x-a)^2}{r^4}f'(u).$

由对称性,有

$\dfrac{\partial^2 w}{\partial y^2} = f''(u)\dfrac{(y-b)^2}{r^4} + \dfrac{f'(u)}{r^2} - \dfrac{2(y-b)^2}{r^4}f'(u),$

$\dfrac{\partial^2 w}{\partial z^2} = f''(u)\dfrac{(z-c)^2}{r^4} + \dfrac{f'(u)}{r^2} - \dfrac{2(z-c)^2}{r^4}f'(u),$

$\dfrac{\partial^2 w}{\partial x^2} + \dfrac{\partial^2 w}{\partial y^2} + \dfrac{\partial^2 w}{\partial z^2} = \dfrac{f''(u)[(x-a)^2 + (y-b)^2 + (z-c)^2]}{r^4} + \dfrac{3f'(u)}{r^2} -$

$\dfrac{2[(x-a)^2 + (y-b)^2 + (z-c)^2]}{r^4}f'(u)$

$= \dfrac{f''(u)}{r^2} + \dfrac{3f'(u)}{r^2} - \dfrac{2f'(u)}{r^2} = \dfrac{f''(u) + f'(u)}{r^2}.$

3. 隐函数

【例 9-7】 设 $z = z(x,y)$ 由方程 $F\left(x + \dfrac{z}{y}, y + \dfrac{z}{x}\right) = 0$ 所确定,且 $F(u,v)$ 具有连续偏导数,则
$$z = xy + x\dfrac{\partial z}{\partial x} + y\dfrac{\partial z}{\partial y}.$$

【证】 令 $u = x + \dfrac{z}{y}, v = y + \dfrac{z}{x}$,则
$$F(u,v) = 0,$$
$$F_u \cdot \left(1 + \dfrac{1}{y}\dfrac{\partial z}{\partial x}\right) + F_v \cdot \left(\dfrac{\dfrac{\partial z}{\partial x} \cdot x - z}{x^2}\right) = 0.$$

解出
$$\dfrac{\partial z}{\partial x} = \dfrac{zF_v - x^2 F_u}{xF_u + yF_v} \cdot \dfrac{y}{x}.$$

类似地有
$$\frac{\partial z}{\partial y} = \frac{zF_u - y^2 F_v}{xF_u + yF_v} \cdot \frac{x}{y},$$

于是
$$xy + x\frac{\partial z}{\partial x} + y\frac{\partial z}{\partial y} = xy + x \cdot \frac{zF_v - x^2 F_u}{xF_u + yF_v} \cdot \frac{y}{x} + y \cdot \frac{zF_u - y^2 F_v}{xF_u + yF_v} \cdot \frac{x}{y}$$
$$= xy + \frac{yzF_v - x^2 yF_u + xzF_u - y^2 xF_v}{xF_u + yF_v} = xy + \frac{z(yF_v + xF_u) - xy(xF_u + yF_v)}{xF_u + yF_v} = z.$$

【例 9-8】 设 $x^2 + 2y^2 + 3z^2 + xy - z = 0$，当 $x = 1, y = -2, z = 1$ 时，求 $\frac{\partial^2 z}{\partial x^2}, \frac{\partial^2 z}{\partial x \partial y}, \frac{\partial^2 z}{\partial y^2}$ 的值．

【解】 将所给方程两边对 x 及 y 分别求偏导数，得

$$\begin{cases} 2x + 6z\dfrac{\partial z}{\partial x} + y - \dfrac{\partial z}{\partial x} = 0, & \text{①} \\ 4y + 6z\dfrac{\partial z}{\partial y} + x - \dfrac{\partial z}{\partial y} = 0. & \text{②} \end{cases}$$

以 $x = 1, y = -2, z = 1$ 代入式①，②，得
$$\frac{\partial z}{\partial x} = 0, \frac{\partial z}{\partial y} = \frac{7}{5}.$$

将式①及②再对 x 及 y 求偏导数得

$$\begin{cases} 2 + 6z\dfrac{\partial^2 z}{\partial x^2} + 6\left(\dfrac{\partial z}{\partial x}\right)^2 - \dfrac{\partial^2 z}{\partial x^2} = 0, & \text{③} \\ 6z\dfrac{\partial^2 z}{\partial x \partial y} + 6\dfrac{\partial z}{\partial x}\dfrac{\partial z}{\partial y} + 1 - \dfrac{\partial^2 z}{\partial x \partial y} = 0, & \text{④} \\ 4 + 6z\dfrac{\partial^2 z}{\partial y^2} + 6\left(\dfrac{\partial z}{\partial y}\right)^2 - \dfrac{\partial^2 z}{\partial y^2} = 0. & \text{⑤} \end{cases}$$

再将 $x = 1, y = -2, z = 1, \dfrac{\partial z}{\partial x} = 0, \dfrac{\partial z}{\partial y} = \dfrac{7}{5}$ 代入式③、④及⑤解出

$$\frac{\partial^2 z}{\partial x^2} = -\frac{2}{5}, \frac{\partial^2 z}{\partial x \partial y} = -\frac{1}{5}, \frac{\partial^2 z}{\partial y^2} = -\frac{394}{125}.$$

【例 9-9】 $z = x^2 + y^2$ 中 $y = y(x)$ 由方程 $x^2 - xy + y^2 = 1$ 定义，求 $\dfrac{\mathrm{d}z}{\mathrm{d}x}$．

【解】 将 $x^2 + y^2 - xy = 1$ 两边对 x 求导数，得
$$2x - y - x\frac{\mathrm{d}y}{\mathrm{d}x} + 2y\frac{\mathrm{d}y}{\mathrm{d}x} = 0,$$

解出
$$\frac{\mathrm{d}y}{\mathrm{d}x} = \frac{2x - y}{x - 2y}.$$

将 $z = x^2 + y^2$ 两边对 x 求导数，得 $\dfrac{\mathrm{d}z}{\mathrm{d}x} = 2x + 2y\dfrac{\mathrm{d}y}{\mathrm{d}x}$，

再将 $\dfrac{\mathrm{d}y}{\mathrm{d}x}$ 的表示式代入此式，得 $\dfrac{\mathrm{d}z}{\mathrm{d}x} = \dfrac{2(x^2 - y^2)}{x - 2y}.$

【例 9-10】 设 $\begin{cases} x^2 + y^2 + z^2 = 50, \\ x + 2y + 3z = 4, \end{cases}$ 确定 y 与 z 为 x 的函数，求 $\dfrac{\mathrm{d}y}{\mathrm{d}x}, \dfrac{\mathrm{d}z}{\mathrm{d}x}$．

【解】 将上面方程两边对 x 求导，得

解出
$$\begin{cases} 2x + 2y\dfrac{dy}{dx} + 2z\dfrac{dz}{dx} = 0, \\ 1 + 2\dfrac{dy}{dx} + 3\dfrac{dz}{dx} = 0, \end{cases}$$

$$\begin{cases} \dfrac{dy}{dx} = \dfrac{z - 3x}{3y - 2z}, \\ \dfrac{dz}{dx} = \dfrac{2x - y}{3y - 2z}. \end{cases}$$

4. 全微分与全导数

【例 9-11】 $z = (x^2 + y^2)e^{\frac{x^2+y^2}{xy}}$,求 dz.

【解】 $\dfrac{\partial z}{\partial x} = 2xe^{\frac{x^2+y^2}{xy}} + (x^2 + y^2)\left(\dfrac{1}{y} - \dfrac{y}{x^2}\right)e^{\frac{x^2+y^2}{xy}} = e^{\frac{x^2+y^2}{xy}}\left(2x + \dfrac{x^2}{y} - \dfrac{y^3}{x^2}\right).$

类似地有 $\dfrac{\partial z}{\partial y} = e^{\frac{x^2+y^2}{xy}}\left(2y + \dfrac{y^2}{x} - \dfrac{x^3}{y^2}\right),$

故 $dz = e^{\frac{x^2+y^2}{xy}}\left[\left(2x + \dfrac{x^2}{y} - \dfrac{y^3}{x^2}\right)dx + \left(2y + \dfrac{y^2}{x} - \dfrac{x^3}{y^2}\right)dy\right].$

【例 9-12】 $z = e^{x-2y}$, $x = \sin t$, $y = t^3$,求 $\dfrac{dz}{dt}$.

【解法 1】 $\dfrac{dz}{dt} = \dfrac{\partial z}{\partial x}\dfrac{dx}{dt} + \dfrac{\partial z}{\partial y}\dfrac{dy}{dt} = e^{x-2y} \cdot \cos t + (-2e^{x-2y}) \cdot 3t^2 = e^{\sin t - 2t^3}(\cos t - 6t^2).$

【解法 2】 先将 $x = \sin t$, $y = t^3$ 代入 $z = e^{x-2y}$,得 $z = e^{\sin t - 2t^3}$. 再对 t 求导,有

$$\dfrac{dz}{dt} = e^{\sin t - 2t^3} \cdot (\sin t - 2t^3)' = e^{\sin t - 2t^3} \cdot (\cos t - 6t^2).$$

(二) 几何应用

1. 空间曲线的切线与法平面

【例 9-13】 求曲线
$$\Gamma: \begin{cases} x = \int_0^t e^u \cos u\, du, \\ y = 2\sin t + \cos t, \\ z = 1 + e^{3t} \end{cases}$$
在 $t = 0$ 处的切线方程和法平面方程.

【解】 当 $t = 0$ 时,对应 Γ 上点 $P(0, 1, 2)$. 切向量为

$$\boldsymbol{T} = (x'(t), y'(t), z'(t)) = (e^t \cos t, 2\cos t - \sin t, 3e^{3t}),$$

$$\boldsymbol{T}\Big|_P = (e^t \cos t, 2\cos t - \sin t, 3e^{3t})\Big|_{t=0} = (1, 2, 3).$$

所求切线方程为 $\dfrac{x - 0}{1} = \dfrac{y - 1}{2} = \dfrac{z - 2}{3}.$

所求法平面方程为 $x + 2(y - 1) + 3(z - 2) = 0,$

化简为 $x + 2y + 3z - 8 = 0.$

【例 9-14】 求曲线
$$\Gamma: \begin{cases} 2x^2 + y^2 + z^2 = 45, \\ x^2 + 2y^2 = z \end{cases}$$

在点 $P(-2, 1, 6)$ 处的切线方程和法平面方程.

【解】记 $F = 2x^2 + y^2 + z^2 - 45$, $G = x^2 + 2y^2 - z$, 则切向量为

$$T = \begin{vmatrix} i & j & k \\ F_x & F_y & F_z \\ G_x & G_y & G_z \end{vmatrix} = \begin{vmatrix} i & j & k \\ 4x & 2y & 2z \\ 2x & 4y & -1 \end{vmatrix} = -(2y + 8yz)i + (4x + 4xz)j + 12xyk,$$

$$T\big|_P = (-2y - 8yz, 4x + 4xz, 12xy)\big|_P = (-50, -56, -24).$$

可取 $\tilde{T}_1 = (25, 28, 12)$ 作为切向量.

所求切线方程为 $\dfrac{x+2}{25} = \dfrac{y-1}{28} = \dfrac{z-6}{12}$.

所求法平面方程为 $25x + 28y + 12z - 50 = 0$.

【例 9-15】 求曲线

$$\begin{cases} x^2 + y^2 + z^2 - 3x = 0, \\ 2x - 3y + 5z - 4 = 0 \end{cases}$$

在点 $(1, 1, 1)$ 处的切线方程及法平面方程.

【解】 将曲线方程对 x 求导, 得

$$\begin{cases} 2x + 2y\dfrac{dy}{dx} + 2z\dfrac{dz}{dx} - 3 = 0, \\ 2 - 3\dfrac{dy}{dx} + 5\dfrac{dz}{dx} = 0. \end{cases}$$

解出 $\dfrac{dy}{dx} = \dfrac{-15 + 10x - 4z}{-10y - 6z}$, $\dfrac{dz}{dx} = \dfrac{4y + 6x - 9}{-10y - 6z}$,

$$\dfrac{dy}{dx}\bigg|_{(1,1,1)} = \dfrac{9}{16}, \quad \dfrac{dz}{dx}\bigg|_{(1,1,1)} = -\dfrac{1}{16}.$$

切向量为 $\left(1, \dfrac{9}{16}, -\dfrac{1}{16}\right)$ 或 $(16, 9, -1)$.

切线方程为 $\dfrac{x-1}{16} = \dfrac{y-1}{9} = \dfrac{z-1}{-1}$.

法平面方程为 $16x + 9y - z - 24 = 0$.

2. 空间曲面的切平面和法线

【例 9-16】 在椭圆抛物面 $z = x^2 + \dfrac{1}{4}y^2 - 1$ 上求一点 P, 使过 P 点的切平面与平面 $2x + y + z = 0$ 平行, 并求过 P 点的切平面与法线.

【解】 曲面上任一点 $P_0(x_0, y_0, z_0)$ 处的法向量为

$$n_1 = \left(2x_0, \dfrac{1}{2}y_0, -1\right).$$

已知平面的法向量为 $n_2 = (2, 1, 1)$. 当且仅当 $n_1 \parallel n_2$, 即当

$$\dfrac{2x_0}{2} = \dfrac{\dfrac{1}{2}y_0}{1} = \dfrac{-1}{1}$$

时, 两平面平行.

将 $x_0 = -1$, $y_0 = -2$ 代入椭圆抛物面方程中, 得 $z_0 = 1$. 满足条件的点是

$$P(-1, -2, 1).$$

所求切平面方程为 $2x + y + z + 3 = 0$.

所求法线方程为
$$\frac{x+1}{2} = \frac{y+2}{1} = \frac{z-1}{1}.$$

【例 9-17】 在椭球面 $\frac{x^2}{a^2} + \frac{y^2}{b^2} + \frac{z^2}{c^2} = 1$ 上求一个截取各坐标轴正半轴为相等线段的切平面.

【解】 $F(x,y,z) = \frac{x^2}{a^2} + \frac{y^2}{b^2} + \frac{z^2}{c^2} - 1$，切点为 $M_0(x_0, y_0, z_0)$，

$$F_x(M_0) = \frac{2x_0}{a^2}, \quad F_y(M_0) = \frac{2y_0}{b^2}, \quad F_z(M_0) = \frac{2z_0}{c^2}.$$

切平面方程为
$$\frac{2x_0}{a^2}(x - x_0) + \frac{2y_0}{b^2}(y - y_0) + \frac{2z_0}{c^2}(z - z_0) = 0,$$

即
$$\frac{x_0}{a^2}x + \frac{y_0}{b^2}y + \frac{z_0}{c^2}z = 1.$$

各轴上截距为
$$x = \frac{a^2}{x_0}, \quad y = \frac{b^2}{y_0}, \quad z = \frac{c^2}{z_0}.$$

依题意应有 $x = y = z = k \quad (k > 0)$，

故 $x_0 = \frac{a^2}{k}, \quad y_0 = \frac{b^2}{k}, \quad z_0 = \frac{c^2}{k}$，

有
$$\frac{\frac{a^4}{k^2}}{a^2} + \frac{\frac{b^4}{k^2}}{b^2} + \frac{\frac{c^4}{k^2}}{c^2} = 1,$$

即 $\frac{a^2}{k^2} + \frac{b^2}{k^2} + \frac{c^2}{k^2} = 1, \quad k = \sqrt{a^2 + b^2 + c^2}$，

$$x_0 = \frac{a^2}{\sqrt{a^2+b^2+c^2}}, \quad y_0 = \frac{b^2}{\sqrt{a^2+b^2+c^2}}, \quad z_0 = \frac{c^2}{\sqrt{a^2+b^2+c^2}}.$$

代入切平面方程，有
$$\frac{x}{\sqrt{a^2+b^2+c^2}} + \frac{y}{\sqrt{a^2+b^2+c^2}} + \frac{z}{\sqrt{a^2+b^2+c^2}} = 1,$$

即 $x + y + z = \sqrt{a^2 + b^2 + c^2}.$

【例 9-18】 证明曲面 $xyz = a^3 (a > 0)$ 的切平面与三坐标面围成的四面体的体积为一定常数.

【证明】 $z = \frac{a^3}{xy}, \frac{\partial z}{\partial x} = -\frac{a^3}{x^2 y}, \frac{\partial z}{\partial y} = -\frac{a^3}{xy^2}$. 过 $M_0(x_0, y_0, z_0)$ 的切平面方程为
$$z - z_0 = -\frac{a^3}{x_0^2 y_0}(x - x_0) - \frac{a^3}{x_0 y_0^2}(y - y_0).$$

在三坐标轴上的截距为 $A = \frac{3a^3}{y_0 z_0}, B = \frac{3a^3}{x_0 z_0}, C = \frac{3a^3}{x_0 y_0}$，

则 $V = \frac{1}{6}ABC = \frac{1}{6} \cdot \frac{27a^9}{x_0^2 y_0^2 z_0^2} = \frac{1}{6} \cdot \frac{27a^9}{(a^3)^2} = \frac{9}{2}a^3$（常数）.

3. 方向导数与梯度

【例 9-19】 求函数 $u = x + y + z$ 在点 $M_0(0, 0, 1)$ 处沿球面 $x^2 + y^2 + z^2 = 1$ 的外法线方向的方向导数.

【解】 显然，球面在点 M_0 处的外法线即是 $\overrightarrow{OM}$（O 为坐标原点 $O(0,0,0)$），即
$$\boldsymbol{n} = (0, 0, 1),$$

$$\left.\frac{\partial u}{\partial \boldsymbol{n}}\right|_{M_0} = \left.\frac{\partial u}{\partial x}\right|_{M_0}\cos\alpha + \left.\frac{\partial u}{\partial y}\right|_{M_0}\cos\beta + \left.\frac{\partial u}{\partial z}\right|_{M_0}\cos\gamma = 1\times 0 + 1\times 0 + 1\times 1 = 1.$$

【例 9-20】 设有数量场 $u = \dfrac{x^2}{a^2} + \dfrac{y^2}{b^2} + \dfrac{z^2}{c^2}$，问 a, b, c 满足什么条件时才能使 $u(x, y, z)$ 在点 $P(x, y, z)$ 处 $(x^2 + y^2 + z^2 \neq 0)$ 沿矢径方向的方向导数最大？

【解】 $\mathbf{grad}u = \dfrac{\partial u}{\partial x}\boldsymbol{i} + \dfrac{\partial u}{\partial y}\boldsymbol{j} + \dfrac{\partial u}{\partial z}\boldsymbol{k} = \dfrac{2x}{a^2}\boldsymbol{i} + \dfrac{2y}{b^2}\boldsymbol{j} + \dfrac{2z}{c^2}\boldsymbol{k}.$

点 $P(x, y, z)$ 的矢径为 $\boldsymbol{r} = \overrightarrow{OP} = x\boldsymbol{i} + y\boldsymbol{j} + z\boldsymbol{k}$. 只有当 $\boldsymbol{r} \parallel \mathbf{grad}u$ 时，$\dfrac{\partial u}{\partial \boldsymbol{r}}$ 才取最大值，即

$$\frac{\frac{2x}{a^2}}{x} = \frac{\frac{2y}{b^2}}{y} = \frac{\frac{2z}{c^2}}{z},$$

即当 $|a| = |b| = |c|$ 时，$\dfrac{\partial u}{\partial \boldsymbol{r}}$ 最大.

【例 9-21】 求函数 $u = \arctan\sqrt{x^2 + y^2 + z^2}$ 在点 $P(1, -1, 1)$ 处的梯度，并求梯度的大小和方向余弦.

【解】 记 $r = \sqrt{x^2 + y^2 + z^2}$，则

$$u = \arctan r.$$

$$\frac{\partial u}{\partial x} = \frac{x}{(1+r^2)r}, \quad \frac{\partial u}{\partial y} = \frac{y}{(1+r^2)r}, \quad \frac{\partial u}{\partial z} = \frac{z}{(1+r^2)r}.$$

$$r\big|_P = \sqrt{3}, \quad \left.\frac{\partial u}{\partial x}\right|_P = \frac{1}{4\sqrt{3}}, \quad \left.\frac{\partial u}{\partial y}\right|_P = -\frac{1}{4\sqrt{3}}, \quad \left.\frac{\partial u}{\partial z}\right|_P = \frac{1}{4\sqrt{3}}.$$

所求梯度为
$$\mathbf{grad}u\big|_P = \left(\frac{1}{4\sqrt{3}}, -\frac{1}{4\sqrt{3}}, \frac{1}{4\sqrt{3}}\right),$$

其大小为
$$\left|\mathbf{grad}u\big|_P\right| = \sqrt{\left(\frac{1}{4\sqrt{3}}\right)^2 + \left(-\frac{1}{4\sqrt{3}}\right)^2 + \left(\frac{1}{4\sqrt{3}}\right)^2} = \frac{1}{4}.$$

$$(\cos\alpha, \cos\beta, \cos\gamma) = \left(\frac{1}{4\sqrt{3}}, -\frac{1}{4\sqrt{3}}, \frac{1}{4\sqrt{3}}\right)\bigg/\frac{1}{4} = \left(\frac{1}{\sqrt{3}}, -\frac{1}{\sqrt{3}}, \frac{1}{\sqrt{3}}\right).$$

方向余弦为
$$\cos\alpha = \frac{1}{\sqrt{3}}, \quad \cos\beta = -\frac{1}{\sqrt{3}}, \quad \cos\gamma = \frac{1}{\sqrt{3}}.$$

4. 极值与最值

【例 9-22】 求由方程 $x^2 + y^2 + z^2 - xz - yz + 2x + 2y + 2z - 2 = 0$ 所确定的变量 x 与 y 的隐函数 z 的极值.

【解】 方程两边关于 x 求偏导数，有

$$2x + 2z\frac{\partial z}{\partial x} - z - x\frac{\partial z}{\partial x} - y\frac{\partial z}{\partial x} + 2 + 2\frac{\partial z}{\partial x} = 0,$$

$$\frac{\partial z}{\partial x} = \frac{z - 2x - 2}{2z - x - y + 2}.$$

由轮换对称性，有
$$\frac{\partial z}{\partial y} = \frac{z - 2y - 2}{2z - x - y + 2}.$$

令 $\dfrac{\partial z}{\partial x} = \dfrac{\partial z}{\partial y} = 0$，得驻点

$(-3+\sqrt{6}, -3+\sqrt{6}, -4+2\sqrt{6})$ 和 $(-3-\sqrt{6}, -3-\sqrt{6}, -4-2\sqrt{6})$,
分别以 P_1 与 P_2 记之.

进一步可以求得

$$\left.\frac{\partial^2 z}{\partial x^2}\right|_{P_1} = -\frac{1}{\sqrt{6}}, \quad \left.\frac{\partial^2 z}{\partial x^2}\right|_{P_2} = \frac{1}{\sqrt{6}}, \quad \left.\frac{\partial^2 z}{\partial y^2}\right|_{P_1} = -\frac{1}{\sqrt{6}}, \quad \left.\frac{\partial^2 z}{\partial y^2}\right|_{P_2} = \frac{1}{\sqrt{6}}, \quad \left.\frac{\partial^2 z}{\partial x \partial y}\right|_{P_1} = \left.\frac{\partial^2 z}{\partial x \partial y}\right|_{P_2} = 0.$$

在 P_1 处

$$AC - B^2 = \frac{1}{6} > 0, A < 0,$$

故 P_1 为极大值点,类似地 P_2 为极小值点.

极大值为 $z_{\max} = -4 + 2\sqrt{6}$;极小值为 $z_{\min} = -4 - 2\sqrt{6}$.

【例 9-23】 平面 $\frac{x}{a} + \frac{y}{b} + \frac{z}{c} = 1(a > 0, b > 0, c > 0)$ 截三轴于 A, B, C. $P(x, y, z)$ 为 $\triangle ABC$ 上一点,以 OP 为对角线,以三个坐标面为三个面作一长方体,试求其最大体积.

【解法1】 如图 9-1 所示,设长方体体积为 V,则 $V = xyz$,限制条件为

$$\frac{x}{a} + \frac{y}{b} + \frac{z}{c} = 1,$$

作辅助函数,有

$$F(x, y, z) = xyz + \lambda\left(\frac{x}{a} + \frac{y}{b} + \frac{z}{c} - 1\right),$$

有

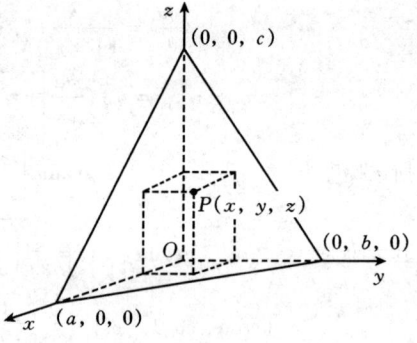

图 9-1

$$\begin{cases} F_x = yz + \frac{\lambda}{a} = 0, \\ F_y = xz + \frac{\lambda}{b} = 0, \\ F_z = xy + \frac{\lambda}{c} = 0, \\ \frac{x}{a} + \frac{y}{b} + \frac{z}{c} - 1 = 0, \end{cases} \begin{cases} xyz + \frac{\lambda x}{a} = 0, \\ xyz + \frac{\lambda y}{b} = 0, \\ xyz + \frac{\lambda z}{c} = 0, \\ \frac{x}{a} + \frac{y}{b} + \frac{z}{c} - 1 = 0. \end{cases}$$

从前三式得

$$\frac{x}{a} = \frac{y}{b} = \frac{z}{c},$$

利用最后一式,得 $x = \frac{a}{3}, y = \frac{b}{3}, z = \frac{c}{3}, V_{\max} = \frac{abc}{27}$.

【解法2】 此题还可以利用初等方法求解.

记 $x = a\xi, y = b\eta, z = c\zeta$,则

$$V = xyz = abc\xi\eta\zeta, \quad \xi + \eta + \zeta = \frac{x}{a} + \frac{y}{b} + \frac{z}{c} = 1.$$

当 $\xi = \eta = \zeta = \dfrac{1}{3}$（即 $x = \dfrac{a}{3}, y = \dfrac{b}{3}, z = \dfrac{c}{3}$）时，

$$\sqrt[3]{\xi\eta\zeta} \leqslant \dfrac{\xi + \eta + \zeta}{3}$$

的等号成立．

$$V_{\max} = abc\xi\eta\zeta \bigg|_{\left(\frac{1}{3}, \frac{1}{3}, \frac{1}{3}\right)} = \dfrac{abc}{27}.$$

【例 9-24】 在椭圆 $x^2 + 4y^2 = 4$ 上求一点，使其到直线 $2x + 3y - 6 = 0$ 的距离最短．

【解】 如图 9-2 所示，$x^2 + 4y^2 = 4$ 化成 $\dfrac{x^2}{4} + y^2 = 1$．直线 $2x + 3y - 6 = 0$ 的斜率为 $y' = -\dfrac{2}{3}$．椭圆 $\dfrac{x^2}{4} + y^2 = 1$，$\dfrac{2x}{4} + 2yy' = 0$ 的斜率为 $y' = -\dfrac{x}{4y}$．令

$$\begin{cases} -\dfrac{x}{4y} = -\dfrac{2}{3}, \\ x^2 + 4y^2 = 4, \end{cases}$$

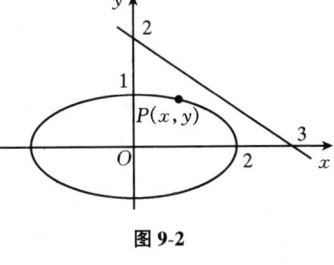

图 9-2

求出切点

$$P_1\left(\dfrac{8}{5}, \dfrac{3}{5}\right), P_2\left(-\dfrac{8}{5}, -\dfrac{3}{5}\right),$$

显然 P_1 为所求点．

【例 9-25】 设有一小山，取它的底面所在的平面为 xOy 坐标面，其底部所占的区域为

$$D = \{(x, y) \mid x^2 + y^2 - xy \leqslant 75\},$$

小山的高度函数为

$$h(x, y) = 75 - x^2 - y^2 + xy.$$

(1) 设 $M(x_0, y_0)$ 为区域 D 上一点，问 $h(x, y)$ 在该点沿平面上什么方向的方向导数最大？若记此方向导数的最大值为 $g(x_0, y_0)$，试写出 $g(x_0, y_0)$ 的表达式；

(2) 现欲利用此小山开展攀岩活动，需要在山脚寻找一上山坡度最大的点作为攀登的起点．也就是说，要在 D 的边界线 $x^2 + y^2 - xy = 75$ 上找出使 (1) 中的 $g(x, y)$ 达到最大值的点．试确定攀登起点的位置．

【解】 (1) 由梯度的几何意义知，$h(x, y)$ 在点 $M(x_0, y_0)$ 处沿梯度

$$\mathbf{grad}\, h(x, y)\big|_{(x_0, y_0)} = (y_0 - 2x_0)\boldsymbol{i} + (x_0 - 2y_0)\boldsymbol{j}$$

方向的方向导数最大，方向导数的最大值为该梯度的模，所以

$$g(x_0, y_0) = \sqrt{(y_0 - 2x_0)^2 + (x_0 - 2y_0)^2} = \sqrt{5x_0^2 + 5y_0^2 - 8x_0 y_0};$$

(2) 令 $f(x, y) = g^2(x, y) = 5x^2 + 5y^2 - 8xy$，由题意，只需求 $f(x, y)$ 在约束条件 $75 - x^2 - y^2 + xy = 0$ 下的最大值点．

令 $L(x, y, \lambda) = 5x^2 + 5y^2 - 8xy + \lambda(75 - x^2 - y^2 + xy)$，则

$$\begin{cases} L'_x = 10x - 8y + \lambda(y - 2x) = 0, & \text{①} \\ L'_y = 10y - 8x + \lambda(x - 2y) = 0, & \text{②} \\ L'_\lambda = 75 - x^2 - y^2 + xy = 0. & \text{③} \end{cases}$$

式①、式②相加可得 $(x + y)(2 - \lambda) = 0$，从而 $y = -x$ 或 $\lambda = 2$．

若 $\lambda = 2$，则由式①得 $y = x$，再由式③得

$$x = \pm 5\sqrt{3}, y = \pm 5\sqrt{3}.$$

或

$$y = -x,$$

则由式 ③ 得 $x = \pm 5, y = \pm 5$.

于是得到 4 个可能的极值点为
$$M_1(5, -5), M_2(-5, 5), M_3(5\sqrt{3}, 5\sqrt{3}), M_4(-5\sqrt{3}, -5\sqrt{3}).$$

由于 $f(M_1) = f(M_2) = 450, f(M_3) = f(M_4) = 150$,故 $M_1(5, -5)$ 或 $M_2(-5, 5)$ 可作为攀登的起点.

三、习题全解

习题 9-1 多元函数的基本概念

1. 判定下列平面点集中哪些是开集、闭集、区域、有界集、无界集? 并分别指出它们的聚点所成的点集(称为导集)和边界.

(1) $\{(x, y) \mid x \neq 0, y \neq 0\}$; (2) $\{(x, y) \mid 1 < x^2 + y^2 \leq 4\}$; (3) $\{(x, y) \mid y > x^2\}$;

(4) $\{(x, y) \mid x^2 + (y-1)^2 \geq 1\} \cap \{(x, y) \mid x^2 + (y-2)^2 \leq 4\}$.

【解】 (1) 是开集,也是无界集;其导集为 $\mathbf{R}^2$;其边界为 $\{(x, y) \mid x = 0 \text{ 或 } y = 0\}$;

(2) 既非开集,又非闭集,是有界集;其导集为 $\{(x, y) \mid 1 \leq x^2 + y^2 \leq 4\}$;其边界为
$$\{(x, y) \mid x^2 + y^2 = 1\} \cup \{(x, y) \mid x^2 + y^2 = 4\};$$

(3) 是开集,也是区域,是无界集;其导集为 $\{(x, y) \mid y \geq x^2\}$;其边界为 $\{(x, y) \mid y = x^2\}$;

(4) 是闭集,也是有界集;其导集是集合本身;边界为
$$\{(x, y) \mid x^2 + (y-1)^2 = 1\} \cup \{(x, y) \mid x^2 + (y-2)^2 = 4\}.$$

2. 已知函数 $f(x, y) = x^2 + y^2 - xy\tan\dfrac{x}{y}$,试求 $f(tx, ty)$.

【解】 $f(tx, ty) = (tx)^2 + (ty)^2 - (tx)(ty)\tan\dfrac{tx}{ty} = t^2\left(x^2 + y^2 - xy\tan\dfrac{x}{y}\right) = t^2 f(x, y)$,

这说明 $f(x, y) = x^2 + y^2 - xy\tan\dfrac{x}{y}$ 是二次齐次函数.

3. 试证函数 $F(x, y) = \ln x \cdot \ln y$ 满足关系式 $F(xy, uv) = F(x, u) + F(x, v) + F(y, u) + F(y, v)$.

【证】 $F(xy, uv) = [\ln(xy)][\ln(uv)] = (\ln x + \ln y)(\ln u + \ln v)$
$$= (\ln x)(\ln u) + (\ln x)(\ln v) + (\ln y)(\ln u) + (\ln y)(\ln v)$$
$$= F(x, u) + F(x, v) + F(y, u) + F(y, v).$$

4. 已知函数 $f(u, v, w) = u^w + w^{u+v}$,试求 $f(x+y, x-y, xy)$.

【解】 $f(x+y, x-y, xy) = (x+y)^{xy} + (xy)^{(x+y)+(x-y)} = (x+y)^{xy} + (xy)^{2x}$.

5. 求下列各函数的定义域:

(1) $z = \ln(y^2 - 2x + 1)$.

【解】 $y^2 - 2x + 1 > 0, D = \{(x, y) \mid y^2 - 2x + 1 > 0\}$.

(2) $z = \dfrac{1}{\sqrt{x+y}} + \dfrac{1}{\sqrt{x-y}}$.

【解】 $x + y > 0$,且 $x - y > 0$,故 $D = \{(x, y) \mid x + y > 0 \text{ 且 } x - y > 0\}$.

(3) $z = \sqrt{x - \sqrt{y}}$.

【解】 $y \geq 0, x - \sqrt{y} \geq 0, D = \{(x, y) \mid x \geq 0, x^2 \geq y \geq 0\}$.

(4) $z = \ln(y - x) + \dfrac{\sqrt{x}}{\sqrt{1 - x^2 - y^2}}$.

【解】 $y-x>0, x\geqslant 0, 1-x^2-y^2>0, D=\{(x,y)\mid y>x\geqslant 0, x^2+y^2<1\}$.

(5) $u=\sqrt{R^2-x^2-y^2-z^2}+\dfrac{1}{\sqrt{x^2+y^2+z^2-r^2}}$ $(R>r>0)$.

【解】 $R^2-x^2-y^2-z^2\geqslant 0, x^2+y^2+z^2-r^2>0$,
$$D=\{(x,y,z)\mid r^2<x^2+y^2+z^2<R^2\}.$$

(6) $u=\arccos\dfrac{z}{\sqrt{x^2+y^2}}$.

【解】 $x^2+y^2\neq 0, \left|\dfrac{z}{\sqrt{x^2+y^2}}\right|\leqslant 1, D=\{(x,y,z)\mid z^2\leqslant x^2+y^2, x^2+y^2\neq 0\}$.

6. 求下列各极限：

(1) $\lim\limits_{(x,y)\to(0,1)}\dfrac{1-xy}{x^2+y^2}$.

【解】 原式 $=\dfrac{1-0}{0+1}=1$.

(2) $\lim\limits_{(x,y)\to(1,0)}\dfrac{\ln(x+e^y)}{\sqrt{x^2+y^2}}$.

【解】 原式 $=\dfrac{\ln(1+e^0)}{\sqrt{1+0}}=\ln 2$.

(3) $\lim\limits_{(x,y)\to(0,0)}\dfrac{2-\sqrt{xy+4}}{xy}$.

【解】 原式 $=\lim\limits_{(x,y)\to(0,0)}\dfrac{(2-\sqrt{xy+4})(2+\sqrt{xy+4})}{xy(2+\sqrt{xy+4})}=\lim\limits_{(x,y)\to(0,0)}\dfrac{-1}{2+\sqrt{xy+4}}=-\dfrac{1}{4}$.

(4) $\lim\limits_{(x,y)\to(0,0)}\dfrac{xy}{\sqrt{2-e^{xy}}-1}$.

【解】 原式 $=\lim\limits_{(x,y)\to(0,0)}\dfrac{xy}{1-e^{xy}}\cdot(\sqrt{2-e^{xy}}+1)=-1\times 2=-2$.

(5) $\lim\limits_{(x,y)\to(2,0)}\dfrac{\tan(xy)}{y}$.

【解】 原式 $=\lim\limits_{(x,y)\to(2,0)}x\cdot\dfrac{\tan(xy)}{xy}=1\times 2=2$.

(6) $\lim\limits_{(x,y)\to(0,0)}\dfrac{1-\cos(x^2+y^2)}{(x^2+y^2)e^{x^2y^2}}$.

【解】 原式 $=\lim\limits_{(x,y)\to(0,0)}\dfrac{2\sin^2\dfrac{x^2+y^2}{2}}{\left(\dfrac{x^2+y^2}{2}\right)^2}\cdot\dfrac{x^2+y^2}{4}e^{x^2y^2}=\dfrac{1}{2}\lim\limits_{(x,y)\to(0,0)}(x^2+y^2)e^{x^2y^2}=0$.

*7. 证明下列极限不存在：

(1) $\lim\limits_{(x,y)\to(0,0)}\dfrac{x+y}{x-y}$.

【证】 $\lim\limits_{\substack{y=2x\\x\to 0}}\dfrac{x+y}{x-y}=\lim\limits_{x\to 0}\dfrac{x+2x}{x-2x}=\dfrac{1+2}{1-2}=-3, \lim\limits_{\substack{x=2y\\y\to 0}}\dfrac{x+y}{x-y}=\lim\limits_{y\to 0}\dfrac{3y}{y}=3$,

这就证明了 $\lim\limits_{(x,y)\to(0,0)}\dfrac{x+y}{x-y}$ 不存在.

(2) $\lim\limits_{(x,y)\to(0,0)} \dfrac{x^2y^2}{x^2y^2+(x-y)^2}$.

【证】 $\lim\limits_{\substack{y=x\\x\to 0}} \dfrac{x^2y^2}{x^2y^2+(x-y)^2} = \lim\limits_{x\to 0}\dfrac{x^4}{x^4}=1$, $\lim\limits_{\substack{y=2x\\x\to 0}}\dfrac{x^2y^2}{x^2y^2+(x-y)^2} = \lim\limits_{x\to 0}\dfrac{4x^4}{4x^4+x^2}=0$,

原极限不存在.

(3) $\lim\limits_{(x,y)\to(0,0)}\dfrac{xy}{x+y}$.

【证】 取 $y=x$,

$$\lim\limits_{\substack{(x,y)\to(0,0)\\y=x}}\dfrac{xy}{x+y}=\lim\limits_{x\to 0}\dfrac{x^2}{2x}=0.$$

取 $y=-x+x^2$,

$$\lim\limits_{\substack{(x,y)\to(0,0)\\y=-x+x^2}}\dfrac{xy}{x+y}=\lim\limits_{x\to 0}\dfrac{x(-x+x^2)}{x^2}=-1.$$

两种方式求得的极限值不相同, 故原极限不存在.

(4) $\lim\limits_{(x,y)\to(0,0)}\dfrac{1-\cos(x+y)}{(x+y)xy}$.

【证】 取 $y=x$,

$$\lim\limits_{\substack{(x,y)\to(0,0)\\y=x}}\dfrac{1-\cos(x+y)}{(x+y)xy}=\lim\limits_{x\to 0}\dfrac{1-\cos 2x}{2x^3}=\lim\limits_{x\to 0}\dfrac{\frac{1}{2}(2x)^2}{2x^3}=\infty,$$

故所求极限不存在.

8. 函数 $z=\dfrac{y^2+2x}{y^2-2x}$ 在何处是间断的?

【解】 当 $y^2-2x=0$ 时, 函数 $z=\dfrac{y^2+2x}{y^2-2x}$ 间断.

*9. 证明 $\lim\limits_{(x,y)\to(0,0)}\dfrac{xy}{\sqrt{x^2+y^2}}=0$.

【证】 $\forall \varepsilon>0$, 取 $\delta=2\varepsilon$, 当 $0<\sqrt{x^2+y^2}<\delta$ 时, 恒有

$$\left|\dfrac{xy}{\sqrt{x^2+y^2}}-0\right|\leqslant \dfrac{\frac{1}{2}(x^2+y^2)}{\sqrt{x^2+y^2}}=\dfrac{1}{2}\sqrt{x^2+y^2}<\dfrac{1}{2}\cdot\delta=\dfrac{1}{2}\cdot 2\varepsilon=\varepsilon,$$

故 $\lim\limits_{(x,y)\to(0,0)}\dfrac{xy}{\sqrt{x^2+y^2}}=0.$

*10. 设 $F(x,y)=f(x)$, $f(x)$ 在 x_0 处连续, 证明: 对任意 $y_0\in\mathbf{R}$, $F(x,y)$ 在 (x_0,y_0) 处连续.

【证】 $\forall y_0\in\mathbf{R}$, 有

$$\lim\limits_{(x,y)\to(x_0,y_0)}F(x,y)=\lim\limits_{x\to x_0}F(x,y_0)=\lim\limits_{x\to x_0}f(x)=f(x_0)=F(x_0,y_0),$$

故 $F(x,y)$ 在 (x_0,y_0) 处连续.

习题 9-2　偏导数

1. 设 $f(x,y)=\mathrm{e}^{\sqrt{x^2+y^4}}$, 求 $f_x(0,0)$, $f_y(0,0)$.

【解】 $f_x(0, 0) = \lim\limits_{\Delta x \to 0} \dfrac{f(\Delta x, 0) - f(0, 0)}{\Delta x} = \lim\limits_{\Delta x \to 0} \dfrac{e^{\sqrt{(\Delta x)^2}} - 1}{\Delta x} = \lim\limits_{\Delta x \to 0} \dfrac{e^{|\Delta x|} - 1}{\Delta x} = \lim\limits_{\Delta x \to 0} \dfrac{|\Delta x|}{\Delta x}$,

上述极限不存在,所以$f_x(0, 0)$不存在;

$f_y(0, 0) = \lim\limits_{\Delta y \to 0} \dfrac{f(0, \Delta y) - f(0, 0)}{\Delta y} = \lim\limits_{\Delta y \to 0} \dfrac{e^{\sqrt{(\Delta y)^4}} - 1}{\Delta y} = \lim\limits_{\Delta y \to 0} \dfrac{e^{(\Delta y)^2} - 1}{\Delta y} = \lim\limits_{\Delta y \to 0} \dfrac{(\Delta y)^2}{\Delta y} = 0$.

2. 求下列函数的偏导数:

(1) $z = x^3 y - y^3 x$.

【解】 $\dfrac{\partial z}{\partial x} = 3x^2 y - y^3$, $\dfrac{\partial z}{\partial y} = x^3 - 3xy^2$.

(2) $s = \dfrac{u^2 + v^2}{uv}$.

【解】 $\dfrac{\partial s}{\partial u} = \dfrac{1}{v} - \dfrac{v}{u^2}$, $\dfrac{\partial s}{\partial v} = \dfrac{1}{u} - \dfrac{u}{v^2}$.

(3) $z = \sqrt{\ln(xy)}$.

【解】 $\dfrac{\partial z}{\partial x} = \dfrac{1}{2x\sqrt{\ln(xy)}}$, $\dfrac{\partial z}{\partial y} = \dfrac{1}{2y\sqrt{\ln(xy)}}$.

(4) $z = \sin(xy) + \cos^2(xy)$.

【解】 $\dfrac{\partial z}{\partial x} = y\cos(xy) + 2\cos(xy) \cdot [-\sin(xy)] \cdot y = y[\cos(xy) - \sin(2xy)]$,

$\dfrac{\partial z}{\partial y} = x[\cos(xy) - \sin(2xy)]$.

(5) $z = \ln\tan\dfrac{x}{y}$.

【解】 $\dfrac{\partial z}{\partial x} = \dfrac{1}{\tan\dfrac{x}{y}} \cdot \sec^2\dfrac{x}{y} \cdot \dfrac{1}{y} = \dfrac{2}{y}\csc\dfrac{2x}{y}$, $\dfrac{\partial z}{\partial y} = \dfrac{1}{\tan\dfrac{x}{y}} \cdot \sec^2\dfrac{x}{y} \cdot \left(-\dfrac{x}{y^2}\right) = -\dfrac{2x}{y^2}\csc\dfrac{2x}{y}$.

(6) $z = (1 + xy)^y$.

【解】 $\dfrac{\partial z}{\partial x} = y^2(1 + xy)^{y-1}$,

$\dfrac{\partial z}{\partial y} = e^{y\ln(1+xy)}\left[\ln(1 + xy) + y \cdot \dfrac{x}{1 + xy}\right] = (1 + xy)^y\left[\ln(1 + xy) + \dfrac{xy}{1 + xy}\right]$.

(7) $y = x^{\frac{y}{z}}$.

【解】 $\dfrac{\partial u}{\partial x} = \dfrac{y}{z}x^{\frac{y}{z}-1}$, $\dfrac{\partial u}{\partial y} = \dfrac{1}{z}x^{\frac{y}{z}}\ln x$, $\dfrac{\partial u}{\partial z} = -\dfrac{y}{z^2} \cdot x^{\frac{y}{z}}\ln x$.

(8) $u = \arctan(x - y)^z$.

【解】 $\dfrac{\partial u}{\partial x} = \dfrac{z(x - y)^{z-1}}{1 + (x - y)^{2z}}$, $\dfrac{\partial u}{\partial y} = \dfrac{-z(x - y)^{z-1}}{1 + (x - y)^{2z}}$, $\dfrac{\partial u}{\partial z} = \dfrac{(x - y)^z \ln|x - y|}{1 + (x - y)^{2z}}$.

3. 设 $T = 2\pi\sqrt{\dfrac{l}{g}}$,求证 $l\dfrac{\partial T}{\partial l} + g\dfrac{\partial T}{\partial g} = 0$.

【证】 $\dfrac{\partial T}{\partial g} = 2\pi\sqrt{l} \cdot \left(-\dfrac{1}{2}\right) \cdot g^{-\frac{3}{2}} = -\pi l^{\frac{1}{2}}g^{-\frac{3}{2}}$, $\dfrac{\partial T}{\partial l} = \pi g^{-\frac{1}{2}}l^{-\frac{1}{2}}$,

故 $l\dfrac{\partial T}{\partial l} + g\dfrac{\partial T}{\partial g} = l \cdot \pi g^{-\frac{1}{2}}l^{-\frac{1}{2}} - g\pi l^{\frac{1}{2}}g^{-\frac{3}{2}} = l\pi g^{-\frac{1}{2}}l^{\frac{1}{2}} - l\pi g^{-\frac{1}{2}}l^{\frac{1}{2}} = 0$.

4. 设 $z = e^{-\left(\frac{1}{x}+\frac{1}{y}\right)}$，求证 $x^2 \dfrac{\partial z}{\partial x} + y^2 \dfrac{\partial z}{\partial y} = 2z$.

【证】 $\dfrac{\partial z}{\partial x} = e^{-\left(\frac{1}{x}+\frac{1}{y}\right)} \cdot \dfrac{1}{x^2}, \dfrac{\partial z}{\partial y} = e^{-\left(\frac{1}{x}+\frac{1}{y}\right)} \cdot \dfrac{1}{y^2}$，故 $x^2 \dfrac{\partial z}{\partial x} + y^2 \dfrac{\partial z}{\partial y} = 2e^{-\left(\frac{1}{x}+\frac{1}{y}\right)} = 2z$.

5. 设 $f(x, y) = x + (y - 1)\arcsin\sqrt{\dfrac{x}{y}}$，求 $f_x(x, 1)$.

【解】 $f_x(x, y) = 1 + \dfrac{y - 1}{\sqrt{1 - \dfrac{x}{y}}} \cdot \dfrac{1}{2\sqrt{\dfrac{x}{y}}} \cdot \dfrac{1}{y}$，$f_x(x, 1) = 1 + 0 = 1$.

6. 求曲线 $\begin{cases} z = \dfrac{x^2 + y^2}{4} \\ y = 4 \end{cases}$，在点 $(2, 4, 5)$ 处的切线对于 x 轴的倾角.

【解】 $\dfrac{\partial z}{\partial x} = \dfrac{2x}{4} = \dfrac{x}{2}, \left.\dfrac{\partial z}{\partial x}\right|_{(2, 4, 5)} = \left.\dfrac{x}{2}\right|_{x=2} = 1$.

设在点 $(2, 4, 5)$ 处切线与正向 x 轴所成倾角为 α，则必有 $\tan\alpha = 1$，于是得 $\alpha = \dfrac{\pi}{4}$.

7. 求下列函数的 $\dfrac{\partial^2 z}{\partial x^2}, \dfrac{\partial^2 z}{\partial y^2}$ 和 $\dfrac{\partial^2 z}{\partial x \partial y}$：

(1) $z = x^4 + y^4 - 4x^2 y^2$.

【解】 $\dfrac{\partial z}{\partial x} = 4x^3 - 8xy^2, \dfrac{\partial z}{\partial y} = 4y^3 - 8x^2 y; \dfrac{\partial^2 z}{\partial x^2} = 12x^2 - 8y^2, \dfrac{\partial^2 z}{\partial y^2} = 12y^2 - 8x^2$；

$\dfrac{\partial^2 z}{\partial x \partial y} = \dfrac{\partial}{\partial y}(4x^3 - 8xy^2) = -16xy$.

(2) $z = \arctan\dfrac{y}{x}$.

【解】 $\dfrac{\partial z}{\partial x} = \dfrac{1}{1 + \left(\dfrac{y}{x}\right)^2} \cdot \left(-\dfrac{y}{x^2}\right) = -\dfrac{y}{x^2 + y^2}, \dfrac{\partial z}{\partial y} = \dfrac{1}{1 + \left(\dfrac{y}{x}\right)^2} \cdot \dfrac{1}{x} = \dfrac{x}{x^2 + y^2}$；

$\dfrac{\partial^2 z}{\partial x^2} = \dfrac{2xy}{(x^2 + y^2)^2}, \dfrac{\partial^2 z}{\partial y^2} = -\dfrac{2xy}{(x^2 + y^2)^2}, \dfrac{\partial^2 z}{\partial x \partial y} = \dfrac{y^2 - x^2}{(x^2 + y^2)^2}$.

(3) $z = y^x$.

【解】 $\dfrac{\partial z}{\partial x} = y^x \ln y, \dfrac{\partial z}{\partial y} = xy^{x-1}$；$\dfrac{\partial^2 z}{\partial x^2} = y^x \ln^2 y, \dfrac{\partial^2 z}{\partial y^2} = x(x - 1)y^{x-2}$；

$\dfrac{\partial^2 z}{\partial x \partial y} = xy^{x-1}\ln y + y^x \cdot \dfrac{1}{y} = y^{x-1}(x\ln y + 1)$.

8. 设 $f(x, y, z) = xy^2 + yz^2 + zx^2$，求 $f_{xx}(0, 0, 1), f_{xz}(1, 0, 2), f_{yz}(0, -1, 0)$ 及 $f_{zzx}(2, 0, 1)$.

【解】 $f_x = y^2 + 2xz, f_y = 2xy + z^2, f_z = 2yz + x^2$；

$f_{xx} = 2z, f_{xz} = 2x, f_{yz} = 2z, f_{zzx} = 0$.

故 $f_{xx}(0, 0, 1) = 2z \big|_{z=1} = 2$.

类似地，可求得 $f_{xz}(1, 0, 2) = 2, f_{yz}(0, -1, 0) = 0, f_{zzx}(2, 0, 1) = 0$.

9. 设 $z = x\ln(xy)$，求 $\dfrac{\partial^3 z}{\partial x^2 \partial y}$ 及 $\dfrac{\partial^3 z}{\partial x \partial y^2}$.

【解】 $\dfrac{\partial z}{\partial x} = \ln(xy) + x \cdot \dfrac{y}{xy} = 1 + \ln(xy); \dfrac{\partial^2 z}{\partial x^2} = \dfrac{y}{xy} = \dfrac{1}{x}, \dfrac{\partial^3 z}{\partial x^2 \partial y} = 0$；

$$\frac{\partial^2 z}{\partial x \partial y} = \frac{1}{y}, \quad \frac{\partial^3 z}{\partial x \partial y^2} = \frac{\partial}{\partial y}\left(\frac{1}{y}\right) = -\frac{1}{y^2}.$$

10. 验证：

(1) $y = e^{-kn^2 t}\sin nx$ 满足 $\dfrac{\partial y}{\partial t} = k\dfrac{\partial^2 y}{\partial x^2}$.

【证】 $\dfrac{\partial y}{\partial t} = -kn^2 e^{-kn^2 t}\sin nx$, $\dfrac{\partial y}{\partial x} = ne^{-kn^2 t}\cos nx$; $\dfrac{\partial^2 y}{\partial x^2} = -n^2 e^{-kn^2 t}\sin nx$.

显然，有
$$\frac{\partial y}{\partial t} = k\frac{\partial^2 y}{\partial x^2}.$$

(2) $r = \sqrt{x^2 + y^2 + z^2}$ 满足 $\dfrac{\partial^2 r}{\partial x^2} + \dfrac{\partial^2 r}{\partial y^2} + \dfrac{\partial^2 r}{\partial z^2} = \dfrac{2}{r}$.

【证】
$$\frac{\partial r}{\partial x} = \frac{x}{r}, \quad \frac{\partial^2 r}{\partial x^2} = \frac{1}{r} - \frac{x^2}{r^3}.$$

类似地，有
$$\frac{\partial^2 r}{\partial y^2} = \frac{1}{r} - \frac{y^2}{r^3}, \quad \frac{\partial^2 r}{\partial z^2} = \frac{1}{r} - \frac{z^2}{r^3},$$

于是
$$\frac{\partial^2 r}{\partial x^2} + \frac{\partial^2 r}{\partial y^2} + \frac{\partial^2 r}{\partial z^2} = \frac{3}{r} - \frac{x^2+y^2+z^2}{r^3} = \frac{3}{r} - \frac{r^2}{r^3} = \frac{2}{r}.$$

习题 9-3 全微分

1. 求下列函数的全微分：

(1) $z = xy + \dfrac{x}{y}$.

【解】 $\dfrac{\partial z}{\partial x} = y + \dfrac{1}{y}$, $\dfrac{\partial z}{\partial y} = x - \dfrac{x}{y^2}$, $dz = \dfrac{\partial z}{\partial x}dx + \dfrac{\partial z}{\partial y}dy = \left(y + \dfrac{1}{y}\right)dx + \left(x - \dfrac{x}{y^2}\right)dy$.

(2) $z = e^{\frac{y}{x}}$.

【解】 $\dfrac{\partial z}{\partial x} = e^{\frac{y}{x}}\cdot\left(-\dfrac{y}{x^2}\right)$, $\dfrac{\partial z}{\partial y} = e^{\frac{y}{x}}\cdot\dfrac{1}{x}$, $dz = \dfrac{\partial z}{\partial x}dx + \dfrac{\partial z}{\partial y}dy = -\dfrac{y}{x^2}e^{\frac{y}{x}}dx + \dfrac{1}{x}e^{\frac{y}{x}}dy$.

(3) $z = \dfrac{y}{\sqrt{x^2+y^2}}$.

【解】
$$\frac{\partial z}{\partial x} = -\frac{xy}{(x^2+y^2)^{\frac{3}{2}}}, \quad \frac{\partial z}{\partial y} = \frac{x^2}{(x^2+y^2)^{\frac{3}{2}}}, \quad dz = \frac{\partial z}{\partial x}dx + \frac{\partial z}{\partial y}dy = -\frac{x}{(x^2+y^2)^{\frac{3}{2}}}(ydx - xdy).$$

(4) $u = x^{yz}$.

【解】 $\dfrac{\partial u}{\partial x} = yzx^{yz-1}$, $\dfrac{\partial u}{\partial y} = zx^{yz}\ln x$, $\dfrac{\partial u}{\partial z} = yx^{yz}\ln x$,

$$du = \frac{\partial u}{\partial x}dx + \frac{\partial u}{\partial y}dy + \frac{\partial u}{\partial z}dz = yzx^{yz-1}dx + zx^{yz}\ln x dy + yx^{yz}\ln x dz.$$

2. 求函数 $z = \ln(1 + x^2 + y^2)$ 当 $x = 1, y = 2$ 时的全微分.

【解】 $\dfrac{\partial z}{\partial x} = \dfrac{2x}{1+x^2+y^2}$, $\dfrac{\partial z}{\partial y} = \dfrac{2y}{1+x^2+y^2}$,

$$\left.\frac{\partial z}{\partial x}\right|_{(1,2)} = \left.\frac{2x}{1+x^2+y^2}\right|_{(1,2)} = \frac{1}{3}, \quad \left.\frac{\partial z}{\partial y}\right|_{(1,2)} = \left.\frac{2y}{1+x^2+y^2}\right|_{(1,2)} = \frac{2}{3},$$

$$dz\Big|_{(1,2)} = \frac{\partial z}{\partial x}\Big|_{(1,2)} dx + \frac{\partial z}{\partial y}\Big|_{(1,2)} dy = \frac{1}{3}dx + \frac{2}{3}dy.$$

3. 求函数 $z = \dfrac{y}{x}$ 当 $x = 2, y = 1, \Delta x = 0.1, \Delta y = -0.2$ 时的全增量和全微分.

【解】 $\Delta z = \dfrac{y+\Delta y}{x+\Delta x} - \dfrac{y}{x}, dz = -\dfrac{y}{x^2}\Delta x + \dfrac{1}{x}\Delta y.$

当 $x = 2, y = 1, \Delta x = 0.1, \Delta y = -0.2$ 时,

$$\Delta z = \frac{1+(-0.2)}{2+0.1} - \frac{1}{2} = -0.119, \quad dz = -\frac{1}{4}\times 0.1 + \frac{1}{2}\times(-0.2) = -0.125.$$

4. 求函数 $z = e^{xy}$ 当 $x = 1, y = 1, \Delta x = 0.15, \Delta y = 0.1$ 时的全微分.

【解】 $z = e^{xy}, \dfrac{\partial z}{\partial x} = ye^{xy}, \dfrac{\partial z}{\partial y} = xe^{xy}, dz = \dfrac{\partial z}{\partial x}\Delta x + \dfrac{\partial z}{\partial y}\Delta y = ye^{xy}\Delta x + xe^{xy}\Delta y.$

当 $x = 1, y = 1, \Delta x = 0.15, \Delta y = 0.1$ 时, $dz = 0.15e + 0.1e = 0.25e.$

5. 考虑二元函数 $f(x, y)$ 的下面四条性质：
(1) $f(x, y)$ 在点 (x_0, y_0) 连续； (2) $f_x(x, y), f_y(x, y)$ 在点 (x_0, y_0) 连续；
(3) $f(x, y)$ 在点 (x_0, y_0) 可微分； (4) $f_x(x_0, y_0), f_y(x_0, y_0)$ 存在.
若用 "$P \Rightarrow Q$" 表示可由性质 P 推出性质 Q, 则下列四个选项中正确的是(   ).
A. $(2) \Rightarrow (3) \Rightarrow (1)$ B. $(3) \Rightarrow (2) \Rightarrow (1)$
C. $(3) \Rightarrow (4) \Rightarrow (1)$ D. $(3) \Rightarrow (1) \Rightarrow (4)$

【解】 应选择 A. 偏导数连续者必可微分是书中定理. 而可微者必然连续是极易证明的, 因为此时

$$\Delta z = A\Delta x + B\Delta y + o(\rho) \quad (\rho = \sqrt{(\Delta x)^2 + (\Delta y)^2}),$$

只须令 $\Delta x \to 10, \Delta y \to 0$, 就得 $\Delta z \to 0.$

*6. 计算 $\sqrt{(1.02)^3 + (1.97)^3}$ 的近似值.

【解】 设 $z = \sqrt{x^3 + y^3}$, 由于

$$\sqrt{(x+\Delta x)^3 + (y+\Delta y)^3} \approx \sqrt{x^3+y^3} + \frac{\partial z}{\partial x}\Delta x + \frac{\partial z}{\partial y}\Delta y = \sqrt{x^3+y^3} + \frac{3x^2\Delta x + 3y^2\Delta y}{2\sqrt{x^3+y^3}},$$

所以取 $x = 1, y = 2, \Delta x = 0.02, \Delta y = -0.03$, 可得

$$\sqrt{(1.02)^3 + (1.97)^3} \approx \sqrt{1+2^3} + \frac{3\times 0.02 + 3\times 2^2\times(-0.03)}{2\sqrt{1+2^3}} = 2.95.$$

*7. 计算 $(1.97)^{1.05}$ 的近似值 $(\ln 2 = 0.693).$

【解】 设 $z = x^y$, 由于

$$(x+\Delta x)^{y+\Delta y} \approx x^y + \frac{\partial z}{\partial x}\Delta x + \frac{\partial z}{\partial y}\Delta y = x^y + yx^{y-1}\Delta x + x^y\ln x\Delta y,$$

所以取 $x = 2, y = 1, \Delta x = -0.03, \Delta y = 0.05$, 可得

$$(1.97)^{1.05} \approx 2 - 0.03 + 2\ln 2\times 0.05 = 1.97 + 0.0693 \approx 2.039.$$

*8. 已知边长为 $x = 6$ m 与 $y = 8$ m 的矩形, 如果 x 边增加 5 cm 而 y 边减少 10 cm, 问这个矩形的对角线的近似变化怎样？

【解】 矩形的对角线为 $z = \sqrt{x^2 + y^2}$,

$$\Delta z \approx dz = \frac{\partial z}{\partial x}\Delta x + \frac{\partial z}{\partial y}\Delta y = \frac{1}{\sqrt{x^2+y^2}}(x\Delta x + y\Delta y),$$

当 $x = 6, y = 8, \Delta x = 0.05, \Delta y = -0.1$ 时,

$$\Delta z \approx \frac{1}{\sqrt{6^2+8^2}}(6\times 0.05 - 8\times 0.1) = -0.05 \text{ (cm)},$$

这个矩形的对角线大约减少 5 cm.

*9.设有一无盖圆柱形容器,容器的壁与底的厚度均为0.1 cm,内高为 20 cm,内半径为 4 cm,求容器外壳体积的近似值.

【解】 圆柱体的体积公式为 $V = \pi R^2 H$,
$$\Delta V \approx dV = 2\pi RH\Delta R + \pi R^2 \Delta H,$$
当 $R = 4, H = 20, \Delta R = \Delta H = 0.1$ 时,
$$\Delta V \approx 2 \times 3.14 \times 4 \times 20 \times 0.1 + 3.14 \times 4^2 \times 0.1 \approx 55.3 (\text{cm}^3),$$
这个容器外壳的体积大约是 55.3 cm³.

*10.设有直角三角形,测得其两直角边的长分别为 (7 ± 0.1) cm 和 (24 ± 0.1) cm,试求利用上述二值来计算斜边长度时的绝对误差.

【解】 设两直角边的长度分别为 x 和 y,则斜边的长度为 $z = \sqrt{x^2 + y^2}$,
$$|\Delta z| \approx |dz| \leq \left|\frac{\partial z}{\partial x}\right| |\Delta x| + \left|\frac{\partial z}{\partial y}\right| |\Delta y| = \frac{1}{\sqrt{x^2 + y^2}}(x|\Delta x| + y|\Delta y|),$$
把 $x = 7, y = 24, |\Delta x| \leq 0.1, |\Delta y| \leq 0.1$ 代入上式,可得斜边长度 z 的绝对误差约为
$$\delta_z = \frac{1}{\sqrt{7^2 + 24^2}}(7 \times 0.1 + 24 \times 0.1) = 0.124 \text{ (cm)}.$$

*11.测得一块三角形土地的两边长分别为 (63 ± 0.1) m 和 (78 ± 0.1) m,这两边的夹角为 $60° \pm 1°$,试求三角形面积的近似值,并求其绝对误差和相对误差.

【解】 设三角形的两边长为 a 和 b,它们的夹角为 θ,则三角形面积为 $S = \frac{1}{2}ab\sin\theta$,
$$dS = \frac{1}{2}b\sin\theta \cdot da + \frac{1}{2}a\sin\theta \cdot db + \frac{1}{2}ab\cos\theta \cdot d\theta,$$
$$|dS| \leq \frac{1}{2}b\sin\theta \cdot |da| + \frac{1}{2}a\sin\theta \cdot |db| + \frac{1}{2}ab\cos\theta \cdot |d\theta|,$$
当 $a = 63, b = 78, \theta = \frac{\pi}{3}, |da| = 0.1, |db| = 0.1, |d\theta| = \frac{\pi}{180}$ 时,
$$S = \frac{1}{2} \times 63 \times 78 \times \sin\frac{\pi}{3} = 2127.82,$$
$$\delta S = \frac{78}{2} \times \frac{\sqrt{3}}{2} \times 0.1 + \frac{63}{2} \times \frac{\sqrt{3}}{2} \times 0.1 + \frac{63 \times 78}{2} \times \frac{1}{2} \times \frac{\pi}{180} = 27.55,$$
$$\frac{\delta S}{S} = \frac{27.55}{2127.82} = 1.29\%,$$
所以三角形面积的近似值为 2127.82 m²,绝对误差为 27.55 m²,相对误差为 1.29%.

*12.利用全微分证明:两数之和的绝对误差等于它们各自的绝对误差之和.

【证】 设 $u = x + y$,
$$|\Delta u| \approx |du| = \left|\frac{\partial u}{\partial x}\Delta x + \frac{\partial u}{\partial y}\Delta y\right| = |\Delta x + \Delta y| \leq |\Delta x| + |\Delta y|,$$
所以两数之和的绝对误差 $|\Delta u|$ 等于它们各自的绝对误差 $|\Delta x|$ 与 $|\Delta y|$ 的和.

*13.利用全微分证明:乘积的相对误差等于各因子的相对误差之和;商的相对误差等于被除数及除数的相对误差之和.

【证】 设 $u = xy, v = \frac{x}{y}$,则 $\Delta u \approx du = ydx + xdy, \Delta v \approx dv = \frac{ydx - xdy}{y^2}$,由此可得相对误差:
$$\left|\frac{\Delta u}{u}\right| \approx \left|\frac{du}{u}\right| = \left|\frac{ydx + xdy}{xy}\right| = \left|\frac{dx}{x} + \frac{dy}{y}\right| \leq \left|\frac{dx}{x}\right| + \left|\frac{dy}{y}\right| = \left|\frac{\Delta x}{x}\right| + \left|\frac{\Delta y}{y}\right|;$$

$$\left|\frac{\Delta v}{v}\right| \approx \left|\frac{dv}{v}\right| = \left|\frac{ydx - xdy}{y^2 \cdot \frac{x}{y}}\right| = \left|\frac{dx}{x} - \frac{dy}{y}\right| \leqslant \left|\frac{dx}{x}\right| + \left|\frac{dy}{y}\right| = \left|\frac{\Delta x}{x}\right| + \left|\frac{\Delta y}{y}\right|.$$

习题 9-4 多元复合函数的求导法则

1. 设 $z = u^2 + v^2$,而 $u = x + y, v = x - y$,求 $\frac{\partial z}{\partial x}, \frac{\partial z}{\partial y}$.

【解】 $\frac{\partial z}{\partial x} = \frac{\partial z}{\partial u} \cdot \frac{\partial u}{\partial x} + \frac{\partial z}{\partial v} \cdot \frac{\partial v}{\partial x} = 2u + 2v = 2[(x+y) + (x-y)] = 4x,$

$\frac{\partial z}{\partial y} = \frac{\partial z}{\partial u} \cdot \frac{\partial u}{\partial y} + \frac{\partial z}{\partial v} \cdot \frac{\partial v}{\partial y} = 2u - 2v = 2[(x+y) - (x-y)] = 4y.$

2. 设 $z = u^2 \ln v$,而 $u = \frac{x}{y}, v = 3x - 2y$,求 $\frac{\partial z}{\partial x}, \frac{\partial z}{\partial y}$.

【解】 $\frac{\partial z}{\partial x} = \frac{\partial z}{\partial u} \cdot \frac{\partial u}{\partial x} + \frac{\partial z}{\partial v} \cdot \frac{\partial v}{\partial x} = 2u\ln v \cdot \frac{1}{y} + \frac{u^2}{v} \cdot 3 = \frac{2x}{y^2}\ln(3x-2y) + \frac{3x^2}{(3x-2y)y^2},$

$\frac{\partial z}{\partial y} = \frac{\partial z}{\partial u} \cdot \frac{\partial u}{\partial y} + \frac{\partial z}{\partial v} \cdot \frac{\partial v}{\partial y} = 2u\ln v \cdot \left(-\frac{x}{y^2}\right) + \frac{u^2}{v} \cdot (-2) = -\frac{2x^2}{y^3}\ln(3x-2y) + \frac{2x^2}{(2y-3x)y^2}.$

3. 设 $z = e^{x-2y}$,而 $x = \sin t, y = t^3$,求 $\frac{dz}{dt}$.

【解】 $\frac{dz}{dt} = \frac{\partial z}{\partial x} \cdot \frac{dx}{dt} + \frac{\partial z}{\partial y} \cdot \frac{dy}{dt} = e^{x-2y} \cdot \cos t + e^{x-2y} \cdot (-2) \cdot 3t^2 = e^{\sin t - 2t^3}(\cos t - 6t^2).$

4. 设 $z = \arcsin(x-y)$,而 $x = 3t, y = 4t^3$,求 $\frac{dz}{dt}$.

【解】 $\frac{dz}{dt} = \frac{\partial z}{\partial x} \cdot \frac{dx}{dt} + \frac{\partial z}{\partial y} \cdot \frac{dy}{dt} = \frac{3}{\sqrt{1-(x-y)^2}} - \frac{12t^2}{\sqrt{1-(x-y)^2}} = \frac{3(1-4t^2)}{\sqrt{1-(3t-4t^3)^2}}.$

5. 设 $z = \arctan(xy)$,而 $y = e^x$,求 $\frac{dz}{dx}$.

【解】 $z = \arctan(xe^x), \frac{dz}{dx} = \frac{e^x(1+x)}{1+x^2 e^{2x}}.$

6. 设 $u = \frac{e^{ax}(y-z)}{a^2+1}$,而 $y = a\sin x, z = \cos x$,求 $\frac{du}{dx}$.

【解】 $\frac{dy}{dx} = \frac{\partial u}{\partial x} + \frac{\partial u}{\partial y} \cdot \frac{dy}{dx} + \frac{\partial u}{\partial z} \cdot \frac{dz}{dx} = \frac{ae^{ax}(y-z)}{a^2+1} + \frac{e^{ax}}{a^2+1} \cdot a\cos x - \frac{e^{ax}}{a^2+1} \cdot (-\sin x)$

$= \frac{e^{ax}}{a^2+1} \cdot (a^2 \sin x - a\cos x + a\cos x + \sin x) = e^{ax}\sin x.$

7. 设 $z = \arctan\frac{x}{y}$,而 $x = u+v, y = u-v$,验证 $\frac{\partial z}{\partial u} + \frac{\partial z}{\partial v} = \frac{u-v}{u^2+v^2}.$

【证】 $\frac{\partial z}{\partial u} + \frac{\partial z}{\partial v} = \left(\frac{\partial z}{\partial x}\frac{\partial x}{\partial u} + \frac{\partial z}{\partial y}\frac{\partial y}{\partial u}\right) + \left(\frac{\partial z}{\partial x}\frac{\partial x}{\partial v} + \frac{\partial z}{\partial y}\frac{\partial y}{\partial v}\right)$

$= \frac{\frac{1}{y}}{1+\left(\frac{x}{y}\right)^2} + \frac{-\frac{x}{y^2}}{1+\left(\frac{x}{y}\right)^2} + \frac{\frac{1}{y}}{1+\left(\frac{x}{y}\right)^2} + \frac{-\frac{x}{y^2}}{1+\left(\frac{x}{y}\right)^2} \cdot (-1) = \frac{2y}{x^2+y^2}.$

由 $x = u+v, y = u-v$,得

$$\frac{2y}{x^2+y^2} = \frac{2(u-v)}{(u+v)^2+(u-v)^2} = \frac{u-v}{u^2+v^2},$$

即
$$\frac{\partial z}{\partial u} + \frac{\partial z}{\partial v} = \frac{u-v}{u^2+v^2}.$$

8. 求下列函数的一阶偏导数（其中 f 具有一阶连续偏导数）：

(1) $u = f(x^2 - y^2, e^{xy})$.

【解】 $\dfrac{\partial u}{\partial x} = 2xf_1' + ye^{xy}f_2'$, $\dfrac{\partial u}{\partial y} = -2yf_1' + xe^{xy}f_2'$.

(2) $u = f\left(\dfrac{x}{y}, \dfrac{y}{z}\right)$.

【解】 $\dfrac{\partial u}{\partial x} = \dfrac{1}{y}f_1' + f_2' \cdot 0 = \dfrac{1}{y}f_1'$, $\dfrac{\partial u}{\partial y} = -\dfrac{x}{y^2}f_1' + \dfrac{1}{z}f_2'$, $\dfrac{\partial u}{\partial z} = -\dfrac{y}{z^2}f_2'$.

(3) $u = f(x, xy, xyz)$.

【解】 $\dfrac{\partial u}{\partial x} = f_1' + yf_2' + yzf_3'$, $\dfrac{\partial u}{\partial y} = xf_2' + xzf_3'$, $\dfrac{\partial u}{\partial z} = xyf_3'$.

9. 设 $z = xy + xF(u)$，而 $u = \dfrac{y}{x}$，$F(u)$ 为可导函数，证明 $x\dfrac{\partial z}{\partial x} + y\dfrac{\partial z}{\partial y} = z + xy$.

【证】 $x\dfrac{\partial z}{\partial x} + y\dfrac{\partial z}{\partial y} = x\left[y + F(u) + xF'(u)\dfrac{\partial u}{\partial x}\right] + y\left[x + xF'(u)\dfrac{\partial u}{\partial y}\right]$

$= x\left[y + F(u) - \dfrac{y}{x}F'(u)\right] + y[x + F'(u)] = xy + xF(u) + xy = z + xy.$

10. 设 $z = \dfrac{y}{f(x^2-y^2)}$，其中 $f(u)$ 为可导函数，验证 $\dfrac{1}{x}\dfrac{\partial z}{\partial x} + \dfrac{1}{y}\dfrac{\partial z}{\partial y} = \dfrac{z}{y^2}$.

【证】 记 $u = x^2 - y^2$，则 $z = \dfrac{y}{f(u)}$.

$$\frac{\partial z}{\partial x} = -\frac{2xyf'(u)}{f^2(u)}, \quad \frac{\partial z}{\partial y} = \frac{1}{f(u)} + \frac{2y^2f'(u)}{f^2(u)},$$

$$\frac{1}{x}\frac{\partial z}{\partial x} + \frac{1}{y}\frac{\partial z}{\partial y} = \frac{1}{x}\cdot\left[-\frac{2xyf'(u)}{f^2(u)}\right] + \frac{1}{y}\cdot\left[\frac{2y^2f'(u)}{f^2(u)} + \frac{1}{f(u)}\right]$$

$$= -\frac{2yf'(u)}{f^2(u)} + \frac{2yf'(u)}{f^2(u)} + \frac{1}{yf(u)} = \frac{1}{y}\cdot\frac{z}{y} = \frac{z}{y^2}.$$

11. 设函数 $f(x, y, z)$ 满足 $f(tx, ty, tz) = t^n f(x, y, z)$（$t$ 为任意实数），则称函数 f 为 n 次齐次函数. 证明：n 次齐次函数 f 满足关系式：
$$xf_x + yf_y + zf_z = nf(x, y, z),$$
其中，函数 f 具有一阶连续偏导数.

【证】 将中间变量 tx, ty, tz 依次编为 1, 2, 3 号. 在关系式
$$f(tx, ty, tz) = t^n f(x, y, z)$$
两端分别对 t 求导，得
$$xf_1' + yf_2' + zf_3' = nt^{n-1}f(x, y, z),$$
上式两端同乘 t，得
$$txf_1' + tyf_2' + tzf_3' = nt^n f(x, y, z).$$
于是有
$$xf_x + yf_y + zf_z = nf(x, y, z).$$
证毕.

12. 设 $z = f(x^2 + y^2)$，其中 f 具有二阶导数，求 $\dfrac{\partial^2 z}{\partial x^2}, \dfrac{\partial^2 z}{\partial x \partial y}, \dfrac{\partial^2 z}{\partial y^2}$.

【解】 记 $u = x^2 + y^2$，则 $z = f(u)$.

$$\frac{\partial z}{\partial x} = 2xf'(u), \frac{\partial z}{\partial y} = 2yf'(u);$$

$$\frac{\partial^2 z}{\partial x^2} = 2f'(u) + 4x^2 f''(u) = 2f'(x^2+y^2) + 4x^2 f''(x^2+y^2);$$

$$\frac{\partial^2 z}{\partial y^2} = 2f'(x^2+y^2) + 4y^2 f''(x^2+y^2); \frac{\partial^2 z}{\partial x \partial y} = 4xy f''(x^2+y^2).$$

*13. 求下列函数的 $\frac{\partial^2 z}{\partial x^2}, \frac{\partial^2 z}{\partial x \partial y}, \frac{\partial^2 z}{\partial y^2}$（其中 f 具有二阶连续偏导数）:

(1) $z = f(xy, y)$.

【解】 $\frac{\partial z}{\partial x} = f_1' \cdot y + f_2' \cdot 0 = yf_1', \frac{\partial z}{\partial y} = f_1' \cdot x + f_2';$

$$\frac{\partial^2 z}{\partial x^2} = y(f_{11}'' \cdot y + f_{12}'' \cdot 0) = y^2 f_{11}'', \frac{\partial^2 z}{\partial x \partial y} = f_1 + y(f_{11}''x + f_{12}''),$$

$$\frac{\partial^2 z}{\partial y^2} = x(f_{11}'' \cdot x + f_{12}'') + f_{21}'' \cdot x + f_{22}'' = x^2 f_{11}'' + 2x f_{12}'' + f_{22}''.$$

(2) $z = f\left(x, \frac{x}{y}\right).$

【解】 $\frac{\partial z}{\partial x} = f_1' + \frac{1}{y}f_2', \frac{\partial z}{\partial y} = -\frac{x}{y^2}f_2';$

$$\frac{\partial^2 z}{\partial x^2} = f_{11}'' + f_{12}'' \cdot \frac{1}{y} + \frac{1}{y}\left(f_{21}'' + f_{22}'' \cdot \frac{1}{y}\right) = f_{11}'' + \frac{2}{y}f_{12}'' + \frac{1}{y^2}f_{22}''.$$

类似地，可求得

$$\frac{\partial^2 z}{\partial y^2} = \frac{2x}{y^3}f_2' + \frac{x^2}{y^4}f_{22}'', \frac{\partial^2 z}{\partial x \partial y} = -\frac{x}{y^2}f_{12}'' - \frac{1}{y^2}f_2' - \frac{x}{y^3}f_{22}''.$$

(3) $z = f(xy^2, x^2 y).$

【解】 $\frac{\partial z}{\partial x} = f_1' \cdot y^2 + f_2' \cdot 2xy, \frac{\partial z}{\partial y} = f_1' \cdot 2xy + f_2' \cdot x^2;$

$$\frac{\partial^2 z}{\partial x^2} = \frac{\partial}{\partial x}(f_1' y^2 + f_2' \cdot 2xy) = y^2(f_{11}'' \cdot y^2 + f_{12}'' \cdot 2xy) + 2yf_2' + 2xy(f_{21}'' \cdot y^2 + f_{22}'' \cdot 2xy)$$

$$= 2yf_2' + y^4 f_{11}'' + 4xy^3 f_{12}'' + 4x^2 y^2 f_{22}''.$$

类似地，可求得

$$\frac{\partial^2 z}{\partial y^2} = 2xf_1' + 4x^2 y^2 f_{11}'' + 4x^3 y f_{12}'' + x^4 f_{22}'', \quad \frac{\partial^2 z}{\partial x \partial y} = 2yf_1' + 2xf_2' + 2xy^3 f_{11}'' + 5x^2 y^2 f_{12}'' + 2x^3 y f_{22}''.$$

(4) $z = f(\sin x, \cos y, e^{x+y}).$

【解】 $\frac{\partial z}{\partial x} = f_1' \cos x + f_3' \cdot e^{x+y};$

$$\frac{\partial^2 z}{\partial x^2} = \frac{\partial}{\partial x}(f_1' \cos x + f_3' \cdot e^{x+y})$$

$$= (f_{11}'' \cos x + f_{13}'' \cdot e^{x+y})\cos x - (\sin x)f_1' + (f_{31}'' \cdot \cos x + f_{33}'' \cdot e^{x+y})e^{x+y} + e^{x+y}f_3'$$

$$= f_{11}'' \cos^2 x + 2f_{13}'' e^{x+y} \cos x + f_{33}'' e^{2(x+y)} - f_1' \sin x + f_3' e^{x+y}.$$

类似地，可求得

$$\frac{\partial^2 z}{\partial y^2} = f_{22}'' \sin^2 y - 2f_{23}'' e^{x+y} \sin y + f_{33}'' e^{2(x+y)} - f_2' \cos y + f_3' e^{x+y},$$

$$\frac{\partial^2 z}{\partial x \partial y} = -f_{12}''\sin y\cos x + f_{13}''e^{x+y}\cos x - f_{23}''e^{x+y}\sin y + f_{33}''e^{2(x+y)} + f_3'e^{x+y}.$$

*14. 设 $u = f(x, y)$ 的所有二阶偏导数连续,而 $x = \dfrac{s - \sqrt{3}t}{2}$, $y = \dfrac{\sqrt{3}s + t}{2}$, 证明

$$\left(\frac{\partial u}{\partial x}\right)^2 + \left(\frac{\partial u}{\partial y}\right)^2 = \left(\frac{\partial u}{\partial s}\right)^2 + \left(\frac{\partial u}{\partial t}\right)^2 \text{ 及 } \frac{\partial^2 u}{\partial x^2} + \frac{\partial^2 u}{\partial y^2} = \frac{\partial^2 u}{\partial s^2} + \frac{\partial^2 u}{\partial t^2}.$$

【证】 由于

$$\frac{\partial u}{\partial s} = \frac{\partial u}{\partial x}\frac{\partial x}{\partial s} + \frac{\partial u}{\partial y}\frac{\partial y}{\partial s} = \frac{1}{2}\frac{\partial u}{\partial x} + \frac{\sqrt{3}}{2}\frac{\partial u}{\partial y}, \quad \frac{\partial u}{\partial t} = \frac{\partial u}{\partial x}\frac{\partial x}{\partial t} + \frac{\partial u}{\partial y}\frac{\partial y}{\partial t} = -\frac{\sqrt{3}}{2}\frac{\partial u}{\partial x} + \frac{1}{2}\frac{\partial u}{\partial y},$$

所以

$$\left(\frac{\partial u}{\partial s}\right)^2 + \left(\frac{\partial u}{\partial t}\right)^2 = \left(\frac{1}{2}\frac{\partial u}{\partial x} + \frac{\sqrt{3}}{2}\frac{\partial u}{\partial y}\right)^2 + \left(-\frac{\sqrt{3}}{2}\frac{\partial u}{\partial x} + \frac{1}{2}\frac{\partial u}{\partial y}\right)^2 = \left(\frac{\partial u}{\partial x}\right)^2 + \left(\frac{\partial u}{\partial y}\right)^2.$$

又

$$\frac{\partial^2 u}{\partial s^2} = \frac{\partial}{\partial s}\left(\frac{\partial u}{\partial s}\right) = \frac{\partial}{\partial s}\left(\frac{1}{2}\frac{\partial u}{\partial x} + \frac{\sqrt{3}}{2}\frac{\partial u}{\partial y}\right) = \frac{1}{2}\left(\frac{\partial^2 u}{\partial x^2}\frac{\partial x}{\partial s} + \frac{\partial^2 u}{\partial x\partial y}\frac{\partial y}{\partial s}\right) + \frac{\sqrt{3}}{2}\left(\frac{\partial^2 u}{\partial y\partial x}\frac{\partial x}{\partial s} + \frac{\partial^2 u}{\partial y^2}\frac{\partial y}{\partial s}\right)$$

$$= \frac{1}{2}\left(\frac{1}{2}\frac{\partial^2 u}{\partial x^2} + \frac{\sqrt{3}}{2}\frac{\partial^2 u}{\partial x\partial y}\right) + \frac{\sqrt{3}}{2}\left(\frac{1}{2}\frac{\partial^2 u}{\partial y\partial x} + \frac{\sqrt{3}}{2}\frac{\partial^2 u}{\partial y^2}\right) = \frac{1}{4}\frac{\partial^2 u}{\partial x^2} + \frac{\sqrt{3}}{2}\frac{\partial^2 u}{\partial x\partial y} + \frac{3}{4}\frac{\partial^2 u}{\partial y^2},$$

$$\frac{\partial^2 u}{\partial t^2} = \frac{\partial}{\partial t}\left(\frac{\partial u}{\partial t}\right) = \frac{\partial}{\partial t}\left(-\frac{\sqrt{3}}{2}\frac{\partial u}{\partial x} + \frac{1}{2}\frac{\partial u}{\partial y}\right) = -\frac{\sqrt{3}}{2}\left(\frac{\partial^2 u}{\partial x^2}\frac{\partial x}{\partial t} + \frac{\partial^2 u}{\partial x\partial y}\frac{\partial y}{\partial t}\right) + \frac{1}{2}\left(\frac{\partial^2 u}{\partial x\partial y}\frac{\partial x}{\partial t} + \frac{\partial^2 u}{\partial y^2}\frac{\partial y}{\partial t}\right)$$

$$= -\frac{\sqrt{3}}{2}\left(-\frac{\sqrt{3}}{2}\frac{\partial^2 u}{\partial x^2} + \frac{1}{2}\frac{\partial^2 u}{\partial x\partial y}\right) + \frac{1}{2}\left(-\frac{\sqrt{3}}{2}\frac{\partial^2 u}{\partial x\partial y} + \frac{1}{2}\frac{\partial^2 u}{\partial y^2}\right) = \frac{3}{4}\frac{\partial^2 u}{\partial x^2} - \frac{\sqrt{3}}{2}\frac{\partial^2 u}{\partial y\partial x} + \frac{1}{4}\frac{\partial^2 u}{\partial y^2},$$

得

$$\frac{\partial^2 u}{\partial s^2} + \frac{\partial^2 u}{\partial t^2} = \frac{\partial^2 u}{\partial x^2} + \frac{\partial^2 u}{\partial y^2}.$$

习题 9-5 隐函数的求导公式

1. 设 $\sin y + e^x - xy^2 = 0$,求 $\dfrac{dy}{dx}$.

【解】 在 $\sin y + e^x - xy^2 = 0$ 两端对 x 求导,把 y 看成 x 的函数,有

$$(\cos y)\frac{dy}{dx} + e^x - y^2 - 2xy \cdot \frac{dy}{dx} = 0,$$

解出

$$\frac{dy}{dx} = \frac{y^2 - e^x}{\cos y - 2xy}.$$

2. 设 $\ln\sqrt{x^2 + y^2} = \arctan\dfrac{y}{x}$,求 $\dfrac{dy}{dx}$.

【解】 方程 $\ln\sqrt{x^2 + y^2} = \arctan\dfrac{y}{x}$ 两端对 x 求导,把 y 看成 x 的函数,有

$$\frac{1}{\sqrt{x^2 + y^2}} \cdot \frac{2x + 2y\dfrac{dy}{dx}}{2\sqrt{x^2 + y^2}} = \frac{1}{1 + \left(\dfrac{y}{x}\right)^2} \cdot \frac{x\dfrac{dy}{dx} - y}{x^2},$$

即

$$\frac{x + y}{x^2 + y^2} \cdot \frac{dy}{dx} = \frac{x\dfrac{dy}{dx} - y}{x^2 + y^2},$$

解出
$$\frac{dy}{dx} = \frac{x+y}{x-y}.$$

3. 设 $x + 2y + z - 2\sqrt{xyz} = 0$，求 $\frac{\partial z}{\partial x}$ 及 $\frac{\partial z}{\partial y}$.

【解】 方程 $x + 2y + z - 2\sqrt{xyz} = 0$ 两端对 x 求导，把 z 看成 x 与 y 的二元函数，有
$$1 + \frac{\partial z}{\partial x} - 2 \cdot \frac{1}{2\sqrt{xyz}} \cdot \left(yz + xy\frac{\partial z}{\partial x}\right) = 0,$$

解出
$$\frac{\partial z}{\partial x} = \frac{yz - \sqrt{xyz}}{\sqrt{xyz} - xy}.$$

类似地，有
$$\frac{\partial z}{\partial y} = \frac{xz - 2\sqrt{xyz}}{\sqrt{xyz} - xy}.$$

4. 设 $\frac{x}{z} = \ln\frac{z}{y}$，求 $\frac{\partial z}{\partial x}$ 及 $\frac{\partial z}{\partial y}$.

【解】 方程 $\frac{x}{z} = \ln\frac{z}{y}$ 两端对 x 求导，把 z 看成 x 与 y 的二元函数，有
$$\frac{z - x\frac{\partial z}{\partial x}}{z^2} = \frac{1}{z} \cdot \frac{\partial z}{\partial x},$$

解出
$$\frac{\partial z}{\partial x} = \frac{z}{x+z}.$$

类似地，有
$$\frac{\partial z}{\partial y} = \frac{z^2}{y(x+z)}.$$

5. 设 $2\sin(x + 2y - 3z) = x + 2y - 3z$，证明 $\frac{\partial z}{\partial x} + \frac{\partial z}{\partial y} = 1$.

【证】 设 $F(x, y, z) = 2\sin(x + 2y - 3z) - x - 2y + 3z$,
则
$F_x = 2\cos(x + 2y - 3z) - 1,$
$F_y = 2\cos(x + 2y - 3z) \cdot 2 - 2 = 2F_x,$
$F_z = 2\cos(x + 2y - 3z) \cdot (-3) + 3 = -3F_x,$
$$\frac{\partial z}{\partial x} + \frac{\partial z}{\partial y} = -\frac{F_x}{F_z} - \frac{F_y}{F_z} = \frac{1}{3} + \frac{2}{3} = 1.$$

6. 设 $x = x(y, z), y = y(x, z), z = z(x, y)$ 都是由方程 $F(x, y, z) = 0$ 所确定的具有连续偏导数的函数，证明 $\frac{\partial x}{\partial y} \cdot \frac{\partial y}{\partial z} \cdot \frac{\partial z}{\partial x} = -1$.

【证】 $\frac{\partial x}{\partial y} = -\frac{F_y}{F_x}, \frac{\partial y}{\partial z} = -\frac{F_z}{F_y}, \frac{\partial z}{\partial x} = -\frac{F_x}{F_z}, \frac{\partial x}{\partial y} \cdot \frac{\partial y}{\partial z} \cdot \frac{\partial z}{\partial x} = \left(-\frac{F_y}{F_x}\right) \cdot \left(-\frac{F_z}{F_y}\right)\left(-\frac{F_x}{F_z}\right) = -1.$

7. 设 $\Phi(u, v)$ 具有连续偏导数，证明由方程 $\Phi(cx - az, cy - bz) = 0$ 所确定的函数 $z = f(x, y)$ 满足 $a\frac{\partial z}{\partial x} + b\frac{\partial z}{\partial y} = c$.

【证】 $\varphi_u \cdot \left(c - a\frac{\partial z}{\partial x}\right) + \varphi_v \cdot \left(-b\frac{\partial z}{\partial x}\right) = 0,$

解出
$$\frac{\partial z}{\partial x} = \frac{c\varphi_u}{a\varphi_u + b\varphi_v}.$$

类似地，有
$$\frac{\partial z}{\partial y} = \frac{c\varphi_v}{a\varphi_u + b\varphi_v}.$$

$$a\frac{\partial z}{\partial x} + b\frac{\partial z}{\partial y} = a \cdot \frac{c\varphi_u}{a\varphi_u + b\varphi_v} + b \cdot \frac{c\varphi_v}{a\varphi_u + b\varphi_v} = c.$$

8. 设 $z = z(x, y)$ 是由方程 $2xz - 2xyz + \ln(xyz) = 0$ 所确定的隐函数，求 $\mathrm{d}z$.

【解】 设 $F(x, y, z) = 2xz - 2xyz + \ln(xyz)$，则

$$F_x = 2z - 2yz + \frac{1}{x},\ F_y = -2xz + \frac{1}{y},\ F_z = 2x - 2xy + \frac{1}{z},$$

$$\frac{\partial z}{\partial x} = -\frac{F_x}{F_z} = -\frac{z}{x},\ \frac{\partial z}{\partial y} = -\frac{F_y}{F_z} = \frac{z(2xyz - 1)}{y(2xz - 2xyz + 1)}.$$

故

$$\mathrm{d}z = -\frac{z}{x}\mathrm{d}x + \frac{z(2xyz - 1)}{y(2xz - 2xyz + 1)}\mathrm{d}y.$$

*9. 设 $e^z - xyz = 0$，求 $\dfrac{\partial^2 z}{\partial x^2}$.

【解】 方程 $e^z - xyz = 0$ 两端对 x 求导，把 z 看成 x 与 y 的二元函数，有

$$e^z \frac{\partial z}{\partial x} - yz - xy\frac{\partial z}{\partial x} = 0,$$

解出

$$\frac{\partial z}{\partial x} = \frac{yz}{e^z - xy};$$

$$\frac{\partial^2 z}{\partial x^2} = \frac{\partial}{\partial x}\left(\frac{yz}{e^z - xy}\right) = \frac{y\frac{\partial z}{\partial x} \cdot (e^z - xy) - yz \cdot \left(e^z \frac{\partial z}{\partial x} - y\right)}{(e^z - xy)^2}$$

$$= \frac{y \cdot \frac{yz}{e^z - xy} \cdot (e^z - xy) - yz\left(e^z \cdot \frac{yz}{e^z - xy} - y\right)}{(e^z - xy)^2} = \frac{2y^2 z e^z - 2xy^3 z - y^2 z^2 e^z}{(e^z - xy)^3}.$$

*10. 设 $z^3 - 3xyz = a^3$，求 $\dfrac{\partial^2 z}{\partial x \partial y}$.

【解】 $z^3 - 3xyz = a^3$ 两边对 x 求偏导，得

$$3z^2 \frac{\partial z}{\partial x} - 3y\left(z + x\frac{\partial z}{\partial x}\right) = 0,$$

解出

$$\frac{\partial z}{\partial x} = \frac{yz}{z^2 - yx}.$$

类似地，有

$$\frac{\partial z}{\partial y} = \frac{xz}{z^2 - xy};$$

$$\frac{\partial^2 z}{\partial x \partial y} = \frac{\left(z + y\frac{\partial z}{\partial y}\right)(z^2 - yx) - yz\left(2z\frac{\partial z}{\partial y} - x\right)}{(z^2 - yx)^2} = \frac{z(z^4 - 2xyz^2 - x^2 y^2)}{(z^2 - xy)^3}.$$

11. 求由下列方程组所确定的函数的导数或偏导数：

(1) 设 $\begin{cases} z = x^2 + y^2, \\ x^2 + 2y^2 + 3z^2 = 20, \end{cases}$ 求 $\dfrac{\mathrm{d}y}{\mathrm{d}x}, \dfrac{\mathrm{d}z}{\mathrm{d}x}$.

【解】 把 y 和 z 看成 x 的一元函数，方程两端对 x 求导，得

$$\begin{cases} \dfrac{\mathrm{d}z}{\mathrm{d}x} = 2x + 2y\dfrac{\mathrm{d}y}{\mathrm{d}x}, \\ 2x + 4y\dfrac{\mathrm{d}y}{\mathrm{d}x} + 6z\dfrac{\mathrm{d}z}{\mathrm{d}x} = 0. \end{cases}$$

当 $6yz + 2y \neq 0$ 时，解出

$$\frac{dy}{dx} = \frac{-6xz - x}{6yz + 2y}, \frac{dz}{dx} = \frac{2xy}{6yz + 2y} = \frac{x}{3z + 1}.$$

(2) 设 $\begin{cases} x + y + z = 0, \\ x^2 + y^2 + z^2 = 1, \end{cases}$ 求 $\dfrac{dx}{dz}, \dfrac{dy}{dz}$.

【解】 把 x 和 y 看成 z 的一元函数, 方程两端对 z 求导, 得

$$\begin{cases} \dfrac{dx}{dz} + \dfrac{dy}{dz} + 1 = 0, \\ 2x\dfrac{dx}{dz} + 2y\dfrac{dy}{dz} + 2z = 0. \end{cases}$$

当 $y \ne z$ 时, 解出

$$\frac{dx}{dz} = \frac{y - z}{x - y}, \frac{dy}{dz} = \frac{z - x}{x - y}.$$

(3) 设 $\begin{cases} u = f(ux, v + y), \\ v = g(u - x, v^2 y), \end{cases}$ 其中 f, g 具有一阶连续偏导数, 求 $\dfrac{\partial u}{\partial x}, \dfrac{\partial v}{\partial x}$.

【解】 把 u 和 v 看成 x 与 y 的函数, 方程两端对 x 求导, 得

$$\begin{cases} \dfrac{\partial u}{\partial x} = f_1' \cdot \left(u + x\dfrac{\partial u}{\partial x}\right) + f_2' \cdot \dfrac{\partial v}{\partial x}, \\ \dfrac{\partial v}{\partial x} = g_1' \cdot \left(\dfrac{\partial u}{\partial x} - 1\right) + g_2' \cdot 2vy\dfrac{\partial v}{\partial x}. \end{cases}$$

当 $(xf_1' - 1)(2yvg_2' - 1) \ne f_2' g_1'$ 时, 解出

$$\frac{\partial u}{\partial x} = \frac{-u f_1' \cdot (2yvg_2' - 1) - f_2' g_1'}{(xf_1' - 1)(2yvg_2' - 1) - f_2' g_1'}, \frac{\partial v}{\partial x} = \frac{g_1' \cdot (xf_1' + u f_1' - 1)}{(xf_1' - 1)(2yvg_2' - 1) - f_2' g_1'}.$$

(4) 设 $\begin{cases} x = e^u + u\sin v, \\ y = e^u - u\cos v, \end{cases}$ 求 $\dfrac{\partial u}{\partial x}, \dfrac{\partial u}{\partial y}, \dfrac{\partial v}{\partial x}, \dfrac{\partial v}{\partial y}$.

【解】 把 u 与 v 看成 x 和 y 的二元函数, 方程两端对 x 求导, 得

$$\begin{cases} 1 = e^u \cdot \dfrac{\partial u}{\partial x} + \dfrac{\partial u}{\partial x} \cdot \sin v + u\dfrac{\partial v}{\partial x} \cdot \cos v, \\ 0 = e^u \cdot \dfrac{\partial u}{\partial x} - \dfrac{\partial u}{\partial x} \cdot \cos v + u\dfrac{\partial v}{\partial x} \cdot \sin v. \end{cases}$$

当 $ue^u(\sin v - \cos v) + u \ne 0$ 时, 解出

$$\frac{\partial u}{\partial x} = \frac{\sin v}{e^u(\sin v - \cos v) + 1}, \frac{\partial v}{\partial x} = \frac{\cos v - e^u}{u[e^u(\sin v - \cos v) + 1]}.$$

类似地, 方程两端对 y 求导, 又可解出

$$\frac{\partial u}{\partial y} = \frac{-\cos v}{e^u(\sin v - \cos v) + 1}, \frac{\partial v}{\partial y} = \frac{\sin v + e^u}{u[e^u(\sin v - \cos v) + 1]}.$$

12. 设 $y = f(x, t)$, 而 t 是由方程 $F(x, y, t) = 0$ 所确定的 x, y 的函数, 其中 f, F 都具有一阶连续偏导数. 试证明

$$\frac{dy}{dx} = \frac{\dfrac{\partial f}{\partial x} \dfrac{\partial F}{\partial t} - \dfrac{\partial f}{\partial t} \dfrac{\partial F}{\partial x}}{\dfrac{\partial f}{\partial t} \dfrac{\partial F}{\partial y} + \dfrac{\partial F}{\partial t}}.$$

【证】 把 y 看成 x 的函数, t 看成 x 与 y 的函数, 方程组

$$\begin{cases} y = f(x, t), \\ F(x, y, t) = 0 \end{cases}$$

两端对 x 求导, 得

$$\begin{cases} \dfrac{\mathrm{d}y}{\mathrm{d}x} = \dfrac{\partial f}{\partial x} + \dfrac{\partial f}{\partial t} \cdot \dfrac{\partial t}{\partial x}, & \text{①} \\ \dfrac{\partial F}{\partial x} + \dfrac{\partial F}{\partial y} \cdot \dfrac{\mathrm{d}y}{\mathrm{d}x} + \dfrac{\partial F}{\partial t} \cdot \dfrac{\partial t}{\partial x} = 0, & \text{②} \end{cases}$$

由式 ① 解出

$$\dfrac{\partial t}{\partial x} = \dfrac{\dfrac{\mathrm{d}y}{\mathrm{d}x} - \dfrac{\partial f}{\partial x}}{\dfrac{\partial f}{\partial t}},$$

代入式 ②，立刻得到

$$\dfrac{\mathrm{d}y}{\mathrm{d}x} = \dfrac{\dfrac{\partial f}{\partial x} \dfrac{\partial F}{\partial t} - \dfrac{\partial f}{\partial t} \dfrac{\partial F}{\partial x}}{\dfrac{\partial F}{\partial t} + \dfrac{\partial f}{\partial t} \dfrac{\partial F}{\partial y}}.$$

习题 9-6　多元函数微分学的几何应用

1. 设 $\boldsymbol{f}(t) = f_1(t)\boldsymbol{i} + f_2(t)\boldsymbol{j} + f_3(t)\boldsymbol{k}$, $\boldsymbol{g}(t) = g_1(t)\boldsymbol{i} + g_2(t)\boldsymbol{j} + g_3(t)\boldsymbol{k}$,
$$\lim_{t \to t_0} \boldsymbol{f}(t) = \boldsymbol{u}, \quad \lim_{t \to t_0} \boldsymbol{g}(t) = \boldsymbol{v}.$$
证明: $\lim\limits_{t \to t_0}[\boldsymbol{f}(t) \times \boldsymbol{g}(t)] = \boldsymbol{u} \times \boldsymbol{v}$.

【证】 $\lim\limits_{t \to t_0}[\boldsymbol{f}(t) \times \boldsymbol{g}(t)] = \lim\limits_{t \to t_0} \begin{vmatrix} \boldsymbol{i} & \boldsymbol{j} & \boldsymbol{k} \\ f_1(t) & f_2(t) & f_3(t) \\ g_1(t) & g_2(t) & g_3(t) \end{vmatrix}$

$= \lim\limits_{t \to t_0}[f_2(t)g_3(t) - f_3(t)g_2(t), f_3(t)g_1(t) - f_1(t)g_3(t), f_1(t)g_2(t) - f_2(t)g_1(t)]$

$= \{\lim\limits_{t \to t_0}[f_2(t)g_3(t) - f_3(t)g_2(t)], \lim\limits_{t \to t_0}[f_3(t)g_1(t) - f_1(t)g_3(t)],$
$\lim\limits_{t \to t_0}[f_1(t)g_2(t) - f_2(t)g_1(t)]\}$

$= \begin{vmatrix} \boldsymbol{i} & \boldsymbol{j} & \boldsymbol{k} \\ \lim\limits_{t \to t_0} f_1(t) & \lim\limits_{t \to t_0} f_2(t) & \lim\limits_{t \to t_0} f_3(t) \\ \lim\limits_{t \to t_0} g_1(t) & \lim\limits_{t \to t_0} g_2(t) & \lim\limits_{t \to t_0} g_3(t) \end{vmatrix} = \boldsymbol{u} \times \boldsymbol{v}.$

2. 下列各题中，$\boldsymbol{r} = \boldsymbol{f}(t)$ 是空间中的质点 M 在时刻 t 的位置，求质点 M 在时刻 t_0 的速度向量和加速度向量，以及在任意时刻 t 的速率.

(1) $\boldsymbol{r} = \boldsymbol{f}(t) = (t+1)\boldsymbol{i} + (t^2-1)\boldsymbol{j} + 2t\boldsymbol{k}, t_0 = 1$.

【解】 速度向量 $\boldsymbol{v}_0 = \dfrac{\mathrm{d}\boldsymbol{r}}{\mathrm{d}t}\bigg|_{t=1} = (\boldsymbol{i} + 2t\boldsymbol{j} + 3\boldsymbol{k})\bigg|_{t=1} = \boldsymbol{i} + 2\boldsymbol{j} + 2\boldsymbol{k}$.

加速度向量 $\boldsymbol{a}_0 = \dfrac{\mathrm{d}^2\boldsymbol{r}}{\mathrm{d}t^2}\bigg|_{t=1} = 2\boldsymbol{j}$.　速率 $|\boldsymbol{v}(t)| = |\boldsymbol{i} + 2t\boldsymbol{j} + 2\boldsymbol{k}| = \sqrt{5 + 4t^2}$.

(2) $\boldsymbol{r} = \boldsymbol{f}(t) = (2\cos t)\boldsymbol{i} + (3\sin t)\boldsymbol{j} + 4t\boldsymbol{k}, t_0 = \dfrac{\pi}{2}$.

【解】 方法同 (1).
$$\boldsymbol{v}_0 = -2\boldsymbol{i} + 4\boldsymbol{k}, \boldsymbol{a}_0 = -3\boldsymbol{j}, |\boldsymbol{v}(t)| = \sqrt{20 + 5\cos^2 t}.$$

(3) $\boldsymbol{r} = \boldsymbol{f}(t) = [2\ln(t+1)]\boldsymbol{i} + t^2\boldsymbol{j} + \dfrac{1}{2}t^2\boldsymbol{k}, t_0 = 1$.

【解】 方法同 (1).

$$v_0 = i + 2j + k, \quad a_0 = -\frac{1}{2}i + 2j + k. \quad |v(t)| = \sqrt{5t^2 + \frac{4}{(t+1)^2}}.$$

3. 求曲线 $r = f(t) = (t - \sin t)i + (1 - \cos t)j + \left(4\sin\frac{t}{2}\right)k$ 在与 $t_0 = \frac{\pi}{2}$ 相应的点处的切线及法平面方程.

【解】 点 $\left(\frac{\pi}{2} - 1, 1, 2\sqrt{2}\right)$ 对应 $t = \frac{\pi}{2}$，曲线的切向量为

$$T\bigg|_{t=\frac{\pi}{2}} = (x'(t), y'(t), z'(t))\bigg|_{t=\frac{\pi}{2}} = \left(1 - \cos t, \sin t, 2\cos\frac{t}{2}\right)\bigg|_{t=\frac{\pi}{2}} = (1, 1, \sqrt{2}),$$

所求切线方程为

$$\frac{x - \left(\frac{\pi}{2} - 1\right)}{1} = \frac{y - 1}{1} = \frac{z - 2\sqrt{2}}{\sqrt{2}};$$

所求法平面方程为

$$1 \cdot \left[x - \left(\frac{\pi}{2} - 1\right)\right] + 1 \cdot (y - 1) + \sqrt{2}(z - 2\sqrt{2}) = 0,$$

化简为

$$x + y + \sqrt{2}z = \frac{\pi}{2} + 4.$$

4. 求曲线 $x = \frac{t}{1+t}$, $y = \frac{1+t}{t}$, $z = t^2$ 在对应于 $t_0 = 1$ 的点处的切线及法平面方程.

【解】 切向量

$$T\bigg|_{t=1} = (x'(t), y'(t), z'(t))\bigg|_{t=1} = \left(\frac{1}{(1+t)^2}, -\frac{1}{t^2}, 2t\right)\bigg|_{t=1} = \left(\frac{1}{4}, -1, 2\right),$$

所求切线方程为

$$\frac{x - \frac{1}{2}}{\frac{1}{4}} = \frac{y - 2}{-1} = \frac{z - 1}{2},$$

即

$$\frac{x - \frac{1}{2}}{1} = \frac{y - 2}{-4} = \frac{z - 1}{8};$$

所求法平面方程为

$$\frac{1}{4}\left(x - \frac{1}{2}\right) - (y - 2) + 2(z - 1) = 0,$$

即

$$2x - 8y + 16z - 1 = 0.$$

5. 求曲线 $y^2 = 2mx$, $z^2 = m - x$ 在点 (x_0, y_0, z_0) 处的切线及法平面方程.

【解】 切向量 $T = \left(1, \frac{m}{y_0}, -\frac{1}{2z_0}\right)$,

所求切线方程为

$$\frac{x - x_0}{1} = \frac{y - y_0}{\frac{m}{y_0}} = \frac{z - z_0}{-\frac{1}{2z_0}},$$

所求法平面方程为

$$(x - x_0) + \frac{m}{y_0}(y - y_0) - \frac{1}{2z_0}(z - z_0) = 0.$$

6. 求曲线 $\begin{cases} x^2 + y^2 + z^2 - 3x = 0 \\ 2x - 3y + 5z - 4 = 0 \end{cases}$ 在点 $(1, 1, 1)$ 处的切线及法平面方程.

【解】 切向量

$$T = \begin{vmatrix} i & j & k \\ 2x - 3 & 2y & 2z \\ 2 & -3 & 5 \end{vmatrix} = (10y + 6z, 4z - 10x + 15, -6x - 4y + 9),$$

$$\boldsymbol{T}\Big|_{(1,1,1)} = (10y+6z, 4z-10x+15, -6x-4y+9)\Big|_{(1,1,1)} = (16, 9, -1),$$

所求切线方程为
$$\frac{x-1}{16} = \frac{y-1}{9} = \frac{z-1}{-1};$$

所求法平面方程为
$$16(x-1) + 9(y-1) - (z-1) = 0,$$

即
$$16x + 9y - z - 24 = 0;$$

7. 求出曲线 $x=t, y=t^2, z=t^3$ 上的点，使在该点的切线平行于平面 $x+2y+z=4$.

【解】 曲线的切向量 $\boldsymbol{T} = (1, 2t, 3t^2)$，平面的法向量为 $\boldsymbol{n} = (1, 2, 1)$. 令 $\boldsymbol{T} \cdot \boldsymbol{n} = 0$，即
$$(1, 2t, 3t^2) \cdot (1, 2, 1) = 0,$$

得
$$3t^2 + 4t + 1 = 0,$$

解出 $t_1 = -1$, $t_2 = -\frac{1}{3}$，得到两个坐标为 $(-1, 1, -1)$ 和 $\left(-\frac{1}{3}, \frac{1}{9}, -\frac{1}{27}\right)$.

8. 求曲面 $e^z - z + xy = 3$ 在点 $(2, 1, 0)$ 处的切平面及法线方程.

【解】 记所给点 $(2, 1, 0)$ 为 M_0，则法向量
$$\boldsymbol{n}\Big|_{M_0} = (y, x, e^z - 1)\Big|_{M_0} = (1, 2, 0),$$

所求切平面方程为
$$1 \cdot (x-2) + 2 \cdot (y-1) + 0 \cdot (z-0) = 0,$$

即
$$x + 2y - 4 = 0;$$

所求法线方程为
$$\frac{x-2}{1} = \frac{y-1}{2} = \frac{z}{0}.$$

9. 求曲面 $ax^2 + by^2 + cz^2 = 1$ 在点 (x_0, y_0, z_0) 处的切平面及法线方程.

【解】 记 (x_0, y_0, z_0) 为 M_0，则法向量
$$\boldsymbol{n}\Big|_{M_0} = (2ax, 2by, 2cz)\Big|_{M_0} = 2(ax_0, by_0, cz_0),$$

所求切平面方程为
$$ax_0(x-x_0) + by_0(y-y_0) + cz_0(z-z_0) = 0,$$

即
$$ax_0 x + by_0 y + cz_0 z = 1;$$

所求法线方程为
$$\frac{x-x_0}{ax_0} = \frac{y-y_0}{by_0} = \frac{z-z_0}{cz_0}.$$

10. 求椭球面 $x^2 + 2y^2 + z^2 = 1$ 上平行于平面 $x - y + 2z = 0$ 的切平面方程.

【解】 椭球面的法向量为 $\boldsymbol{n}_1 = 2(x, 2y, z)$，已知平面的法向量为 $\boldsymbol{n}_2 = (1, -1, 2)$. 令
$$\frac{x}{1} = \frac{2y}{-1} = \frac{z}{2},$$

得到 $x = \frac{1}{2}z$, $y = -\frac{1}{4}z$，代入椭球面方程，得到 $z = \pm 2\sqrt{\frac{2}{11}}$，从而得到切点坐标为
$$\left(\pm\sqrt{\frac{2}{11}}, \mp\sqrt{\frac{2}{11}}, \pm 2\sqrt{\frac{2}{11}}\right),$$

所求切平面方程为
$$\left(x \pm \sqrt{\frac{2}{11}}\right) - \left(y \pm \frac{1}{2}\sqrt{\frac{2}{11}}\right) + 2\left(z \pm 2\sqrt{\frac{2}{11}}\right) = 0,$$

即
$$x - y + 2z = \pm\sqrt{\frac{11}{2}}.$$

11. 设曲面 $3x^2 + y^2 - z^2 = 27$ 的切平面通过直线 $L: \begin{cases} 10x + 2y - 2z = 27, \\ x + y - z = 0. \end{cases}$ 求此切平面的方程.

【解】 解题的关键是找出切点的坐标. 记 $F(x, y, z) = 3x^2 + y^2 - z^2 - 27$，所求切平面在切点 $M(x_0, y_0, z_0)$ 处的一个法向量为 $\boldsymbol{n}_1 = (F_x, F_y, F_z)_M = (6x_0, 2y_0, -2z_0)$.

过已知直线 L 的平面束方程为
$$10x + 2y - 2z - 27 + \lambda(x + y - z) = 0,$$
即
$$(10 + \lambda)x + (2 + \lambda)y - (2 + \lambda)z - 27 = 0.$$
该平面的法向量为 $\boldsymbol{n}_2 = (10 + \lambda, 2 + \lambda, -2 - \lambda)$.

按题设，所求切平面过直线 L，故 L 包含在上面的平面束中，因此 $\boldsymbol{n}_1 \parallel \boldsymbol{n}_2$，又点 $M(x_0, y_0, z_0)$ 在曲面及平面束上，故有
$$\begin{cases} \dfrac{10 + \lambda}{6x_0} = \dfrac{2 + \lambda}{2y_0} = \dfrac{2 + \lambda}{2z_0}, \\ 3x_0^2 + y_0^2 - z_0^2 - 27 = 0, \\ (10 + \lambda)x_0 + (2 + \lambda)y_0 - (2 + \lambda)z_0 - 27 = 0. \end{cases}$$

解得 $x_0 = 3, y_0 = 1, z_0 = 1, \lambda = -1$ 和 $x_0 = -3, y_0 = -17, z_0 = -17, \lambda = -19$. 经验证，平面 $x + y - z = 0$ 不是所求的切平面. 于是，所求的切平面方程为
$$9x + y - z - 27 = 0 \text{ 或 } 9x + 17y - 17z + 27 = 0.$$

12. 设 L 是曲面 $\Sigma: z = y^2 + x^3 y$ 上一条曲线的切线，切点为 $P(2, 1, 9)$，L 在 xOy 面上的投影平行于 x 轴，求切线 L 的参数方程.

【解】 由切线 L 过点 $P(2, 1, 9)$，在 xOy 面上的投影平行于 x 轴，知切线 L 在平面 $y = 1$ 上，所以切线 L 可看作是曲线 Σ 在点 P 处的切平面与平面 $y = 1$ 的交线.

记 $f(x, y) = y^2 + x^3 y$，则曲面 Σ 在点 P 处的切平面方程为
$$f_x(2, 1)(x - 2) + f_y(2, 1)(y - 1) - (z - 9) = 0,$$
即
$$12x + 10y - z - 25 = 0.$$
它与平面 $y = 1$ 的交线的方向向量为
$$\boldsymbol{s} = \begin{vmatrix} \boldsymbol{i} & \boldsymbol{j} & \boldsymbol{k} \\ 12 & 10 & -1 \\ 0 & 1 & 0 \end{vmatrix} = \boldsymbol{i} + 12\boldsymbol{k},$$
于是切线 L 的参数方程为 $x = 2 + t, y = 1, z = 9 + 12t$.

13. 求旋转椭球面 $3x^2 + y^2 + z^2 = 16$ 上点 $(-1, -2, 3)$ 处的切平面与 xOy 面的夹角的余弦.

【解】 椭球面在点 $(-1, -2, 3)$ 处的切平面的法向量为
$$\boldsymbol{n} \big|_{(-1,-2,3)} = (6x, 2y, 2z) \big|_{(-1,-2,3)} = (-6, -4, 6),$$
可取
$$\boldsymbol{n}_1 = (3, 2, -3),$$
xOy 面的法向量为 $\boldsymbol{n}_2 = \{0, 0, 1\}$，设所求夹角为 γ，则
$$\cos\gamma = \frac{|\boldsymbol{n}_1 \cdot \boldsymbol{n}_2|}{|\boldsymbol{n}_1||\boldsymbol{n}_2|} = \frac{|3 \times 0 + 2 \times 0 + (-3) \times 1|}{\sqrt{3^2 + 2^2 + (-3)^2} \cdot \sqrt{0^2 + 0^2 + 1^2}} = \frac{3}{\sqrt{22}}.$$

14. 试证曲面 $\sqrt{x} + \sqrt{y} + \sqrt{z} = \sqrt{a}$ $(a > 0)$ 上任何点处的切平面在各坐标轴上的截距之和等于 a.

【证】 曲面的法向量为
$$\boldsymbol{n} = \left(\frac{1}{2\sqrt{x}}, \frac{1}{2\sqrt{y}}, \frac{1}{2\sqrt{z}}\right).$$
在曲面上任取一点 $M_0(x_0, y_0, z_0)$，则曲面在 M_0 处的切平面方程为
$$\frac{1}{\sqrt{x_0}}(x - x_0) + \frac{1}{\sqrt{y_0}}(y - y_0) + \frac{1}{\sqrt{z_0}}(z - z_0) = 0.$$
注意到 $\sqrt{x_0} + \sqrt{y_0} + \sqrt{z_0} = \sqrt{a}$，切平面化为
$$\frac{x}{\sqrt{ax_0}} + \frac{y}{\sqrt{ay_0}} + \frac{z}{\sqrt{az_0}} = 1,$$
截距之和为
$$h = \sqrt{ax_0} + \sqrt{ay_0} + \sqrt{az_0},$$

而
$$\sqrt{x_0} + \sqrt{y_0} + \sqrt{z_0} = \sqrt{a},$$
故
$$h = \sqrt{a} \cdot \sqrt{a} = a.$$

15. 设 $\boldsymbol{u}(t)$, $\boldsymbol{v}(t)$ 是可导的向量值函数,证明:

(1) $\dfrac{\mathrm{d}}{\mathrm{d}t}[\boldsymbol{u}(t) \pm \boldsymbol{v}(t)] = \boldsymbol{u}'(t) \pm \boldsymbol{v}'(t)$;

(2) $\dfrac{\mathrm{d}}{\mathrm{d}t}[\boldsymbol{u}(t) \cdot \boldsymbol{v}(t)] = \boldsymbol{u}'(t) \cdot \boldsymbol{v}(t) + \boldsymbol{u}(t) \cdot \boldsymbol{v}'(t)$;

(3) $\dfrac{\mathrm{d}}{\mathrm{d}t}[\boldsymbol{u}(t) \times \boldsymbol{v}(t)] = \boldsymbol{u}'(t) \times \boldsymbol{v}(t) + \boldsymbol{u}(t) \times \boldsymbol{v}'(t)$.

【证】 (1)
$$\frac{\mathrm{d}}{\mathrm{d}t}[\boldsymbol{u}(t) \pm \boldsymbol{v}(t)] = \lim_{\Delta t \to 0} \frac{[\boldsymbol{u}(t+\Delta t) \pm \boldsymbol{v}(t+\Delta t)] - [\boldsymbol{u}(t) \pm \boldsymbol{v}(t)]}{\Delta t}$$
$$= \lim_{\Delta t \to 0} \frac{\boldsymbol{u}(t+\Delta t) - \boldsymbol{u}(t)}{\Delta t} \pm \lim_{\Delta t \to 0} \frac{\boldsymbol{v}(t+\Delta t) - \boldsymbol{v}(t)}{\Delta t}$$
$$= \boldsymbol{u}'(t) \pm \boldsymbol{v}'(t),$$

其中用到了向量值函数的极限的四则运算法则;

(2) $\dfrac{\mathrm{d}}{\mathrm{d}t}[\boldsymbol{u}(t) \cdot \boldsymbol{v}(t)] = \lim\limits_{\Delta t \to 0} \dfrac{\boldsymbol{u}(t+\Delta t) \cdot \boldsymbol{v}(t+\Delta t) - \boldsymbol{u}(t) \cdot \boldsymbol{v}(t)}{\Delta t}$

$= \lim\limits_{\Delta t \to 0} \dfrac{\boldsymbol{u}(t+\Delta t) \cdot \boldsymbol{v}(t+\Delta t) - \boldsymbol{u}(t) \cdot \boldsymbol{v}(t+\Delta t)}{\Delta t} + \lim\limits_{\Delta t \to 0} \dfrac{\boldsymbol{u}(t) \cdot \boldsymbol{v}(t+\Delta t) - \boldsymbol{u}(t) \cdot \boldsymbol{v}(t)}{\Delta t}$

$= \left[\lim\limits_{\Delta t \to 0} \dfrac{\boldsymbol{u}(t+\Delta t) - \boldsymbol{u}(t)}{\Delta t}\right] \cdot \left[\lim\limits_{\Delta t \to 0} \boldsymbol{v}(t+\Delta t)\right] + \left[\lim\limits_{\Delta t \to 0} \boldsymbol{u}(t)\right] \cdot \left[\lim\limits_{\Delta t \to 0} \dfrac{\boldsymbol{v}(t+\Delta t) - \boldsymbol{v}(t)}{\Delta t}\right]$

$= \boldsymbol{u}'(t) \cdot \boldsymbol{v}(t) + \boldsymbol{u}(t) \cdot \boldsymbol{v}'(t)$,

其中用到了向量值函数极限的四则运算法则以及数量积与极限运算次序的交换;

(3) $\dfrac{\mathrm{d}}{\mathrm{d}t}[\boldsymbol{u}(t) \times \boldsymbol{v}(t)] = \lim\limits_{\Delta t \to 0} \dfrac{\boldsymbol{u}(t+\Delta t) \times \boldsymbol{v}(t+\Delta t) - \boldsymbol{u}(t) \times \boldsymbol{v}(t)}{\Delta t}$

$= \lim\limits_{\Delta t \to 0} \dfrac{\boldsymbol{u}(t+\Delta t) \times \boldsymbol{v}(t+\Delta t) - \boldsymbol{u}(t) \times \boldsymbol{v}(t+\Delta t) + \boldsymbol{u}(t) \times \boldsymbol{v}(t+\Delta t) - \boldsymbol{u}(t) \times \boldsymbol{v}(t)}{\Delta t}$

$= \lim\limits_{\Delta t \to 0}\left[\dfrac{\boldsymbol{u}(t+\Delta t) - \boldsymbol{u}(t)}{\Delta t} \times \boldsymbol{v}(t+\Delta t)\right] + \lim\limits_{\Delta t \to 0}\left[\boldsymbol{u}(t) \times \dfrac{\boldsymbol{v}(t+\Delta t) - \boldsymbol{v}(t)}{\Delta t}\right]$

$= \left[\lim\limits_{\Delta t \to 0} \dfrac{\boldsymbol{u}(t+\Delta t) - \boldsymbol{u}(t)}{\Delta t}\right] \times \left[\lim\limits_{\Delta t \to 0} \boldsymbol{v}(t+\Delta t)\right] + \left[\lim\limits_{\Delta t \to 0} \boldsymbol{u}(t)\right] \times \left[\lim\limits_{\Delta t \to 0} \dfrac{\boldsymbol{v}(t+\Delta t) - \boldsymbol{v}(t)}{\Delta t}\right]$

$= \boldsymbol{u}'(t) \times \boldsymbol{v}(t) + \boldsymbol{u}(t) \times \boldsymbol{v}'(t)$.

习题 9-7 方向导数与梯度

1. 求函数 $z = x^2 + y^2$ 在点 $(1, 2)$ 处沿从点 $(1, 2)$ 到点 $(2, 2+\sqrt{3})$ 的方向的方向导数.

【解】 $\boldsymbol{l} = (2-1, 2+\sqrt{3}-2) = (1, \sqrt{3})$, $\boldsymbol{e} = \left(\dfrac{1}{2}, \dfrac{\sqrt{3}}{2}\right)$,

$\mathbf{grad}\, z\Big|_{(1,2)} = (2x, 2y)\Big|_{(1,2)} = (2, 4)$,

$\dfrac{\partial z}{\partial \boldsymbol{l}}\Big|_{(1,2)} = \mathbf{grad}\, z\Big|_{(1,2)} \cdot \boldsymbol{e} = (2, 4) \cdot \left(\dfrac{1}{2}, \dfrac{\sqrt{3}}{2}\right) = 1 + 2\sqrt{3}$.

2. 求函数 $z = \ln(x+y)$ 在抛物线 $y^2 = 4x$ 上点 $(1, 2)$ 处,沿着这抛物线在该点处偏向 x 轴正向的切线方向的方向导数.

【解】 $y^2 = 4x$, $y' = \dfrac{2}{y}$, $y'\Big|_{(1, 2)} = 1$.

$$\cos\alpha = \cos\dfrac{\pi}{4}, \cos\beta = \cos\dfrac{\pi}{4} = 1, \boldsymbol{e} = \left(\dfrac{1}{\sqrt{2}}, \dfrac{1}{\sqrt{2}}\right).$$

$$\mathbf{grad}z\Big|_{(1, 2)} = \left(\dfrac{1}{x+y}, \dfrac{1}{x+y}\right)\Big|_{(1, 2)} = \left(\dfrac{1}{3}, \dfrac{1}{3}\right).$$

所求方向导数为

$$\dfrac{\partial z}{\partial l}\Big|_{(1, 2)} = \mathbf{grad}z\Big|_{(1, 2)} \cdot \boldsymbol{e} = \left(\dfrac{1}{3}, \dfrac{1}{3}\right) \cdot \left(\dfrac{1}{\sqrt{2}}, \dfrac{1}{\sqrt{2}}\right) = \dfrac{\sqrt{2}}{3}.$$

3. 求函数 $z = 1 - \left(\dfrac{x^2}{a^2} + \dfrac{y^2}{b^2}\right)$ 在点 $\left(\dfrac{a}{\sqrt{2}}, \dfrac{b}{\sqrt{2}}\right)$ 处沿曲线 $\dfrac{x^2}{a^2} + \dfrac{y^2}{b^2} = 1$ 在这点的内法线方向的方向导数.

【解】 内法线方向就是梯度方向，而此时的方向导数就是梯度的模.

$$\mathbf{grad}z\Big|_{\left(\tfrac{a}{\sqrt{2}}, \tfrac{b}{\sqrt{2}}\right)} = \left(-\dfrac{2x}{a^2}, -\dfrac{2y}{b^2}\right)\Big|_{\left(\tfrac{a}{\sqrt{2}}, \tfrac{b}{\sqrt{2}}\right)} = \left(-\dfrac{\sqrt{2}}{a}, -\dfrac{\sqrt{2}}{b}\right).$$

所求内法线方向的方向导数

$$\dfrac{\partial z}{\partial n}\Big|_{\left(\tfrac{a}{\sqrt{2}}, \tfrac{b}{\sqrt{2}}\right)} = \sqrt{\left(-\dfrac{\sqrt{2}}{a}\right)^2 + \left(-\dfrac{\sqrt{2}}{b}\right)^2} = \sqrt{\dfrac{2}{a^2} + \dfrac{2}{b^2}} = \dfrac{1}{ab}\sqrt{2(a^2+b^2)}.$$

4. 求函数 $u = xy^2 + z^3 - xyz$ 在点 $(1, 1, 2)$ 处沿方向角为 $\alpha = \dfrac{\pi}{3}, \beta = \dfrac{\pi}{4}, \gamma = \dfrac{\pi}{3}$ 的方向的方向导数.

【解】 $\boldsymbol{l} = \left(\cos\dfrac{\pi}{3}, \cos\dfrac{\pi}{4}, \cos\dfrac{\pi}{3}\right) = \left(\dfrac{1}{2}, \dfrac{\sqrt{2}}{2}, \dfrac{1}{2}\right).$

由于 $|\boldsymbol{l}| = 1$，所以 $\boldsymbol{e} = \boldsymbol{l} = \left(\dfrac{1}{2}, \dfrac{\sqrt{2}}{2}, \dfrac{1}{2}\right).$

$$\mathbf{grad}u\Big|_{(1, 1, 2)} = (y^2 - yz, 2xy - xz, 3z^2 - xy)\Big|_{(1, 1, 2)} = (-1, 0, 11),$$

$$\dfrac{\partial u}{\partial l}\Big|_{(1, 1, 2)} = \mathbf{grad}u\Big|_{(1, 1, 2)} \cdot \boldsymbol{e} = (-1, 0, 11) \cdot \left(\dfrac{1}{2}, \dfrac{\sqrt{2}}{2}, \dfrac{1}{2}\right) = 5.$$

5. 求函数 $u = xyz$ 在点 $(5, 1, 2)$ 处沿从点 $(5, 1, 2)$ 到点 $(9, 4, 14)$ 的方向的方向导数.

【解】 $\boldsymbol{l} = (9-5, 4-1, 14-2) = (4, 3, 12), \boldsymbol{e} = \left(\dfrac{4}{13}, \dfrac{3}{13}, \dfrac{12}{13}\right),$

$$\mathbf{grad}u\Big|_{(5, 1, 2)} = (yz, xz, xy)\Big|_{(5, 1, 2)} = (2, 10, 5),$$

$$\dfrac{\partial u}{\partial l}\Big|_{(5, 1, 2)} = \mathbf{grad}u\Big|_{(5, 1, 2)} \cdot \boldsymbol{e} = (2, 10, 5) \cdot \left(\dfrac{4}{13}, \dfrac{3}{13}, \dfrac{12}{13}\right) = \dfrac{98}{13}.$$

6. 求函数 $u = x^2 + y^2 + z^2$ 在曲线 $x = t, y = t^2, z = t^3$ 上点 $(1, 1, 1)$ 处，沿曲线在该点的切线正方向(对应于 t 增大的方向)的方向导数.

【解】 切向量

$$\boldsymbol{T} = (t, 2t, 3t^2)\Big|_{t=1} = (1, 2, 3), \boldsymbol{e} = \left(\dfrac{1}{\sqrt{14}}, \dfrac{2}{\sqrt{14}}, \dfrac{3}{\sqrt{14}}\right),$$

$$\mathbf{grad}u\Big|_{(1, 1, 1)} = (2x, 2y, 2z)\Big|_{(1, 1, 1)} = (2, 2, 2),$$

所求方向导数为

$$\left.\frac{\partial u}{\partial \boldsymbol{T}}\right|_{(1,1,1)} = \left.\mathbf{grad}u\right|_{(1,1,1)} \cdot \boldsymbol{e} = (2, 2, 2) \cdot \left(\frac{1}{\sqrt{14}}, \frac{2}{\sqrt{14}}, \frac{3}{\sqrt{14}}\right) = \frac{6}{7}\sqrt{14}.$$

7. 求函数 $u = x + y + z$ 在球面 $x^2 + y^2 + z^2 = 1$ 上点 (x_0, y_0, z_0) 处,沿球面在该点的外法线方向的方向导数.

【解】 $\left.\boldsymbol{n}\right|_{(x_0, y_0, z_0)} = \left.(2x, 2y, 2z)\right|_{(x_0, y_0, z_0)} = (2x_0, 2y_0, 2z_0),$

$\boldsymbol{e} = (x_0, y_0, z_0), \quad \left.\mathbf{grad}u\right|_{(x_0, y_0, z_0)} = (1, 1, 1),$

所求方向导数为

$$\left.\frac{\partial u}{\partial \boldsymbol{n}}\right|_{(x_0, y_0, z_0)} = \left.\mathbf{grad}u\right|_{(x_0, y_0, z_0)} \cdot \boldsymbol{e} = (1, 1, 1) \cdot (x_0, y_0, z_0) = x_0 + y_0 + z_0.$$

8. 设 $f(x, y, z) = x^2 + 2y^2 + 3z^2 + xy + 3x - 2y - 6z$,求 $\mathbf{grad}f(0, 0, 0)$ 及 $\mathbf{grad}f(1, 1, 1)$.

【解】 由题设有

$\mathbf{grad}f(0, 0, 0) = \left.(2x + y + 3, 4y + x - 2, 6z - 6)\right|_{(0,0,0)} = (3, -2, -6) = 3\boldsymbol{i} - 2\boldsymbol{j} - 6\boldsymbol{k},$

$\mathbf{grad}f(1, 1, 1) = \left.(2x + y + 3, 4y + x - 2, 6z - 6)\right|_{(1,1,1)} = (6, 3, 0) = 6\boldsymbol{i} + 3\boldsymbol{j}.$

9. 设函数 $u(x, y, z), v(x, y, z)$ 的各个偏导数都存在且连续,证明:
(1) $\nabla(cu) = c\nabla u$ (其中 c 为常数); (2) $\nabla(u \pm v) = \nabla u \pm \nabla v$;
(3) $\nabla(uv) = v\nabla u + u\nabla v$; (4) $\nabla\left(\dfrac{u}{v}\right) = \dfrac{v\nabla u - u\nabla v}{v^2}$ $(v \neq 0).$

【证】 (1) $\nabla(cu) = \left(c\dfrac{\partial u}{\partial x}, c\dfrac{\partial u}{\partial y}, c\dfrac{\partial u}{\partial z}\right) = c\left(\dfrac{\partial u}{\partial x}, \dfrac{\partial u}{\partial y}, \dfrac{\partial u}{\partial z}\right) = c\nabla u;$

(2) $\nabla(u \pm v) = \left(\dfrac{\partial u}{\partial x} \pm \dfrac{\partial v}{\partial x}, \dfrac{\partial u}{\partial y} \pm \dfrac{\partial v}{\partial y}, \dfrac{\partial u}{\partial z} \pm \dfrac{\partial v}{\partial z}\right)$

$= \left(\dfrac{\partial u}{\partial x}, \dfrac{\partial u}{\partial y}, \dfrac{\partial u}{\partial z}\right) \pm \left(\dfrac{\partial v}{\partial x}, \dfrac{\partial v}{\partial y}, \dfrac{\partial v}{\partial z}\right) = \nabla u \pm \nabla v;$

(3) $\nabla(uv)$

$= \left(\dfrac{\partial}{\partial x}(uv), \dfrac{\partial}{\partial y}(uv), \dfrac{\partial}{\partial z}(uv)\right) = \left(\dfrac{\partial u}{\partial x}v + u\dfrac{\partial v}{\partial x}, \dfrac{\partial u}{\partial y}v + u\dfrac{\partial v}{\partial y}, \dfrac{\partial u}{\partial z}v + u\dfrac{\partial v}{\partial z}\right) = v\nabla u + u\nabla v;$

(4) $\nabla\left(\dfrac{u}{v}\right) = \left(\dfrac{\partial}{\partial x}\left(\dfrac{u}{v}\right), \dfrac{\partial}{\partial y}\left(\dfrac{u}{v}\right), \dfrac{\partial}{\partial z}\left(\dfrac{u}{v}\right)\right) = \left(\dfrac{v\dfrac{\partial u}{\partial x} - u\dfrac{\partial v}{\partial x}}{v^2}, \dfrac{v\dfrac{\partial u}{\partial y} - u\dfrac{\partial v}{\partial y}}{v^2}, \dfrac{v\dfrac{\partial u}{\partial y} - u\dfrac{\partial v}{\partial x}}{v^2}\right)$

$= \dfrac{1}{v}\left(\dfrac{\partial u}{\partial x}, \dfrac{\partial u}{\partial y}, \dfrac{\partial u}{\partial z}\right) - \dfrac{u}{v^2}\left(\dfrac{\partial v}{\partial x}, \dfrac{\partial v}{\partial y}, \dfrac{\partial v}{\partial z}\right) = \dfrac{v\nabla u - u\nabla v}{v^2}.$

10. 求函数 $u = xy^2z$ 在点 $P_0(1, -1, 2)$ 处变化最快的方向,并求沿这个方向的方向导数.

【解】 $\Delta u = \dfrac{\partial u}{\partial x}\boldsymbol{i} + \dfrac{\partial u}{\partial y}\boldsymbol{j} + \dfrac{\partial u}{\partial z}\boldsymbol{k} = y^2z\boldsymbol{i} + 2xyz\boldsymbol{j} + xy^2\boldsymbol{k}, \left.\Delta u\right|_{P_0} = 2\boldsymbol{i} - 4\boldsymbol{j} + \boldsymbol{k},$

$\left.\dfrac{\partial u}{\partial \boldsymbol{n}}\right|_{P_0} = |\Delta u|_{P_0}| = \sqrt{2^2 + (-4)^2 + 1^2} = \sqrt{21},$

函数沿 $2\boldsymbol{i} - 4\boldsymbol{j} + \boldsymbol{k}$ 方向增加最快,沿 $-2\boldsymbol{i} + 4\boldsymbol{j} - \boldsymbol{k}$ 方向减少最快.

习题 9-8 多元函数的极值及其求法

1. 已知函数 $f(x, y)$ 在点 $(0, 0)$ 的某个邻域内连续,且

$$\lim_{(x,y)\to(0,0)} \frac{f(x,y)-xy}{(x^2+y^2)^2} = 1,$$

则下述四个选项中正确的是( ).

A. 点$(0,0)$ 不是$f(x,y)$ 的极值点
B. 点$(0,0)$ 是$f(x,y)$ 的极大值点
C. 点$(0,0)$ 是$f(x,y)$ 的极小值点
D. 根据所给条件无法判断$(0,0)$ 是否为$f(x,y)$ 的极值点

【解】 应选择 A. 因为可令 $\rho = \sqrt{x^2+y^2}$,则由题意可知
$$f(x,y) = xy + \rho^4 + o(\rho^4),$$
当$(x,y) \to (0,0)$ 时,$\rho \to 0$.

由于$f(x,y)$ 在$(0,0)$ 附近的值主要由xy 决定,而xy 在$(0,0)$ 附近符号不定,故点$(0,0)$ 不是$f(x,y)$ 的极值点,应选(A).

本题也可以取两条路径$y=x$ 和$y=-x$ 来考虑. 当$|x|$ 充分小时,
$$f(x,x) = x^2 + 4x^4 + o(x^4) > 0, f(x,-x) = -x^2 + 4x^4 + o(x^4) < 0,$$
故点$(0,0)$ 不是$f(x,y)$ 的极值点.

2. 求函数$f(x,y) = 4(x-y) - x^2 - y^2$ 的极值.

【解】 $f_x = 4 - 2x, f_y = -4 - 2y$.

令
$$\begin{cases} 4 - 2x = 0, \\ -4 - 2y = 0, \end{cases}$$

解出
$$\begin{cases} x = 2, \\ y = -2, \end{cases}$$

驻点为$(2,-2)$.

又
$$f_{xx} = -2, f_{yy} = -2, f_{xy} = 0.$$
在驻点处
$$f_{xx}f_{yy} - (f_{xy})^2 = 4 > 0,$$
又$f_{xx} < 0$,故函数在驻点处取得极大值
$$f_{\max} = f(2,-2) = 8.$$

3. 求函数$f(x,y) = (6x - x^2)(4y - y^2)$ 的极值.

【解】 $f_x = (6-2x)(4y-y^2), f_y = (6x-x^2)(4-2y)$.

令
$$\begin{cases} (6-2x)(4y-y^2) = 0, \\ (6x-x^2)(4-2y) = 0, \end{cases}$$

得到驻点$P_1(0,0), P_2(0,4), P_3(3,2), P_4(6,0), P_5(6,4)$.
$$f_{xy}(x,y) = 4(3-x)(2-y), f_{yy} = -2(6x-x^2), f_{xx} = -2(4y-y^2).$$

在点$P_1(0,0)$ 处, $f_{xx} = 0, f_{xy} = 24, f_{yy} = 0, AC - B^2 = -24^2 < 0,$
所以$f(0,0)$ 不是极值;

在点$P_2(0,4)$ 处, $f_{xx} = 0, f_{xy} = -24, f_{yy} = 0, AC - B^2 = -24^2 < 0,$
所以$f(0,4)$ 不是极值;

在点$P_3(3,2)$ 处, $f_{xx} = -8, f_{xy} = 0, f_{yy} = -18, AC - B^2 = 8 \times 18 > 0,$
又$A < 0$,所以函数有极大值$f(3,2) = 36$;

在点$P_4(6,0)$ 处, $f_{xx} = 0, f_{xy} = -24, f_{yy} = 0, AC - B^2 = -24^2 < 0,$
所以$f(6,0)$ 不是极值;

在点$P_5(6,4)$ 处, $f_{xx} = 0, f_{xy} = 24, f_{yy} = 0, AC - B^2 = -24^2 < 0,$
所以$f(6,4)$ 不是极值.

4. 求两直线$\begin{cases} y = 2x, \\ z = x+1 \end{cases}$ 与 $\begin{cases} y = x+3, \\ z = x \end{cases}$ 之间的最短距离.

【解】 设(x_1, y_1, z_1)，(x_2, y_2, z_2)分别为两直线上的点，则两点之间的距离为
$$d = \sqrt{(x_2 - x_1)^2 + (y_2 - y_1)^2 + (z_2 - z_1)^2}.$$
记
$$u = d^2 = (x_2 - x_1)^2 + (y_2 - y_1)^2 + (z_2 - z_1)^2 = (x_2 - x_1)^2 + (x_2 - 2x_1 + 3)^2 + (x_2 - x_1 - 1)^2.$$
令
$$\begin{cases} u_{x_1} = 12x_1 - 8x_2 - 10 = 0, \\ u_{x_2} = -8x_1 + 6x_2 + 4 = 0. \end{cases}$$
即有
$$\begin{cases} 6x_1 - 4x_2 - 5 = 0, \\ -4x_1 + 3x_2 + 2 = 0. \end{cases}$$
解得$x_1 = \dfrac{7}{2}$，$x_2 = 4$。因为两直线之间的最短距离必定存在，求得的驻点唯一，所以当$x_1 = \dfrac{7}{2}$，$x_2 = 4$时，u有极小值，也是最小值，即
$$d_{\min} = \sqrt{\left(4 - \dfrac{7}{2}\right)^2 + (4 - 7 + 3)^2 + \left(4 - \dfrac{7}{2} - 1\right)^2} = \dfrac{\sqrt{2}}{2}.$$

5. 求函数$z = xy$在适合附加条件$x + y = 1$下的极大值。

【解】 $z = xy = x(1 - x)$，$\dfrac{\mathrm{d}z}{\mathrm{d}x} = 1 - 2x$。令$1 - 2x = 0$，得
$$x = \dfrac{1}{2}, \dfrac{\mathrm{d}^2 z}{\mathrm{d}x^2} = -2 < 0. \quad z_{\max} = z\bigg|_{x = \frac{1}{2}} = \dfrac{1}{2} \times \left(1 - \dfrac{1}{2}\right) = \dfrac{1}{4}.$$

此题也可用拉格朗日乘子法来做。建议由读者完成，并考虑一下此题的几何解释。

6. 从斜边之长为l的一切直角三角形中，求有最大周长的直角三角形。

【解】 设直角三角形两直角边的长分别为x和y，则其周长为
$$s = x + y + l \quad (0 < x < l, 0 < y < l),$$
限制条件是
$$x^2 + y^2 = l^2.$$
令
$$F(x, y) = x + y + l + \lambda(x^2 + y^2 - l^2),$$
求其对x, y的偏导数，并使之为零，再结合限制条件，得
$$\begin{cases} 1 + 2\lambda x = 0, \\ 1 + 2\lambda y = 0, \\ x^2 + y^2 - l^2 = 0, \end{cases}$$
解出
$$x = \dfrac{l}{\sqrt{2}}, y = \dfrac{l}{\sqrt{2}}.$$

$\left(\dfrac{l}{\sqrt{2}}, \dfrac{l}{\sqrt{2}}\right)$是唯一驻点。由实际问题可知，它就是最大值点，也就是说，周界最大者为等腰直角三角形。

7. 要造一个容积等于定数k的长方体无盖水池，应如何选择水池的尺寸，方可使它的表面积最小。

【解】 设水池长、宽、高依次为x, y, z，则水池表面积为
$$S = xy + 2xz + 2yz \quad (x > 0, y > 0, z > 0),$$
限制条件为
$$xyz - k = 0.$$
令
$$F(x, y, z) = xy + 2xz + 2yz + \lambda(xyz - k),$$
分别对x, y, z求偏导，并使之为零，再结合限制条件，得

$$\begin{cases} y + 2z + \lambda yz = 0, \\ x + 2z + \lambda xz = 0, \\ 2x + 2y + \lambda xy = 0, \\ xyz - k = 0, \end{cases}$$

解出
$$x = \sqrt[3]{2k}, \ y = \sqrt[3]{2k}, \ z = \frac{1}{2}\sqrt[3]{2k}.$$

这是唯一驻点. 根据实际问题可知, 它就是最小值点.

水池长和宽皆为 $\sqrt[3]{2k}$, 高为 $\frac{1}{2}\sqrt[3]{2k}$ 时, 水池表面积最小.

8. 在平面 xOy 上求一点, 使它到 $x = 0, y = 0$ 及 $x + 2y - 16 = 0$ 三直线的距离平方之和为最小.

【解】 设所求点的坐标为 (x, y), 则它到 $x = 0, y = 0, x + 2y - 16 = 0$ 三直线的距离依次为

$$|y|, |x|, \frac{|x + 2y - 16|}{\sqrt{1 + 2^2}}.$$

各距离的平方之和为
$$z = y^2 + x^2 + \frac{1}{5}(x + 2y - 16)^2,$$

$$\frac{\partial z}{\partial x} = 2x + \frac{2}{5}(x + 2y - 16), \quad \frac{\partial z}{\partial y} = 2y + \frac{4}{5}(x + 2y - 16).$$

令 $\frac{\partial z}{\partial x} = 0, \frac{\partial z}{\partial y} = 0$ 同时成立, 得 $x = \frac{8}{5}, y = \frac{16}{5}$.

点 $\left(\frac{8}{5}, \frac{16}{5}\right)$ 是唯一驻点, 由实际问题可知, 这就是符合要求的点.

9. 将周长为 $2p$ 的矩形绕它的一边旋转而构成一个圆柱体. 问矩形的边长各为多少时, 才可使圆柱体的体积为最大?

【解】 设矩形一边长为 x, 则另一边长为 $p - x$. 设矩形绕后者旋转, 则圆柱体的体积为
$$V = \pi x^2 (p - x),$$

则
$$\frac{dV}{dx} = 2\pi x(p - x) - \pi x^2 = \pi x(2p - 3x).$$

令 $\frac{dV}{dx} = 0$, 得 $x = 0, x = \frac{2}{3}p$, 舍去 $x = 0$.

$$\left.\frac{d^2 V}{dx^2}\right|_{x = \frac{2}{3}p} = \pi(2p - 6x)\bigg|_{x = \frac{2}{3}p} = -2\pi p < 0,$$

$x = \frac{2}{3}p$ 是最大值点.

当矩形的边长分别为 $\frac{2}{3}p$ 和 $\frac{1}{3}p$ 时, 绕短边旋转所得圆柱体的体积最大.

10. 求内接于半径为 a 的球且有最大体积的长方体.

【解】 此题可用拉格朗日乘子法来做, 留给读者作为练习. 现介绍另外一种方法.

设所求长方体的长、宽、高依次为 $2x, 2y, 2z$, 则该长方体的体积为 $V = 8xyz$, 限制条件为 $x^2 + y^2 + z^2 = a^2$. 对于正数 x, y, z, 有不等式
$$\sqrt[3]{x^2 y^2 z^2} \leq \frac{1}{3}(x^2 + y^2 + z^2).$$

当等号成立时, xyz 取得最大值. 即当 $x = y = z = \frac{a}{\sqrt{3}}$ 时, V 取最大值.

$$V_{\max} = 8 \times \left(\frac{a}{\sqrt{3}}\right)^3 = \frac{8}{9}\sqrt{3}a^3.$$

11. 抛物面 $z = x^2 + y^2$ 被平面 $x + y + z = 1$ 截成一椭圆，求这椭圆上的点到原点的距离的最大值与最小值.

【解】 设椭圆上点的坐标为 (x, y, z)，则原点到此点距离的平方为
$$u = x^2 + y^2 + z^2,$$
限制条件为
$$z - x^2 - y^2 = 0 \quad \text{和} \quad x + y + z - 1 = 0.$$
令
$$F(x, y, z) = x^2 + y^2 + z^2 + \lambda(z - x^2 - y^2) + \mu(x + y + z - 1),$$
分别对 x, y, z 求偏导，并使之为零，再结合限制条件，得

$$\begin{cases} 2x - 2\lambda x + \mu = 0, \\ 2y - 2\lambda y + \mu = 0, \\ 2z + \lambda + \mu = 0, \\ z - x^2 - y^2 = 0, \\ x + y + z - 1 = 0, \end{cases}$$

解出
$$x = y = \frac{-1+\sqrt{3}}{2}, z = 2 - \sqrt{3} \quad \text{和} \quad x = y = \frac{-1-\sqrt{3}}{2}, z = 2 + \sqrt{3}$$
两组解.

将第一组解代入 u 的表达式中，得 $\sqrt{u} = \sqrt{9 + 5\sqrt{3}}$. 将第二组解代入 u 的表达式中，得 $\sqrt{u} = \sqrt{9 - 5\sqrt{3}}$. 前者为距离的最大值，后者为距离的最小值.

12. 设有一圆板占有平面闭区域 $\{(x, y) \mid x^2 + y^2 \le 1\}$. 该圆板被加热，以致在点 (x, y) 的温度是 $T = x^2 + 2y^2 - x$. 求该圆板的最热点和最冷点.

【解】 解方程组
$$\begin{cases} \dfrac{\partial T}{\partial x} = 2x - 1 = 0, \\ \dfrac{\partial T}{\partial y} = 4y = 0, \end{cases}$$
求得驻点 $\left(\dfrac{1}{2}, 0\right)$. $T_1 = T\Big|_{\left(\frac{1}{2}, 0\right)} = -\dfrac{1}{4}$.

在边界 $x^2 + y^2 = 1$ 上，
$$T = 2 - (x^2 + x) = \frac{9}{4} - \left(x + \frac{1}{2}\right)^2,$$
当 $x = -\dfrac{1}{2}$ 时，有边界上的最大值 $T_2 = \dfrac{9}{4}$；当 $x = 1$ 时，有边界上的最小值 $T_3 = 0$.

比较 T_1, T_2 及 T_3 的值知，最热点在 $\left(-\dfrac{1}{2}, \pm\dfrac{\sqrt{3}}{2}\right)$，$T_{\max} = \dfrac{9}{4}$；最冷点在 $\left(\dfrac{1}{2}, 0\right)$，$T_{\min} = -\dfrac{1}{4}$.

13. 形状为椭球 $4x^2 + y^2 + 4z^2 \le 16$ 的空间探测器进入地球大气层，其表面开始受热，1 h 后在探测器的点 (x, y, z) 处的温度 $T = 8x^2 + 4yz - 16z + 600$，求探测器表面最热的点.

【解】 作拉格朗日函数
$$L = 8x^2 + 4yz - 16z + 600 + \lambda(4x^2 + y^2 + 4z^2 - 16).$$
令
$$\begin{cases} L_x = 16x + 8\lambda x = 0, & \text{①} \\ L_y = 4z + 2\lambda y = 0, & \text{②} \\ L_z = -16 + 8\lambda z = 0. & \text{③} \end{cases}$$

由①得 $x = 0$ 或 $\lambda = -2$.

若 $\lambda = -2$, 代入②、③, 得 $y = z = -\dfrac{4}{3}$. 再将 $y = z = -\dfrac{4}{3}$ 代入约束条件
$$4x^2 + y^2 + 4z^2 = 16, \qquad ④$$
得 $x = \pm\dfrac{4}{3}$. 于是得到两个可能的极值点: $M_1\left(\dfrac{4}{3}, -\dfrac{4}{3}, -\dfrac{4}{3}\right)$, $M_2\left(-\dfrac{4}{3}, -\dfrac{4}{3}, -\dfrac{4}{3}\right)$.

若 $x = 0$, 由②、③、④解得 $\lambda = 0, y = 4, z = 0; \lambda = \sqrt{3}, y = -2, z = \sqrt{3}; \lambda = -\sqrt{3}, y = -2, z = -\sqrt{3}$. 于是得到另外三个可能极值点: $M_3(0, 4, 0)$, $M_4(0, -2, \sqrt{3})$, $M_5(0, -2, -\sqrt{3})$.

比较 T 在上述五个可能极值点处的数值知: $T\big|_{M_1} = T\big|_{M_2} = \dfrac{1928}{3}$ 为最大, 故探测器表面最热的点为 $M\left(\pm\dfrac{4}{3}, -\dfrac{4}{3}, -\dfrac{4}{3}\right)$.

*习题 9-9　二元函数的泰勒公式

1. 求函数 $f(x, y) = 2x^2 - xy - y^2 - 6x - 3y + 5$ 在点 $(1, -2)$ 的泰勒公式.

【解】 $f(1, -2) = 5, f_x(1, -2) = (4x - y - 6)\big|_{(1,-2)} = 0,$

$f_y(1, -2) = (-x - 2y - 3)\big|_{(1,-2)} = 0,$

$f_{xx}(1, -2) = 4, f_{xy}(1, -2) = -1, f_{yy}(1, -2) = -2.$

又阶数为 3 的各偏导数为零, 所以
$$f(x, y) = f(1 + (x-1), -2 + (y+2))$$
$$= f(1, -2) + (x-1)f_x(1, -2) + (y+2)f_y(1, -2) +$$
$$\dfrac{1}{2!}[(x-1)^2 f_{xx}(1, -2) + 2(x-1)(y+2)f_{xy}(1, -2) + (y+2)^2 f_{yy}(1, -2)]$$
$$= 5 + \dfrac{1}{2!}[4(x-1)^2 - 2(x-1)(y+2) - 2(y+2)^2]$$
$$= 5 + 2(x-1)^2 - (x-1)(y+2) - (y+2)^2.$$

2. 求函数 $f(x, y) = e^x \ln(1 + y)$ 在点 $(0, 0)$ 的三阶泰勒公式.

【解】 $f_x(x, y) = e^x \ln(1 + y), f_y(x, y) = \dfrac{e^x}{1 + y},$

$f_{xx}(x, y) = e^x \ln(1 + y), f_{xy}(x, y) = \dfrac{e^x}{1 + y}, f_{yy}(x, y) = -\dfrac{e^x}{(1 + y)^2},$

$f_{xxx}(x, y) = e^x \ln(1 + y), f_{xxy}(x, y) = \dfrac{e^x}{1 + y}, f_{xyy}(x, y) = -\dfrac{e^x}{(1 + y)^2}, f_{yyy}(x, y) = \dfrac{2e^x}{(1 + y)^3},$

$\left(x\dfrac{\partial}{\partial x} + y\dfrac{\partial}{\partial y}\right)f(0, 0) = xf_x(0, 0) + yf_y(0, 0) = y,$

$\left(x\dfrac{\partial}{\partial x} + y\dfrac{\partial}{\partial y}\right)^2 f(0, 0) = x^2 f_{xx}(0, 0) + 2xy f_{xy}(0, 0) + y^2 f_{yy}(0, 0) = 2xy - y^2,$

$\left(x\dfrac{\partial}{\partial x} + y\dfrac{\partial}{\partial y}\right)^3 f(0, 0) = x^3 f_{xxx}(0, 0) + 3x^2 y f_{xxy}(0, 0) + 3xy^2 f_{xyy}(0, 0) + y^3 f_{yyy}(0, 0)$
$$= 3x^2 y - 3xy^2 + 2y^3,$$

$f(0, 0) = 0,$

$$e^x\ln(1+y) = f(0,0) + \left(x\frac{\partial}{\partial x} + y\frac{\partial}{\partial y}\right)f(0,0) + \frac{1}{2!}\left(x\frac{\partial}{\partial x} + y\frac{\partial}{\partial y}\right)^2 f(0,0) +$$

$$\frac{1}{3!}\left(x\frac{\partial}{\partial x} + y\frac{\partial}{\partial y}\right)^3 f(0,0) + R_3$$

$$= y + \frac{1}{2!}(2xy - y^2) + \frac{1}{3!}(3x^2y - 3xy^2 + 2y^3) + R_3.$$

3. 求函数 $f(x,y) = \sin x \sin y$ 在点 $\left(\dfrac{\pi}{4}, \dfrac{\pi}{4}\right)$ 的二阶泰勒公式.

【解】 $f_x(x,y) = \cos x \sin y$, $f_y(x,y) = \sin x \cos y$,
$f_{xx}(x,y) = -\sin x \sin y$, $f_{xy}(x,y) = \cos x \cos y$, $f_{yy}(x,y) = -\sin x \sin y$,
$f_{xxx}(x,y) = -\cos x \sin y$, $f_{xxy}(x,y) = -\sin x \cos y$, $f_{xyy}(x,y) = -\cos x \sin y$, $f_{yyy}(x,y) = -\sin x \cos y$,

$$\sin x \sin y = f\left(\frac{\pi}{4} + \left(x - \frac{\pi}{4}\right), \frac{\pi}{4} + \left(y - \frac{\pi}{4}\right)\right)$$

$$= f\left(\frac{\pi}{4}, \frac{\pi}{4}\right) + \left[\left(x - \frac{\pi}{4}\right)\frac{\partial}{\partial x} + \left(y - \frac{\pi}{4}\right)\frac{\partial}{\partial y}\right]f\left(\frac{\pi}{4}, \frac{\pi}{4}\right) +$$

$$\frac{1}{2!}\left[\left(x - \frac{\pi}{4}\right)\frac{\partial}{\partial x} + \left(y - \frac{\pi}{4}\right)\frac{\partial}{\partial y}\right]^2 f\left(\frac{\pi}{4}, \frac{\pi}{4}\right) + R_2$$

$$= \frac{1}{2} + \left[\left(x - \frac{\pi}{4}\right)\cdot\frac{1}{2} + \left(y - \frac{\pi}{4}\right)\cdot\frac{1}{2}\right] + \frac{1}{2!}\left[\left(x - \frac{\pi}{4}\right)^2\left(-\frac{1}{2}\right) + \right.$$

$$\left. 2\left(x - \frac{\pi}{4}\right)\left(y - \frac{\pi}{4}\right)\cdot\frac{1}{2} + \left(y - \frac{\pi}{4}\right)^2\cdot\left(-\frac{1}{2}\right)\right] + R_2$$

$$= \frac{1}{2} + \frac{1}{2}\left(x - \frac{\pi}{4}\right) + \frac{1}{2}\left(y - \frac{\pi}{4}\right) -$$

$$\frac{1}{4}\left[\left(x - \frac{\pi}{4}\right)^2 - 2\left(x - \frac{\pi}{4}\right)\left(y - \frac{\pi}{4}\right) + \left(y - \frac{\pi}{4}\right)^2\right] + R_2.$$

4. 利用函数 $f(x,y) = x^y$ 的三阶泰勒公式, 计算 $1.1^{1.02}$ 的近似值.

【解】 在点 $(1,1)$ 处将函数 $f(x,y) = x^y$ 展开成三阶泰勒公式:

$f(1,1) = 1$, $f_x'(1,1) = yx^{y-1}\big|_{(1,1)} = 1$, $f_y(1,1) = x^y\ln x\big|_{(1,1)} = 0$,

$f_{xx}(1,1) = y(y-1)x^{y-2}\big|_{(1,1)} = 0$, $f_{xy}(1,1) = (x^{y-1} + yx^{y-1}\ln x)\big|_{(1,1)} = 1$,

$f_{yy}(1,1) = x^y\ln^2 x\big|_{(1,1)} = 0$, $f_{xxx}(1,1) = y(y-1)(y-2)x^{y-3}\big|_{(1,1)} = 0$,

$f_{xxy}(1,1) = [(2y-1)x^{y-2} + y(y-1)x^{y-2}\ln x]\big|_{(1,1)} = 1$,

$f_{xyy}(1,1) = [2x^{y-1}\ln x + yx^{y-1}\ln^2 x]\big|_{(1,1)} = 0$, $f_{yyy}(1,1) = x^y\ln^3 x\big|_{(1,1)} = 0$.

所以

$$x^y = f[1 + (x-1), 1 + (y-1)]$$

$$= 1 + (x-1) + \frac{1}{2!}[2(x-1)(y-1)] + \frac{1}{3!}[3(x-1)^2(y-1)] + R_3$$

$$= 1 + (x-1) + (x-1)(y-1) + \frac{1}{2}(x-1)^2(y-1) + R_3,$$

因此

$$1.1^{1.02} \approx 1 + 0.1 + 0.1 \times 0.02 + \frac{1}{2} \times 0.1^2 \times 0.02 = 1 + 0.1 + 0.002 + 0.0001 = 1.1021.$$

5.求函数$f(x,y) = e^{x+y}$在点$(0,0)$的n阶泰勒公式.

【解】 $f(0,0) = e^{0+0} = 1, f_x(0,0) = e^{x+y}\big|_{(0,0)} = 1, f_y(0,0) = e^{x+y}\big|_{(0,0)} = 1.$

同理有 $f_{x^m y^{n-m}}(0,0) = e^{x+y}\big|_{(0,0)} = 1.$

所以
$$e^{x+y} = 1 + (x+y) + \frac{1}{2!}(x^2 + 2xy + y^2) + \frac{1}{3!}(x^3 + 3x^2y + 3xy^2 + y^3) + \cdots + \frac{1}{n!}(x+y)^n + R_n$$
$$= \sum_{k=0}^{n} \frac{(x+y)^k}{k!} + R_n.$$

其中 $R_n = \frac{(x+y)^{n+1}}{(n+1)!} e^{\theta(x+y)} \quad (0 < \theta < 1).$

*习题 9-10 最小二乘法

1.某种合金中铅的质量分数(%)为p,其熔解温度(℃)为θ,由实验测得p与θ的数据如下表:

$p/\%$	36.9	46.7	63.7	77.8	84.0	87.5
$\theta/℃$	181	197	235	270	283	292

试用最小二乘法建立θ与p之间的经验公式
$$\theta = ap + b.$$

【解】 由方程组
$$\begin{cases} a\sum_{i=1}^{6} p_i^2 + b\sum_{i=1}^{6} p_i = \sum_{i=1}^{6} \theta_i p_i, \\ a\sum_{i=1}^{6} p_i + 6b = \sum_{i=1}^{6} \theta_i \end{cases}$$

确定先验公式中的a,b,可先用计算器算出:
$$\begin{cases} \sum_{i=1}^{6} p_i^2 = 28365.28, \\ \sum_{i=1}^{6} \theta_i p_i = 101176.3, \end{cases} \begin{cases} \sum_{i=1}^{6} p_i = 396.6, \\ \sum_{i=1}^{6} \theta_i = 1458, \end{cases}$$

代入方程组,得
$$\begin{cases} 28365.28a + 396.6b = 101176.3, \\ 396.6a + 6b = 1458, \end{cases}$$

解此方程组,得 $a = \frac{28815}{12900.12} = 2.234, b = \frac{1230057.66}{12900.12} = 95.35,$

所以经验公式 $\theta = 2.234p + 95.35.$

2.已知一组实验数据为$(x_1, y_1), (x_2, y_2), \cdots, (x_n, y_n)$.现若假定经验公式为
$$y = ax^2 + bx + c,$$
试按最小二乘法建立a, b, c应满足的三元一次方程组.

【解】 设M是每个数据的偏差的平方和
$$M = \sum_{i=1}^{n} [y_i - (ax_i^2 + bx_i + c)]^2 = M(a,b,c),$$

令

$$\begin{cases} \dfrac{\partial M}{\partial a} = -2\sum_{i=1}^{n}\left[y_i - (ax_i^2 + bx_i + c)\right] \cdot (x_i)^2 = 0, \\ \dfrac{\partial M}{\partial b} = -2\sum_{i=1}^{n}\left[y_i - (ax_i^2 + bx_i + c)\right] \cdot (x_i) = 0, \\ \dfrac{\partial M}{\partial c} = -2\sum_{i=1}^{n}\left[y_i - (ax_i^2 + bx_i + c)\right] = 0, \end{cases}$$

得

$$\begin{cases} \sum_{i=1}^{n}(y_i x_i^2 - ax_i^4 - bx_i^3 - cx_i^2) = 0, \\ \sum_{i=1}^{n}(y_i x_i - ax_i^3 - bx_i^2 - cx_i) = 0, \\ \sum_{i=1}^{n}(y_i - ax_i^2 - bx_i - c) = 0, \end{cases}$$

改写成

$$\begin{cases} a\sum_{i=1}^{n}x_i^4 + b\sum_{i=1}^{n}x_i^3 + c\sum_{i=1}^{n}x_i^2 = \sum_{i=1}^{n}x_i^2 y_i, \\ a\sum_{i=1}^{n}x_i^3 + b\sum_{i=1}^{n}x_i^2 + c\sum_{i=1}^{n}x_i = \sum_{i=1}^{n}x_i y_i, \\ a\sum_{i=1}^{n}x_i^2 + b\sum_{i=1}^{n}x_i + nc = \sum_{i=1}^{n}y_i, \end{cases}$$

这就是应满足的三元一次方程组.

总习题九

1. 在"充分"、"必要"和"充分必要"三者中选择一个正确的填入下列空格内：

(1) $f(x, y)$ 在点 (x, y) 可微分是 $f(x, y)$ 在该点连续的_____条件. $f(x, y)$ 在点 (x, y) 连续是 $f(x, y)$ 在该点可微分的_____条件.

【解】 应填充分；必要.

因为当 $z=f(x, y)$ 在 (x, y) 可微分时，必有
$$\Delta z = A\Delta x + B\Delta y + o(\rho).$$
令 $\rho \to 0$，此时 $\Delta x \to 0$，$\Delta y \to 0$，从而 $\Delta z \to 0$，连续性得证.

(2) $z=f(x, y)$ 在点 (x, y) 的偏导数 $\dfrac{\partial z}{\partial x}$ 及 $\dfrac{\partial z}{\partial y}$ 存在是 $f(x, y)$ 在该点可微分的_____条件. $z=f(x, y)$ 在点 (x, y) 可微分是函数在该点的偏导数 $\dfrac{\partial z}{\partial x}$ 及 $\dfrac{\partial z}{\partial y}$ 存在的_____条件.

【解】 应填必要；充分.

因为当 $z=f(x, y)$ 在 (x, y) 可微分时，必有
$$\Delta z = A\Delta x + B\Delta y + o(\rho).$$
令 $\Delta y = 0$，$\Delta x \to 0$，则有 $A = \dfrac{\partial z}{\partial x}$，类似地，有 $B = \dfrac{\partial z}{\partial y}$.

(3) $z=f(x, y)$ 的偏导数 $\dfrac{\partial z}{\partial x}$ 及 $\dfrac{\partial z}{\partial y}$ 在点 (x, y) 存在且连续是 $f(x, y)$ 在该点可微分的_____条件.

【解】 应填充分. 见书中定理.

(4) 函数 $z=f(x, y)$ 的两个二阶混合偏导数 $\dfrac{\partial^2 z}{\partial x \partial y}$ 及 $\dfrac{\partial^2 z}{\partial y \partial x}$ 在区域 D 内连续是两个二阶混合偏导数在 D 内相等的_____条件.

【解】 应填充分. 见书中定理.

2. 下题中给出了四个结论，从中选出一个正确的结论：
设函数 $f(x,y)$ 在点 $(0,0)$ 的某邻域内有定义，且 $f_x(0,0)=3$，$f_y(0,0)=-1$，则有_____.

A. $dz\Big|_{(0,0)} = 3dx - dy$

B. 曲面 $z=f(x,y)$ 在点 $(0,0,f(0,0))$ 的一个法向量为 $(3,-1,1)$

C. 曲线 $\begin{cases} z=f(x,y), \\ y=0 \end{cases}$ 在点 $(0,0,f(0,0))$ 的一个切向量为 $(1,0,3)$

D. 曲线 $\begin{cases} z=f(x,y), \\ y=0 \end{cases}$ 在点 $(0,0,f(0,0))$ 的一个切向量为 $(3,0,1)$

【解】 应选择 C. 因为 $(0,0,f(0,0))$ 处的法向量为 $\boldsymbol{n}=(3,-1,-1)$，切向量应与之垂直，即与之做内积为零，B，C，D 中只有 C 满足. 题中条件保证不了可微分，故 A 不正确.

3. 求函数 $f(x,y)=\dfrac{\sqrt{4x-y^2}}{\ln(1-x^2-y^2)}$ 的定义域，并求 $\lim\limits_{(x,y)\to(\frac{1}{2},0)} f(x,y)$.

【解】 函数的定义域为 $D=\{(x,y)\mid 0<x^2+y^2<1,\ y^2\leqslant 4x\}$，点 $\left(\dfrac{1}{2},0\right)\in D$，故

$$\lim_{(x,y)\to(\frac{1}{2},0)} f(x,y) = \lim_{(x,y)\to(\frac{1}{2},0)} \frac{\sqrt{4x-y^2}}{\ln(1-x^2-y^2)} = \frac{\sqrt{4x-y^2}}{\ln(1-x^2-y^2)}\bigg|_{(\frac{1}{2},0)} = \frac{\sqrt{2}}{\ln 3 - \ln 4}.$$

*4. 证明极限 $\lim\limits_{(x,y)\to(0,0)} \dfrac{xy^2}{x^2+y^4}$ 不存在.

【证】 $\lim\limits_{\substack{y=x \\ x\to 0}} \dfrac{xy^2}{x^2+y^4} = \lim\limits_{x\to 0}\dfrac{x}{1+x^2} = 0$，$\lim\limits_{\substack{y^2=x \\ x\to 0}} \dfrac{xy^2}{x^2+y^4} = \lim\limits_{x\to 0}\dfrac{x^2}{x^2+x^2} = \dfrac{1}{2}$. 原极限不存在.

5. 设 $f(x,y) = \begin{cases} \dfrac{x^2 y}{x^2+y^2}, & x^2+y^2 \neq 0, \\ 0, & x^2+y^2 = 0. \end{cases}$ 求 $f_x(x,y)$ 及 $f_y(x,y)$.

【解】 当 $x^2+y^2=0$ 时，
$$f_x(0,0) = \lim_{x\to 0}\frac{f(x,0)-f(0,0)}{x-0} = \lim_{x\to 0}\frac{0-0}{x} = 0.$$

同理，有 $f_y(0,0)=0$.

当 $x^2+y^2\neq 0$ 时，$f_x(x,y) = \dfrac{\partial}{\partial x}\left(\dfrac{x^2 y}{x^2+y^2}\right) = \dfrac{2xy^3}{(x^2+y^2)^2}$.

类似地，有 $f_y(x,y) = \dfrac{x^2(x^2-y^2)}{(x^2+y^2)^2}$.

总之 $f_x(x,y) = \begin{cases} \dfrac{2xy^3}{(x^2+y^2)^2}, & x^2+y^2\neq 0, \\ 0, & x^2+y^2=0; \end{cases}$ $f_y(x,y) = \begin{cases} \dfrac{x^2(x^2-y^2)}{(x^2+y^2)^2}, & x^2+y^2\neq 0, \\ 0, & x^2+y^2=0. \end{cases}$

6. 求下列函数的一阶和二阶偏导数：

(1) $z=\ln(x+y^2)$.

【解】 $\dfrac{\partial z}{\partial x}=\dfrac{1}{x+y^2}$，$\dfrac{\partial z}{\partial y}=\dfrac{2y}{x+y^2}$；$\dfrac{\partial^2 z}{\partial x^2}=-\dfrac{1}{(x+y^2)^2}$，$\dfrac{\partial^2 z}{\partial y^2}=\dfrac{2(x-y^2)}{(x+y^2)^2}$，$\dfrac{\partial^2 z}{\partial x \partial y}=-\dfrac{2y}{(x+y^2)^2}$.

(2) $z=x^y$.

【解】 $\dfrac{\partial z}{\partial x}=yx^{y-1}$，$\dfrac{\partial z}{\partial y}=x^y \ln x$；$\dfrac{\partial^2 z}{\partial x^2}=y(y-1)x^{y-2}$，$\dfrac{\partial^2 z}{\partial y^2}=x^y \ln^2 x$，$\dfrac{\partial^2 z}{\partial x \partial y}=x^{y-1}(1+y\ln x)$.

7. 求函数 $z=\dfrac{xy}{x^2-y^2}$ 当 $x=2$，$y=1$，$\Delta x=0.01$，$\Delta y=0.03$ 时的全增量和全微分.

【解】 $\dfrac{\partial z}{\partial x}=\dfrac{-(y^3+x^2y)}{(x^2-y^2)^2}$, $\dfrac{\partial z}{\partial y}=\dfrac{x^3+xy^2}{(x^2-y^2)^2}$, $\dfrac{\partial z}{\partial x}\bigg|_{(2,1)}=-\dfrac{5}{9}$, $\dfrac{\partial z}{\partial y}\bigg|_{(2,1)}=\dfrac{10}{9}$,

$\mathrm{d}z\bigg|_{(2,1)}=\dfrac{\partial z}{\partial x}\bigg|_{(2,1)}\Delta x+\dfrac{\partial z}{\partial y}\bigg|_{(2,1)}\Delta y=-\dfrac{5}{9}\Delta x+\dfrac{10}{9}\Delta y.$

再代入 $\Delta x=0.01$，$\Delta y=0.03$，得全微分 $\mathrm{d}z=0.0278$.

全增量 $\Delta z=\dfrac{2.01\times 1.03}{(2.01)^2-(1.03)^2}-\dfrac{2}{3}=0.0283.$

*8. 设 $f(x,y)=\begin{cases}\dfrac{x^2y^2}{(x^2+y^2)^{3/2}}, & x^2+y^2\neq 0\\ 0, & x^2+y^2=0.\end{cases}$

证明：$f(x,y)$ 在点 $(0,0)$ 处连续且偏导数存在，但不可微分.

【证】 $\forall\varepsilon>0$，取 $\delta=\varepsilon$，当 $0<\sqrt{x^2+y^2}<\delta$ 时，恒有

$\left|\dfrac{x^2y^2}{(x^2+y^2)^{\frac{3}{2}}}-0\right|\leqslant\dfrac{(x^2+y^2)^2}{(x^2+y^2)^{\frac{3}{2}}}=\sqrt{x^2+y^2}<\delta=\varepsilon.$

故 $\lim\limits_{(x,y)\to(0,0)}f(x,y)=f(0,0).$

连续性得证.

$f_x(0,0)=\lim\limits_{x\to 0}\dfrac{f(x,0)-f(0,0)}{x-0}=\lim\limits_{x\to 0}\dfrac{0-0}{x}=0.$

类似地，有

$f_y(0,0)=0.$

$\Delta z-[f_x(0,0)\Delta x+f_y(0,0)\Delta y]=\dfrac{(\Delta x)^2\cdot(\Delta y)^2}{[(\Delta x)^2+(\Delta y)^2]^{\frac{3}{2}}},$

$\lim\limits_{\substack{y=x\\\Delta x\to 0}}\dfrac{\dfrac{(\Delta x)^2(\Delta y)^2}{[(\Delta x)^2+(\Delta y)^2]^{\frac{3}{2}}}}{\sqrt{(\Delta x)^2+(\Delta y)^2}}=\lim\limits_{\Delta x\to 0}\dfrac{(\Delta x)^4}{[2(\Delta x)^2]^2}=\dfrac{1}{4}\neq 0.$

说明 $f(x,y)$ 在 $(0,0)$ 处不可微分.

9. 设 $u=x^y$，而 $x=\varphi(t)$，$y=\psi(t)$ 都是可微函数，求 $\dfrac{\mathrm{d}u}{\mathrm{d}t}$.

【解】 $\dfrac{\mathrm{d}u}{\mathrm{d}t}=\dfrac{\partial u}{\partial x}\cdot\dfrac{\mathrm{d}x}{\mathrm{d}t}+\dfrac{\partial u}{\partial y}\cdot\dfrac{\mathrm{d}y}{\mathrm{d}t}=yx^{y-1}\varphi'(t)+x^y\ln x\cdot\psi'(t)$
$=\psi(t)\varphi(t)^{\psi(t)-1}\varphi'(t)+\varphi(t)^{\psi(t)}\ln\varphi(t)\cdot\psi'(t).$

10. 设 $z=f(u,v,w)$ 具有连续偏导数，而 $u=\eta-\zeta$，$v=\zeta-\xi$，$w=\xi-\eta$，求 $\dfrac{\partial z}{\partial\xi},\dfrac{\partial z}{\partial\eta},\dfrac{\partial z}{\partial\zeta}$.

【解】 $\dfrac{\partial z}{\partial\xi}=\dfrac{\partial z}{\partial u}\cdot\dfrac{\partial u}{\partial\xi}+\dfrac{\partial z}{\partial v}\cdot\dfrac{\partial v}{\partial\xi}+\dfrac{\partial z}{\partial w}\cdot\dfrac{\partial w}{\partial\xi}=-\dfrac{\partial z}{\partial v}+\dfrac{\partial z}{\partial w},\ \dfrac{\partial z}{\partial\eta}=\dfrac{\partial z}{\partial u}\cdot\dfrac{\partial u}{\partial\eta}+\dfrac{\partial z}{\partial v}\cdot\dfrac{\partial v}{\partial\eta}+\dfrac{\partial z}{\partial w}\cdot\dfrac{\partial w}{\partial\eta}=\dfrac{\partial z}{\partial u}-\dfrac{\partial z}{\partial w},$

$\dfrac{\partial z}{\partial\zeta}=\dfrac{\partial z}{\partial u}\cdot\dfrac{\partial u}{\partial\zeta}+\dfrac{\partial z}{\partial v}\cdot\dfrac{\partial v}{\partial\zeta}+\dfrac{\partial z}{\partial w}\cdot\dfrac{\partial w}{\partial\zeta}=-\dfrac{\partial z}{\partial u}+\dfrac{\partial z}{\partial v}.$

11. 设 $z=f(u,x,y)$，$u=xe^y$，其中 f 具有连续的二阶偏导数，求 $\dfrac{\partial^2 z}{\partial x\partial y}$.

【解】 $\dfrac{\partial z}{\partial x}=f_u'\cdot\dfrac{\partial u}{\partial x}+f_x'+f_y'\cdot 0=f_u'\cdot e^y+f_x'$；

$\dfrac{\partial^2 z}{\partial x\partial y}=f_u'\cdot e^y+e^y\cdot\dfrac{\partial f_u'}{\partial y}+\dfrac{\partial f_x'}{\partial y}=f_u'\cdot e^y+e^y\left(f_{uu}''\cdot\dfrac{\partial u}{\partial y}+f_{ux}''\cdot\dfrac{\partial x}{\partial y}+f_{uy}''\right)+f_{xu}''\cdot\dfrac{\partial u}{\partial y}+f_{xx}''\cdot\dfrac{\partial x}{\partial y}+f_{xy}''$

$=f_u'\cdot e^y+e^y(xe^y\cdot f_{uu}''+f_{uy}'')+f_{xu}''\cdot xe^y+f_{xy}''=xe^{2y}f_{uu}''+e^yf_{uy}''+xe^yf_{xu}''+f_{xy}''+e^yf_u'.$

12. 设 $x=e^u\cos v$, $y=e^u\sin v$, $z=uv$. 试求 $\dfrac{\partial z}{\partial x}$ 和 $\dfrac{\partial z}{\partial y}$.

【解法 1】 $\dfrac{\partial z}{\partial x}=\dfrac{\partial z}{\partial u}\cdot\dfrac{\partial u}{\partial x}+\dfrac{\partial z}{\partial v}\cdot\dfrac{\partial v}{\partial x}=v\dfrac{\partial u}{\partial x}+u\dfrac{\partial v}{\partial x}.$

由 $e^u\cos v=x$, $e^u\sin v=y$,

有 $\begin{cases} e^u\cos v\cdot\dfrac{\partial u}{\partial x}-e^u\sin v\cdot\dfrac{\partial v}{\partial x}=1, \\ e^u\sin v\cdot\dfrac{\partial u}{\partial x}+e^u\cos v\cdot\dfrac{\partial v}{\partial x}=0, \end{cases}$

解出 $\dfrac{\partial u}{\partial x}=e^{-u}\cos v,\quad \dfrac{\partial v}{\partial x}=-e^{-u}\sin v,$

故 $\dfrac{\partial z}{\partial x}=e^{-u}(v\cos v-u\sin v).$

类似地, 可求得 $\dfrac{\partial z}{\partial y}=e^{-u}(u\cos v+v\sin v).$

【解法 2】 解法 1 的遗憾之处在于 $\dfrac{\partial z}{\partial x}$, $\dfrac{\partial z}{\partial y}$ 的表达式不是明显的 x,y 函数形式.

由 $x=e^u\cos v$, $y=e^u\sin v$, 解出

$$u=\frac{1}{2}\ln(x^2+y^2),\quad v=\arctan\frac{y}{x}.$$

$\dfrac{\partial z}{\partial x}=v\cdot\dfrac{\partial u}{\partial x}+u\cdot\dfrac{\partial v}{\partial x}=v\cdot\dfrac{x}{x^2+y^2}+u\cdot\left(-\dfrac{y}{x^2+y^2}\right)=\dfrac{x\arctan\dfrac{y}{x}}{x^2+y^2}-\dfrac{\dfrac{y}{2}\ln(x^2+y^2)}{x^2+y^2}$

$\qquad =\dfrac{1}{x^2+y^2}\left[x\arctan\dfrac{y}{x}-\dfrac{y}{2}\ln(x^2+y^2)\right],$

$\dfrac{\partial z}{\partial y}=v\dfrac{\partial u}{\partial y}+u\dfrac{\partial v}{\partial y}=v\cdot\dfrac{y}{x^2+y^2}+u\cdot\dfrac{x}{x^2+y^2}=\arctan\dfrac{y}{x}\cdot\dfrac{y}{x^2+y^2}+\dfrac{1}{2}\ln(x^2+y^2)\cdot\dfrac{x}{x^2+y^2}$

$\qquad =\dfrac{1}{x^2+y^2}\left[y\arctan\dfrac{y}{x}+\dfrac{x}{2}\ln(x^2+y^2)\right].$

13. 求螺旋线 $x=a\cos\theta$, $y=a\sin\theta$, $z=b\theta$ 在点 $(a,0,0)$ 处的切线及法平面方程.

【解】 切向量为

$\boldsymbol{T}\big|_{(a,0,0)}=\left(\dfrac{\mathrm{d}x}{\mathrm{d}\theta},\dfrac{\mathrm{d}y}{\mathrm{d}\theta},\dfrac{\mathrm{d}z}{\mathrm{d}\theta}\right)\Big|_{(a,0,0)}=(-a\sin\theta,a\cos\theta,b)\big|_{(a,0,0)}$
$=(0,a,b),$

进一步可求得切线方程与法平面方程分别为 $\dfrac{x-a}{0}=\dfrac{y}{a}=\dfrac{z}{b}$ 和 $ay+bz=0$.

14. 在曲面 $z=xy$ 上求一点, 使这点处的法线垂直于平面 $x+3y+z+9=0$, 并写出该法线的方程.

【解】 设 $M_0(x_0,y_0,z_0)$ 为所求之点, 曲面在该点的法向量必为 $\boldsymbol{n}_1=(y_0,x_0,-1)$, 而平面的法向量为 $\boldsymbol{n}_2=(1,3,1)$. 令

$$\dfrac{y_0}{1}=\dfrac{x_0}{3}=\dfrac{-1}{1},$$

得 $x_0=-3$, $y_0=-1$, 从而 $z_0=x_0y_0=3$. 所求点为 $M_0(-3,-1,3)$. 法线方程为

$$\dfrac{x+3}{1}=\dfrac{y+1}{3}=\dfrac{z-3}{1}.$$

15. 设 $\boldsymbol{e}_l=(\cos\theta,\sin\theta)$, 求函数 $f(x,y)=x^2-xy+y^2$ 在点 $(1,1)$ 沿方向 l 的方向导数, 并分别确

定角 θ，使这导数取(1) 有最大值,(2) 有最小值,(3) 等于0.

【解】 $\dfrac{\partial f}{\partial x}=2x-y,\ \dfrac{\partial f}{\partial y}=2y-x.\ \dfrac{\partial f}{\partial x}\bigg|_{(1,1)}=1,\ \dfrac{\partial f}{\partial y}\bigg|_{(1,1)}=1.$

函数在点$(1,1)$处沿 l 方向的方向导数为

$$\dfrac{\partial f}{\partial l}\bigg|_{(1,1)}=\dfrac{\partial f}{\partial x}\bigg|_{(1,1)}\cos\theta+\dfrac{\partial f}{\partial y}\bigg|_{(1,1)}\sin\theta=\cos\theta+\sin\theta=\sqrt{2}\sin\left(\theta+\dfrac{\pi}{4}\right).$$

(1) 当 $\theta=\dfrac{\pi}{4}$ 时,方向导数取最大值$\sqrt{2}$；(2) 当 $\theta=\dfrac{5\pi}{4}$ 时,方向导数取最小值$-\sqrt{2}$；

(3) 当 $\theta=\dfrac{3\pi}{4}$ 和 $\theta=\dfrac{7\pi}{4}$ 时,方向导数为 0.

16. 求函数 $u=x^2+y^2+z^2$ 在椭球面 $\dfrac{x^2}{a^2}+\dfrac{y^2}{b^2}+\dfrac{z^2}{c^2}=1$ 上点 $M_0(x_0,y_0,z_0)$ 处沿外法线方向的方向导数.

【解】 椭球面在 $M_0(x_0,y_0,z_0)$ 的外法线向量为 $\boldsymbol{n}=\left(\dfrac{x_0}{a^2},\dfrac{y_0}{b^2},\dfrac{z_0}{c^2}\right)$,单位法向量为

$$\boldsymbol{n}_0=\dfrac{1}{\sqrt{\dfrac{x_0^2}{a^4}+\dfrac{y_0^2}{b^4}+\dfrac{z_0^2}{c^4}}}\left(\dfrac{x_0}{a^2},\dfrac{y_0}{b^2},\dfrac{z_0}{c^2}\right),\ \operatorname{\mathbf{grad}}u\bigg|_{M_0}=(2x_0,2y_0,2z_0),$$

所求方向导数为

$$\dfrac{\partial u}{\partial n}\bigg|_{M_0}=\operatorname{\mathbf{grad}}u\bigg|_{M_0}\cdot\boldsymbol{n}_0$$

$$=(2x_0,2y_0,2z_0)\cdot\left(\dfrac{x_0}{a^2},\dfrac{y_0}{b^2},\dfrac{z_0}{c^2}\right)\dfrac{1}{\sqrt{\dfrac{x_0^2}{a^4}+\dfrac{y_0^2}{b^4}+\dfrac{z_0^2}{c^4}}}=\dfrac{2}{\sqrt{\dfrac{x_0^2}{a^4}+\dfrac{y_0^2}{b^4}+\dfrac{z_0^2}{c^4}}}.$$

17. 求平面 $\dfrac{x}{3}+\dfrac{y}{4}+\dfrac{z}{5}=1$ 和柱面 $x^2+y^2=1$ 的交线上与 xOy 面距离最短的点.

【解】 设所求点为 $M_0(x,y,z)$,该点到 xOy 平面的距离为 r,则 $r=|z|$,即 $r^2=z^2$,于是问题变为求函数 z^2 在条件 $\dfrac{x}{3}+\dfrac{y}{4}+\dfrac{z}{5}=1$ 和 $x^2+y^2=1$ 下的最小值问题,作函数

$$\varphi(x,y,z)=z^2-\lambda\left(\dfrac{x}{3}+\dfrac{y}{4}+\dfrac{z}{5}-1\right)-\mu(x^2+y^2-1).$$

$$\begin{cases}\dfrac{\partial\varphi}{\partial x}=-\dfrac{\lambda}{3}-2\mu x=0,\\[2pt]\dfrac{\partial\varphi}{\partial y}=-\dfrac{\lambda}{4}-2\mu y=0,\\[2pt]\dfrac{\partial\varphi}{\partial z}=2z-\dfrac{\lambda}{5}=0,\\[2pt]\dfrac{x}{3}+\dfrac{y}{4}+\dfrac{z}{5}=1,\\[2pt]x^2+y^2=1.\end{cases}$$

由此方程组可解得

$$x=\dfrac{4}{5},\ y=\dfrac{3}{5},\ z=\dfrac{35}{12},$$

即所求点为 $M_0\left(\dfrac{4}{5},\dfrac{3}{5},\dfrac{35}{12}\right).$

18. 在第 I 卦限内作椭球面 $\frac{x^2}{a^2}+\frac{y^2}{b^2}+\frac{z^2}{c^2}=1$ 的切平面，使该切平面与三坐标面所围成的四面体的体积最小. 求这切平面的切点，并求此最小体积.

【解】 设切点为 $M(x_0, y_0, z_0)$，记

$$F(x, y, z) = \frac{x^2}{a^2}+\frac{y^2}{b^2}+\frac{z^2}{c^2}-1,$$

$$F_x = \frac{2x}{a^2},\ F_y = \frac{2y}{b^2},\ F_z = \frac{2z}{c^2},$$

点 $M(x_0, y_0, z_0)$ 处的切平面方程为

$$\frac{x_0}{a^2}(x-x_0)+\frac{y_0}{b^2}(y-y_0)+\frac{z_0}{c^2}(z-z_0)=0,$$

即

$$\frac{x_0 x}{a^2}+\frac{y_0 y}{b^2}+\frac{z_0 z}{c^2}=1.$$

此切平面在三个坐标轴上的截距分别为

$$X=\frac{a^2}{x_0},\ Y=\frac{b^2}{y_0},\ Z=\frac{c^2}{z_0},$$

所以，切平面与三坐标面所围的四面体的体积为

$$V=\frac{1}{6}\cdot\frac{a^2 b^2 c^2}{x_0 y_0 z_0}.$$

在 $\frac{x^2}{a^2}+\frac{y^2}{b^2}+\frac{z^2}{c^2}=1$ 的条件下，求 $V=\frac{1}{6}\frac{a^2 b^2 c^2}{x_0 y_0 z_0}$ 的最小值，也就是求 xyz 在条件 $\frac{x^2}{a^2}+\frac{y^2}{b^2}+\frac{z^2}{c^2}=1$ 下的最大值. 令

$$\varphi(x, y, z) = xyz+\lambda\left(\frac{x^2}{a^2}+\frac{y^2}{b^2}+\frac{z^2}{c^2}-1\right).$$

由

$$\begin{cases}\dfrac{\partial\varphi}{\partial x}=yz+\dfrac{2\lambda x}{a^2}=0,\\ \dfrac{\partial\varphi}{\partial y}=xz+\dfrac{2\lambda y}{b^2}=0,\\ \dfrac{\partial\varphi}{\partial z}=xy+\dfrac{2\lambda z}{c^2}=0,\\ \dfrac{x^2}{a^2}+\dfrac{y^2}{b^2}+\dfrac{z^2}{c^2}-1=0\end{cases}$$

中前三个方程解得 $\frac{x^2}{a^2}=\frac{y^2}{b^2}=\frac{z^2}{c^2}$，代入最后一个方程，得

$$x=\frac{a}{\sqrt{3}},\ y=\frac{b}{\sqrt{3}},\ z=\frac{c}{\sqrt{3}},$$

所求切点为 $\left(\dfrac{a}{\sqrt{3}}, \dfrac{b}{\sqrt{3}}, \dfrac{c}{\sqrt{3}}\right)$. 所求最小体积为

$$V_{\min}=\frac{1}{6}a^2 b^2 c^2\cdot\frac{1}{xyz}\bigg|_{\left(\frac{a}{\sqrt{3}},\frac{b}{\sqrt{3}},\frac{c}{\sqrt{3}}\right)}=\frac{1}{6}a^2 b^2 c^2\cdot\frac{1}{\frac{a}{\sqrt{3}}\cdot\frac{b}{\sqrt{3}}\cdot\frac{c}{\sqrt{3}}}=\frac{\sqrt{3}}{2}abc.$$

19. 某厂家生产的一种产品同时在两个市场销售，售价分别为 p_1 和 p_2，销售量分别为 q_1 和 q_2，需求函数分别为 $q_1=24-0.2p_1$，$q_2=10-0.05p_2$，总成本函数为 $C=35+40(q_1+q_2)$.

试问：厂家如何确定两个市场的售价，能使其获得的总利润最大？最大总利润为多少？

【解法 1】 总收入函数为
$$R = p_1 q_1 + p_2 q_2 = 24p_1 - 0.2p_1^2 + 10p_2 - 0.05p_2^2,$$
总利润函数为
$$L = R - C = 32p_1 - 0.2p_1^2 - 0.05p_2^2 + 12p_2 - 1395.$$
由极值的必要条件，得方程组
$$\begin{cases} \dfrac{\partial L}{\partial p_1} = 32 - 0.4p_1 = 0, \\ \dfrac{\partial L}{\partial p_2} = 12 - 0.1p_2 = 0. \end{cases}$$
解此方程组，得 $p_1 = 80$，$p_2 = 120$.

由问题的实际意义可知，厂家获得总利润最大的市场售价必定存在，故当 $p_1 = 80$，$p_2 = 120$ 时，厂家所获得的总利润最大，其最大总利润为
$$L\big|_{p_1=80,\ p_2=120} = 605.$$

【解法 2】 两个市场的价格函数分别为
$$p_1 = 120 - 5q_1,\quad p_2 = 200 - 20q_2,$$
总收入函数为
$$R = p_1 q_1 + p_2 q_2 = (120 - 5q_1) q_1 + (200 - 20q_2) q_2,$$
总利润函数为
$$L = R - C = (120 - 5q_1) q_1 + (200 - 20q_2) q_2 - [35 + 40(q_1 + q_2)] = 80q_1 - 5q_1^2 + 160q_2 - 20q_2^2 - 35.$$
由极值的必要条件，得方程组
$$\begin{cases} \dfrac{\partial L}{\partial q_1} = 80 - 10q_1 = 0, \\ \dfrac{\partial L}{\partial q_2} = 160 - 40q_2 = 0. \end{cases}$$
解之得 $q_1 = 8$，$q_2 = 4$.

由问题的实际意义可知，当 $q_1 = 8$，$q_2 = 4$，即 $p_1 = 80$，$p_2 = 120$ 时，厂家所获得的总利润最大，其最大总利润为
$$L\big|_{q_1=8,\ q_2=4} = 605.$$

20. 设有一小山，取它的底面所在的平面为 xOy 坐标面，其底部所占的闭区域为 $D = \{(x, y) \mid x^2 + y^2 - xy \le 75\}$，小山的高度函数为 $h = f(x, y) = 75 - x^2 - y^2 + xy$.

（1）设 $M(x_0, y_0) \in D$，问 $f(x, y)$ 在该点沿平面上什么方向的方向导数最大？若记此方向导数的最大值为 $g(x_0, y_0)$，试写出 $g(x_0, y_0)$ 的表达式；

（2）现欲利用此小山开展攀岩活动，为此需要在山脚找一上山坡度最大的点作为攀岩的起点，也就是说，要在 D 的边界线 $x^2 + y^2 - xy = 75$ 上找出（1）中的 $g(x, y)$ 达到最大值的点. 试确定攀岩起点的位置.

【解】 （1）由梯度与方向导数的关系知，$h = f(x, y)$ 在点 $M(x_0, y_0)$ 处沿梯度
$$\mathbf{grad}\, f(x_0, y_0) = (y_0 - 2x_0)\boldsymbol{i} + (x_0 - 2y_0)\boldsymbol{j}$$
方向的方向导数最大，方向导数的最大值为该梯度的模，所以
$$g(x_0, y_0) = \sqrt{(y_0 - 2x_0)^2 + (x_0 - 2y_0)^2} = \sqrt{5x_0^2 + 5y_0^2 - 8x_0 y_0};$$

（2）欲在 D 的边界上求 $g(x, y)$ 达到最大值的点，只需求
$$F(x, y) = g^2(x, y) = 5x^2 + 5y^2 - 8xy$$
达到最大值的点. 因此，作拉格朗日函数

$$L = 5x^2 + 5y^2 - 8xy + \lambda(75 - x^2 - y^2 + xy).$$

令

$$\begin{cases} L_x = 10x - 8y + \lambda(y - 2x) = 0, \\ L_y = 10y - 8x + \lambda(x - 2y) = 0. \end{cases} \quad \begin{matrix} ① \\ ② \end{matrix}$$

又由约束条件,有

$$75 - x^2 - y^2 + xy = 0. \qquad ③$$

①+②,得

$$(x+y)(2-\lambda) = 0,$$

解得 $y = -x$ 或 $\lambda = 2$.

若 $\lambda = 2$,则由①得 $y = x$,再由③得 $x = y = \pm 5\sqrt{3}$.

若 $y = -x$,则由③得 $x = \pm 5$,$y = \pm 5$.

于是得到四个可能的极值点:

$$M_1(5, -5), M_2(-5, 5), M_3(5\sqrt{3}, 5\sqrt{3}), M_4(-5\sqrt{3}, -5\sqrt{3}).$$

由于 $F(M_1) = F(M_2) = 450$,$F(M_3) = F(M_4) = 150$,故 $M_1(5, -5)$ 或 $M_2(-5, 5)$ 可作为攀岩的起点.

第十章　重积分

一、主要内容

(一) 主要定义

1. $f(x,y)$ 是定义在 xOy 面上有界闭区域 D 上的有界函数. 如果极限

$$\lim_{\lambda \to 0} \sum_{i=1}^{n} f(\xi_i, \eta_i) \Delta \sigma_i$$

存在，称此极限为 $f(x,y)$ 在 D 上的二重积分，记作

$$\iint_D f(x,y)\,\mathrm{d}\sigma \quad 或 \quad \iint_D f(x,y)\,\mathrm{d}x\mathrm{d}y.$$

极限式中 $\Delta\sigma_i$ 为将 D 任意分成 n 个小区域中第 i 个小区域的面积，点 (ξ_i, η_i) 为第 i 个小区域上任取的一点，λ 为 n 个小区域 $\Delta\sigma_i (i=1,2,\cdots)$ 中的最大直径.

2. $f(x,y,z)$ 是定义在空间有界闭区域 Ω 上的有界函数，如果极限

$$\lim_{\lambda \to 0} \sum_{i=1}^{n} f(\xi_i, \eta_i, \zeta_i) \Delta v_i$$

存在，称此极限为 $f(x,y,z)$ 在 Ω 上的三重积分. 记作

$$\iiint_\Omega f(x,y,z)\,\mathrm{d}v \quad 或 \quad \iiint_\Omega f(x,y,z)\,\mathrm{d}x\mathrm{d}y\mathrm{d}z.$$

对和式极限中的记号与二重积分和式极限中的记号作相应的理解.

(二) 主要结论

1. f, g 在 D 上可积，则二重积分有如下性质：

(1) $\iint_D \mathrm{d}\sigma = A$　(A 为 D 的面积).

(2) $\iint_D f(x,y)\,\mathrm{d}\sigma = \iint_{D_1} f(x,y)\,\mathrm{d}\sigma + \iint_{D_2} f(x,y)\,\mathrm{d}\sigma$　$(D = D_1 + D_2)$.

(3) $\iint_D kf(x,y)\,\mathrm{d}\sigma = k\iint_D f(x,y)\,\mathrm{d}\sigma$　(k 为常数).

(4) $\iint_D [f(x,y) \pm g(x,y)]\,\mathrm{d}\sigma = \iint_D f(x,y)\,\mathrm{d}\sigma \pm \iint_D g(x,y)\,\mathrm{d}\sigma$.

(5) 在 D 上若有 $f(x,y) \leq g(x,y)$，则

$$\iint_D f(x,y)\,\mathrm{d}\sigma \leq \iint_D g(x,y)\,\mathrm{d}\sigma,$$

特殊地，有

$$\left| \iint_D f(x,y)\,\mathrm{d}\sigma \right| \leq \iint_D |f(x,y)|\,\mathrm{d}\sigma.$$

(6) $mA \leq \iint_D f(x,y)\,\mathrm{d}\sigma \leq MA$,

其中 M, m 分别是 $f(x,y)$ 在 D 上的最大、最小值，A 是 D 的面积.

(7)（二重积分中值定理） 设 $f(x, y)$ 在有界闭区域 D 上连续，则至少存在一点 $(\xi, \eta) \in D$，使

$$\iint_D f(x, y)\,d\sigma = f(\xi, \eta) A,$$

A 为 D 的面积．

注 三重积分有与之完全平行的性质．

2. 化重积分为累次积分计算公式

(1) 二重积分

当 $f(x, y)$ 在有界闭区域 D 上连续时，有

① $D: a \leq x \leq b, c \leq y \leq d$．若 $f(x, y) = \varphi(x)\psi(y)$，则

$$\iint_D f(x, y)\,d\sigma = \left[\int_a^b \varphi(x)\,dx\right]\left[\int_c^d \psi(y)\,dy\right].$$

② $D: a \leq x \leq b, \varphi_1(x) \leq y \leq \varphi_2(x), \iint_D f(x, y)\,d\sigma = \int_a^b dx \int_{\varphi_1(x)}^{\varphi_2(x)} f(x, y)\,dy.$

③ $D: \varphi_1(y) \leq x \leq \varphi_2(y), c \leq y \leq d, \iint_D f(x, y)\,d\sigma = \int_c^d dy \int_{\varphi_1(y)}^{\varphi_2(y)} f(x, y)\,dx.$

④ $D: \alpha \leq \theta \leq \beta, r_1(\theta) \leq r \leq r_2(\theta),$

$$\iint_D f(x, y)\,d\sigma = \iint_D f(r\cos\theta, r\sin\theta)r\,dr\,d\theta = \int_\alpha^\beta d\theta \int_{r_1(\theta)}^{r_2(\theta)} F(r, \theta)r\,dr \quad (F(r, \theta) = f(r\cos\theta, r\sin\theta)).$$

特别地，当 $r_1(\theta) = 0$ 时，

$$\iint_D f(x, y)\,d\sigma = \int_\alpha^\beta d\theta \int_0^{r_2(\theta)} f(r\cos\theta, r\sin\theta)r\,dr;$$

当 $\alpha = 0, \beta = 2\pi, r_1(\theta) = 0$ 时，

$$\iint_D f(x, y)\,d\sigma = \int_0^{2\pi} d\theta \int_0^{r_2(\theta)} f(r\cos\theta, r\sin\theta)r\,dr.$$

(2) 三重积分

当 $f(x, y, z)$ 在有界闭区域 Ω 上连续时

① $\Omega: a \leq x \leq b, c \leq y \leq d, p \leq z \leq q$．若 $f(x, y, z) = \varphi(x)\psi(y)\omega(z)$，则

$$\iiint_\Omega f(x, y, z)\,dv = \left[\int_a^b \varphi(x)\,dx\right]\left[\int_c^d \psi(y)\,dy\right]\left[\int_p^q \omega(z)\,dz\right].$$

② D 为 Ω 在 xOy 面上的投影区域，以 D 的边界为准线作母线平行于 z 轴的柱面，将 Ω 的边界曲面分成上、下两部分

$$z = z_1(x, y) \text{ 及 } z = z_2(x, y),$$

且

$$z_1(x, y) \leq z \leq z_2(x, y),$$

$$D: a \leq x \leq b, \quad \varphi_1(x) \leq y \leq \varphi_2(x),$$

则

$$\iiint_\Omega f(x, y, z)\,dv = \int_a^b dx \int_{\varphi_1(x)}^{\varphi_2(x)} dy \int_{z_1(x, y)}^{z_2(x, y)} f(x, y, z)\,dz.$$

③ $D: \alpha \leq \theta \leq \beta, r_1(\theta) \leq r \leq r_2(\theta)$，其中 D 与 Ω 的关系同①，则有柱坐标变换公式

$$\iiint_\Omega f(x, y, z)\,dv = \int_\alpha^\beta d\theta \int_{r_1(\theta)}^{r_2(\theta)} r\,dr \int_{z_1(r, \theta)}^{z_2(r, \theta)} F(r, \theta, z)\,dz.$$

其中 $F(r, \theta, z) = f(r\cos\theta, r\sin\theta, z)$．

④ $\Omega: \alpha \leq \theta \leq \beta, \varphi_1(\theta) \leq \varphi \leq \varphi_2(\theta), r_1(\theta, \varphi) \leq r \leq r_2(\theta, \varphi),$

$$\iiint_\Omega f(x, y, z)\,dv = \int_\alpha^\beta d\theta \int_{\varphi_1(\theta)}^{\varphi_2(\theta)} d\varphi \int_{r_1(\theta, \varphi)}^{r_2(\theta, \varphi)} f(r\cos\theta\sin\varphi, r\sin\theta\sin\varphi, r\cos\varphi)r^2\sin\varphi\,dr.$$

3. 重积分的应用

(1) 空间立体的体积

设 V 是以连续曲面 $z = f(x, y)(f(x, y) \geqslant 0)$ 为顶,以 xOy 面上区域 D 为底的曲顶柱体的体积,则有

$$V = \iint\limits_{D} f(x, y) \,\mathrm{d}\sigma \quad \text{或} \quad V = \iiint\limits_{\Omega} \mathrm{d}v.$$

其中 Ω 是该立体所占有的空间区域.

(2) 曲面面积

设光滑曲面 Σ 的方程为 $z = z(x, y)$,则 Σ 的面积 A 为

$$A = \iint\limits_{D_{xy}} \sqrt{1 + z_x^2 + z_y^2} \,\mathrm{d}\sigma;$$

若曲面 Σ 的方程为 $x = x(y, z)$,则

$$A = \iint\limits_{D_{yz}} \sqrt{1 + x_y^2 + x_z^2} \,\mathrm{d}y\mathrm{d}z;$$

若曲面 Σ 的方程为 $y = y(z, x)$,则

$$A = \iint\limits_{D_{zx}} \sqrt{1 + y_x^2 + y_z^2} \,\mathrm{d}z\mathrm{d}x.$$

其中 D_{xy},D_{yz},D_{zx} 分别是 Σ 在 xOy,yOz,zOx 平面上的投影区域.

(3) 质量

设平面薄板和空间立体所占有的区域分别为 D 和 Ω,其密度分别为 $\rho(x, y)$ 和 $\rho(x, y, z)$,则它们的质量分别为

$$m = \iint\limits_{D} \rho(x, y) \,\mathrm{d}\sigma, \quad m = \iiint\limits_{\Omega} \rho(x, y, z) \,\mathrm{d}v.$$

(4) 质心

平面薄板和空间立体的质心坐标分别为

平面薄板的质心 $(\bar{x}, \bar{y})$,其中

$$\bar{x} = \frac{\iint\limits_{D} x\rho(x, y) \,\mathrm{d}\sigma}{\iint\limits_{D} \rho(x, y) \,\mathrm{d}\sigma}, \quad \bar{y} = \frac{\iint\limits_{D} y\rho(x, y) \,\mathrm{d}\sigma}{\iint\limits_{D} \rho(x, y) \,\mathrm{d}\sigma}.$$

其中 $M_x = \iint\limits_{D} y\rho(x, y) \,\mathrm{d}\sigma$ 和 $M_y = \iint\limits_{D} x\rho(x, y) \,\mathrm{d}\sigma$ 分别为薄板对 x 轴和 y 轴的静力矩.

空间立体的质心 $(\bar{x}, \bar{y}, \bar{z})$,其中

$$\bar{x} = \iiint\limits_{\Omega} x\rho(x, y, z) \,\mathrm{d}v \Big/ \iiint\limits_{\Omega} \rho(x, y, z) \,\mathrm{d}v,$$

$$\bar{y} = \iiint\limits_{\Omega} y\rho(x, y, z) \,\mathrm{d}v \Big/ \iiint\limits_{\Omega} \rho(x, y, z) \,\mathrm{d}v,$$

$$\bar{z} = \iiint\limits_{\Omega} z\rho(x, y, z) \,\mathrm{d}v \Big/ \iiint\limits_{\Omega} \rho(x, y, z) \,\mathrm{d}v.$$

(5) 转动惯量

平面薄板和空间立体的转动惯量分别为

平面薄板

$$I_x = \iint\limits_{D} y^2 \rho(x, y) \,\mathrm{d}\sigma, \quad I_y = \iint\limits_{D} x^2 \rho(x, y) \,\mathrm{d}\sigma, \quad I_0 = \iint\limits_{D} (x^2 + y^2) \rho(x, y) \,\mathrm{d}\sigma.$$

空间立体

$$I_x = \iiint\limits_{\Omega}(y^2+z^2)\rho(x,y,z)dv,\quad I_y = \iiint\limits_{\Omega}(x^2+z^2)\rho(x,y,z)dv,$$

$$I_z = \iiint\limits_{\Omega}(x^2+y^2)\rho(x,y,z)dv,\quad I_0 = \iiint\limits_{\Omega}(x^2+y^2+z^2)\rho(x,y,z)dv.$$

其中 I_x,I_y,I_z 及 I_0 分别表示相应物体对 x,y,z 轴及坐标原点的转动惯量.

(6) 引力(以三重积分为例)

质量为 m 的质点位于 $P_0(x_0,y_0,z_0)$ 处.物体占有空间 Ω,其密度为 $\rho(x,y,z)$,设物体对质点的引力为 $F = \{F_x, F_y, F_z\}$,则

$$F_x = km\iiint\limits_{\Omega}\rho(x,y,z)\cdot\frac{x-x_0}{r^3}dv,$$

$$F_y = km\iiint\limits_{\Omega}\rho(x,y,z)\cdot\frac{y-y_0}{r^3}dv,$$

$$F_z = km\iiint\limits_{\Omega}\rho(x,y,z)\cdot\frac{z-z_0}{r^3}dv.$$

式中 $r = \sqrt{(x-x_0)^2+(y-y_0)^2+(z-z_0)^2}$,$k$ 为引力常数.

(三) 结论补充

1. 连续函数 $z=f(x,y)$ 关于 y 为奇函数,积分域 D 关于 x 轴对称,则有

$$\iint\limits_{D}f(x,y)d\sigma = 0.$$

2. 连续函数 $z=f(x,y)$ 关于 y 为偶函数,积分域 D 关于 x 轴对称,D_1 表示 D 的位于 x 轴上方的部分,则有

$$\iint\limits_{D}f(x,y)d\sigma = 2\iint\limits_{D_1}f(x,y)d\sigma.$$

3. 连续函数 $u=f(x,y,z)$ 关于 z 为奇函数,积分域 Ω 关于 xOy 面对称,则有

$$\iiint\limits_{\Omega}f(x,y,z)dv = 0.$$

4. 连续函数 $u=f(x,y,z)$ 关于 z 为偶函数,积分域 Ω 关于 xOy 面对称,Ω_1 表示 Ω 的位于 xOy 面上方部分,则有

$$\iiint\limits_{\Omega}f(x,y,z)dv = 2\iiint\limits_{\Omega_1}f(x,y,z)dv.$$

5. 二重积分一般坐标替换公式

$$\begin{cases}x=x(u,v),\\ y=y(u,v).\end{cases}$$

若 $J = \dfrac{\partial(x,y)}{\partial(u,v)} = \begin{vmatrix}\dfrac{\partial x}{\partial u} & \dfrac{\partial x}{\partial v}\\ \dfrac{\partial y}{\partial u} & \dfrac{\partial y}{\partial v}\end{vmatrix}$ 连续且不为零于有界闭区域 D 上,又 $f(x,y)$ 在 D 上连续,则

$$\iint\limits_{D}f(x,y)dxdy = \iint\limits_{D'}f(x(u,v),y(u,v))|J|dudv.$$

6. 三重积分一般坐标替换公式

$$\begin{cases}x=x(u,v,w),\\ y=y(u,v,w),\\ z=z(u,v,w).\end{cases}$$

若 $J = \dfrac{\partial(x, y, z)}{\partial(u, v, w)} = \begin{vmatrix} \dfrac{\partial x}{\partial u} & \dfrac{\partial x}{\partial v} & \dfrac{\partial x}{\partial w} \\ \dfrac{\partial y}{\partial u} & \dfrac{\partial y}{\partial v} & \dfrac{\partial y}{\partial w} \\ \dfrac{\partial z}{\partial u} & \dfrac{\partial z}{\partial v} & \dfrac{\partial z}{\partial w} \end{vmatrix}$ 于 Ω 上连续且不为零, 又 $f(x, y, z)$ 在 Ω 上连续, 则

$$\iiint\limits_{\Omega} f(x, y, z)\,\mathrm{d}x\mathrm{d}y\mathrm{d}z = \iiint\limits_{\Omega} f(x(u, v, w), y(u, v, w), z(u, v, w))\,|J|\,\mathrm{d}u\mathrm{d}v\mathrm{d}w.$$

7. $\iiint\limits_{\Omega} f(z)\,\mathrm{d}v = \int_a^b \left[f(z) \iint\limits_{\sigma_z} \mathrm{d}\sigma \right] \mathrm{d}z$, z 的变化区间为 a 到 b (f 连续).

8. 设 $z = f(x, y)$ 在平面有界闭区域 D 上连续, D 关于直线 $y = x$ 对称, 则
$$\iint\limits_{D} f(x, y)\,\mathrm{d}x\mathrm{d}y = \iint\limits_{D} f(y, x)\,\mathrm{d}x\mathrm{d}y.$$

二、典型例题

(一) 二重积分

1. 直角坐标

【例 10-1】 设 $D: x^2 + y^2 \leqslant a^2\,(a > 0)$, 求 $\iint\limits_{D} |xy|\,\mathrm{d}\sigma$.

【解】 由于被积函数是 x 和 y 的偶函数, 积分域关于 x 轴和 y 轴都对称, 记 $D_1: x^2 + y^2 \leqslant a^2$, $x \geqslant 0$, $y \geqslant 0$, 则有

原式 $= 4 \iint\limits_{D_1} xy\,\mathrm{d}\sigma = 4 \int_0^a x\,\mathrm{d}x \int_0^{\sqrt{a^2 - x^2}} y\,\mathrm{d}y = 2 \int_0^a x(a^2 - x^2)\,\mathrm{d}x = \dfrac{1}{2} a^4.$

【例 10-2】 求 $\iint\limits_{D} \dfrac{\sin y}{y}\,\mathrm{d}\sigma$, 式中 D 由曲线 $y^2 = x$ 与直线 $y = x$ 所围成.

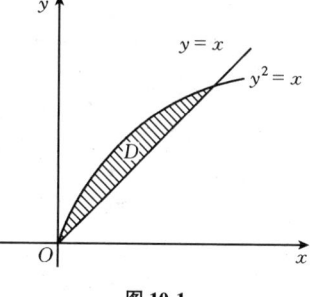

图 10-1

【解】 积分域 D 如图 10-1 所示. 由于 $\int \dfrac{\sin y}{y}\,\mathrm{d}y$ 的原函数不是初等函数, 因此应先对 x 积分, 有

原式 $= \int_0^1 \dfrac{\sin y}{y}\,\mathrm{d}y \int_{y^2}^y \mathrm{d}x = \int_0^1 \dfrac{\sin y}{y} \cdot (y - y^2)\,\mathrm{d}y = \int_0^1 \sin y \cdot (1 - y)\,\mathrm{d}y = 1 - \sin 1.$

【例 10-3】 求 $\iint\limits_{D} \sin \dfrac{\pi x}{2y}\,\mathrm{d}\sigma$, D 由直线 $y = x$, $y = 2$ 与曲线 $y = \sqrt{x}$ 所围成.

【解】 积分域如图 10-2 所示.

原式 $= \int_1^2 \mathrm{d}y \int_y^{y^2} \sin \dfrac{\pi x}{2y}\,\mathrm{d}x = \int_1^2 \dfrac{2y}{\pi}\left(\cos \dfrac{\pi}{2} - \cos \dfrac{\pi}{2} y \right)\mathrm{d}y$

$= \dfrac{4}{\pi^3}(\pi + 2).$

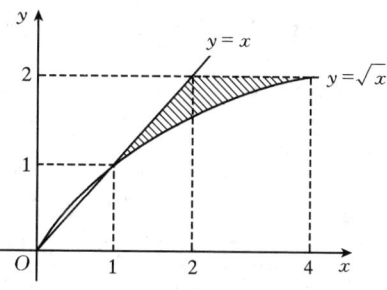

图 10-2

【例 10-4】 求 $\iint\limits_{D} |\cos(x + y)|\,\mathrm{d}\sigma$, 式中 D 为由直线

$$x = 0, y = 0, x + y = \pi$$

所围成的三角形域.

【解】 将积分区域 D 用直线 $x + y = \dfrac{\pi}{2}$ 分成如图 10-3 所示的积分域 D_1 和 D_2.

$$原式 = \iint\limits_{D_1} \cos(x+y) d\sigma - \iint\limits_{D_2} \cos(x+y) d\sigma.$$

注意到直接计算 $\iint\limits_{D_2} \cos(x+y) dxdy$ 比较复杂,故采用下面的方法.

$$原式 = 2\iint\limits_{D_1} \cos(x+y) d\sigma - \iint\limits_{D_1 \cup D_2} \cos(x+y) d\sigma$$

$$= 2\int_0^{\frac{\pi}{2}} d\theta \int_0^{\frac{\pi}{2}-x} \cos(x+y) dy - \int_0^{\pi} dx \int_0^{\pi-x} \cos(x+y) dy$$

$$= 2\int_0^{\frac{\pi}{2}} (1 - \sin x) dx + \frac{1}{2}\int_0^{\pi} \sin x dx = \pi.$$

【例 10-5】 求 $\int_0^1 dx \int_0^{\sqrt{x}} e^{-\frac{y^2}{2}} dy$.

【解】 由于先对 y 积分时,被积函数的原函数不是初等函数,故应改变积分次序. 积分域 D 如图 10-4 所示. 改变积分次序,有

$$原式 = \int_0^1 dy \int_{y^2}^1 e^{-\frac{y^2}{2}} dx = \int_0^1 (1 - y^2) e^{-\frac{y^2}{2}} dy.$$

注意到 $\int y^2 e^{-\frac{y^2}{2}} dy = -\int y e^{-\frac{y^2}{2}} d\left(-\frac{y^2}{2}\right) = -\int y d e^{-\frac{y^2}{2}} = -y e^{-\frac{y^2}{2}} + \int e^{-\frac{y^2}{2}} dy,$

$$原式 = y e^{-\frac{y^2}{2}} \bigg|_0^1 = \frac{1}{\sqrt{e}}.$$

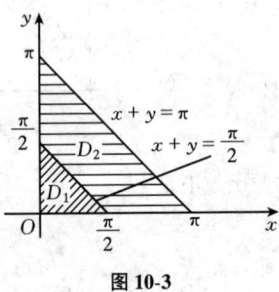

图 10-3

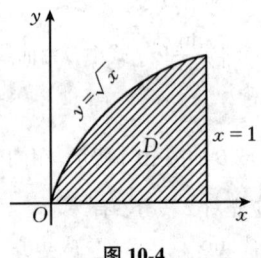

图 10-4

【例 10-6】 设 $f(x)$ 为恒正连续函数,$D: x^2 + y^2 \leq R^2 (R > 0)$,求 $\iint\limits_D \dfrac{af(x) + bf(y)}{f(x) + f(y)} d\sigma$.

【解】 对于二重积分 $\iint\limits_D \varphi(x,y) d\sigma$ 而言,若 $\varphi(x,y)$ 为连续函数,积分域 D 关于直线 $y = x$ 对称,则有

$$\iint\limits_D \varphi(x,y) d\sigma = \iint\limits_D \varphi(y,x) d\sigma \quad (见 "结论补充").$$

$$原式 = \frac{1}{2}\iint\limits_D \left[\frac{af(x) + bf(y)}{f(x) + f(y)} + \frac{af(y) + bf(x)}{f(y) + f(x)}\right] dxdy = \frac{1}{2}\iint\limits_D (a+b) dxdy = \frac{1}{2}(a+b)\pi R^2.$$

【例 10-7】 求 $\iint\limits_D \sqrt{1 - \sin^2(x+y)} d\sigma$,$D: \left\{(x,y) \,\bigg|\, 0 \leq x \leq \dfrac{\pi}{2}, 0 \leq y \leq \dfrac{\pi}{2}\right\}$.

【解】 原式 $= \iint_D |\cos(x+y)| \,d\sigma = \int_0^{\frac{\pi}{2}} dx \int_0^{\frac{\pi}{2}-x} \cos(x+y) \,dy - \int_0^{\frac{\pi}{2}} dx \int_{\frac{\pi}{2}-x}^{\frac{\pi}{2}} \cos(x+y) \,dy$

$= \int_0^{\frac{\pi}{2}} (1-\sin x) \,dx + \int_0^{\frac{\pi}{2}} (1-\cos x) \,dx = \pi - 2.$

【例 10-8】 计算二重积分 $\iint_D e^{\max\{x^2, y^2\}} \,d\sigma$,其中 $D = \{(x,y) \mid 0 \leq x \leq 1, 0 \leq y \leq 1\}$.

【解】 设 $D_1 = \{(x,y) \mid 0 \leq x \leq 1, 0 \leq y \leq x\}$,
$D_2 = \{(x,y) \mid 0 \leq x \leq 1, x \leq y \leq 1\}$,

则 $\iint_D e^{\max\{x^2, y^2\}} \,d\sigma = \iint_{D_1} e^{\max\{x^2, y^2\}} \,d\sigma + \iint_{D_2} e^{\max\{x^2, y^2\}} \,d\sigma = \iint_{D_1} e^{x^2} \,d\sigma + \iint_{D_2} e^{y^2} \,d\sigma$

$= \int_0^1 dx \int_0^x e^{x^2} \,dy + \int_0^1 dy \int_0^y e^{y^2} \,dx = \int_0^1 x e^{x^2} \,dx + \int_0^1 y e^{y^2} \,dy = e - 1.$

2. 极坐标

【例 10-9】 设 $f(x,y)$ 连续,试将

$$I = \int_{-\frac{\sqrt{2}}{2}a}^{0} dx \int_{-x}^{\sqrt{a^2-x^2}} f(x,y) \,dy + \int_0^a dx \int_{\sqrt{ax-x^2}}^{\sqrt{a^2-x^2}} f(x,y) \,dy$$

写成极坐标下的累次积分 $(a>0)$.

【解】 积分域如图 10-5 所示. 在极坐标下

$I = \int_0^{\frac{\pi}{2}} d\theta \int_{a\cos\theta}^a f(r\cos\theta, r\sin\theta) r \,dr + \int_{\frac{\pi}{2}}^{\frac{3}{4}\pi} d\theta \int_0^a f(r\cos\theta, r\sin\theta) r \,dr.$

【例 10-10】 求 $\iint_D (x^2 + 4y^2 + 9 + xy) \,d\sigma$,$D: x^2 + y^2 \leq 4$.

【解】 $\iint_D 9 \,d\sigma = 9 \times \pi \times 2^2 = 36\pi$,$\iint_D xy \,d\sigma = 0$,$\iint_D x^2 \,d\sigma = \iint_D y^2 \,d\sigma$,

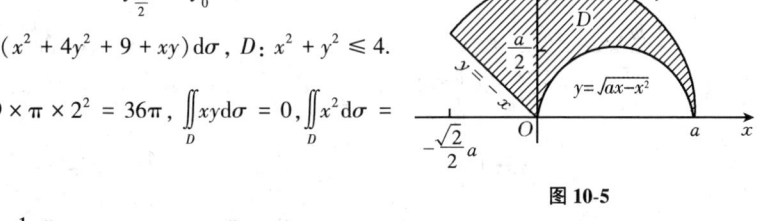

图 10-5

$\iint_D (x^2 + 4y^2) \,d\sigma = \frac{1}{2} \iint_D (x^2 + y^2) \,d\sigma + 2 \iint_D (x^2 + y^2) \,d\sigma$

$= \frac{5}{2} \iint_D (x^2 + y^2) \,d\sigma = \frac{5}{2} \int_0^{2\pi} d\theta \int_0^2 r^3 \,dr$

$= \frac{5}{2} \times 2\pi \times \frac{1}{4} \times 2^4 = 20\pi,$

原式 $= 20\pi + 36\pi = 56\pi.$

【例 10-11】 设 $D: x^2 + y^2 \leq x + y$,求 $\iint_D (x+y) \,d\sigma$.

【解】 D 的边界曲线为 $x^2 + y^2 = x + y$,改写成

$$\left(x - \frac{1}{2}\right)^2 + \left(y - \frac{1}{2}\right)^2 = \frac{1}{2},$$

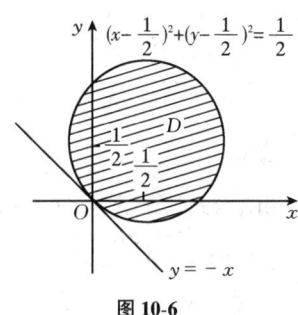

图 10-6

积分域如图 10-6 所示.

利用极坐标,有

原式 $= \int_{-\frac{\pi}{4}}^{\frac{3}{4}\pi} d\theta \int_0^{\cos\theta + \sin\theta} (r\cos\theta + r\sin\theta) r \,dr = \frac{1}{3} \int_{-\frac{\pi}{4}}^{\frac{3}{4}\pi} \left[\sqrt{2}\sin\left(\frac{\pi}{4} + \theta\right)\right]^4 d\theta \xrightarrow{\frac{\pi}{4} + \theta = t} \frac{4}{3} \int_0^{\pi} \sin^4 t \,dt$

$= \frac{8}{3} \int_0^{\frac{\pi}{2}} \sin^4 t \,dt = \frac{8}{3} \times \frac{3\pi}{16} = \frac{\pi}{2}.$

(二) 三重积分

1. 直角坐标

【例 10-12】 求 $\iiint_\Omega y\sqrt{1-x^2}\,dv$, 式中 Ω 由曲面 $y=-\sqrt{1-x^2-z^2}$, $x^2+z^2=1$ 和平面 $y=1$ 所围成.

【解】 此题若先对 z 积分, 则要把积分域分成两部分, 这种做法很麻烦, 采用先对 y 积分, 再对 z, 最后对 x 的积分.

$$\text{原式} = \int_{-1}^{1}\sqrt{1-x^2}\,dx\int_{-\sqrt{1-x^2}}^{\sqrt{1-x^2}}dz\int_{-\sqrt{1-x^2-z^2}}^{1}y\,dy = \int_{-1}^{1}\sqrt{1-x^2}\,dx\int_{-\sqrt{1-x^2}}^{\sqrt{1-x^2}}\frac{x^2+z^2}{2}dz$$

$$= \int_{-1}^{1}\left(-\frac{2}{3}x^4+\frac{1}{3}x^2+\frac{1}{3}\right)dx = \frac{28}{45}.$$

【例 10-13】 设 Ω 为平面 $x+y+z=1$ 与三坐标面所围成, 求 $\iiint_\Omega e^z\,dv$.

【解】 积分域如图 10-7 所示.

$$\text{原式} = \int_0^1 dx\int_0^{1-x}dy\int_0^{1-x-y}e^z\,dz = \int_0^1 dx\int_0^{1-x}(e^{1-x-y}-1)dy = \int_0^1 e^{1-x}dx - \frac{3}{2} = e-\frac{5}{2}.$$

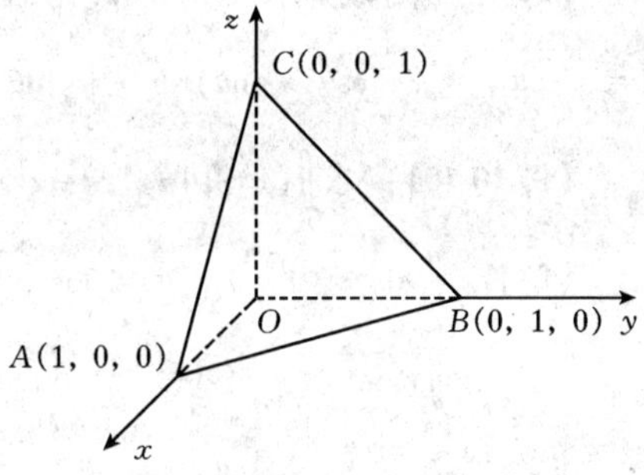

【例 10-14】 $\Omega: \dfrac{x^2}{a^2}+\dfrac{y^2}{b^2}+\dfrac{z^2}{c^2}\leq 1\ (a>0, b>0, c>0)$. 求 $\iiint_\Omega\left(\dfrac{x^2}{a^2}+\dfrac{y^2}{b^2}+\dfrac{z^2}{c^2}\right)dv$.

【解】
$$\iiint_\Omega z^2\,dv = 2\int_0^c z^2\,dz\iint_{D_z}dxdy$$

$$= 2\pi ab\int_0^c\left(1-\frac{z^2}{c^2}\right)z^2\,dz = \frac{4}{15}\pi abc^3.$$

$$\text{原式} = \frac{1}{a^2}\cdot\frac{4}{15}\pi a^3bc + \frac{1}{b^2}\cdot\frac{4}{15}\pi ab^3c + \frac{1}{c^2}\cdot\frac{4}{15}\pi abc^3$$

$$= \frac{4}{15}\pi abc + \frac{4}{15}\pi abc + \frac{4}{15}\pi abc = \frac{4}{5}\pi abc.$$

图 10-7

【例 10-15】 证明: 当 $f(z)$ 连续时, 有
$$\iiint_{x^2+y^2+z^2\leq 1}f(z)dv = \pi\int_{-1}^{1}f(t)(1-t^2)dt.$$

并用此公式计算 $\iiint_{x^2+y^2+z^2\leq 1}(z^3+z^2+z+1)dv$ 的值.

【解】

$$\iiint_{x^2+y^2+z^2\leq 1}f(z)dv = \int_{-1}^{1}\left[f(z)\cdot\iint_{x^2+y^2\leq 1-z^2}d\sigma\right]dz = \int_{-1}^{1}f(z)\cdot\pi(1-z^2)dz = \pi\int_{-1}^{1}f(t)(1-t^2)dt.$$

$$\iiint_{x^2+y^2+z^2\leq 1}(z^3+z^2+z+1)dv = \pi\int_{-1}^{1}(t^3+t^2+t+1)(1-t^2)dt = \frac{8}{5}\pi.$$

【例 10-16】 求 $\iiint_\Omega(x+z)dv$, 式中 Ω 由锥面 $z=\sqrt{x^2+y^2}$ 与半球面 $z=\sqrt{1-x^2-y^2}$ 所围成.

【解】 积分域如图 10-8 所示. 由 $\iiint_\Omega x\,dv = 0$, 故

原式 $= \iiint\limits_{\Omega} z dv = \int_0^{\frac{\sqrt{2}}{2}} z dz \iint\limits_{D_1(z)} d\sigma + \int_{\frac{\sqrt{2}}{2}}^1 z dz \iint\limits_{D_2(z)} d\sigma$

$= \int_0^{\frac{\sqrt{2}}{2}} z\pi z^2 dz + \int_{\frac{\sqrt{2}}{2}}^1 z\pi(1-z^2) dz = \frac{\pi}{8}.$

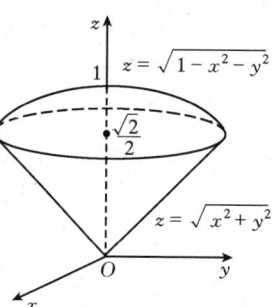

图 10-8

【例 10-17】 求 $\iiint\limits_{\Omega}(ax+by+cz)dv$, $\Omega: x^2+y^2+z^2 \leq 2z$ ($a>0$, $b>0$, $c>0$).

【解】 由于 $\iiint\limits_{\Omega} x dv = 0$, $\iiint\limits_{\Omega} y dv = 0$, 球体 $x^2+y^2+z^2 \leq 2z$ 的形心坐标为 $(0, 0, 1)$. 由形心坐标公式 $\bar{z} = \dfrac{\iiint\limits_{\Omega} z dv}{V}$, 可知

$$\iiint\limits_{\Omega} z dv = V \cdot \bar{z}.$$

此处 $\bar{z} = 1$. 故

$$\iiint\limits_{\Omega} z dv = \frac{4}{3}\pi \cdot 1 = \frac{4}{3}\pi.$$

原式 $= 0 + 0 + c \cdot \dfrac{4}{3}\pi = \dfrac{4c\pi}{3}.$

2. 柱坐标

【例 10-18】 求 $\int_0^2 dx \int_0^{\sqrt{2x-x^2}} dy \int_0^a z\sqrt{x^2+y^2} dz.$

【解】 原式 $= \int_0^{\frac{\pi}{2}} d\theta \int_0^{2\cos\theta} dr \int_0^a z \cdot r \cdot r dz = \int_0^{\frac{\pi}{2}} d\theta \int_0^{2\cos\theta} \dfrac{a^2}{2} \cdot r^2 dr = \dfrac{a^2}{2} \int_0^{\frac{\pi}{2}} \dfrac{8}{3}\cos^3\theta d\theta = \dfrac{8}{9}a^2.$

【例 10-19】 求 $\iiint\limits_{\Omega}(x^2+y^2)dv$, 其中 Ω 是由曲线 $\begin{cases} y^2 = 2z \\ x = 0 \end{cases}$ 绕 z 轴旋转一周所成的曲面与平面 $z=2$ 和 $z=8$ 所围成的空间区域.

【解】 旋转曲面的方程为 $z = \dfrac{1}{2}(x^2+y^2)$, 积分域 Ω 是由曲面 $z = \dfrac{1}{2}(x^2+y^2)$ 与平面 $z=2$ 和 $z=8$ 围成的闭域, 如图 10-9 所示.

利用柱坐标计算, 需将积分域 Ω 分成两部分, 于是有

原式 $= \int_0^{2\pi} d\theta \int_2^8 dr \int_{\frac{r^2}{2}}^8 r^2 \cdot r dz + \int_0^{2\pi} d\theta \int_2^4 dr \int_{\frac{r^2}{2}}^8 r^2 \cdot r dz$

$= 48\pi + 288\pi = 336\pi.$

注 此题若用"平行截面法"计算则更简单.

原式 $= \int_2^8 dz \int_0^{2\pi} d\theta \int_0^{\sqrt{2z}} r^3 dr = 2\pi \int_2^8 z^2 dz = 336\pi.$

【例 10-20】 求 $\iiint\limits_{\Omega} z dv$, 式中 Ω 由球面 $z = \sqrt{4-x^2-y^2}$ 与抛物面 $z = \dfrac{1}{3}(x^2+y^2)$ 所围成.

【解】 两曲面相交于平面 $z=1$ 上, 交线在 xOy 面上的投影区域为 $D: x^2+y^2 \leq 3$. 故

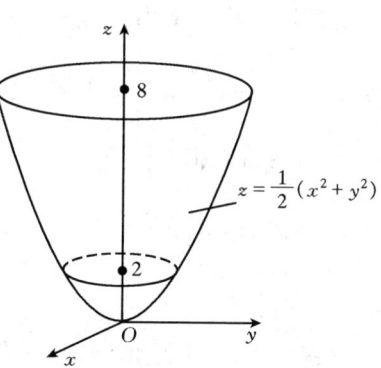

图 10-9

$$\iiint_\Omega z\mathrm{d}v = \int_0^{2\pi}\mathrm{d}\theta\int_0^{\sqrt{3}}\mathrm{d}r\int_{\frac{1}{3}r^2}^{\sqrt{4-r^2}}zr\mathrm{d}z = 2\pi\int_0^{\sqrt{3}}\frac{1}{2}r\left(4-r^2-\frac{1}{9}r^4\right)\mathrm{d}r = \frac{13}{4}\pi.$$

【例 10-21】 求 $\iiint_\Omega z\mathrm{d}v$, $\Omega: x^2+y^2+z^2\leq 2a^2, \frac{1}{a}(x^2+y^2)\geq z\ (a>0)$.

【解法 1】 积分域如图 10-10 所示.

$$\text{原式} = \int_0^{2\pi}\mathrm{d}\theta\int_0^a\mathrm{d}r\int_{\frac{r^2}{a}}^{\sqrt{2a^2-r^2}}zr\mathrm{d}z = 2\pi\int_0^a r\left(\frac{1}{2}z\bigg|_{\frac{r^2}{a}}^{\sqrt{2a^2-r^2}}\right)\mathrm{d}r$$

$$= 2\pi\int_0^a \frac{r}{2}\left(2a^2-r^2-\frac{r^4}{a^2}\right)\mathrm{d}r = \frac{7}{12}\pi a^4.$$

【解法 2】 记 $D_{xy}: x^2+y^2\leq a^2$, 有

$$\text{原式} = \iint_{D_{xy}}\mathrm{d}x\mathrm{d}y\int_{\frac{1}{a}(x^2+y^2)}^{\sqrt{2a^2-x^2-y^2}}z\mathrm{d}z$$

$$= \frac{1}{2}\iint_{D_{xy}}\left[(2a^2-x^2-y^2)-\frac{1}{a^2}(x^2+y^2)^2\right]\mathrm{d}x\mathrm{d}y$$

$$= \frac{1}{2}\int_0^{2\pi}\mathrm{d}\theta\int_0^a\left(2a^2-r^2-\frac{1}{a^2}r^4\right)r\mathrm{d}r = \frac{7}{12}\pi a^4.$$

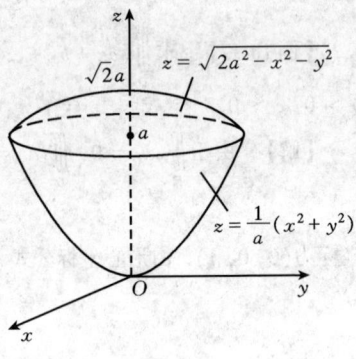

图 10-10

3. 球坐标

【例 10-22】 求 $\iiint_\Omega x\mathrm{e}^{\frac{x^2+y^2+z^2}{a^2}}\mathrm{d}v$, 其中 Ω 为 $x^2+y^2+z^2\leq a^2$ 在第 I 卦限的部分.

【解】 原式 $=\int_0^{\frac{\pi}{2}}\mathrm{d}\theta\int_0^{\frac{\pi}{2}}\mathrm{d}\varphi\int_0^a r\cos\theta\sin\varphi\cdot\mathrm{e}^{\frac{r^2}{a^2}}\cdot r^2\sin\varphi\mathrm{d}r = \int_0^{\frac{\pi}{2}}\cos\theta\mathrm{d}\theta\int_0^{\frac{\pi}{2}}\sin^2\varphi\mathrm{d}\varphi\int_0^a r^3\mathrm{e}^{\frac{r^2}{a^2}}\mathrm{d}r = \frac{\pi}{8}a^4.$

【例 10-23】 求 $\iiint_\Omega\left(\frac{x^4+y^4}{2}+x^2y^2\right)\mathrm{d}v$, 式中 Ω 为两半球 $z=\sqrt{A^2-x^2-y^2}$ 和 $z=\sqrt{a^2-x^2-y^2}$ 及平面 $z=0$ 所围成的区域 $(0<a<A)$.

【解】 $\frac{x^4+y^4}{2}+x^2y^2=\frac{1}{2}(x^2+y^2)^2$.

$$\text{原式} = \frac{1}{2}\int_0^{2\pi}\mathrm{d}\theta\int_0^{\frac{\pi}{2}}\mathrm{d}\varphi\int_a^A(r^2\sin^2\varphi)^2 r^2\sin\varphi\mathrm{d}r$$

$$= \pi\int_0^{\frac{\pi}{2}}\sin^5\varphi\mathrm{d}\varphi\cdot\int_a^A r^6\mathrm{d}r$$

$$= \pi\times\frac{8}{15}\times\frac{1}{7}(A^7-a^7)$$

$$= \frac{8}{105}\pi(A^7-a^7).$$

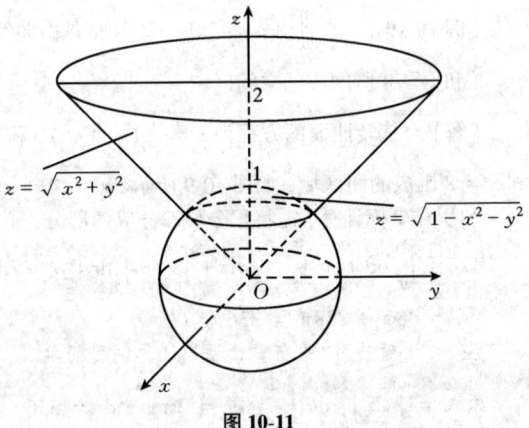

图 10-11

【例 10-24】 设 Ω 由曲面 $z=\sqrt{x^2+y^2}$ 与 $z=\sqrt{1-x^2-y^2}$ 及平面 $z=2$ 所围成, 求 $\iiint_\Omega z\mathrm{d}v.$

【解】 积分域如图 10-11 所示.

$$\text{原式} = \int_0^{2\pi}\mathrm{d}\theta\int_0^{\frac{\pi}{4}}\mathrm{d}\varphi\int_1^{\frac{2}{\cos\varphi}}r\cos\varphi\cdot r^2\sin\varphi\mathrm{d}r = \frac{\pi}{2}\int_0^{\frac{\pi}{4}}(\sin\varphi\cos\varphi)\left(\frac{16}{\cos^4\varphi}-1\right)\mathrm{d}\varphi$$

$$= 8\pi \int_0^{\frac{\pi}{4}} \tan\varphi \mathrm{d}\tan\varphi - \frac{\pi}{2}\int_0^{\frac{\pi}{4}} \sin\varphi \mathrm{d}\sin\varphi = 8\pi \times \frac{1}{2}\tan^2\varphi \Big|_0^{\frac{\pi}{4}} - \frac{\pi}{2} \times \frac{1}{2}\sin^2\varphi \Big|_0^{\frac{\pi}{4}} = \frac{31}{8}\pi.$$

【例 10-25】 利用球坐标计算 $\iiint_\Omega \left(x + y + \frac{1}{\sqrt{z}}\right)\mathrm{d}v$. Ω: $x^2 + y^2 + z^2 \leq 2$, $x^2 + y^2 \leq 1$, $z \geq 1$.

【解】 $\iiint_\Omega x\mathrm{d}v = 0$, $\iiint_\Omega y\mathrm{d}v = 0$,

$$\text{原式} = \iiint_\Omega \frac{1}{\sqrt{z}}\mathrm{d}v = \int_0^{2\pi}\mathrm{d}\theta \int_0^{\frac{\pi}{4}}\mathrm{d}\varphi \int_{\frac{1}{\cos\varphi}}^{\sqrt{2}} \frac{r^2\sin\varphi}{\sqrt{r\cos\varphi}}\mathrm{d}r = 2\pi\int_0^{\frac{\pi}{4}}\frac{\sin\varphi}{\sqrt{\cos\varphi}}\mathrm{d}\varphi \int_{\frac{1}{\cos\varphi}}^{\sqrt{2}} r^{\frac{3}{2}}\mathrm{d}r$$

$$= 2\pi \times 2\sqrt{\cos\varphi}\Big|_{\frac{\pi}{4}}^{0} \times \frac{2}{5} \times 2^{\frac{5}{4}} - 2\pi\int_0^{\frac{\pi}{4}} \frac{2}{5}\frac{\sin\varphi}{\cos^3\varphi}\mathrm{d}\varphi = \frac{8\pi}{5}\left(2^{\frac{5}{4}} - \frac{9}{4}\right).$$

(三) 重积分的应用

【例 10-26】 如图 10-12 所示,设锥面 $3(x^2 + y^2) = (z - 3)^2$ 的内切球面与 xOy 面相切,求球面与锥面之间阴影部分的体积.

【解】 解方程组
$$\begin{cases} 3(x^2 + y^2) = (z - 3)^2, \\ x = 0 \end{cases}$$

得 AB 方程为
$$\sqrt{3}y + z - 3 = 0,$$

球心 $(0, 0, R)$ 到此直线的距离为 R, 容易求得球半径 R 为 1. 直线段 AB 端点坐标为 $A(0, 0, 3)$, $B(0, \sqrt{3}, 0)$.

图中阴影部分的体积为

$$V = \int_0^{2\pi}\mathrm{d}\theta \int_0^{\frac{\sqrt{3}}{2}} r\mathrm{d}r \int_{1+\sqrt{1-r^2}}^{3-\sqrt{3}r}\mathrm{d}z = 2\pi\int_0^{\frac{\sqrt{3}}{2}}(2r - \sqrt{3}r^2 - r\sqrt{1-r^2})\mathrm{d}r$$

$$= 2\pi\left[r^2 - \frac{\sqrt{3}}{3}r^3 + \frac{1}{3}(1-r^2)^{\frac{3}{2}}\right]\Big|_0^{\frac{\sqrt{3}}{2}} = \frac{\pi}{6}.$$

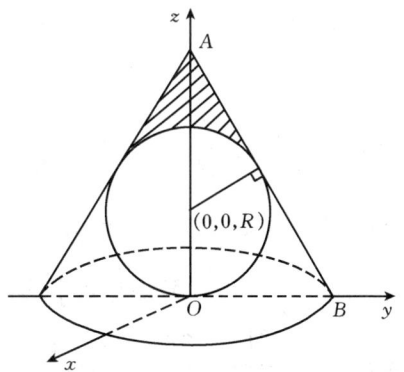

图 10-12

【例 10-27】 曲面 $x^2 + y^2 = az$ 将球体 $x^2 + y^2 + z^2 \leq 4az$ ($a > 0$) 分成两部分,求这两部分的体积.

【解】 联立 $\begin{cases} x^2 + y^2 = az, \\ x^2 + y^2 + z^2 = 4az \end{cases}$

得 $z = 0$, $z = 3a$, 如图 10-13 所示.

设较大的一部分立体的体积为 V_1, 采用"平行截面法", 有

$$V_1 = \int_0^{3a}\mathrm{d}z \iint_{x^2+y^2 \leq az}\mathrm{d}x\mathrm{d}y + \int_{3a}^{4a}\mathrm{d}z \iint_{x^2+y^2 \leq 4az-z^2}\mathrm{d}x\mathrm{d}y$$

$$= \int_0^{3a}\pi az\mathrm{d}z + \int_{3a}^{4a}\pi(4az - z^2)\mathrm{d}z = \frac{37}{6}\pi a^3.$$

另一部分立体的体积为
$$V_2 = \frac{4}{3}\pi(2a)^3 - \frac{37}{6}\pi a^3 = \frac{27}{6}\pi a^3.$$

注 若用球坐标先计算 V_2, 则有

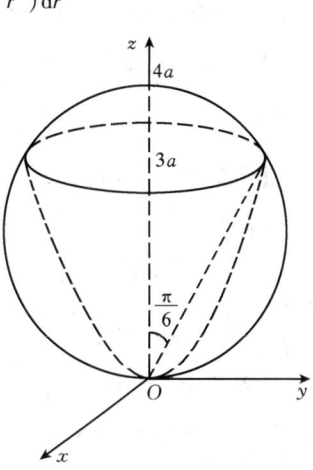

图 10-13

$$V_2 = \int_0^{2\pi} d\theta \int_{\frac{\pi}{6}}^{\frac{\pi}{2}} d\varphi \int_{a\cot\varphi\csc\varphi}^{4a\cos\varphi} r^2 \sin\varphi dr$$

$$= \frac{2\pi}{3} \int_{\frac{\pi}{6}}^{\frac{\pi}{2}} [(4a\cos\varphi)^3 \sin\varphi - a^3 \cot^3\varphi \csc^2\varphi] d\varphi$$

$$= \frac{2\pi}{3} \left[64a^3 \left(-\frac{1}{4}\cos^4\varphi\right) - \frac{a^3}{4}\cot^4\varphi \right]_{\frac{\pi}{6}}^{\frac{\pi}{2}} = \frac{2\pi}{3}a^3\left(9 - \frac{9}{4}\right) = \frac{27\pi}{6}a^3.$$

【例 10-28】 试求由球面 $x^2 + y^2 + z^2 = 2$ 及锥面 $z = \sqrt{x^2 + y^2}$ 围成的较小部分的物体的质量. 已知物体密度与点到球心的距离的平方成正比且在球面处为 1.

【解】 设密度函数为

$$\mu(x, y, z) = k \cdot (x^2 + y^2 + z^2).$$

由于在 $x^2 + y^2 + z^2 = 2$ 时, $\mu = 1$, 故 $k = \frac{1}{2}$, 于是

$$\mu(x, y, z) = \frac{1}{2}(x^2 + y^2 + z^2).$$

设质量为 M, 则 $M = \iiint_\Omega \frac{1}{2}(x^2 + y^2 + z^2) dv,$

式中 Ω 为球面 $x^2 + y^2 + z^2 = 2$ 及锥面 $z = \sqrt{x^2 + y^2}$ 所围成的较小部分, 采用球坐标变换有

$$M = \int_0^{2\pi} d\theta \int_0^{\frac{\pi}{4}} d\varphi \int_0^{\sqrt{2}} \frac{1}{2} r^2 \cdot r^2 \sin\varphi dr = \frac{4}{5}\pi(\sqrt{2} - 1).$$

【例 10-29】 一个半径为 R, 高为 H 的均匀圆柱体, 在其对称轴上距上底为 a 处有一质量为 m 的质点, 试求圆柱体与质点之间的引力.

【解】 取质点所处位置为坐标原点, 对称轴在 z 轴上, 圆柱位于 xOy 面下方, 则

$$F_x = F_y = 0, \ F_z = \iiint_\Omega \frac{k\rho mz dv}{(x^2 + y^2 + z^2)^{3/2}},$$

k 为引力常数, ρ 为圆柱体的密度. 利用柱坐标变换, 有

$$F_z = k\rho m \int_0^{2\pi} d\theta \int_0^R r dr \int_{-(a+H)}^{-a} \frac{z dz}{(r^2 + z^2)^{3/2}} = 2\pi k\rho m[\sqrt{R^2 + (a+H)^2} - \sqrt{R^2 + a^2} - H].$$

故引力为 $\boldsymbol{F} = 2\pi k\rho m[\sqrt{R^2 + (a+H)^2} - \sqrt{R^2 + a^2} - H]\boldsymbol{k}.$

【例 10-30】 设 $f(u)$ 可导, $f(0) = 0$, 求 $\lim_{t \to +0} \frac{1}{\pi t^3} \iint_{x^2+y^2 \leq t^2} f(\sqrt{x^2+y^2}) d\sigma.$

【解】

原式 $= \lim_{t \to +0} \frac{\int_0^{2\pi} d\theta \int_0^t f(r) r dr}{\pi t^3} = \lim_{t \to +0} \frac{2\pi \int_0^t f(r) r dr}{\pi t^3} = \lim_{t \to +0} \frac{2tf(t)}{3t^2} = \lim_{t \to +0} \frac{2}{3} \frac{f(t) - f(0)}{t - 0} = \frac{2}{3}f'(0).$

【例 10-31】 在平面 $\frac{x}{a} + \frac{y}{b} + \frac{z}{c} = 1$ 与坐标面所围成的四面体内, 如图 10-14 所示, 作一个以该平面为顶面, 求在 xOy 坐标面上的投影为长方形 (与 AB 相接) 的六面体中体积最大者 (其中 $a, b, c > 0$).

【解】 六面体体积为

$$V = \iint_D z d\sigma = \iint_D c\left(1 - \frac{x}{a} - \frac{y}{b}\right) d\sigma = c\int_0^x dx \int_0^y \left(1 - \frac{x}{a} - \frac{y}{b}\right) dy.$$

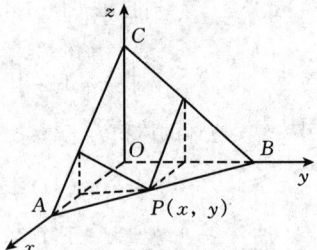

图 10-14

直线 AB 的方程为
$$\frac{x}{a} + \frac{y}{b} = 1.$$

令
$$F(x, y, \lambda) = c\int_0^x dx \int_0^y \left(1 - \frac{x}{a} - \frac{y}{b}\right) dy + \lambda\left(\frac{x}{a} + \frac{y}{b} - 1\right)$$
$$= xy - \frac{x^2 y}{2a} - \frac{xy^2}{2b} + \lambda\left(\frac{x}{a} + \frac{y}{b} - 1\right),$$

解方程
$$\begin{cases} F_x = y - \frac{y^2}{2b} - \frac{xy}{a} + \frac{\lambda}{a} = 0, \\ F_y = x - \frac{xy}{b} - \frac{x^2}{2a} + \frac{\lambda}{b} = 0, \\ F_\lambda = \frac{x}{a} + \frac{y}{b} - 1 = 0, \end{cases}$$

得
$$x = \frac{a}{2},\ y = \frac{b}{2}.$$

此时
$$V = c\int_0^{\frac{a}{2}} dx \int_0^{\frac{b}{2}} \left(1 - \frac{x}{a} - \frac{y}{b}\right) dy = \frac{1}{8} abc,$$

即所求最大体积为 $\frac{1}{8} abc$.

【例 10-32】 设有一半径为 R, 高为 H 的圆柱形容器, 盛有 $\frac{2}{3} H$ 高的水, 放在离心机上高速旋转, 因受离心力的作用, 水面呈抛物面形, 问当水刚要溢出容器时, 液面的最低点在何处?

【解】 如图 10-15 所示, 设液面最低点为 $z = a$, 设抛物线方程为
$$z = a + \alpha x^2,$$
将点 (R, H) 代入得 $\alpha = \frac{H - a}{R^2}$, 则抛物线方程为
$$z = a + \frac{H - a}{R^2} x^2.$$

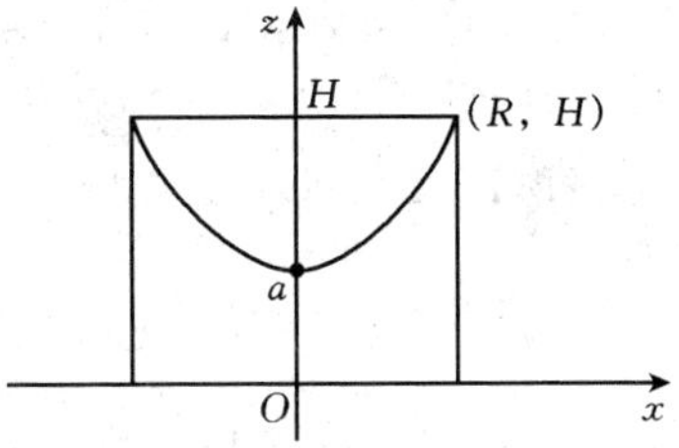

绕 z 轴旋转所得曲面方程为

图 10-15

$$z = a + \frac{H - a}{R^2}(x^2 + y^2),$$

液体体积为
$$V = \iint_D \left[a + \frac{H - a}{R^2}(x^2 + y^2) \right] d\sigma,\ D: x^2 + y^2 \leqslant R^2,$$

计算得
$$V = \frac{\pi R^2}{2}(H + a).$$

另一方面 $V = \frac{2\pi}{3} HR^2$, 令 $\frac{\pi R^2}{2}(H + a) = \frac{2\pi}{3} HR^2$, 得 $a = \frac{H}{3}$.

【例 10-33】 设 $f(t)$ 连续, $f(0) = 0$, $\Omega: 0 \leqslant z \leqslant h,\ x^2 + y^2 \leqslant t^2$, $F(t) = \iiint_\Omega [z^2 + f(x^2 + y^2)] dv$, 求 $\lim\limits_{t \to +0} \frac{F(t)}{t^2}$.

【解】 $F(t) = \int_0^h dz \int_0^{2\pi} d\theta \int_0^t [z^2 + f(r^2)] r dr = 2\pi \left[\int_0^h z^2 dz \int_0^t r dr + h \int_0^t f(r^2) r dr \right]$
$$= 2\pi \left[\frac{1}{6} h^3 t^2 + h \int_0^t f(r^2) r dr \right],$$

$$\lim_{t\to+0}\frac{F(t)}{t^2} = \frac{\pi}{3}h^3 + \lim_{t\to+0}\frac{2\pi h\int_0^t f(r^2)rdr}{t^2} = \frac{\pi}{3}h^3 + \lim_{t\to+0}\frac{2\pi hf(t^2)t}{2t} = \frac{\pi}{3}h^3.$$

【例 10-34】 设 $f(t)$ 在 $[0, +\infty)$ 上连续，且当 $t \geq 0$ 时，满足
$$f(t) = e^{4\pi t^2} + \iint_{x^2+y^2 \leq 4t^2} f\left(\frac{1}{2}\sqrt{x^2+y^2}\right)dxdy,$$
求 $f(x)$.

【解】
$$\iint_{x^2+y^2\leq t^2} f\left(\frac{1}{2}\sqrt{x^2+y^2}\right)dxdy = \int_0^{2\pi}d\theta\int_0^{2t}f\left(\frac{1}{2}r\right)rdr = 2\pi\int_0^{2t}rf\left(\frac{r}{2}\right)dr,$$

$$f(t) = e^{4\pi t^2} + 2\pi\int_0^{2t}rf\left(\frac{r}{2}\right)dr, f'(t) = 8\pi t e^{4\pi t^2} + 8\pi tf(t),$$

$$f(t) = e^{\int 8\pi tdt}\left(\int 8\pi t e^{4\pi t^2}\cdot e^{-\int 8\pi tdt}dt + C\right) = (4\pi t^2 + C)e^{4\pi t^2}.$$

由 $f(0) = 1$，得 $C = 1$. 最后得
$$f(t) = (4\pi t^2 + 1)e^{4\pi t^2}.$$

三、习题全解

习题 10-1　二重积分的概念与性质

1. 设有一平面薄板（不计其厚度），占有 xOy 面上的闭区域 D，薄板上分布有面密度为 $\mu = \mu(x, y)$ 的电荷，且 $\mu(x, y)$ 在 D 上连续，试用二重积分表达该板上的全部电荷 Q.

【解】 $Q = \iint_D \mu(x, y)d\sigma.$

2. 设 $I_1 = \iint_{D_1}(x^2+y^2)^3d\sigma$，其中 $D_1 = \{(x, y) | -1 \leq x \leq 1, -2 \leq y \leq 2\}$；

又 $I_2 = \iint_{D_2}(x^2+y^2)^3d\sigma$，其中 $D_2 = \{(x, y) | 0 \leq x \leq 1, 0 \leq y \leq 2\}$.

试利用二重积分的几何意义说明 I_1 与 I_2 之间的关系.

【解】 由于被积函数 $f(x, y) = (x^2+y^2)^3$ 是 x 与 y 的连续的偶函数，积分区域 D_1 关于 x 轴和 y 轴皆对称，而 D_2 是 D_1 的位于第 I 象限内的部分，故必有 $I_1 = 4I_2$.

3. 利用二重积分定义证明：

(1) $\iint_D d\sigma = \sigma$（其中 σ 为 D 的面积）.

【证】 在二重积分定义表达式
$$\iint_D f(x, y)d\sigma = \lim_{\lambda\to 0}\sum_{i=1}^n f(\xi_i, \eta_i)\Delta\sigma_i$$
中，只要取 $f(x, y) \equiv 1$，则必有
$$\iint_D d\sigma = \sigma.$$

(2) $\iint_D kf(x, y)d\sigma = k\iint_D f(x, y)d\sigma$（其中 k 为常数）.

【证】 $\iint_D kf(x, y)d\sigma = \lim_{\lambda\to 0}\sum_{i=1}^n f(\xi_i, \eta_i)\cdot k\Delta\sigma_i = k\lim_{\lambda\to 0}\sum_{i=1}^n f(\xi_i, \eta_i)\Delta\sigma_i = k\iint_D f(x, y)d\sigma.$

(3) $\iint\limits_{D} f(x,y)\mathrm{d}\sigma = \iint\limits_{D_1} f(x,y)\mathrm{d}\sigma + \iint\limits_{D_2} f(x,y)\mathrm{d}\sigma$，其中 $D = D_1 \cup D_2$，D_1 和 D_2 为两个无公共内点的闭区域.

【证】 在对 D 进行分割时，把 D_1 与 D_2 的交线作为一条分割线，有

$$\iint\limits_{D} f(x,y)\mathrm{d}\sigma = \lim_{\lambda \to 0} \sum_{i=1}^{n} f(\xi_i, \eta_i)\Delta\sigma_i = \lim_{\lambda \to 0}\sum_{i=1}^{n_1} f(\xi_i,\eta_i)\Delta\sigma_i + \lim_{\lambda \to 0}\sum_{i=n_1}^{n} f(\xi_i,\eta_i)\Delta\sigma_i$$

$$= \iint\limits_{D_1} f(x,y)\mathrm{d}\sigma + \iint\limits_{D_2} f(x,y)\mathrm{d}\sigma.$$

n_1 表示对 D_1 分割成为 n_1 块，对 D_2 分割成为 $n - n_1$ 块.

4. 试确定积分区域 D，使二重积分 $\iint\limits_{D}(1 - 2x^2 - y^2)\mathrm{d}x\mathrm{d}y$ 达到最大值.

【解】 根据二重积分的性质可知，当积分域包含了所有使被积函数 $(1 - 2x^2 - y^2)$ 大于或等于零的点，而不包含使被积函数 $(1 - 2x^2 - y^2)$ 小于零的点时二重积分的值达到最大，即当积分区域 D 是椭圆域 $2x^2 + y^2 \leq 1$ 时二重积分值达到最大.

5. 根据二重积分的性质，比较下列积分的大小：

(1) $\iint\limits_{D}(x+y)^2\mathrm{d}\sigma$ 与 $\iint\limits_{D}(x+y)^3\mathrm{d}\sigma$，其中积分区域 D 是由 x 轴、y 轴与直线 $x+y=1$ 所围成.

【解】 积分域相同，但在 D 上，$(x+y)^3 \leq (x+y)^2$，故必有

$$\iint\limits_{D}(x+y)^3\mathrm{d}\sigma \leq \iint\limits_{D}(x+y)^2\mathrm{d}\sigma,$$

实际上，是 $\iint\limits_{D}(x+y)^3\mathrm{d}\sigma < \iint\limits_{D}(x+y)^2\mathrm{d}\sigma.$

(2) $\iint\limits_{D}(x+y)^2\mathrm{d}\sigma$ 与 $\iint\limits_{D}(x+y)^3\mathrm{d}\sigma$，其中积分区域 D 是由圆周 $(x-2)^2 + (y-1)^2 = 2$ 所围成.

【解】 积分域相同，但在此积分域上，$(x+y)^2 \leq (x+y)^3$. 与 (1) 类似，应有

$$\iint\limits_{D}(x+y)^2\mathrm{d}\sigma \leq \iint\limits_{D}(x+y)^3\mathrm{d}\sigma.$$

(3) $\iint\limits_{D}\ln(x+y)\mathrm{d}\sigma$ 与 $\iint\limits_{D}[\ln(x+y)]^2\mathrm{d}\sigma$，其中 D 是三角形闭区域，三顶点分别为 $(1,0)$，$(1,1)$，$(2,0)$.

【解】 在积分域 D 上，$[\ln(x+y)]^2 \leq \ln(x+y)$，故

$$\iint\limits_{D}[\ln(x+y)]^2\mathrm{d}\sigma \leq \iint\limits_{D}\ln(x+y)\mathrm{d}\sigma.$$

(4) $\iint\limits_{D}\ln(x+y)\mathrm{d}\sigma$ 与 $\iint\limits_{D}[\ln(x+y)]^2\mathrm{d}\sigma$，其中 $D = \{(x,y) \mid 3 \leq x \leq 5, 0 \leq y \leq 1\}$.

【解】 在积分域 D 上，$\ln(x+y) < [\ln(x+y)]^2$，故

$$\iint\limits_{D}\ln(x+y)\mathrm{d}\sigma < \iint\limits_{D}[\ln(x+y)]^2\mathrm{d}\sigma.$$

6. 计算 $\iint\limits_{D}(2 + y\cos x + xy\sin y)\mathrm{d}\sigma$，其中 $D = \{(x,y) \mid x^2 + y^2 \leq 1\}$.

【解】 由于 $y\cos x$ 是 y 的奇函数，$xy\sin y$ 是 x 的奇函数，积分区域 D 关于 x 轴、y 轴都对称，故

$$\iint\limits_{D} y\cos x\mathrm{d}\sigma = 0,\quad \iint\limits_{D} xy\sin y\mathrm{d}\sigma = 0,$$

因此，

$$\iint\limits_{D}(2 + y\cos x + xy\sin y)\mathrm{d}\sigma = \iint\limits_{D} 2\mathrm{d}\sigma = 2 \times (\pi \times 1^2) = 2\pi.$$

7. 利用二重积分的性质估计下列积分的值:

(1) $I = \iint\limits_{D} xy(x+y)\mathrm{d}\sigma$, 其中 $D = \{(x, y) \mid 0 \leq x \leq 1, 0 \leq y \leq 1\}$.

【解】 由于在积分域 D 上, $0 \leq x \leq 1$, $0 \leq y \leq 1$, $0 \leq xy \leq 1$, $0 \leq x+y \leq 2$, 所以 $0 \leq xy(x+y) \leq 2$, 从而
$$0 \leq \iint\limits_{D} xy(x+y)\mathrm{d}\sigma \leq 2.$$

(2) $I = \iint\limits_{D} \sin^2 x \sin^2 y \mathrm{d}\sigma$, 其中 $D = \{(x, y) \mid 0 \leq x \leq \pi, 0 \leq y \leq \pi\}$.

【解】 由于 $0 \leq \sin^2 x \sin^2 y \leq 1$, 所以 $0 \leq \iint\limits_{D} \sin^2 x \sin^2 y \mathrm{d}\sigma \leq \pi^2$.

(3) $I = \iint\limits_{D} (x+y+1)\mathrm{d}\sigma$, 其中 $D = \{(x, y) \mid 0 \leq x \leq 1, 0 \leq y \leq 2\}$.

【解】 由于 $1 \leq x+y+1 \leq 4$, 所以 $2 \leq \iint\limits_{D} (x+y+1)\mathrm{d}\sigma \leq 8$.

(4) $I = \iint\limits_{D} (x^2+4y^2+9)\mathrm{d}\sigma$, 其中 $D = \{(x, y) \mid x^2+y^2 \leq 4\}$.

【解】 由于 $0 \leq x^2+y^2 \leq 4$, 所以 $9 \leq x^2+4y^2+9 \leq 4(x^2+y^2)+9 \leq 25$, 从而
$$\iint\limits_{D} 9 \mathrm{d}\sigma \leq \iint\limits_{D} (x^2+4y^2+9)\mathrm{d}\sigma \leq \iint\limits_{D} 25 \mathrm{d}\sigma,$$
即
$$36\pi \leq \iint\limits_{D} (x^2+4y^2+9)\mathrm{d}\sigma \leq 100\pi.$$

习题 10-2　二重积分的计算法

1. 计算下列二重积分:

(1) $\iint\limits_{D} (x^2+y^2)\mathrm{d}\sigma$, 其中 $D = \{(x, y) \mid |x| \leq 1, |y| \leq 1\}$.

【解】 $I = 8\int_0^1 \mathrm{d}x \int_0^1 y^2 \mathrm{d}y = \dfrac{8}{3}$.

(2) $\iint\limits_{D} (3x+2y)\mathrm{d}\sigma$, 其中 D 是由两坐标轴及直线 $x+y=2$ 所围成的闭区域.

【解法1】 $I = \int_0^2 \mathrm{d}x \int_0^{2-x} (3x+2y)\mathrm{d}y = \int_0^2 (4+2x-2x^2)\mathrm{d}x = \dfrac{20}{3}$;

【解法2】 把积分域 D 看成均质三角板所占有的区域, 则重心坐标为 $\left(\dfrac{2}{3}, \dfrac{2}{3}\right)$, 于是
$$I = \iint\limits_{D} 5y\mathrm{d}\sigma = 5 \times \dfrac{2}{3} \times \dfrac{1}{2} \times 2 \times 2 = \dfrac{20}{3}.$$

(3) $\iint\limits_{D} (x^3+3x^2y+y^3)\mathrm{d}\sigma$, 其中 $D = \{(x, y) \mid 0 \leq x \leq 1, 0 \leq y \leq 1\}$.

【解】 注意到 $\iint\limits_{D} x^2 y \mathrm{d}\sigma = \int_0^1 x^2 \mathrm{d}x \cdot \int_0^1 y \mathrm{d}y = \dfrac{1}{6}$, $\iint\limits_{D} x^3 \mathrm{d}\sigma = \int_0^1 x^3 \mathrm{d}x = \dfrac{1}{4}$, 有
$$I = 3 \times \dfrac{1}{6} + 2 \times \dfrac{1}{4} = 1.$$

(4) $\iint\limits_{D} x\cos(x+y)\mathrm{d}\sigma$, 其中 D 是顶点分别为 $(0, 0)$, $(\pi, 0)$ 和 (π, π) 的三角形闭区域.

【解】 $I = \int_0^\pi x \mathrm{d}x \int_0^x \cos(x+y)\mathrm{d}y = \int_0^\pi x(\sin 2x - \sin x)\mathrm{d}x$

$$= x\left(\cos x - \frac{1}{2}\cos 2x\right)\Big|_0^\pi + \int_0^\pi \left(\frac{1}{2}\cos 2x - \cos x\right)dx = -\frac{3}{2}\pi.$$

(5) $\iint_D \sqrt{|y-x^2|}\,dxdy$,其中 $D: \{(x,y)\mid 0\le x\le 1, 0\le y\le 1\}$.

【解】 记
$$D_1 = \{(x,y)\mid 0\le y\le x^2, 0\le x\le 1\},\ D_2 = \{(x,y)\mid x^2\le y\le 1, 0\le x\le 1\},$$
则
$$\iint_D \sqrt{|y-x^2|}\,dxdy = \iint_{D_1}\sqrt{x^2-y}\,dxdy + \iint_{D_2}\sqrt{y-x^2}\,dxdy$$
$$= \int_0^1 dx\int_0^{x^2}\sqrt{x^2-y}\,dy + \int_0^1 dx\int_{x^2}^1 \sqrt{y-x^2}\,dy$$
$$= \int_0^1\left[-\frac{2}{3}(x^2-y)^{\frac{3}{2}}\right]_0^{x^2}dx + \int_0^1\left[\frac{2}{3}(y-x^2)^{\frac{3}{2}}\right]_{x^2}^1 dx$$
$$= \int_0^1 \frac{2}{3}x^3\,dx + \int_0^1 \frac{2}{3}(1-x^2)^{\frac{3}{2}}dx,$$

令 $x=\sin t$ 得
$$\int_0^1(1-x^2)^{\frac{3}{2}}dx = \int_0^{\frac{\pi}{2}}\cos^3 t\cdot\cos t\,dt = \frac{3}{16}\pi,$$

又 $\int_0^1 \frac{2}{3}x^3 dx = \frac{1}{6}$,故
$$\iint_D \sqrt{|y-x^2|}\,dxdy = \frac{1}{6} + \frac{2}{3}\cdot\frac{3}{16}\pi = \frac{1}{6} + \frac{\pi}{8}.$$

2. 画出积分区域,并计算下列二重积分:

(1) $\iint_D x\sqrt{y}\,d\sigma$,其中 D 是由两条抛物线 $y=\sqrt{x},\ y=x^2$ 所围成的闭区域.

【解】 画积分域的工作留给读者,此处从略,以下同.
$$I = \int_0^1 dx\int_{x^2}^{\sqrt{x}} x\sqrt{y}\,dy = \int_0^1\left(\frac{2}{3}x^{\frac{7}{4}} - \frac{2}{3}x^4\right)dx = \frac{6}{55}.$$

(2) $\iint_D xy^2\,d\sigma$,其中 D 是由圆周 $x^2+y^2=4$ 及 y 轴所围成的右半闭区域.

【解】 $I = \int_{-2}^2 dy\int_0^{\sqrt{4-y^2}} xy^2\,dx = \int_{-2}^2\left(2y^2 - \frac{1}{2}y^4\right)dy = \frac{64}{15}.$

(3) $\iint_D e^{x+y}\,d\sigma$,其中 $D=\{(x,y)\mid |x|+|y|\le 1\}$.

【解】 正常的一般解法留给读者,现在用坐标替换方法解此题. 令
$$x+y=u,\ x-y=v,$$
即
$$x = \frac{1}{2}(u+v),\ y = \frac{1}{2}(u-v),\ J = \frac{1}{2}.\ I = \int_{-1}^1 dv\int_{-1}^1 e^u\cdot\frac{1}{2}du = e - \frac{1}{e}.$$

(4) $\iint_D (x^2+y^2-x)\,d\sigma$,其中 D 是由直线 $y=2,\ y=x$ 及 $y=2x$ 所围成的闭区域.

【解】 $I = \int_0^2 dy\int_{\frac{y}{2}}^y (x^2+y^2-x)\,dx = \int_0^2\left(\frac{19}{24}y^3 - \frac{3}{8}y^2\right)dy = \frac{13}{6}.$

3. 如果二重积分 $\iint_D f(x,y)\,dxdy$ 的被积函数 $f(x,y)$ 是两个函数 $f_1(x)$ 及 $f_2(y)$ 的乘积,即 $f(x,y)=f_1(x)\cdot f_2(y)$,积分区域 $D=\{(x,y)\mid a\le x\le b,\ c\le y\le d\}$,证明这个二重积分等于两个定积分的乘积,即

$$\iint_D f_1(x) \cdot f_2(y) dxdy = \left[\int_a^b f_1(x) dx\right] \cdot \left[\int_c^d f_2(y) dy\right].$$

【证】 $\iint_D f_1(x) f_2(y) dxdy = \int_a^b dx \int_c^d f_1(x) f_2(y) dy$,

而 $\int_c^d f_1(x) f_2(y) dy = f_1(x) \cdot \int_c^d f_2(y) dy$,

故 $I = \left[\int_c^d f_2(y) dy\right] \cdot \int_a^b f_1(x) dx = \left[\int_a^b f_1(x) dx\right] \left[\int_c^d f_2(y) dy\right].$

4. 化二重积分 $I = \iint_D f(x, y) d\sigma$ 为二次积分(分别列出对两个变量先后次序不同的两个二次积分), 其中积分区域 D 是:

(1) 由直线 $y=x$ 及抛物线 $y^2=4x$ 所围成的闭区域.

【解】 $I = \int_0^4 dx \int_x^{\sqrt{4x}} f(x, y) dy = \int_0^4 dy \int_{\frac{y^2}{4}}^y f(x, y) dx.$

(2) 由 x 轴及半圆周 $x^2+y^2=r^2 (y\geq 0)$ 所围成的闭区域.

【解】 $I = \int_{-r}^r dx \int_0^{\sqrt{r^2-x^2}} f(x, y) dy = \int_0^r dy \int_{-\sqrt{r^2-y^2}}^{\sqrt{r^2-y^2}} f(x, y) dx.$

(3) 由直线 $y=x$, $x=2$ 及双曲线 $y=\dfrac{1}{x} (x>0)$ 所围成的闭区域.

【解】 $I = \int_1^2 dx \int_{\frac{1}{x}}^x f(x, y) dy = \int_{\frac{1}{2}}^1 dy \int_{\frac{1}{y}}^2 f(x, y) dx + \int_1^2 dy \int_y^2 f(x, y) dx.$

(4) 环形闭区域 $\{(x, y) | 1 \leq x^2+y^2 \leq 4\}$.

【解】
$I = \int_{-2}^{-1} dx \int_{-\sqrt{4-x^2}}^{\sqrt{4-x^2}} f(x,y) dy + \int_{-1}^1 dx \int_{\sqrt{1-x^2}}^{\sqrt{4-x^2}} f(x,y) dy + \int_{-1}^1 dx \int_{-\sqrt{4-x^2}}^{-\sqrt{1-x^2}} f(x,y) dy + \int_1^2 dx \int_{-\sqrt{4-x^2}}^{\sqrt{4-x^2}} f(x,y) dy$

$= \int_1^2 dy \int_{-\sqrt{4-y^2}}^{\sqrt{4-y^2}} f(x,y) dx + \int_{-1}^1 dy \int_{-\sqrt{4-y^2}}^{-\sqrt{1-y^2}} f(x,y) dx + \int_{-1}^1 dy \int_{\sqrt{1-y^2}}^{\sqrt{4-y^2}} f(x,y) dx + \int_{-2}^{-1} dy \int_{-\sqrt{4-y^2}}^{\sqrt{4-y^2}} f(x,y) dx.$

5. 设 $f(x, y)$ 在 D 上连续, 其中 D 是由直线 $y=x$, $y=a$ 及 $x=b (b>a)$ 所围成的闭区域, 证明
$$\int_a^b dx \int_a^x f(x, y) dy = \int_a^b dy \int_y^b f(x, y) dx.$$

【证】 只要画出积分域, 然后交换积分次序立刻得证, 此略.

6. 改换下列二次积分的积分次序:

(1) $\int_0^1 dy \int_0^y f(x, y) dx$;　　　(2) $\int_0^2 dy \int_{y^2}^{2y} f(x, y) dx$;　　　(3) $\int_0^1 dy \int_{-\sqrt{1-y^2}}^{\sqrt{1-y^2}} f(x, y) dx$;

(4) $\int_1^2 dx \int_{2-x}^{\sqrt{2x-x^2}} f(x, y) dy$;　　(5) $\int_1^e dx \int_0^{\ln x} f(x, y) dy$;　　(6) $\int_0^\pi dx \int_{-\sin\frac{x}{2}}^{\sin x} f(x, y) dy.$

【解】 (1) $I = \int_0^1 dx \int_x^1 f(x, y) dy$;　　(2) $I = \int_0^4 dx \int_{\frac{x}{2}}^{\sqrt{x}} f(x, y) dy$;

(3) $I = \int_{-1}^1 dx \int_0^{\sqrt{1-x^2}} f(x, y) dy$;　　(4) $I = \int_0^1 dy \int_{2-y}^{1+\sqrt{1+y^2}} f(x, y) dx$;

(5) $I = \int_0^1 dy \int_{e^y}^e f(x, y) dx$;　　(6) $I = \int_{-1}^0 dy \int_{-2\arcsin y}^\pi f(x, y) dx + \int_0^1 dy \int_{\arcsin y}^{\pi-\arcsin y} f(x, y) dx.$

7. 设平面薄片所占的闭区域 D 由直线 $x+y=2$, $y=x$ 和 x 轴所围成, 它的面密度 $\mu(x, y) = x^2+y^2$, 求该薄片的质量.

【解】 设所求薄片的质量为 M, 则
$$M = \iint_D \mu(x, y) d\sigma = \iint_D (x^2 + y^2) d\sigma = \int_0^1 dy \int_y^{2-y} (x^2 + y^2) dx$$

$$= \int_0^1 \left[\frac{1}{3}(2-y)^3 + \frac{2}{3}y^3 - \frac{7}{12}y^4 \right] dy = \frac{4}{3}.$$

8. 计算由四个平面 $x=0$, $y=0$, $x=1$, $y=1$ 所围成的柱体被平面 $z=0$ 及 $2x+3y+z=6$ 截得的立体的体积.

【解】 设所求立体的体积为 V, 则

$$V = \iint_D (6 - 2x - 3y) d\sigma, \quad D = \{(x,y) \mid 0 \leqslant x \leqslant 1, 0 \leqslant y \leqslant 1\},$$

于是 $$V = 6\iint_D d\sigma - 5\iint_D x d\sigma = 6 - 5\int_0^1 x dx = 6 - \frac{5}{2} = \frac{7}{2}.$$

9. 求由平面 $x=0$, $y=0$, $x+y=1$ 所围成的柱体被平面 $z=0$ 及抛物面 $x^2+y^2=6-z$ 截得的立体的体积.

【解】 设所求体积为 V, 则有

$$V = \iint_D (6 - x^2 - y^2) d\sigma, \quad D = \{(x,y) \mid 0 \leqslant x \leqslant 1, 0 \leqslant y \leqslant 1-x\},$$

于是 $$V = \int_0^1 dx \int_0^{1-x} (6 - x^2 - y^2) dy = \int_0^1 \left[6 - 6x - x^2 + x^3 - \frac{1}{3}(1-x)^3 \right] dx = \frac{17}{6}.$$

10. 求由曲面 $z=x^2+2y^2$ 及 $z=6-2x^2-y^2$ 所围成的立体的体积.

【解】 立体图形如图 10-16 所示.

联立 $\begin{cases} z = x^2 + 2y^2, \\ z = 6 - 2x^2 - y^2, \end{cases}$ 消去 z, 得 $x^2+y^2=2$, 积分域

$$D: x^2 + y^2 \leqslant 2.$$

设所求体积为 V, 则

$$V = \iint_D [6 - 2x^2 - y^2 - (x^2 + 2y^2)] d\sigma$$

$$= \iint_D [6 - 3(x^2 + y^2)] d\sigma$$

$$= 12\pi - 3\int_0^{2\pi} d\theta \int_0^{\sqrt{2}} \rho^3 d\rho = 12\pi - 6\pi = 6\pi.$$

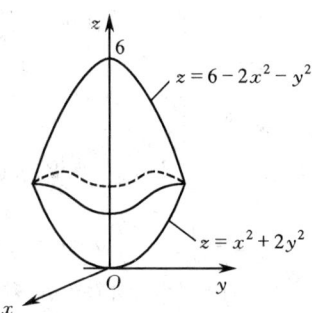

图 10-16

若用直角坐标计算, 将会遇到求 $\int_0^{\sqrt{2}} (2 - x^2)^{\frac{3}{2}} dx$ 的问题, 会增加计算量, 建议读者练习一下.

11. 画出积分区域, 把积分 $\iint_D f(x,y) dx dy$ 表示为极坐标形式的二次积分, 其中积分区域 D 是:

(1) $\{(x,y) \mid x^2+y^2 \leqslant a^2\}$ $(a>0)$; (2) $\{(x,y) \mid x^2+y^2 \leqslant 2x\}$;
(3) $\{(x,y) \mid a^2 \leqslant x^2+y^2 \leqslant b^2\}$, 其中 $0<a<b$; (4) $\{(x,y) \mid 0 \leqslant y \leqslant 1-x, 0 \leqslant x \leqslant 1\}$.

【解】 (1) 画积分域的工作留给读者, 以下同. 此处只给出极坐标下的二次积分.

$$I = \int_0^{2\pi} d\theta \int_0^a f(\rho\cos\theta, \rho\sin\theta) \rho d\rho;$$

(2) $I = \int_{-\frac{\pi}{2}}^{\frac{\pi}{2}} d\theta \int_0^{2a\cos\theta} f(\rho\cos\theta, \rho\sin\theta) \rho d\rho;$

(3) $I = \int_0^{2\pi} d\theta \int_a^b f(\rho\cos\theta, \rho\sin\theta) \rho d\rho;$

(4) $I = \int_0^{\frac{\pi}{2}} d\theta \int_0^{\frac{1}{\cos\theta + \sin\theta}} f(\rho\cos\theta, \rho\sin\theta) \rho d\rho.$

12. 化下列二次积分为极坐标形式的二次积分:

(1) $\int_0^1 dx \int_0^1 f(x,y) dy;$ (2) $\int_0^2 dx \int_x^{\sqrt{3}x} f(\sqrt{x^2+y^2}) dy;$

(3) $\int_0^1 dx \int_{1-x}^{\sqrt{1-x^2}} f(x,y) dy$;   (4) $\int_0^1 dx \int_0^{x^2} f(x,y) dy$.

【解】 (1) $I = \int_0^{\frac{\pi}{4}} d\theta \int_0^{\sec\theta} f(\rho\cos\theta, \rho\sin\theta)\rho d\rho + \int_{\frac{\pi}{4}}^{\frac{\pi}{2}} d\theta \int_0^{\csc\theta} f(\rho\cos\theta, \rho\sin\theta)\rho d\rho$;

(2) $I = \int_{\frac{\pi}{3}}^{\frac{\pi}{2}} d\theta \int_0^{2\sec\theta} f(\rho)\rho d\rho$;   (3) $I = \int_0^{\frac{\pi}{2}} d\theta \int_{\frac{1}{\cos\theta + \sin\theta}}^{1} f(\rho\cos\theta, \rho\sin\theta)\rho d\rho$;

(4) $I = \int_0^{\frac{\pi}{4}} d\theta \int_{\sec\theta\tan\theta}^{\sec\theta} f(\rho\cos\theta, \rho\sin\theta)\rho d\rho$.

13. 把下列积分化为极坐标形式，并计算积分值：

(1) $\int_0^{2a} dx \int_0^{\sqrt{2ax-x^2}} (x^2+y^2) dy$;   (2) $\int_0^a dx \int_0^x \sqrt{x^2+y^2} dy$;

(3) $\int_0^1 dx \int_{x^2}^x (x^2+y^2)^{-\frac{1}{2}} dy$;   (4) $\int_0^a dy \int_0^{\sqrt{a^2-y^2}} (x^2+y^2) dx$.

【解】 (1) $I = \int_0^{\frac{\pi}{2}} d\theta \int_0^{2a\cos\theta} \rho^3 d\rho = 4a^4 \int_0^{\frac{\pi}{2}} \cos^4\theta d\theta = 4a^4 \times \frac{3}{4} \times \frac{1}{2} \times \frac{\pi}{2} = \frac{3}{4}\pi a^4$;

(2) $I = \int_0^{\frac{\pi}{4}} d\theta \int_0^{a\sec\theta} \rho^2 d\rho = \int_0^{\frac{\pi}{4}} \frac{a^3}{3} \sec^3\theta d\theta$

$= \frac{a^3}{3} \cdot \frac{1}{2}(\sec\theta\tan\theta + \ln|\sec\theta + \tan\theta|)\Big|_0^{\frac{\pi}{4}} = \frac{a^3}{6}[\sqrt{2} + \ln(1+\sqrt{2})]$;

(3) $I = \int_0^{\frac{\pi}{4}} d\theta \int_{\sec\theta\tan\theta}^{\sec\theta} \frac{1}{\rho} \cdot \rho d\rho = \int_0^{\frac{\pi}{4}} \sec\theta\tan\theta d\theta = \sec\theta\Big|_0^{\frac{\pi}{4}} = \sqrt{2} - 1$;

(4) $I = \int_0^{\frac{\pi}{2}} d\theta \cdot \int_0^a \rho^3 d\rho = \frac{\pi}{8} a^4$.

14. 利用极坐标计算下列各题：

(1) $\iint_D e^{x^2+y^2} d\sigma$，其中 D 是由圆周 $x^2+y^2=4$ 所围成的闭区域.

【解】 $I = \int_0^{2\pi} d\theta \int_0^2 e^{\rho^2} \rho d\rho = 2\pi \int_0^2 e^{\rho^2} \frac{1}{2} d\rho^2 = \pi(e^4 - 1)$.

(2) $\iint_D \ln(1+x^2+y^2) d\sigma$，其中 D 是由圆周 $x^2+y^2=1$ 及坐标轴所围成的在第一象限内的闭区域.

【解】 $I = \int_0^{\frac{\pi}{2}} d\theta \cdot \int_0^1 \ln(1+\rho^2)\rho d\rho = \frac{\pi}{4}\left[(1+\rho^2)\ln(1+\rho^2)\Big|_0^1 - \int_0^1 2\rho d\rho\right] = \frac{\pi}{4}(2\ln 2 - 1)$.

(3) $\iint_D \arctan\frac{y}{x} d\sigma$，其中 D 是由圆周 $x^2+y^2=4$, $x^2+y^2=1$ 及直线 $y=0$, $y=x$ 所围成的在第一象限内的闭区域.

【解】 $I = \int_0^{\frac{\pi}{4}} \theta d\theta \cdot \int_1^2 \rho d\rho = \frac{1}{2} \times \left(\frac{\pi}{4}\right)^2 \times \frac{1}{2} \times (2^2 - 1) = \frac{3}{64}\pi^2$.

15. 选用适当的坐标计算下列各题：

(1) $\iint_D \frac{x^2}{y^2} d\sigma$，其中 D 是由直线 $x=2$, $y=x$ 及曲线 $xy=1$ 所围成的闭区域.

【解】 采用直角坐标，先对 y 积分. $I = \int_1^2 dx \int_{\frac{1}{x}}^x \frac{x^2}{y^2} dy = \int_1^2 (-x + x^3) dx = \frac{9}{4}$.

(2) $\iint_D \sqrt{\frac{1-x^2-y^2}{1+x^2+y^2}} d\sigma$，其中 D 是由圆周 $x^2+y^2=1$ 及坐标轴所围成的在第一象限内的闭区域.

【解】 采用极坐标.
$$I = \left(\int_0^{\frac{\pi}{2}} d\theta\right)\left(\int_0^1 \sqrt{\frac{1-\rho^2}{1+\rho^2}}\rho d\rho\right) = \frac{\pi}{2}\left[\frac{1}{2}\arcsin\rho^2 \Big|_0^1 + \frac{1}{2}(1-\rho^4)^{\frac{1}{2}}\Big|_0^1\right] = \frac{\pi}{8}(\pi - 2).$$

(3) $\iint_D (x^2+y^2) d\sigma$,其中 D 是由直线 $y=x$,$y=x+a$,$y=a$,$y=3a(a>0)$ 所围成的闭区域.

【解】 采用直角坐标,先对 x 积分.
$$I = \int_a^{3a} dy \int_{y-a}^{y} (x^2+y^2) dx = \int_a^{3a} \left(2ay^2 - a^2 y + \frac{a^3}{3}\right) dy = 14a^4.$$

(4) $\iint_D \sqrt{x^2+y^2} d\sigma$,其中 D 是圆环形闭区域 $\{(x,y) \mid a^2 \leq x^2+y^2 \leq b^2\}$.

【解】 采用极坐标. $\quad I = \int_0^{2\pi} d\theta \int_a^b \rho^2 d\rho = \frac{2}{3}\pi(b^3 - a^3).$

(5) $\iint_D \sqrt{a^2 - x^2 - y^2} d\sigma$,其中 D 是圆形闭区域 $\{(x,y) \mid x^2+y^2 \leq ax\}$ $(a>0)$.

【解】 利用极坐标,区域 $D = \left\{(\rho,\theta) \Big| 0 \leq \rho \leq a\cos\theta, -\frac{\pi}{2} \leq \theta \leq \frac{\pi}{2}\right\}$,得

$$\iint_D \sqrt{a^2-x^2-y^2} d\sigma = \int_{-\frac{\pi}{2}}^{\frac{\pi}{2}} d\theta \int_0^{a\cos\theta} \sqrt{a^2-\rho^2}\cdot\rho d\rho = \int_{-\frac{\pi}{2}}^{\frac{\pi}{2}}\left[-\frac{1}{3}(a^2-\rho^2)^{\frac{3}{2}}\right]_0^{a\cos\theta} d\theta$$
$$= \frac{a^3}{3}\int_{-\frac{\pi}{2}}^{\frac{\pi}{2}}(1-|\sin\theta|^3) d\theta = \frac{2a^3}{3}\int_0^{\frac{\pi}{2}}(1-\sin^3\theta) d\theta$$
$$= \frac{2a^3}{3}\left(\frac{\pi}{2}-\frac{2}{3}\right) = \frac{3\pi-4}{9}a^3.$$

16. 设平面薄片所占的闭区域 D 由螺线 $r=2\theta$ 上一段弧 $\left(0 \leq \theta \leq \frac{\pi}{2}\right)$ 与直线 $\theta=\frac{\pi}{2}$ 所围成,它的面密度为 $\mu(x,y)=x^2+y^2$. 求这薄片的质量(图 10-17).

【解】 设薄板质量为 M,则
$$M = \iint_D \mu(x,y) d\sigma = \iint_D (x^2+y^2) d\sigma = \int_0^{\frac{\pi}{2}} d\theta \int_0^{2\theta} r^2 \cdot r dr = 4\int_0^{\frac{\pi}{2}} \theta^4 d\theta = \frac{\pi^5}{40}.$$

17. 求由平面 $y=0$,$y=kx(k>0)$,$z=0$ 以及球心在原点、半径为 R 的上半球面所围成的在第 I 卦限内的立体的体积(图10-18).

【解】 设所求立体的体积为 V,则有
$$V = \iint_D \sqrt{R^2-x^2-y^2} d\sigma = \int_0^{\arctan k} d\theta \int_0^R \sqrt{R^2-\rho^2}\rho d\rho = \arctan k \cdot \left[-\frac{1}{3}(R^2-\rho^2)^{\frac{3}{2}}\right]_0^R = \frac{R^3}{3}\arctan k.$$

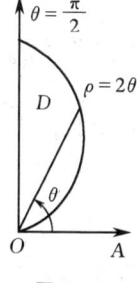

图 10-17

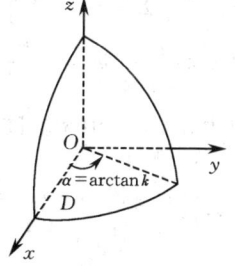

图 10-18

18. 计算以 xOy 面上的圆周 $x^2+y^2=ax$ $(a>0)$ 围成的闭区域为底,而以曲面 $z=x^2+y^2$ 为顶的曲

顶柱体的体积.

【解】 设所求立体的体积为 V，则有

$$V = \iint_D (x^2+y^2)\,d\sigma = 2\int_0^{\frac{\pi}{2}} d\theta \int_0^{a\cos\theta} \rho^2\cdot\rho\,d\rho = \frac{a^4}{2}\int_0^{\frac{\pi}{2}}\cos^4\theta\,d\theta = \frac{a^4}{2}\times\frac{3}{4}\times\frac{1}{2}\times\frac{\pi}{2} = \frac{3}{32}\pi a^4.$$

*19. 作适当的变换，计算下列二重积分：

（1）$\iint_D (x-y)^2\sin^2(x+y)\,dxdy$，其中 D 是平行四边形闭区域，它的四个顶点是 $(\pi,0)$，$(2\pi,\pi)$，$(\pi,2\pi)$ 和 $(0,\pi)$.

【解】 积分区域如图 10-19 所示. 令 $u=x-y$, $v=x+y$, 则

$$x=\frac{u+v}{2},\quad y=\frac{v-u}{2},$$

$$J=\frac{\partial(x,y)}{\partial(u,v)}=\begin{vmatrix}\dfrac{\partial x}{\partial u} & \dfrac{\partial x}{\partial v}\\ \dfrac{\partial y}{\partial u} & \dfrac{\partial y}{\partial v}\end{vmatrix}=\begin{vmatrix}\dfrac{1}{2} & \dfrac{1}{2}\\ -\dfrac{1}{2} & \dfrac{1}{2}\end{vmatrix}=\frac{1}{2},$$

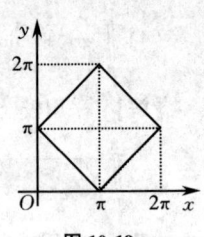

图 10-19

故

$$\iint_D (x-y)^2\sin^2(x+y)\,dxdy = \iint_{D'} u^2\sin^2 v\cdot\frac{1}{2}\,dudv = \frac{1}{2}\int_{-\pi}^{\pi} u^2\,du \int_{\pi}^{3\pi}\sin^2 v\,dv$$

$$= \frac{1}{2}\left(\frac{u^3}{3}\right)\Big|_{-\pi}^{\pi}\cdot\left(\frac{v}{2}-\frac{\sin 2v}{4}\right)\Big|_{\pi}^{3\pi} = \frac{\pi^3}{3}\times\left(\frac{3}{2}\pi-\frac{1}{2}\pi\right) = \frac{\pi^4}{3}.$$

（2）$\iint_D x^2 y^2\,dxdy$，其中 D 是由两条双曲线 $xy=1$ 和 $xy=2$，直线 $y=x$ 和 $y=4x$ 所围成的在第一象限内的闭区域.

【解】 积分区域如图 10-20 所示. 令 $xy=u$, $\dfrac{y}{x}=v$, 则

$$x=\sqrt{\frac{u}{v}},\quad y=\sqrt{uv},$$

$$J=\frac{\partial(x,y)}{\partial(u,v)}=\begin{vmatrix}\dfrac{\partial x}{\partial u} & \dfrac{\partial x}{\partial v}\\ \dfrac{\partial y}{\partial u} & \dfrac{\partial y}{\partial v}\end{vmatrix}=\begin{vmatrix}\dfrac{1}{2}\sqrt{\dfrac{v}{u}}\cdot\dfrac{1}{v} & \dfrac{1}{2}\sqrt{\dfrac{v}{u}}\left(-\dfrac{u}{v^2}\right)\\ \dfrac{v}{2\sqrt{uv}} & \dfrac{u}{2\sqrt{uv}}\end{vmatrix}$$

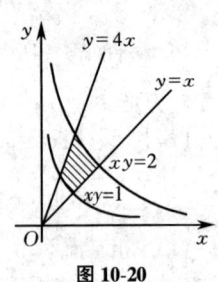

图 10-20

$$=\begin{vmatrix}\dfrac{\frac{1}{2}\sqrt{\dfrac{v}{u}}\cdot u}{2\sqrt{uv}} & \dfrac{1}{uv} & -\dfrac{1}{v^2}\\ v & u\end{vmatrix}=\frac{1}{4}\left(\frac{1}{v}+\frac{1}{v}\right)=\frac{1}{2v},$$

故

$$\iint_D x^2 y^2\,dxdy = \iint_{D'} \frac{u}{v}\cdot uv\cdot\frac{1}{2v}\,dudv = \frac{1}{2}\iint_{D'} u^2\cdot\frac{1}{v}\,dudv$$

$$= \frac{1}{2}\int_1^2 u^2\,du\int_1^4 \frac{1}{v}\,dv = \frac{1}{2}\cdot\frac{u^3}{3}\Big|_1^2\cdot\ln v\Big|_1^4 = \frac{1}{2}\times\frac{7}{3}\times\ln 4 = \frac{7}{3}\ln 2.$$

（3）$\iint_D e^{\frac{y}{x+y}}\,dxdy$，其中 D 是由 x 轴、y 轴和直线 $x+y=1$ 所围成的闭区域.

【解】 令 $x+y=u$, $\dfrac{y}{x+y}=v$, 则 $x=u-uv$, $y=uv$,

$$J=\frac{\partial(x,y)}{\partial(u,v)}=\begin{vmatrix}\dfrac{\partial x}{\partial u} & \dfrac{\partial x}{\partial v}\\ \dfrac{\partial y}{\partial u} & \dfrac{\partial y}{\partial v}\end{vmatrix}=\begin{vmatrix}1-v & -u\\ v & u\end{vmatrix}=u,$$

故 $\iint_D e^{\frac{y}{x+y}}dxdy = \iint_D e^v u du dv = \int_0^1 u du \int_0^1 e^v dv = \frac{u^2}{2}\Big|_0^1 e^v\Big|_0^1 = \frac{1}{2}(e-1).$

(4) $\iint_D \left(\frac{x^2}{a^2}+\frac{y^2}{b^2}\right)dxdy$，其中 $D=\left\{(x,y)\ \Big|\ \frac{x^2}{a^2}+\frac{y^2}{b^2}\leq 1\right\}$.

【解】 令 $x=a\rho\cos\theta$, $y=b\rho\sin\theta$, 则

$$J=\frac{\partial(x,y)}{\partial(\rho,\theta)}=\begin{vmatrix}\frac{\partial x}{\partial\rho} & \frac{\partial x}{\partial\theta} \\ \frac{\partial y}{\partial\rho} & \frac{\partial y}{\partial\theta}\end{vmatrix}=\begin{vmatrix}a\cos\theta & -a\rho\sin\theta \\ b\sin\theta & b\rho\cos\theta\end{vmatrix}=ab\rho,$$

故 $\iint_D\left(\frac{x^2}{a^2}+\frac{y^2}{b^2}\right)dxdy = \iint_D \rho^2 ab\rho d\rho d\theta = ab\int_0^{2\pi}d\theta\int_0^1\rho^3 d\rho = \frac{1}{2}ab\pi.$

*20.求由下列曲线所围成的闭区域 D 的面积：

(1) D 是由曲线 $xy=4$, $xy=8$, $xy^3=5$, $xy^3=15$ 所围成的第一象限部分的闭区域.

【解】 令 $u=xy$, $v=xy^3$, 由于区域 D 在第 I 象限, 所以 $x\geq 0$, $y\geq 0$, 因而 $x=\sqrt{\frac{u^3}{v}}$, $y=\sqrt{\frac{v}{u}}$,

在这变换下, 与 D 对应的闭区域为 $D'=\{(u,v)|4\leq u\leq 8, 5\leq v\leq 15\}$.

$$J=\frac{\partial(x,y)}{\partial(u,v)}=\begin{vmatrix}\frac{\partial x}{\partial u} & \frac{\partial x}{\partial v} \\ \frac{\partial y}{\partial u} & \frac{\partial y}{\partial v}\end{vmatrix}=\begin{vmatrix}\frac{3}{2}\sqrt{\frac{u}{v}} & -\frac{1}{2}\sqrt{\frac{u^3}{v^3}} \\ -\frac{1}{2}\sqrt{\frac{v}{u^3}} & \frac{1}{2}\sqrt{\frac{1}{uv}}\end{vmatrix}=\frac{1}{2v},$$

故 $A=\iint_D dxdy = \iint_{D'}\frac{1}{2v}dudv = \int_4^8 du\int_5^{15}\frac{1}{2v}dv = 4\cdot\frac{1}{2}\ln v\Big|_5^{15} = 2\ln 3.$

(2) D 是由曲线 $y=x^3$, $y=4x^3$, $x=y^3$, $x=4y^3$ 所围成的第一象限部分的闭区域.

【解】 令 $\frac{y}{x^3}=u$, $\frac{x}{y^3}=v$, 则 D': $1\leq u\leq 4$, $1\leq v\leq 4$, $x=u^{-\frac{3}{8}}v^{-\frac{1}{8}}$, $y=u^{-\frac{1}{8}}v^{-\frac{3}{8}}$,

$$J=\frac{\partial(x,y)}{\partial(u,v)}=\begin{vmatrix}-\frac{3}{8}u^{-\frac{11}{8}}v^{-\frac{1}{8}} & -\frac{1}{8}u^{-\frac{3}{8}}v^{-\frac{9}{8}} \\ \frac{1}{8}u^{-\frac{9}{8}}v^{-\frac{3}{8}} & -\frac{3}{8}u^{-\frac{1}{8}}v^{-\frac{11}{8}}\end{vmatrix}=\frac{1}{8}u^{-\frac{3}{2}}v^{-\frac{3}{2}},$$

故 $A=\iint_D d\sigma = \iint_{D'}\frac{1}{8}u^{-\frac{3}{2}}v^{-\frac{3}{2}}dudv = \frac{1}{8}\int_1^4 u^{-\frac{3}{2}}du\int_1^4 v^{-\frac{3}{2}}dv = \frac{1}{8}\left(-2u^{-\frac{1}{2}}\Big|_1^4\right)^2 = \frac{1}{8}.$

*21.设闭区域 D 是由直线 $x+y=1$, $x=0$, $y=0$ 所围成, 求证：

$$\iint_D \cos\left(\frac{x-y}{x+y}\right)dxdy = \frac{1}{2}\sin 1.$$

【证】 令 $u=x-y$, $v=x+y$, 则 $x=\frac{u+v}{2}$, $y=\frac{v-u}{2}$.

在这个变换下, D 的边界 $x+y=1$, $x=0$, $y=0$ 依次变成 $v=1$, $u=-v$, $u=v$, 如图 10-21 所示, 这是 D 的对应区域 D' 的边界. 雅可比式为

$$J=\frac{\partial(x,y)}{\partial(u,v)}=\begin{vmatrix}\frac{1}{2} & \frac{1}{2} \\ -\frac{1}{2} & \frac{1}{2}\end{vmatrix}=\frac{1}{2},$$

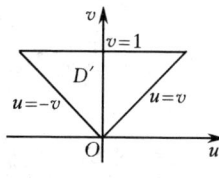

图 10-21

故

$$\iint\limits_{D}\cos\left(\frac{x-y}{x+y}\right)\mathrm{d}x\mathrm{d}y = \iint\limits_{D'}\cos\frac{u}{v}\cdot\frac{1}{2}\mathrm{d}u\mathrm{d}v = \int_{0}^{1}\mathrm{d}v\int_{-v}^{v}\frac{1}{2}\cos\frac{u}{v}\mathrm{d}u = \int_{0}^{1}\frac{v}{2}\sin\frac{u}{v}\bigg|_{-v}^{v}\mathrm{d}v$$

$$= \int_{0}^{1}v\sin1\mathrm{d}v = \sin1\cdot\frac{v^2}{2}\bigg|_{0}^{1} = \frac{1}{2}\sin1.$$

*22. 选取适当的变换，证明下列等式：

(1) $\iint\limits_{D}f(x+y)\mathrm{d}x\mathrm{d}y = \int_{-1}^{1}f(u)\mathrm{d}u$，其中闭区域 $D=\{(x,y)\mid |x|+|y|\leq 1\}$.

【证】 区域 D 的边界为 $x+y=-1$, $x+y=1$, $x-y=-1$, $x-y=1$.

令 $u=x+y$, $v=x-y$, 则 $x=\frac{u+v}{2}$, $y=\frac{u-v}{2}$, 在这个变换下，与 D 对应的闭区域为 $D'=\{(u,v)\mid -1\leq u\leq 1, -1\leq v\leq 1\}$. 雅可比行列式为

$$J=\frac{\partial(x,y)}{\partial(u,v)}=\begin{vmatrix}\frac{\partial x}{\partial u} & \frac{\partial x}{\partial v}\\ \frac{\partial y}{\partial u} & \frac{\partial y}{\partial v}\end{vmatrix}=\begin{vmatrix}\frac{1}{2} & \frac{1}{2}\\ \frac{1}{2} & -\frac{1}{2}\end{vmatrix}=-\frac{1}{2},$$

故

$$\iint\limits_{D}f(x+y)\mathrm{d}x\mathrm{d}y = \iint\limits_{D'}f(u)\left|-\frac{1}{2}\right|\mathrm{d}u\mathrm{d}v = \int_{-1}^{1}\mathrm{d}u\int_{-1}^{1}\frac{1}{2}f(u)\mathrm{d}v = \int_{-1}^{1}f(u)\mathrm{d}u.$$

(2) $\iint\limits_{D}f(ax+by+c)\mathrm{d}x\mathrm{d}y = 2\int_{-1}^{1}\sqrt{1-u^2}f(u\sqrt{a^2+b^2}+c)\mathrm{d}u$，其中 $D=\{(x,y)\mid x^2+y^2\leq 1\}$，且 $a^2+b^2\neq 0$.

【证】 令 $x=\frac{au-bv}{\sqrt{a^2+b^2}}$, $y=\frac{bu+av}{\sqrt{a^2+b^2}}$, 则

$$ax+by=u\sqrt{a^2+b^2}, f(ax+by+c)=f(u\sqrt{a^2+b^2}+c),$$

$$J=\frac{\partial(x,y)}{\partial(u,v)}=\begin{vmatrix}\frac{a}{\sqrt{a^2+b^2}} & \frac{-b}{\sqrt{a^2+b^2}}\\ \frac{b}{\sqrt{a^2+b^2}} & \frac{a}{\sqrt{a^2+b^2}}\end{vmatrix}=\frac{a^2}{a^2+b^2}+\frac{b^2}{a^2+b^2}=1.$$

当 $x^2+y^2\leq 1$ 时，

$$\left(\frac{au-bv}{\sqrt{a^2+b^2}}\right)^2+\left(\frac{bu+av}{\sqrt{a^2+b^2}}\right)^2 = \frac{(a^2+b^2)u^2+(a^2+b^2)v^2}{a^2+b^2} = u^2+v^2\leq 1,$$

所以 D' 为圆域 $u^2+v^2\leq 1$.

$$\iint\limits_{D}f(ax+by+c)\mathrm{d}x\mathrm{d}y = \int_{-1}^{1}\mathrm{d}u\int_{-\sqrt{1-u^2}}^{\sqrt{1-u^2}}f(u\sqrt{a^2+b^2}+c)\mathrm{d}v = \int_{-1}^{1}f(u\sqrt{a^2+b^2}+c)\cdot v\bigg|_{-\sqrt{1-u^2}}^{\sqrt{1-u^2}}\mathrm{d}u$$

$$= 2\int_{-1}^{1}\sqrt{1-u^2}f(u\sqrt{a^2+b^2}+c)\mathrm{d}u.$$

习题 10-3　三重积分

1. 化三重积分 $I=\iiint\limits_{\Omega}f(x,y,z)\mathrm{d}x\mathrm{d}y\mathrm{d}z$ 为三次积分，其中积分区域 Ω 分别是：

(1) 由双曲抛物面 $xy=z$ 及平面 $x+y-1=0$, $z=0$ 所围成的闭区域.

【解】 $I=\int_{0}^{1}\mathrm{d}x\int_{0}^{1-x}\mathrm{d}y\int_{0}^{xy}f(x,y,z)\mathrm{d}z.$

(2) 由曲面 $z=x^2+y^2$ 及平面 $z=1$ 所围成的闭区域.

【解】 $I = \int_{-1}^{1}dx\int_{-\sqrt{1-x^2}}^{\sqrt{1-x^2}}dy\int_{x^2+y^2}^{1}f(x, y, z)dz.$

(3) 由曲面 $z=x^2+2y^2$ 及 $z=2-x^2$ 所围成的闭区域.

【解】 $I = \int_{-1}^{1}dx\int_{-\sqrt{1-x^2}}^{\sqrt{1-x^2}}dy\int_{x^2+2y^2}^{2-x^2}f(x, y, z)dz.$

(4) 由曲面 $cz=xy$ ($c>0$), $\dfrac{x^2}{a^2}+\dfrac{y^2}{b^2}=1, z=0$ 所围成的在第Ⅰ卦限内的闭区域.

【解】 $\Omega: \begin{cases} 0\leq x\leq a,\\ 0\leq y\leq \dfrac{b}{a}\sqrt{a^2-x^2},\\ 0\leq z\leq \dfrac{xy}{c}, \end{cases}$ $I=\int_0^a dx\int_0^{\frac{b}{a}\sqrt{a^2-x^2}}dy\int_0^{\frac{xy}{c}}f(x, y, z)dz.$

2. 设有一物体, 占有空间闭区域 $\Omega=\{(x, y, z)|0\leq x\leq 1, 0\leq y\leq 1, 0\leq z\leq 1\}$, 在点 (x, y, z) 处的密度为 $\rho(x, y, z)=x+y+z$, 计算该物体的质量.

【解】 设所求物体质量为 M, 在求 M 时, 采用"平行截面法", 会使计算十分简单.

$M = \iiint_\Omega \mu(x, y, z)dv = \iiint_\Omega (x+y+z)dv, \Omega: 0\leq x\leq 1, 0\leq y\leq 1, 0\leq z\leq 1.$

$M = 3\iiint_\Omega zdv = 3\int_0^1 zdz = \dfrac{3}{2}.$

3. 如果三重积分 $\iiint_\Omega f(x, y, z)dxdydz$ 的被积函数 $f(x, y, z)$ 是三个函数 $f_1(x), f_2(y), f_3(z)$ 的乘积, 即 $f(x, y, z)=f_1(x)f_2(y)f_3(z)$, 积分区域 $\Omega=\{(x, y, z)|a\leq x\leq b, c\leq y\leq d, l\leq z\leq m\}$, 证明这个三重积分等于三个定积分的乘积, 即

$$\iiint_\Omega f_1(x)f_2(y)f_3(z)dxdydz = \int_a^b f_1(x)dx\int_c^d f_2(y)dy\int_l^m f_3(z)dz.$$

【证】
$\iiint_\Omega f_1(x)f_2(y)f_3(z)dxdydz = \int_a^b dx\int_c^d dy\int_l^m f_1(x)f_2(y)f_3(z)dxdydz$

$= \int_a^b\left\{\int_c^d\left[\int_l^m f_1(x)f_2(y)f_3(z)dz\right]dy\right\}dx = \int_a^b f_1(x)dx\int_c^d f_2(y)dy\int_l^m f_3(z)dz.$

4. 计算 $\iiint_\Omega xy^2z^3dxdydz$, 其中 Ω 是由曲面 $z=xy$, 与平面 $y=x, x=1$ 和 $z=0$ 所围成的闭区域.

【解】 $I = \int_0^1 dx\int_0^x dy\int_0^{xy}xy^2z^3dz = \dfrac{1}{4}\int_0^1 dx\int_0^x x^5y^6dy = \dfrac{1}{28}\int_0^1 x^{12}dx = \dfrac{1}{364}.$

5. 计算 $\iiint_\Omega \dfrac{dxdydz}{(1+x+y+z)^3}$, 其中 Ω 为平面 $x=0, y=0, z=0, x+y+z=1$ 所围成的四面体.

【解】 $I = \int_0^1 dx\int_0^{1-x}dy\int_0^{1-x-y}\dfrac{dz}{(1+x+y+z)^3} = \int_0^1 dx\int_0^{1-x}\left[\dfrac{1}{2(1+x+y)^2}-\dfrac{1}{8}\right]dy$

$= \int_0^1\left[\dfrac{1}{2(1+x)}-\dfrac{3}{8}+\dfrac{1}{8}x\right]dx = \dfrac{1}{2}\left(\ln 2-\dfrac{5}{8}\right).$

6. 计算 $\iiint_\Omega xyzdxdydz$, 其中 Ω 为球面 $x^2+y^2+z^2=1$ 及三个坐标面所围成的在第Ⅰ卦限内的闭区域.

【解】 $I = \int_0^1 dx\int_0^{\sqrt{1-x^2}}dy\int_0^{\sqrt{1-x^2-y^2}}xyzdz = \int_0^1 dx\int_0^{\sqrt{1-x^2}}\dfrac{1}{2}xy(1-x^2-y^2)dy$

$$= \int_0^1 \frac{1}{8}x(1-x^2)^2 dx = \frac{1}{48}.$$

7. 计算 $\iiint_\Omega xz dx dy dz$，其中 Ω 是由平面 $z=0$，$z=y$，$y=1$ 以及抛物柱面 $y=x^2$ 所围成的闭区域.

【解】 $I = \int_{-1}^1 dx \int_{x^2}^1 dy \int_0^y xz dz = \int_{-1}^1 dx \int_{x^2}^1 \frac{1}{2}xy^2 dy = \frac{1}{6}\int_{-1}^1 x(1-x^6)dx = 0.$

8. 计算 $\iiint_\Omega z dx dy dz$，其中 Ω 是由锥面 $z=\frac{h}{R}\sqrt{x^2+y^2}$ 与平面 $z=h(R>0, h>0)$ 所围成的闭区域.

【解】 采用"平行截面法"，对于固定的 z，平行截面的面积为 $\pi \cdot \frac{R^2}{h^2}z^2$，截面域为

$$x^2+y^2 \leqslant \frac{R^2}{h^2}z^2. \qquad I = \int_0^h \pi \cdot \frac{R^2}{h^2}z^2 \cdot z dz = \frac{1}{4}\pi h^2 R^2.$$

9. 利用柱面坐标计算下列三重积分：

(1) $\iiint_\Omega z dV$，其中 Ω 是由曲面 $z=\sqrt{2-x^2-y^2}$ 及 $z=x^2+y^2$ 所围成的闭区域.

【解】 $I = \int_0^{2\pi} d\theta \int_0^1 d\rho \int_{\rho^2}^{\sqrt{2-\rho^2}} zp dz = \pi\int_0^1 \rho(2-\rho^2-\rho^4)d\rho = \frac{7}{12}\pi.$

(2) $\iiint_\Omega (x^2+y^2) dV$，其中 Ω 是由曲面 $x^2+y^2=2z$ 及平面 $z=2$ 所围成的闭区域.

【解】 $I = \int_0^{2\pi} d\theta \int_0^2 d\rho \int_{\frac{1}{2}\rho^2}^2 \rho^3 dz = 2\pi\int_0^2 \left(2\rho^3-\frac{1}{2}\rho^5\right) d\rho = \frac{16}{3}\pi.$

***10.** 利用球面坐标计算下列三重积分：

(1) $\iiint_\Omega (x^2+y^2+z^2) dV$，其中 Ω 是由球面 $x^2+y^2+z^2=1$ 所围成的闭区域.

【解】 $I = 2\int_0^{2\pi} d\theta \int_0^{\frac{\pi}{2}} d\varphi \int_0^1 r^4 \sin\varphi dr = 2\int_0^{2\pi} d\theta \cdot \int_0^{\frac{\pi}{2}} \sin\varphi d\varphi \cdot \int_0^1 r^4 dr = 2\pi \times 2 \times \frac{1}{5} = \frac{4}{5}\pi.$

(2) $\iiint_\Omega z dV$，其中闭区域 $\Omega = \{(x,y,z) | x^2+y^2+(z-a)^2 \leqslant a^2, x^2+y^2 \leqslant z^2\}$.

【解】 $I = \int_0^{2\pi} d\theta \int_0^{\frac{\pi}{4}} d\varphi \int_0^{2a\cos\varphi} r^3 \sin\varphi\cos\varphi dr = 2\pi\int_0^{\frac{\pi}{4}} \sin\varphi\cos\varphi \cdot \frac{1}{4}(2a\cos\varphi)^4 d\varphi = \frac{7}{6}\pi a^4.$

11. 选用适当的坐标计算下列三重积分：

(1) $\iiint_\Omega xy dV$，其中 Ω 为柱面 $x^2+y^2=1$ 及平面 $z=1$，$z=0$，$x=0$，$y=0$ 所围成的在第 I 卦限内的闭区域.

【解】 采用直角坐标.

$$I = \int_0^1 dx \int_0^{\sqrt{1-x^2}} dy \int_0^1 xy dz = \int_0^1 dx \int_0^{\sqrt{1-x^2}} xy dy = \int_0^1 \left(\frac{x}{2}-\frac{x^3}{2}\right) dx = \frac{1}{8}.$$

*(2) $\iiint_\Omega \sqrt{x^2+y^2+z^2} dV$，其中 Ω 是由球面 $x^2+y^2+z^2=z$ 所围成的闭区域.

【解】 采用球坐标. $I = \int_0^{2\pi} d\theta \int_0^{\frac{\pi}{2}} d\varphi \int_0^{\cos\varphi} r^3\sin\varphi dr = 2\pi\int_0^{\frac{\pi}{2}} \frac{1}{4}\cos^4\varphi\sin\varphi d\varphi = \frac{\pi}{10}.$

(3) $\iiint_\Omega (x^2+y^2) dV$，其中 Ω 是由曲面 $4z^2=25(x^2+y^2)$ 及平面 $z=5$ 所围成的闭区域.

【解法1】 采用柱坐标. $I = \int_0^{2\pi} d\theta \int_0^2 d\rho \int_{\frac{5}{2}\rho}^5 \rho^3 dz = 2\pi\int_0^2 \rho^3\left(5-\frac{5}{2}\rho\right) d\rho = 8\pi;$

【解法2】 采用"平行截面法". $I = \int_0^5 dz \int_0^{2\pi} d\theta \int_0^{\frac{2}{5}z} \rho^3 d\rho = 2\pi \cdot \frac{1}{4} \int_0^5 \left(\frac{2}{5}z\right)^4 dz = 8\pi$.

*(4) $\iiint_\Omega (x^2+y^2)dV$, 其中闭区域 Ω 由不等式 $0<a \leqslant \sqrt{x^2+y^2+z^2} \leqslant A, z \geqslant 0$ 所确定.

【解】 采用球坐标.
$$I = \int_0^{2\pi} d\theta \int_0^{\frac{\pi}{2}} d\varphi \int_a^A r^2\sin^2\varphi \cdot r^2\sin\varphi dr = 2\pi \int_0^{\frac{\pi}{2}} \sin^3\varphi d\varphi \cdot \int_a^A r^4 dr = \frac{4\pi}{15}(A^5-a^5).$$

(5) $\iiint_\Omega (y^2+z^2)dV$, 其中 Ω 是由抛物面 $x=y^2+z^2$ 与圆锥面 $x=2-\sqrt{y^2+z^2}$ 所围成的闭区域.

【解】 把闭区域 Ω 投影到 yOz 面上, 得半径为 1 的圆形闭区域
$$D_{yz} = \{(\rho,\theta) \mid 0 \leqslant \rho \leqslant 1, 0 \leqslant \theta \leqslant 2\pi\},$$
故闭区域 Ω 在柱面坐标系下可用不等式
$$\rho^2 \leqslant x \leqslant 2-\rho, 0 \leqslant \rho \leqslant 1, 0 \leqslant \theta \leqslant 2\pi$$
来表示. 于是
$$\iiint_\Omega (y^2+z^2)dV = \int_0^{2\pi} d\theta \int_0^1 d\rho \int_{\rho^2}^{2-\rho} \rho^2 \cdot \rho dx$$
$$= 2\pi \int_0^1 \rho^3(2-\rho-\rho^2)d\rho = \frac{4}{15}\pi.$$

12. 利用三重积分计算下列由曲面所围成的立体的体积:

(1) $z=6-x^2-y^2$ 及 $z=\sqrt{x^2+y^2}$.

【解】 采用柱坐标. 体积 $V = \int_0^{2\pi} d\theta \int_0^2 d\rho \int_\rho^{6-\rho^2} \rho dz = 2\pi \int_0^2 (6\rho-\rho^3-\rho^2)d\rho = \frac{32}{3}\pi$.

*(2) $x^2+y^2+z^2=2az(a>0)$ 及 $x^2+y^2=z^2$ (含有 z 轴的部分).

【解】 采用球坐标. 体积 $V = \int_0^{2\pi} d\theta \int_0^{\frac{\pi}{4}} d\varphi \int_0^{2a\cos\varphi} r^2\sin\varphi dr = 2\pi \int_0^{\frac{\pi}{4}} \frac{8}{3}a^3\cos^3\varphi\sin\varphi d\varphi = \pi a^3$.

(3) $z=\sqrt{x^2+y^2}$ 及 $z=x^2+y^2$.

【解】 先利用平行截面法求出由曲面 $z=x^2+y^2$ 和平面 $z=1$ 所围成的空间立体的体积, 再从中减去由锥面 $z=\sqrt{x^2+y^2}$ 和平面 $z=1$ 所围成的正圆锥体的体积.
$$V = \int_0^1 \pi z dz - \frac{\pi}{3} = \frac{\pi}{2} - \frac{\pi}{3} = \frac{\pi}{6}.$$
此题亦可用柱坐标, 但计算较繁.
$$V = \int_0^{2\pi} d\theta \int_0^1 d\rho \int_{\rho^2}^\rho \rho dz = 2\pi \int_0^1 (\rho^2-\rho^3)d\rho = \frac{\pi}{6}.$$

(4) $z=\sqrt{5-x^2-y^2}$ 及 $x^2+y^2=4z$.

【解】 采用柱坐标.
$$V = \int_0^{2\pi} d\theta \int_0^2 d\rho \int_{\frac{\rho^2}{4}}^{\sqrt{5-\rho^2}} \rho dz = 2\pi \int_0^2 \rho\left(\sqrt{5-\rho^2}-\frac{\rho^2}{4}\right)d\rho = \frac{2}{3}\pi(5\sqrt{5}-4).$$

*13. 求球体 $r \leqslant a$ 位于锥面 $\varphi=\frac{\pi}{3}$ 和 $\varphi=\frac{2}{3}\pi$ 之间部分的体积.

【解】 $V = \int_0^{2\pi} d\theta \int_{\frac{\pi}{3}}^{\frac{2}{3}\pi} d\varphi \int_0^a r^2\sin\varphi dr = \frac{2}{3}\pi a^3$.

14. 求上、下分别为球面 $x^2+y^2+z^2=2$ 和抛物面 $z=x^2+y^2$ 所围立体的体积.

【解】 $V = \int_1^{\sqrt{2}} dz \iint\limits_{x^2+y^2 \leq 2-z^2} d\sigma + \int_0^1 dz \iint\limits_{x^2+y^2 \leq z} d\sigma = \pi \int_1^{\sqrt{2}} (2-z^2) dz + \pi \int_0^1 z dz = \dfrac{8\sqrt{2}-7}{6}\pi.$

*15. 球心在原点、半径为 R 的球体,在其上任意一点的密度的大小与这点到球心的距离成正比,求这球的质量.

【解】 设球体的体密度函数为
$$\mu(x, y, z) = k\sqrt{x^2+y^2+z^2} \quad (k>0),$$

则
$$M = \iiint\limits_{\Omega} k\sqrt{x^2+y^2+z^2} dv = 2\int_0^{2\pi} d\theta \int_0^{\frac{\pi}{2}} d\varphi \int_0^R k\rho \cdot \rho^2 \sin\varphi d\rho$$
$$= 4\pi \int_0^{\frac{\pi}{2}} \sin\varphi d\varphi \cdot \int_0^R k\rho^3 d\rho = 4\pi \times 1 \times \dfrac{1}{4} kR^4 = k\pi R^4.$$

习题 10-4 重积分的应用

1. 求球面 $x^2+y^2+z^2 = a^2$ 含在圆柱面 $x^2+y^2 = ax$ 内部的那部分面积.

【解】 如图 10-22 所示,它是曲面在第 I 卦限内的部分,则所求面积为
$$S = 4\iint\limits_{D} \sqrt{1+z_x^2+z_y^2} dxdy = 4a\iint\limits_{D} \dfrac{1}{\sqrt{a^2-x^2-y^2}} dxdy$$
$$= 4a \int_0^{\frac{\pi}{2}} d\theta \int_0^{a\cos\theta} \dfrac{\rho d\rho}{\sqrt{a^2-\rho^2}} = 4a^2 \int_0^{\frac{\pi}{2}} (1-\sin\theta) d\theta = 2a^2(\pi-2).$$

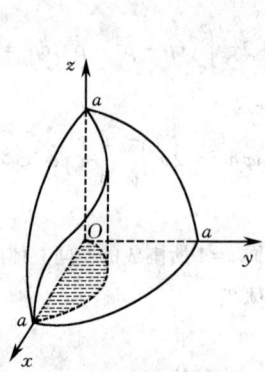

图 10-22

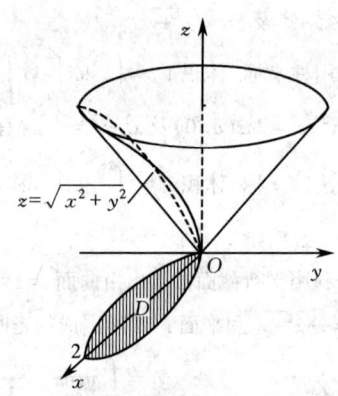

图 10-23

2. 求锥面 $z = \sqrt{x^2+y^2}$ 被柱面 $z^2 = 2x$ 所割下部分的曲面面积.

【解】 如图 10-23 所示,$D: x^2+y^2 \leq 2x$,D 所占面积为 π.
$z = \sqrt{x^2+y^2}$,$dS = \sqrt{1+z_x^2+z_y^2} d\sigma = \sqrt{2} d\sigma$,

所求面积为 $S = \iint\limits_{D} \sqrt{2} d\sigma = \sqrt{2}\pi.$

3. 求底圆半径相等的两个直交圆柱面 $x^2+y^2 = R^2$ 及 $x^2+z^2 = R^2$ 所围立体的表面积.

【解】 如图 10-24 所示之阴影部分的面积是所求面积的十六分之一.

$D: x^2+y^2 \leq R^2, x \geq 0, y \geq 0.$ 曲面: $z = \sqrt{R^2-x^2}.$

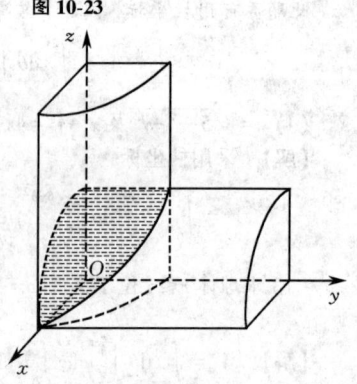

图 10-24

$$S = 16\iint_D \sqrt{1+z_x^2+z_y^2}\,d\sigma = 16\iint_D \frac{R}{\sqrt{R^2-x^2}}d\sigma$$

$$= 16\int_0^R dx \int_0^{\sqrt{R^2-x^2}} \frac{R}{\sqrt{R^2-x^2}}dy = 16\int_0^R \left(\frac{R}{\sqrt{R^2-x^2}} \cdot y\right)\Big|_0^{\sqrt{R^2-x^2}} dx$$

$$= 16\int_0^R R\,dx = 16R^2.$$

4. 设 Σ 为一确定球面 $x^2+y^2+z^2=R^2$（R 为正的常数），另有一球心在 Σ 上、半径为 r 的球面 Σ_1，问 r 取何值时，球面 Σ_1 在球面 Σ 内部的那部分面积最大？

【解】 不妨设 Σ_1 的球心位于 $(0,0,R)$，则 Σ_1 在球面 Σ 内部的方程为

$$z = R - \sqrt{r^2-x^2-y^2},$$

其中 $0<r<2R$. Σ_1 与 Σ 的交线在 xOy 面上的投影曲线围成圆形闭区域

$$D_{xy} = \left\{(x,y)\,\bigg|\,x^2+y^2 \leq r^2-\frac{r^4}{4R^2}\right\} = \{(\rho,\theta)\mid 0\leq\rho\leq r_1, 0\leq\theta\leq 2\pi\},$$

其中 $r_1 = \dfrac{r}{2R}\sqrt{4R^2-r^2}$. 于是，$\Sigma_1$ 在球面 Σ 内部的那部分面积为

$$S = \iint_{D_{xy}} \sqrt{1+z_x^2+z_y^2}\,dxdy = \iint_{D_{xy}} \frac{r}{\sqrt{r^2-x^2-y^2}}dxdy = \int_0^{2\pi}d\theta\int_0^{r_1}\frac{\rho r}{\sqrt{r^2-\rho^2}}d\rho$$

$$= 2\pi\left[-r\sqrt{r^2-\rho^2}\right]_0^{r_1} = 2(r^2-r\sqrt{r^2-r_1^2})\pi = 2\left(r^2-\frac{r^3}{2R}\right)\pi.$$

令 $\dfrac{dS}{dr}=0$ 解得 $r=\dfrac{4}{3}R$，由于 Σ_1 在球面 Σ 内部的那部分曲面面积最大值一定存在，因此当 $r=\dfrac{4}{3}R$ 时 Σ_1 在球面 Σ 内部的那部分曲面面积取到最大值.

5. 设薄片所占的闭区域 D 如下，求均匀薄片的质心：

(1) D 由 $y=\sqrt{2px}$, $x=x_0$, $y=0$ 所围成.

【解】 如图 10-25 所示，薄片所占有区域 D 的面积为

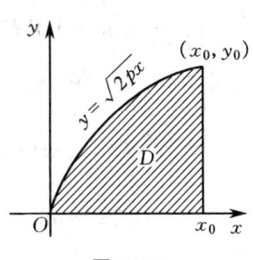

图 10-25

$$A = \int_0^{x_0}\sqrt{2px}\,dx = \frac{2}{3}\sqrt{2px_0^3}.$$

$$M_y = \iint_D x\,d\sigma = \int_0^{x_0}dx\int_0^{\sqrt{2px}}x\,dy = \int_0^{x_0}\sqrt{2px}\cdot x\,dx = \sqrt{2p}\cdot\frac{2}{5}x_0^{\frac{5}{2}},$$

$$M_x = \iint_D y\,d\sigma = \int_0^{x_0}dx\int_0^{\sqrt{2px}}y\,dy = \int_0^{x_0}px\,dx = \frac{1}{2}px_0^2.$$

注意到 $y_0=\sqrt{2px_0}$，设质心坐标为 $(\bar{x},\bar{y})$，则

$$\bar{x} = \frac{\iint_D x\,d\sigma}{A} = \frac{\sqrt{2p}\cdot\frac{2}{5}x_0^{\frac{5}{2}}}{\frac{2}{3}\cdot\sqrt{2px_0^3}} = \frac{3}{5}x_0,\quad \bar{y} = \frac{\iint_D y\,d\sigma}{A} = \frac{\frac{1}{2}px_0^2}{\frac{2}{3}\sqrt{2px_0^3}} = \frac{3}{8}y_0,$$

所求质心坐标为 $\left(\dfrac{3}{5}x_0,\dfrac{3}{8}y_0\right)$.

(2) D 是半椭圆形闭区域 $\left\{(x,y)\,\bigg|\,\dfrac{x^2}{a^2}+\dfrac{y^2}{b^2}\leq 1, y\geq 0\right\}$.

【解】 设质心坐标为$(\bar{x}, \bar{y})$，由对称性，$\bar{x}=0$，设面密度为常数μ，则总质量$M=\dfrac{\mu}{2}\pi ab$.

$$M_x = \iint_D \mu y d\sigma = \mu \int_{-a}^{a} dx \int_0^{\frac{b}{a}\sqrt{a^2-x^2}} y dy = \dfrac{\mu}{2} \cdot \dfrac{b^2}{a^2} \int_{-a}^{a}(a^2-x^2)dx = \dfrac{2}{3}\mu ab^2,$$

$$\bar{y} = \dfrac{M_x}{M} = \dfrac{\frac{2}{3}\mu a^2}{\frac{\mu}{2}\pi ab} = \dfrac{4b}{3\pi},$$

所求质心坐标为$\left(0, \dfrac{4b}{3\pi}\right)$.

(3) D是介于两个圆$\rho=a\cos\theta$，$\rho=b\cos\theta$（$\theta<a<b$）之间的闭区域.

【解】 设质心坐标为$(\bar{x}, \bar{y})$，由对称性，$\bar{y}=0$，设面密度为常数μ，则薄片质量

$$M = \mu \cdot \left[\pi\left(\dfrac{b}{2}\right)^2 - \pi\left(\dfrac{a}{2}\right)^2\right] = \dfrac{1}{4}\pi\mu(b^2-a^2),$$

$$M_y = \iint_D \mu x d\sigma = 2\mu \int_0^{\frac{\pi}{2}} d\theta \int_{a\cos\theta}^{b\cos\theta} \rho\cos\theta \cdot \rho d\rho = \dfrac{2\mu}{3} \int_0^{\frac{\pi}{2}}(b^3-a^3)\cos^4\theta d\theta$$

$$= \dfrac{2\mu}{3}(b^3-a^3) \times \dfrac{3}{4} \times \dfrac{1}{2} \times \dfrac{\pi}{2} = \dfrac{1}{8}\mu\pi(b^3-a^3),$$

$$\bar{x} = \dfrac{M_y}{M} = \dfrac{\frac{1}{8}\mu\pi(b^3-a^3)}{\frac{1}{4}\mu\pi(b^2-a^2)} = \dfrac{a^2+ab+b^2}{2(a+b)},$$

质心坐标为$\left(\dfrac{a^2+ab+b^2}{2(a+b)}, 0\right)$.

6. 设平面薄片所占的闭区域D由抛物线$y=x^2$及直线$y=x$所围成，它在点(x, y)处的面密度$\mu(x, y)=x^2 y$，求该薄片的质心.

【解】 $M = \iint_D \mu(x, y)d\sigma = \int_0^1 dx \int_{x^2}^x x^2 y dy = \int_0^1 \dfrac{1}{2}(x^4-x^6)dx = \dfrac{1}{35}$,

$M_y = \iint_D x\mu(x, y)d\sigma = \int_0^1 dx \int_{x^2}^x x^3 y dy = \int_0^1 \dfrac{1}{2}(x^5-x^7)dx = \dfrac{1}{48}$,

$M_x = \iint_D y\mu(x, y)d\sigma = \int_0^1 dx \int_{x^2}^x x^2 y^2 dy = \int_0^1 \dfrac{1}{3}(x^5-x^8)dx = \dfrac{1}{54}$,

$$\bar{x} = \dfrac{M_y}{M} = \dfrac{\frac{1}{48}}{\frac{1}{35}} = \dfrac{35}{48}, \quad \bar{y} = \dfrac{M_x}{M} = \dfrac{\frac{1}{54}}{\frac{1}{35}} = \dfrac{35}{54},$$

质心坐标为$\left(\dfrac{35}{48}, \dfrac{35}{54}\right)$.

7. 设有一等腰直角三角形薄片，腰长为a，各点处的面密度等于该点到直角顶点的距离的平方，求这薄片的质心.

【解】 如图10-26所示建立坐标系，并设质心坐标为$(\bar{x}, \bar{y})$，则面密度函数为$\mu=x^2+y^2$.

$M = \iint_D (x^2+y^2)dxdy = 2\iint_D y^2 dxdy = 2\int_0^a dx\int_0^{a-x} y^2 dy = \dfrac{2}{3}\int_0^a (a-x)^3 dx = \dfrac{1}{6}a^4$,

$M_y = \iint_D x(x^2+y^2)dxdy = \int_0^a dx\int_0^{a-x}(x^3+xy^2)dy = \int_0^a\left[x^3(a-x)+\dfrac{1}{3}x(a-x)^3\right]dx = \dfrac{1}{15}a^5$.

由对称性可知

$$\bar{y}=\bar{x}=\frac{M_y}{M}=\frac{\frac{1}{15}a^5}{\frac{1}{6}a^4}=\frac{2}{5}a,$$

质心坐标为 $\left(\dfrac{2}{5}a,\ \dfrac{2}{5}a\right)$.

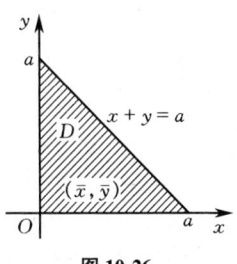

图 10-26

8. 利用三重积分计算下列由曲面所围立体的质心(设密度 $\rho=1$)：

(1) $z^2=x^2+y^2$, $z=1$.

【解】 由对称性, 质心 $(\bar{x},\bar{y},\bar{z})$ 必在 z 轴上, 并有 $\bar{x}=0$, $\bar{y}=0$.

立体所占有空间的体积为 $V=\dfrac{\pi}{3}$, 剩下的主要工作是利用"平行截面法"求 $\iiint\limits_{\Omega}z\mathrm{d}v$.

$$\iiint\limits_{\Omega}z\mathrm{d}v=\int_0^1 z\cdot\pi z^2\mathrm{d}z=\frac{\pi}{4},$$

故

$$\bar{z}=\frac{\iiint\limits_{\Omega}z\mathrm{d}v}{V}=\frac{\frac{\pi}{4}}{\frac{\pi}{3}}=\frac{3}{4},$$

立体质心为 $\left(0,\ 0,\ \dfrac{3}{4}\right)$.

*(2) $z=\sqrt{A^2-x^2-y^2}$, $z=\sqrt{a^2-x^2-y^2}$ $(A>a>0)$, $z=0$.

【解】 由对称性, 质心 $(\bar{x},\bar{y},\bar{z})$ 必在 z 轴上, 且有 $\bar{x}=0$, $\bar{y}=0$. $V=\dfrac{2}{3}\pi(A^3-a^3)$.

$$\iiint\limits_{\Omega}z\mathrm{d}v=\int_0^A z\pi(A^2-z^2)\mathrm{d}z-\int_0^a z\pi(a^2-z^2)\mathrm{d}z=\frac{1}{4}\pi(A^4-a^4),$$

$$\bar{z}=\frac{\iiint\limits_{\Omega}z\mathrm{d}v}{V}=\frac{\frac{1}{4}\pi(A^4-a^4)}{\frac{2}{3}\pi(A^3-a^3)}=\frac{3}{8}\frac{A^4-a^4}{A^3-a^3},$$

所求立体质心为 $\left(0,\ 0,\ \dfrac{3}{8}\dfrac{A^4-a^4}{A^3-a^3}\right)$.

若用球坐标计算 $\iiint\limits_{\Omega}z\mathrm{d}v$, 则会加大计算量.

(3) $z=x^2+y^2$, $x+y=a$, $x=0$, $y=0$, $z=0$.

【解】 设质心坐标为 $(\bar{x},\bar{y},\bar{z})$, 则

$$V=\iiint\limits_{\Omega}\mathrm{d}v=\int_0^a\mathrm{d}x\int_0^{a-x}(x^2+y^2)\mathrm{d}y=\int_0^a\left[x^2(a-x)+\frac{1}{3}(a-x)^3\right]\mathrm{d}x=\frac{1}{6}a^4,$$

$$\iiint\limits_{\Omega}x\mathrm{d}v=\int_0^a\mathrm{d}x\int_0^{a-x}\mathrm{d}y\int_0^{x^2+y^2}x\mathrm{d}z=\int_0^a\mathrm{d}x\int_0^{a-x}x(x^2+y^2)\mathrm{d}y=\int_0^a x\left[x^2(a-x)+\frac{1}{3}(a-x)^3\right]\mathrm{d}x=\frac{1}{15}a^5.$$

由对称性, $\iiint\limits_{\Omega}y\mathrm{d}v=\dfrac{1}{15}a^5$.

$$\iiint\limits_{\Omega}z\mathrm{d}v=\int_0^a\mathrm{d}x\int_0^{a-x}\mathrm{d}y\int_0^{x^2+y^2}z\mathrm{d}z=\int_0^a\mathrm{d}x\int_0^{a-x}\frac{1}{2}(x^2+y^2)^2\mathrm{d}y$$

$$=\int_0^a\frac{1}{2}\left[x^4(a-x)+\frac{2}{3}x^2(a-x)^3+\frac{1}{5}(a-x)^5\right]\mathrm{d}x=\frac{7}{180}a^6,$$

$$\bar{x} = \frac{\iiint\limits_{\Omega} x\mathrm{d}v}{V} = \frac{\frac{1}{15}a^5}{\frac{1}{6}a^4} = \frac{2}{5}a, \quad \bar{y} = \bar{x} = \frac{2}{5}a, \quad \bar{z} = \frac{\iiint\limits_{\Omega} z\mathrm{d}v}{V} = \frac{\frac{7}{180}a^6}{\frac{1}{6}a^4} = \frac{7}{30}a^2,$$

质心为 $\left(\frac{2}{5}a, \frac{2}{5}a, \frac{7}{30}a^2\right)$.

*9. 设球占有闭区域 $\Omega = \{(x, y, z) \mid x^2+y^2+z^2 \leq 2Rz\}$, 它在内部各点处的密度的大小等于该点到坐标原点的距离的平方. 试求这球的质心.

【解】 依题意可知, 球体密度函数为 $\mu = x^2+y^2+z^2$, 设质心为 $(\bar{x}, \bar{y}, \bar{z})$, $\Omega: x^2+y^2+z^2 \leq 2Rz$.

$$M = \iiint\limits_{\Omega}(x^2+y^2+z^2)\mathrm{d}v = \int_0^{2\pi}\mathrm{d}\theta\int_0^{\frac{\pi}{2}}\mathrm{d}\varphi\int_0^{2R\cos\varphi}\rho^2 \cdot \rho^2\sin\varphi\mathrm{d}\rho = 2\pi\int_0^{\frac{\pi}{2}}\frac{32}{5}R^5\sin\varphi\cos^5\varphi\mathrm{d}\varphi = \frac{32}{15}\pi R^5,$$

$$\iiint\limits_{\Omega} z(x^2+y^2+z^2)\mathrm{d}v = \int_0^{2\pi}\mathrm{d}\theta\int_0^{\frac{\pi}{2}}\mathrm{d}\varphi\int_0^{2R\cos\varphi}\rho\cos\varphi \cdot \rho^2 \cdot \rho^2\sin\varphi\mathrm{d}\rho$$

$$= 2\pi\int_0^{\frac{\pi}{2}}\frac{64}{6}R^6\sin\varphi\cos^7\varphi\mathrm{d}\varphi = \frac{8}{3}\pi R^6,$$

$$\bar{z} = \frac{\iiint\limits_{\Omega} z(x^2+y^2+z^2)\mathrm{d}v}{\iiint\limits_{\Omega}(x^2+y^2+z^2)\mathrm{d}v} = \frac{\frac{8}{3}\pi R^6}{\frac{32}{15}\pi R^5} = \frac{5}{4}R.$$

由对称性, $\bar{x}=0$, $\bar{y}=0$, 最后得质心为 $\left(0, 0, \frac{5}{4}R\right)$.

10. 设均匀薄片(面密度为常数1)所占闭区域 D 如下, 求指定的转动惯量:

(1) $D = \left\{(x, y) \mid \frac{x^2}{a^2}+\frac{y^2}{b^2} \leq 1\right\}$, 求 I_y.

【解】 令 $x=a\rho\cos\theta$, $y=b\rho\sin\theta$, 则 $J=ab\rho$, $D: \frac{x^2}{a^2}+\frac{y^2}{b^2} \leq 1$ 化为 $D^*: \rho \leq 1$ (单位圆域).

$$I_y = \iint\limits_{D} x^2\mathrm{d}\sigma = \iint\limits_{D^*}(a\rho\cos\theta)^2 \cdot ab\rho\mathrm{d}\rho\mathrm{d}\theta = a^3b\int_0^{2\pi}\mathrm{d}\theta\int_0^1\rho^3\cos^2\theta\mathrm{d}\rho$$

$$= a^3b\int_0^{2\pi}\cos^2\theta\mathrm{d}\theta \cdot \int_0^1\rho^3\mathrm{d}\rho = \frac{1}{4}\pi a^3b.$$

(2) D 由抛物线 $y^2=\frac{9}{2}x$ 与直线 $x=2$ 所围成, 求 I_x 和 I_y.

【解】 积分域 D 如图 10-27 所示,

$$I_x = \iint\limits_{D} y^2\mathrm{d}x\mathrm{d}y = 2\int_0^2\mathrm{d}x\int_0^{\sqrt{\frac{9}{2}x}}y^2\mathrm{d}y = \frac{9}{\sqrt{2}}\int_0^2 x^{\frac{3}{2}}\mathrm{d}x = \frac{72}{5},$$

$$I_y = \iint\limits_{D} x^2\mathrm{d}x\mathrm{d}y = 2\int_0^2\mathrm{d}x\int_0^{\sqrt{\frac{9}{2}x}}x^2\mathrm{d}y = \frac{6}{\sqrt{2}}\int_0^2 x^{\frac{5}{2}}\mathrm{d}x = \frac{96}{7}.$$

(3) D 为矩形闭区域 $\{(x, y) \mid 0 \leq x \leq a, 0 \leq y \leq b\}$, 求 I_x 和 I_y.

【解】 $I_x = \iint\limits_{D} y^2\mathrm{d}x\mathrm{d}y = \int_0^a\mathrm{d}x\int_0^b y^2\mathrm{d}y = \frac{ab^3}{3}$, 由对称性可知, $I_y = \frac{a^3b}{3}$.

11. 已知均匀矩形板(面密度为常数 μ)的长和宽分别为 b 和 h, 计算此矩形板对于通过其形心且分别与一边平行的两轴的转动惯量.

【解】 如图 10-28 所示选取坐标系, 则

$$I_x = \iint_D y^2 \mu \mathrm{d}x\mathrm{d}y = 4\int_0^{\frac{b}{2}}\mathrm{d}x\int_0^{\frac{h}{2}}\mu y^2\mathrm{d}y = \frac{1}{12}\mu bh^3.$$

由对称性，$I_y = \frac{1}{12}\mu hb^3$.

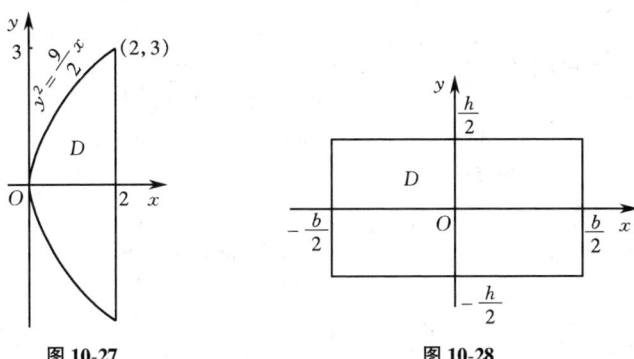

图 10-27　　　　　图 10-28

12. 一均匀物体(密度 ρ 为常量)占有的闭区域 Ω 由曲面 $z = x^2 + y^2$ 和平面 $z = 0$，$|x| = a$，$|y| = a$ 所围成.

(1) 求物体的体积；

(2) 求物体的质心；

(3) 求物体关于 z 轴的转动惯量.

【解】　(1) $V = 4\mu\int_0^a\mathrm{d}x\int_0^a(x^2 + y^2)\mathrm{d}y = 4\mu\int_0^a\left(ax^2 + \frac{a^3}{3}\right)\mathrm{d}x = \frac{8}{3}\mu a^4$；

(2) $\bar{x} = 0$，$\bar{y} = 0$.

$$\bar{z} = \frac{4}{V}\int_0^a\mathrm{d}x\int_0^a\mathrm{d}y\int_0^{x^2+y^2}z\mathrm{d}z = \frac{4}{V}\int_0^a\mathrm{d}x\int_0^a\frac{1}{2}(x^2+y^2)^2\mathrm{d}y$$
$$= \frac{2}{V}\int_0^a\left(ax^4 + \frac{2}{3}a^3x^2 + \frac{1}{5}a^5\right)\mathrm{d}x = \frac{7}{15}a^2,$$

质心坐标为 $\left(0, 0, \frac{7}{15}a^2\right)$；

(3) $I_z = \mu\iiint_\Omega(x^2 + y^2)\mathrm{d}v = 4\mu\int_0^a\mathrm{d}x\int_0^a\mathrm{d}y\int_0^{x^2+y^2}(x^2+y^2)\mathrm{d}z$
$= 4\mu\int_0^a\mathrm{d}x\int_0^a(x^2+y^2)^2\mathrm{d}y = 4\mu\int_0^a\left(ax^4 + \frac{2}{3}a^3x^2 + \frac{1}{5}a^5\right)\mathrm{d}x = \frac{112}{45}\mu a^6.$

13. 求半径为 a，高为 h 的均匀圆柱体对于过中心而平行于母线的轴的转动惯量(设密度 $\rho = 1$).

【解】　如图 10-29 所示建立坐标系.

$I_z = \iiint_\Omega(x^2 + y^2) \cdot 1\mathrm{d}v = \int_0^{2\pi}\mathrm{d}\theta\int_0^a r\mathrm{d}r\int_0^h r^2\mathrm{d}z = \frac{1}{2}\pi ha^4.$

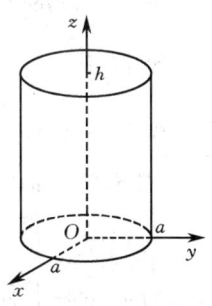

14. 设面密度为常量 μ 的质量均匀半圆环形薄片占有闭区域 $D = \{(x, y, 0) | R_1 \leq \sqrt{x^2+y^2} \leq R_2, x \geq 0\}$，求它对位于 z 轴上点 $M_0(0, 0, a)$ ($a > 0$)处单位质量的质点的引力 F.

【解】　积分域关于 x 轴对称，故沿 y 轴方向的分力互相抵消，$F_y = 0$.

只须求 F_x 和 F_z.

图 10-29

设 G 为引力常数，则

$$dF_x = G \cdot \frac{\mu x d\sigma}{(x^2+y^2+a^2)^{\frac{3}{2}}}, \quad dF_z = G \cdot \frac{\mu(0-a)d\sigma}{(x^2+y^2+a^2)^{\frac{3}{2}}}.$$

$$F_x = G\mu \iint_D \frac{x}{(x^2+y^2+z^2)^{\frac{3}{2}}} d\sigma = G\mu \int_{-\frac{\pi}{2}}^{\frac{\pi}{2}} \cos\theta d\theta \int_{R_1}^{R_2} \frac{\rho^2}{(a^2+\rho^2)^{\frac{3}{2}}} d\rho$$

$$= 2G\mu \left(\ln \frac{\sqrt{R_2^2+a^2}+R_2}{\sqrt{R_1^2+a^2}+R_1} - \frac{R_2}{\sqrt{R_2^2+a^2}} + \frac{R_1}{\sqrt{R_1^2+a^2}} \right).$$

注：在计算 $\int_{R_1}^{R_2} \frac{\rho^2}{(a^2+\rho^2)^{\frac{3}{2}}} d\rho$ 时，可令 $\rho = \tan t$.

$$F_z = -G\mu a \iint_D \frac{d\sigma}{(x^2+y^2+a^2)^{\frac{3}{2}}} = -G\mu a \int_{-\frac{\pi}{2}}^{\frac{\pi}{2}} d\theta \int_{R_1}^{R_2} \frac{\rho d\rho}{(\rho^2+a^2)^{\frac{3}{2}}} = \pi G a \mu \left(\frac{1}{\sqrt{R_2^2+a^2}} - \frac{1}{\sqrt{R_1^2+a^2}} \right).$$

所求引力为

$$F = \left[2G\mu \ln \frac{\sqrt{R_2^2+a^2}+R_2}{\sqrt{R_1^2+a^2}+R_1} - \frac{R_2}{\sqrt{R_2^2+a^2}} + \frac{R_1}{\sqrt{R_1^2+a^2}}, \quad 0, \quad \pi G\mu a \left(\frac{1}{\sqrt{R_2^2+a^2}} - \frac{1}{\sqrt{R_1^2+a^2}} \right) \right].$$

15. 设均匀柱体密度为 ρ_0，占有闭区域 $\Omega = \{(x, y, z) | x^2+y^2 \leq R^2, 0 \leq z \leq h\}$，求它对于位于点 $M_0(0, 0, a)$ $(a>h)$ 处的单位质量的质点的引力.

【解】 由对称性，$F_x = F_y = 0$，只须计算 F_z.

$$F_z = G\rho_0 \iiint_\Omega \frac{a-z}{[x^2+y^2+(a-z)^2]^{\frac{3}{2}}} dV = G\rho_0 \int_0^h (a-z)dz \iint_{x^2+y^2 \leq R^2} \frac{dxdy}{[x^2+y^2+(z-a)^2]^{\frac{3}{2}}}$$

$$= G\rho_0 \int_0^h (a-z)dz \int_0^{2\pi} d\theta \int_0^R \frac{\rho d\rho}{[\rho^2+(a-z)^2]^{\frac{3}{2}}} = 2\pi G\rho_0 \int_0^h (a-z)\left[\frac{1}{a-z} - \frac{1}{\sqrt{R^2+(a-z)^2}} \right] dz$$

$$= -2\pi G\rho_0 [h + \sqrt{R^2+(a-h)^2} - \sqrt{R^2+a^2}].$$

所求引力为

$$F = \{0, 0, -2\pi G\rho_0 [h + \sqrt{R^2+(a-h)^2} - \sqrt{R^2+a^2}]\}.$$

*习题 10-5 含参变量的积分

1. 求下列含参变量的积分所确定的函数的极限：

(1) $\lim\limits_{x \to 0} \int_x^{1+x} \frac{dy}{1+x^2+y^2}$; (2) $\lim\limits_{x \to 0} \int_{-1}^{1} \sqrt{x^2+y^2} dy$; (3) $\lim\limits_{x \to 0} \int_0^2 y^2 \cos(xy) dy$.

【解】 (1) $\lim\limits_{x \to 0} \int_x^{1+x} \frac{dy}{1+x^2+y^2} = \int_0^1 \frac{dy}{1+y^2} = \arctan y \Big|_0^1 = \frac{\pi}{4}$;

(2) $\lim\limits_{x \to 0} \int_{-1}^{1} \sqrt{x^2+y^2} dy = \int_{-1}^{1} |y| dy = 2\int_0^1 y dy = 1$;

(3) $\lim\limits_{x \to 0} \int_0^2 y^2 \cos(xy) dy = \int_0^2 y^2 dy = \frac{1}{3} y^3 \Big|_0^2 = \frac{8}{3}$.

2. 求下列函数的导数：

(1) $\varphi(x) = \int_{\sin x}^{\cos x} (y^2 \sin x - y^3) dy$; (2) $\varphi(x) = \int_x^x \frac{\ln(1+xy)}{y} dy$;

(3) $\varphi(x) = \int_{x^2}^{x^3} \arctan \frac{y}{x} dy$; (4) $\varphi(x) = \int_x^{x^2} e^{-xy^2} dy$.

【解】(1) $\varphi'(x) = \int_{\sin x}^{\cos x} y^2 \cos x dy + (\cos^2 x \sin x - \cos^3 x)(-\sin x) - (\sin^2 x \sin x - \sin^3 x)\cos x$

$$= \frac{1}{3}\cos x \cdot (\cos^3 x - \sin^3 x) + (\cos x - \sin x)\sin x \cos^2 x$$

$$= \frac{1}{3}\cos x \cdot (\cos x - \sin x)(1 + \sin x \cos x + 3\sin x \cos x)$$

$$= \frac{1}{3}\cos x \cdot (\cos x - \sin x)(1 + 2\sin 2x);$$

(2) $\varphi'(x) = \int_0^x \frac{1}{1+xy} dy + \frac{1}{x}\ln(1+x^2) = \frac{1}{x}\ln(1+xy)\Big|_0^x + \frac{1}{x}\ln(1+x^2) = \frac{2}{x}\ln(1+x^2);$

(3) $\varphi'(x) = \int_{x^2}^{x^3} \frac{-\frac{y}{x^2}}{1+\frac{y^2}{x^2}} dy + \arctan\frac{x^3}{x} \cdot 3x^2 - \arctan\frac{x^2}{x} \cdot 2x = -\int_{x^2}^{x^3} \frac{y}{x^2+y^2} dy + 3x^2 \arctan x^2 - 2x \arctan x$

$$= -\frac{1}{2}\ln(x^2+y^2)\Big|_{x^2}^{x^3} + 3x^2 \arctan x^2 - 2x\arctan x = \ln\sqrt{\frac{1+x^2}{1+x^4}} + 3x^2 \arctan x^2 - 2x\arctan x;$$

(4) $\varphi'(x) = \int_x^{x^2} e^{-xy^2}(-y^2) dy + e^{-x^5} \cdot (2x) - e^{-x^3} = 2xe^{-x^5} - e^{-x^3} - \int_x^{x^2} y^2 e^{-xy^2} dy.$

3.设 $F(x) = \int_0^x (x+y)f(y)dy$，其中 $f(x)$ 是可微分的函数，求 $F''(x)$.

【解】 $F'(x) = \int_0^x f(y)dy + 2xf(x),$

$F''(x) = f(x) + 2f(x) + 2xf'(x) = 3f(x) + 2xf'(x).$

4.应用对参数的微分法，计算下列积分：

(1) $I = \int_0^{\frac{\pi}{2}} \ln\frac{1+a\cos x}{1-a\cos x} \cdot \frac{dx}{\cos x}$ $(|a|<1)$; (2) $I = \int_0^{\frac{\pi}{2}} \ln(\cos^2 x + a^2 \sin^2 x)dx$ $(a>0).$

【解】 (1) 设 $\varphi(a) = \int_0^{\frac{\pi}{2}} \ln\frac{1+a\cos x}{1-a\cos x} \cdot \frac{dx}{\cos x}$，因为

$$\frac{\partial}{\partial a}\left(\ln\frac{1+a\cos x}{1-a\cos x} \cdot \frac{1}{\cos x}\right) = \frac{1-a\cos x}{1+a\cos x} \cdot \frac{\cos x(1-a\cos x) - (1+a\cos x)\cdot(-\cos x)}{(1-a\cos x)^2} \cdot \frac{1}{\cos x}$$

$$= \frac{2}{1-a^2\cos^2 x},$$

所以 $\varphi'(a) = \int_0^{\frac{\pi}{2}} \frac{2dx}{1-a^2\cos^2 x} = \int_0^{\frac{\pi}{2}} \frac{2d\tan x}{\tan^2 x + 1 - a^2} = \frac{2}{\sqrt{1-a^2}} \arctan\frac{\tan x}{\sqrt{1-a^2}}\Big|_0^{\frac{\pi}{2}}$

$$= \frac{2}{\sqrt{1-a^2}} \cdot \frac{\pi}{2} = \frac{\pi}{\sqrt{1-a^2}},$$

有 $\int_0^a \varphi'(a)da = \varphi(a) - \varphi(0) = \int_0^a \frac{\pi}{\sqrt{1-a^2}} da = \pi \arcsin a \Big|_0^a = \pi \arcsin a;$

(2) 设 $\varphi(a) = \int_0^{\frac{\pi}{2}} \ln(\cos^2 x + a^2 \sin^2 x)dx$，则

$\varphi'(a) = \int_0^{\frac{\pi}{2}} \frac{2a\sin^2 x}{\cos^2 x + a^2\sin^2 x} dx = \int_0^{\frac{\pi}{2}} \frac{2a}{a^2 + \cot^2 x} dx = \int_0^{\frac{\pi}{2}} \frac{2a\csc^2 x}{(a^2+\cot^2 x)\cdot \csc^2 x} dx$

$$= \int_0^{\frac{\pi}{2}} \frac{-2a}{(a^2+\cot^2 x)(1+\cot^2 x)} d(\cot x)$$

$$= \frac{2a}{a^2-1}\left[\int_0^{\frac{\pi}{2}} \frac{1}{a^2+\cot^2 x}d(\cot x) - \int_0^{\frac{\pi}{2}} \frac{1}{1+\cot^2 x}d(\cot x)\right]$$

$$= \frac{2a}{a^2-1}\left[\frac{1}{a}\arctan\left(\frac{\cot x}{a}\right)\bigg|_0^{\frac{\pi}{2}} - \arctan(\cot x)\bigg|_0^{\frac{\pi}{2}}\right] = \frac{\pi}{a+1}.$$

$$\int_1^a \varphi'(a)da = \varphi(a) - \varphi(1) = \int_1^a \frac{\pi}{a+1}da = \pi\ln\frac{a+1}{2},$$

$$\varphi(1) = \int_0^{\frac{\pi}{2}} \ln(\cos^2 x + \sin^2 x)dx = \int_0^{\frac{\pi}{2}} \ln x dx = 0,$$

$$\varphi(a) = \pi\ln\frac{a+1}{2}.$$

5.计算下列积分：

(1) $\int_0^1 \frac{\arctan x}{x} \cdot \frac{dx}{\sqrt{1-x^2}}$;   (2) $\int_0^1 \sin\left(\ln\frac{1}{x}\right)\frac{x^b-x^a}{\ln x}dx$ $(0<a<b)$.

【解】 (1) $\frac{\arctan x}{x} = \int_0^1 \frac{dy}{1+x^2y^2}$,

$$\int_0^1 \frac{\arctan x}{x} \cdot \frac{dx}{(1-x^2)^{\frac{1}{2}}} = \int_0^1 \frac{dx}{(1-x^2)^{\frac{1}{2}}} \cdot \int_0^1 \frac{dy}{1+x^2y^2} = \int_0^1 \left[\int_0^1 \frac{dx}{(1+x^2y^2)\sqrt{1-x^2}}\right]dy.$$

令 $x=\sin\theta$, 则 $dx=\cos\theta d\theta$, $x=0$ 时, $\theta=0$; $x=1$ 时, $\theta=\frac{\pi}{2}$.

$$\int_0^1 \frac{dx}{(1+x^2y^2)(1-x^2)^{\frac{1}{2}}} = \int_0^{\frac{\pi}{2}} \frac{\cos\theta d\theta}{(1+y^2\sin^2\theta)\cdot\cos\theta} = \int_0^{\frac{\pi}{2}} \frac{d\theta}{1+y^2\sin^2\theta} = \int_0^{\frac{\pi}{2}} \frac{d\tan\theta}{1+(1+y^2)\tan^2\theta}$$

$$= \frac{1}{(1+y^2)^{\frac{1}{2}}}\arctan(\sqrt{1+y^2}\tan\theta)\bigg|_0^{\frac{\pi}{2}} = \frac{\pi}{2(1+y^2)^{\frac{1}{2}}}.$$

$$\int_0^1 \arctan x \cdot \frac{dx}{\sqrt{1-x^2}} = \int_0^1 \frac{\pi}{2(1+y^2)^{\frac{1}{2}}}dy = \frac{\pi}{2}\ln(y+\sqrt{1+y^2})\bigg|_0^1 = \frac{\pi}{2}\ln(1+\sqrt{2});$$

(2) $\frac{x^b-x^a}{\ln x} = \int_a^b x^y dy$,

$$\int_0^1 \sin\left(\ln\frac{1}{x}\right)\frac{x^b-x^a}{\ln x}dx = \int_0^1 \sin\left(\ln\frac{1}{x}\right)dx \int_a^b x^y dy = \int_a^b \left[\int_0^1 \sin\left(\ln\frac{1}{x}\right)x^y dx\right]dy.$$

又

$$\int_0^1 \sin\left(\ln\frac{1}{x}\right)x^y dx = \frac{1}{y+1}x^{y+1}\sin\left(\ln\frac{1}{x}\right)\bigg|_0^1 - \int_0^1 \frac{1}{y+1}x^{y+1}\cos\left(\ln\frac{1}{x}\right)\cdot\left(-\frac{1}{x}\right)dx$$

$$= \int_0^1 \frac{1}{y+1}x^y\cos\left(\ln\frac{1}{x}\right)dx$$

$$= \frac{1}{(y+1)^2}x^{y+1}\cos\left(\ln\frac{1}{x}\right)\bigg|_0^1 - \int_0^1 \frac{1}{(y+1)^2}x^{y+1}\left[-\sin\left(\ln\frac{1}{x}\right)\right]\cdot\left(-\frac{1}{x}\right)dx$$

$$= \frac{1}{(y+1)^2} - \frac{1}{(y+1)^2}\int_0^1 x^y\sin\left(\ln\frac{1}{x}\right)dx,$$

故

$$\int_0^1 x^y\sin\left(\ln\frac{1}{x}\right)\frac{x^b-x^a}{\ln x}dx = \int_a^b \frac{1}{1+(y+1)^2}dy = \arctan(y+1)\bigg|_a^b$$

$$= \arctan(b+1) - \arctan(a+1) = \arctan\frac{b-a}{ab+a+b+2}.$$

总习题十

1. 填空：

(1) 积分 $\int_0^2 dx \int_x^2 e^{-y^2} dy$ 的值是_____；

(2) 设闭区域 $D = \{(x, y) \mid x^2 + y^2 \leq R^2\}$，则 $\iint\left(\dfrac{x^2}{a^2} + \dfrac{y^2}{b^2}\right) dxdy =$ _____.

【解】 (1) $\int_0^2 dx \int_x^2 e^{-y^2} dy = \int_0^2 dy \int_0^y e^{-y^2} dx = \int_0^2 y e^{-y^2} dy = -\dfrac{1}{2} e^{-y^2} \Big|_0^2 = \dfrac{1}{2}(1 - e^{-4})$.

故填 $\dfrac{1}{2}(1 - e^{-4})$；

(2) 采用极坐标计算：$D = \{(r, \theta) \mid 0 \leq r \leq R, 0 \leq \theta \leq 2\pi\}$，

$$\iint_D \left(\dfrac{x^2}{a^2} + \dfrac{y^2}{b^2}\right) dxdy = \int_0^{2\pi} d\theta \int_0^R \left(\dfrac{r^2 \cos^2\theta}{a^2} + \dfrac{r^2 \sin^2\theta}{b^2}\right) r dr = \int_0^{2\pi} d\theta \int_0^R \left(\dfrac{\cos^2\theta}{a^2} + \dfrac{\sin^2\theta}{b^2}\right) r^3 dr$$

$$= \dfrac{R^4}{4} \int_0^{2\pi} \left(\dfrac{1 + \cos 2\theta}{2a^2} + \dfrac{1 - \cos 2\theta}{2b^2}\right) d\theta = \dfrac{\pi R^4}{4} \left(\dfrac{1}{a^2} + \dfrac{1}{b^2}\right).$$

故填 $\dfrac{\pi R^4}{4}\left(\dfrac{1}{a^2} + \dfrac{1}{b^2}\right)$.

2. 以下各题中给出了四个结论，从中选出一个正确的结论：

(1) 设有空间闭区域 $\Omega_1 = \{(x, y, z) \mid x^2 + y^2 + z^2 \leq R^2, z \geq 0\}$，$\Omega_2 = \{(x, y, z) \mid x^2 + y^2 + z^2 \leq R^2, x \geq 0, y \geq 0, z \geq 0\}$，则有_____.

A. $\iiint_{\Omega_1} x dV = 4\iiint_{\Omega_2} x dV$ B. $\iiint_{\Omega_1} y dV = 4\iiint_{\Omega_2} y dV$ C. $\iiint_{\Omega_1} z dV = 4\iiint_{\Omega_2} z dV$ D. $\iiint_{\Omega_1} xyz dV = 4\iiint_{\Omega_2} xyz dV$

【解】 应选择 C. 因为积分域 Ω_1 关于 zOx 面、yOz 面都是对称的，被积函数 $f(x, y, z) = z$ 是 x 与 y 的偶函数，必有

$$\iiint_{\Omega_1} z dv = 4\iiint_{\Omega_2} z dv.$$

(2) 设有平面闭区域 $D = \{(x, y) \mid -a \leq x \leq a, x \leq y \leq a\}$，$D_1 = \{(x, y) \mid 0 \leq x \leq a, x \leq y \leq a\}$，则 $\iint_D (xy + \cos x \sin y) dxdy = $ _____.

A. $2\iint_{D_1} \cos x \sin y dxdy$ B. $2\iint_{D_1} xy dxdy$ C. $4\iint_{D_1}(xy + \cos x \sin y) dxdy$ D. 0

【解】 应选择 A. 记 D' 为 xOy 面上以 $(0, 0)$，(a, a)，$(-a, a)$ 为顶点的三角形域，D'' 为以 $(0, 0)$，$(-a, a)$，$(-a, -a)$ 为顶点的三角形域，则

$$\iint_D (xy + \cos x \sin y) dxdy = \iint_{D'} xy dxdy + \iint_{D''} \cos x \sin y dxdy$$

$$= \iint_{D'} xy dxdy + \iint_{D''} xy dxdy + \iint_{D'} \cos x \sin y dxdy + \iint_{D''} \cos x \sin y dxdy.$$

在 D' 上，被积函数 xy 为 x 的奇函数，D' 关于 y 轴对称，故 $\iint_{D'} xy dxdy = 0$. 类似地，有

$$\iint_{D''} xy dxdy = 0, \quad \iint_{D'} \cos x \sin y dxdy = 0, \quad \iint_{D''} \cos x \sin y dxdy = 2\iint_{D_1} \cos x \sin y dxdy,$$

最后

$$\iint_D (xy + \cos x \sin y) dxdy = 2\iint_{D_1} \cos x \sin y dxdy.$$

(3) 设 $f(x)$ 为连续函数，$F(t) = \int_1^t dy \int_y^t f(x)dx$，则 $F'(2) = (\quad)$．

A. $2f(2)$ B. $f(2)$ C. $-f(2)$ D. 0

【解】 应选择 B. 设 $t > 1$，交换积分次序：

$$F(t) = \int_1^t f(x)dx \int_1^x dy = \int_1^t (x-1)f(x)dx, \quad F'(t) = (t-1)f(t), \quad F'(2) = f(2).$$

$t < 1$ 时类似可得相同结果．

3. 计算下列二重积分：

(1) $\iint_D (1+x)\sin y \, d\sigma$，其中 D 是顶点分别为 $(0,0)$，$(1,0)$，$(1,2)$ 和 $(0,1)$ 的梯形闭区域．

【解】 $I = \int_0^1 dx \int_0^{x+1} (1+x)\sin y \, dy = \int_0^1 (1+x)dx - \int_0^1 (1+x)\cos(x+1)dx$

$\quad = \dfrac{3}{2} + \cos 1 + \sin 1 - \cos 2 - 2\sin 2.$

(2) $\iint_D (x^2 - y^2)d\sigma$，其中 $D = \{(x,y) \mid 0 \leq y \leq \sin x, \, 0 \leq x \leq \pi\}$．

【解】 $I = \int_0^\pi dx \int_0^{\sin x} (x^2 - y^2)dy = \int_0^\pi \left(x^2 \sin x - \dfrac{1}{3}\sin^3 x\right)dx$

$\quad = \pi^2 + 2\cos x \Big|_0^\pi + \dfrac{1}{3}\left(\cos x - \dfrac{1}{3}\cos^3 x\right)\Big|_0^\pi = \pi^2 - \dfrac{40}{9}.$

(3) $\iint_D \sqrt{R^2 - x^2 - y^2}\, d\sigma$，其中 D 是圆周 $x^2 + y^2 = Rx$ 所围成的闭区域．

【解】 采用极坐标．

$$I = 2\int_0^{\frac{\pi}{2}} d\theta \int_0^{R\cos\theta} \sqrt{R^2 - \rho^2}\, \rho \, d\rho = 2\int_0^{\frac{\pi}{2}} \dfrac{1}{3}R^3(1 - \sin^3\theta)d\theta$$

$$= \dfrac{2}{3}R^3 \left(\dfrac{\pi}{2} - \dfrac{2}{3}\right) = \dfrac{1}{9}(3\pi - 4)R^3.$$

(4) $\iint_D (y^2 + 3x - 6y + 9)d\sigma$，其中 $D = \{(x,y) \mid x^2 + y^2 \leq R^2\}$．

【解】 注意到

$$\iint_D x \, dxdy = 0, \quad \iint_D y \, dxdy = 0, \quad \iint_D 9 \, dxdy = 9 \times \pi R^2, \quad \iint_D y^2 \, dxdy = \dfrac{1}{2}\iint_D (x^2 + y^2)dxdy,$$

$$I = 9\pi R^2 + \dfrac{1}{2}\int_0^{2\pi} d\theta \int_0^R r^3 dr = 9\pi R^2 + \dfrac{1}{2} \times 2\pi \times \dfrac{R^4}{4} = 9\pi R^2 + \dfrac{\pi}{4}R^4.$$

4. 交换下列二次积分的次序：

(1) $\int_0^4 dy \int_{-\sqrt{4-y}}^{\frac{1}{2}(y-4)} f(x,y)dx.$

【解】 积分域如图 10-30 所示．改变积分次序，有 $I = \int_{-2}^0 dx \int_{2x+4}^{(4-x^2)} f(x,y)dy.$

(2) $\int_0^1 dy \int_0^{2y} f(x,y)dx + \int_1^3 dy \int_0^{3-y} f(x,y)dx.$

【解】 积分域如图 10-31 所示．改变积分次序，有 $I = \int_0^2 dx \int_{\frac{1}{2}x}^{3-x} f(x,y)dy.$

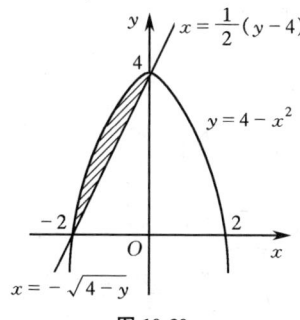

图 10-30

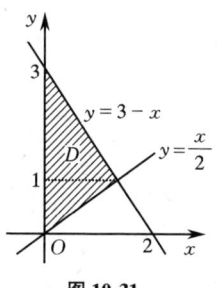

图 10-31

(3) $\int_0^1 \mathrm{d}x \int_{\sqrt{x}}^{1+\sqrt{1-x^2}} f(x, y)\,\mathrm{d}y$.

【解】 积分域如图 10-32 所示,改变积分次序,有
$$I = \int_0^1 \mathrm{d}y \int_0^{y^2} f(x, y)\,\mathrm{d}x + \int_1^2 \mathrm{d}y \int_0^{\sqrt{2y-y^2}} f(x, y)\,\mathrm{d}x.$$

5. 证明: $\int_0^a \mathrm{d}y \int_0^y \mathrm{e}^{m(a-x)} f(x)\,\mathrm{d}x = \int_0^a (a-x)\mathrm{e}^{m(a-x)} f(x)\,\mathrm{d}x.$

【证】 积分域如图 10-33 所示,改变积分次序,有
$$\int_0^a \mathrm{d}y \int_0^y \mathrm{e}^{m(a-x)} f(x)\,\mathrm{d}x = \int_0^a \mathrm{d}x \int_x^a \mathrm{e}^{m(a-x)} f(x)\,\mathrm{d}y = \int_0^a (a-x)\mathrm{e}^{m(a-x)} f(x)\,\mathrm{d}x.$$

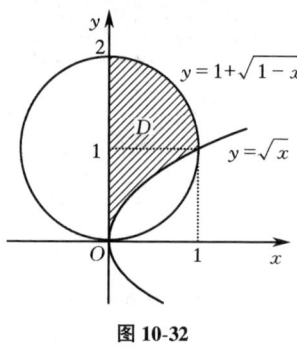

图 10-32

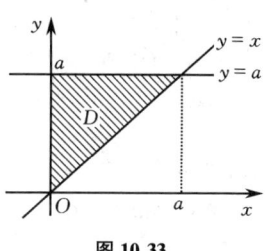

图 10-33

6. 把积分 $\iint\limits_D f(x, y)\,\mathrm{d}x\mathrm{d}y$ 表为极坐标形式的二次积分,其中积分区域 $D = \{(x, y) \mid x^2 \leq y \leq 1, -1 \leq x \leq 1\}$.

【解】 将原直角坐标下的二重积分表为极坐标形式的二次积分,须将原积分域 D 划分成如图 10-34 所示的 D_1, D_2, D_3 三部分.

$$\begin{aligned} I &= \iint\limits_{D_1} f(x, y)\,\mathrm{d}x\mathrm{d}y + \iint\limits_{D_2} f(x, y)\,\mathrm{d}x\mathrm{d}y + \iint\limits_{D_3} f(x, y)\,\mathrm{d}x\mathrm{d}y \\ &= \int_0^{\frac{\pi}{4}} \mathrm{d}\theta \int_0^{\tan\theta\sec\theta} f(r\cos\theta, r\sin\theta)r\,\mathrm{d}r + \int_{\frac{\pi}{4}}^{\frac{3}{4}\pi} \mathrm{d}\theta \int_0^{\csc\theta} f(r\cos\theta, r\sin\theta)r\,\mathrm{d}r + \int_{\frac{3}{4}\pi}^{\pi} \mathrm{d}\theta \int_0^{\tan\theta\sec\theta} f(r\cos\theta, r\sin\theta)r\,\mathrm{d}r. \end{aligned}$$

7. 设 $f(x, y)$ 在闭区域 $D = \{(x, y) \mid x^2 + y^2 \leq y, x \geq 0\}$ 上

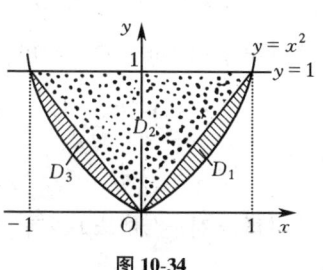

图 10-34

连续, 且 $f(x,y) = \sqrt{1-x^2-y^2} - \dfrac{8}{\pi}\iint\limits_D f(x,y)\mathrm{d}x\mathrm{d}y$, 求 $f(x,y)$.

【解】 记 $\iint\limits_D f(x,y)\mathrm{d}x\mathrm{d}y = A$, 则 $f(x,y) = \sqrt{1-x^2-y^2} - \dfrac{8}{\pi}A$, 在 D 上积分, 得

$$A = \iint\limits_D \sqrt{1-x^2-y^2}\,\mathrm{d}x\mathrm{d}y - \dfrac{8}{\pi}A\cdot\dfrac{\pi}{8},$$

即

$$A = \dfrac{1}{2}\iint\limits_D \sqrt{1-x^2-y^2}\,\mathrm{d}x\mathrm{d}y = \dfrac{1}{2}\int_0^{\frac{\pi}{2}}\mathrm{d}\theta\int_{\frac{\pi}{6}}^{\sin\theta}\sqrt{1-r^2}\,r\,\mathrm{d}r = \dfrac{1}{2}\left(\dfrac{\pi}{6} - \dfrac{2}{9}\right),$$

从而

$$f(x,y) = \sqrt{1-x^2-y^2} + \dfrac{8}{9\pi} - \dfrac{2}{3}.$$

8. 把积分 $\iiint\limits_\Omega f(x,y,z)\mathrm{d}x\mathrm{d}y\mathrm{d}z$ 化为三次积分, 其中积分区域 Ω 是由曲面 $z=x^2+y^2$, $y=x^2$ 及平面 $y=1$, $z=0$ 所围成的闭区域.

【解】 积分域如图 10-35(a) 所示, 而 D 如图 10-35(b) 所示, 有

$$I = \iint\limits_D \mathrm{d}x\mathrm{d}y\int_0^{x^2+y^2} f(x,y,z)\mathrm{d}z = \int_{-1}^1 \mathrm{d}x\int_{x^2}^1 \mathrm{d}y\int_0^{x^2+y^2} f(x,y,z)\mathrm{d}z.$$

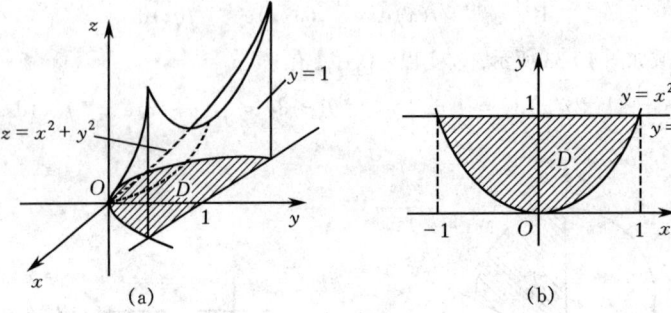

图 10-35

9. 计算下列三重积分:

(1) $\iiint\limits_\Omega xy^2\mathrm{d}V$, 其中 Ω 是由 $z=0$, $x+y-z=0$, $x-y-z=0$ 和 $x=1$ 所围成的闭区域.

【解】 设闭区域 Ω 为

$$\{(x,y,z) \mid z-x \leqslant y \leqslant x-z, 0 \leqslant z \leqslant x, 0 \leqslant x \leqslant 1\},$$

则

$$\iiint\limits_\Omega xy^2\mathrm{d}V = \int_0^1 \mathrm{d}x\int_0^x \mathrm{d}z\int_{z-x}^{x-z} xy^2\mathrm{d}y = \int_0^1 \mathrm{d}x\int_0^x \dfrac{2}{3}x(x-z)^3\mathrm{d}z = \int_0^1 \dfrac{1}{6}x^5\mathrm{d}x = \dfrac{1}{36}.$$

(2) $\iiint\limits_\Omega z^2\mathrm{d}x\mathrm{d}y\mathrm{d}z$, 其中 Ω 是两个球: $x^2+y^2+z^2 \leqslant R^2$ 和 $x^2+y^2+z^2 \leqslant 2Rz$ ($R>0$) 的公共部分.

【解法1】 积分域如图 10-36 所示, 用球坐标.

$$I = \int_0^{2\pi}\mathrm{d}\theta\int_0^{\frac{\pi}{3}}\mathrm{d}\varphi\int_0^R r^2\cos^2\varphi\cdot r^2\sin\varphi\,\mathrm{d}r + \int_0^{2\pi}\mathrm{d}\theta\int_{\frac{\pi}{3}}^{\frac{\pi}{2}}\mathrm{d}\varphi\int_0^{2R\cos\varphi} r^2\cos^2\varphi\cdot r^2\sin\varphi\,\mathrm{d}r$$

$$= \dfrac{7}{60}\pi R^5 + \dfrac{1}{160}\pi R^5 = \dfrac{59}{480}\pi R^5;$$

【解法2】 与解法1不同, 采用"平行截面法", 将积分区域分成上、下两部分, 有

$$I = \int_0^{\frac{R}{2}} \left(z^2 \iint_{x^2+y^2 \leq 2Rz-z^2} d\sigma \right) dz + \int_{\frac{R}{2}}^R \left(z^2 \iint_{x^2+y^2 \leq R^2-z^2} d\sigma \right) dz$$

$$= \int_0^{\frac{R}{2}} z^2 \pi (2Rz - z^2) dz + \int_{\frac{R}{2}}^R z^2 \pi (R^2 - z^2) dz$$

$$= \frac{1}{40} \pi R^5 + \frac{47}{480} \pi R^5 = \frac{59}{480} \pi R^5.$$

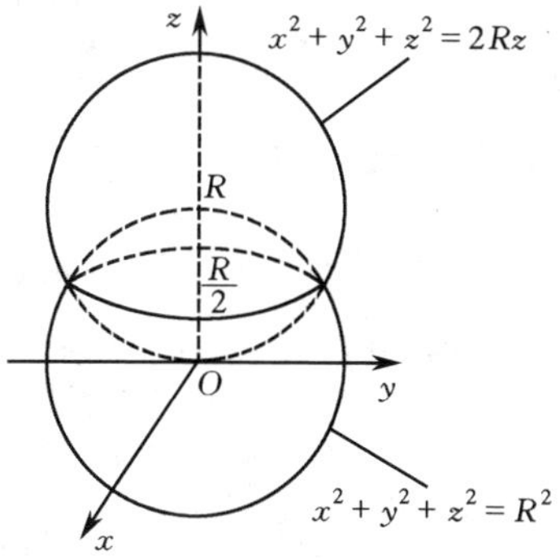

(3) $\iiint\limits_{\Omega} \frac{z\ln(x^2+y^2+z^2+1)}{x^2+y^2+z^2+1} dV$,其中 Ω 是由球面 $x^2+y^2+z^2=1$ 所围成的闭区域.

【解】 由于被积函数是所给积分域上的连续函数,且关于 z 为奇函数,而积分区域 Ω 关于 xOy 面对称,故 $I=0$.

(4) $\iiint\limits_{\Omega} (y^2+z^2) dV$,其中 Ω 是由 xOy 平面上曲线 $y^2=2x$ 绕 x 轴旋转而成的曲面与平面 $x=5$ 所围成的闭区域.

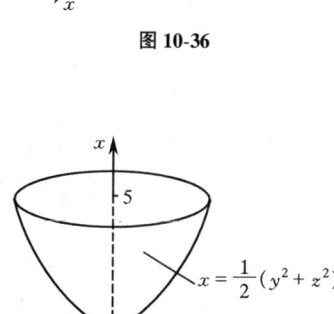

图 10-36

图 10-37

【解】 积分域如图 10-37 所示,采用柱坐标. 令 $y = r\cos\theta$, $z = r\sin\theta$, $z = z$,则有

$$I = \int_0^{2\pi} d\theta \int_0^{\sqrt{10}} d\rho \int_{\frac{\rho^2}{2}}^5 \rho^3 dx = 2\pi \int_0^{\sqrt{10}} \left(5\rho^3 - \frac{1}{2}\rho^5 \right) d\rho = \frac{250}{3}\pi.$$

*10. 设函数 $f(x)$ 连续,且恒大于零,

$$F(t) = \frac{\iiint\limits_{\Omega(t)} f(x^2+y^2+z^2) dV}{\iint\limits_{D(t)} f(x^2+y^2) d\sigma}, \quad G(t) = \frac{\iint\limits_{D(t)} f(x^2+y^2) d\sigma}{\int_{-t}^t f(x^2) dx},$$

其中 $\Omega(t) = \{(x,y,z) \mid x^2+y^2+z^2 \leq t^2\}$, $D(t) = \{(x,y) \mid x^2+y^2 \leq t^2\}$.

(1) 讨论 $F(t)$ 在区间 $(0, +\infty)$ 内的单调性;

(2) 证明当 $t > 0$ 时,$F(t) > \frac{2}{\pi} G(t)$.

【解】 (1) 利用球坐标:

$$\iiint\limits_{\Omega(t)} f(x^2+y^2+z^2) dv = \int_0^{2\pi} d\theta \int_0^{\pi} d\varphi \int_0^t f(r^2) r^2 \sin\varphi dr = 4\pi \int_0^t f(r^2) r^2 dr,$$

利用极坐标:

$$\iint\limits_{D(t)} f(x^2+y^2) d\sigma = \int_0^{2\pi} d\theta \int_0^t f(\rho^2) \rho d\rho = 2\pi \int_0^t f(\rho^2) \rho d\rho,$$

$$F(t) = \frac{2\int_0^t f(\rho^2)\rho^2 d\rho}{\int_0^t f(\rho^2)\rho d\rho}, \quad F'(t) = \frac{2tf(t^2)\int_0^t f(\rho^2)\rho(t-\rho) d\rho}{\left[\int_0^t f(\rho^2)\rho d\rho \right]^2} > 0,$$

故 $F(t)$ 在 $(0, +\infty)$ 内单调增加;

(2) 因为 $f(x^2)$ 为偶函数,故

$$\int_{-t}^t f(x^2) dx = 2\int_0^t f(x^2) dx = 2\int_0^t f(\rho^2) d\rho, \quad G(t) = \frac{\int_0^{2\pi} d\theta \int_0^t f(\rho^2) \rho d\rho}{2\int_0^t f(\rho^2) d\rho} = \frac{\pi \int_0^t f(\rho^2) \rho d\rho}{\int_0^t f(\rho^2) d\rho}.$$

记 $H(t) = \left[\int_0^t f(\rho^2) \rho^2 d\rho \right] \left[\int_0^t f(\rho^2) d\rho \right] - \left[\int_0^t f(\rho^2) \rho d\rho \right]^2$,由于 $H(0) = 0$,而

$$H'(t) = f(t^2)\int_0^t f(\rho^2)(t-\rho)^2 d\rho > 0,$$

故
$$H(t) > H(0) = 0,$$

即当 $t > 0$ 时,
$$F(t) > \frac{2}{\pi}G(t).$$

11. 求平面 $\dfrac{x}{a}+\dfrac{y}{b}+\dfrac{z}{c}=1$ 被三坐标面所割出的有限部分的面积.

【解法1】 如图 10-38 所示,采用二重积分求空间曲面面积的方法.

$$z = c - \frac{c}{a}x - \frac{c}{b}y,$$

$$dS = \sqrt{1+z_x^2+z_y^2} = \sqrt{1+\frac{c^2}{a^2}+\frac{c^2}{b^2}}dxdy,$$

$$S = \iint_D \sqrt{1+\frac{c^2}{a^2}+\frac{c^2}{b^2}}dxdy = \sqrt{1+\frac{c^2}{a^2}+\frac{c^2}{b^2}}\cdot\frac{1}{2}ab = \frac{1}{2}\sqrt{a^2b^2+b^2c^2+c^2a^2};$$

【解法2】 利用向量代数的方法计算.

$$\vec{AB} = \{-a, b, 0\}, \vec{AC} = \{-a, 0, c\},$$
$$\vec{AB}\times\vec{AC} = \{bc, ac, ab\},$$
$$|\vec{AB}\times\vec{AC}| = \sqrt{b^2c^2+a^2c^2+a^2b^2}.$$

所求面积 $S = \dfrac{1}{2}|\vec{AB}\times\vec{AC}| = \dfrac{1}{2}\sqrt{b^2c^2+a^2c^2+a^2b^2}.$

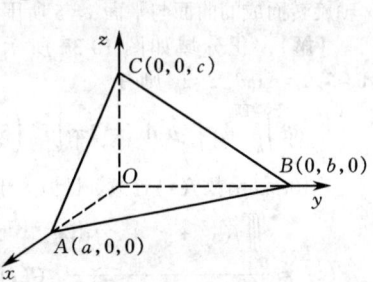

图 10-38

12. 在均匀的半径为 R 的半圆形薄片的直径上,要接上一个一边与直径等长的同样材料的均匀矩形薄片,为了使整个均匀薄片的质心恰好落在圆心上,问接上去的均匀矩形薄片另一边的长度应是多少?

【解】 设另一边长度为 H,则如图 10-39 所示,应有 $\iint_D y dxdy = 0$,而

$$\iint_D y dxdy = \int_{-R}^R dx\int_{-H}^0 ydy + \int_0^\pi d\theta\int_0^R r\sin\theta rdr = -RH^2+\frac{2}{3}R^3.$$

令
$$-RH^2+\frac{2}{3}R^3 = 0,$$

得
$$H = \sqrt{\frac{2}{3}}R,$$

所以,接上去的均匀矩形薄片另一边的长度应为 $\sqrt{\dfrac{2}{3}}R.$

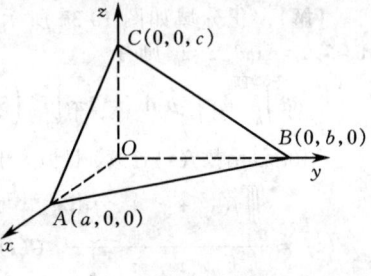

图 10-39

13. 求由抛物线 $y=x^2$ 及直线 $y=1$ 所围成的均匀薄片(面密度为常数 μ)对于直线 $y=-1$ 的转动惯量.

【解】 所求转动惯量应为

$$I = \iint_D \mu(y+1)^2 dxdy,$$

积分域 D 如图 10-40 所示.

$$I = \mu\int_{-1}^1 dx\int_{x^2}^1 (y+1)^2 dy = \frac{\mu}{3}\int_{-1}^1 [8-(x^2+1)^3]dx = \frac{368}{105}\mu.$$

14. 设在 xOy 面上有一质量为 M 的匀质半圆形薄片,占有平面闭区域 $D = \{(x,y)|x^2+y^2\leq R^2, y\geq 0\}$,过圆心 O 垂直于薄片的直线上有一质量为 m 的质点 P,$OP=a$. 求半圆形薄片对质点 P 的引力.

【解】 半圆薄片面密度
$$\mu = \frac{M}{\frac{1}{2}\pi R^2} = \frac{2M}{\pi R^2}.$$

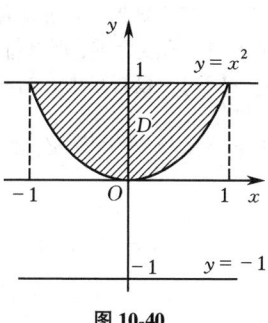

图 10-40

设所求引力为 $\boldsymbol{F} = \{F_x, F_y, F_z\}$，由对称性可知 $F_x = 0$，

$$F_y = G\iint\limits_D \frac{m\mu y}{(x^2+y^2+a^2)^{\frac{3}{2}}} d\sigma = m\mu G \int_0^\pi d\theta \int_0^R \frac{\rho^2 \sin\theta}{(\rho^2+a^2)^{\frac{3}{2}}} d\rho$$

$$= m\mu G \int_0^\pi \sin\theta d\theta \int_0^R \frac{\rho^2}{(\rho^2+a^2)^{\frac{3}{2}}} d\rho$$

$$= 2m\mu G \int_0^R \frac{\rho^2}{(\rho^2+a^2)^{\frac{3}{2}}} d\rho.$$

令 $\rho = a\tan t$，则 $d\rho = a\sec^2 t dt$，

$$F_y = 2m\mu G \int_0^{\arctan\frac{R}{a}} \frac{a^2\tan^2 t}{a^3\sec^3 t} \cdot a\sec^2 t dt = 2m\mu G \int_0^{\arctan\frac{R}{a}} (\sec t - \cos t) dt$$

$$= 2m\mu G [\ln(\sec t - \tan t) - \sin t] \Big|_0^{\arctan\frac{R}{a}}$$

$$= 2m\mu G \left(\ln \frac{R+\sqrt{a^2+R^2}}{a} - \frac{R}{\sqrt{a^2+R^2}} \right)$$

$$= \frac{4GmM}{\pi R^2} \left(\ln \frac{R+\sqrt{a^2+R^2}}{a} - \frac{R}{\sqrt{a^2+R^2}} \right),$$

$$F_z = -G\iint\limits_D \frac{m\mu a}{(x^2+y^2+a^2)^{\frac{3}{2}}} d\sigma = -m\mu Ga \int_0^\pi d\theta \int_0^R \frac{\rho}{(\rho^2+a^2)^{\frac{3}{2}}} d\rho$$

$$= -\pi m\mu Ga \left[-(\rho^2+a^2)^{-\frac{1}{2}} \right] \Big|_0^R = -\frac{2GmM}{R^2} \left(1 - \frac{a}{\sqrt{a^2+R^2}} \right).$$

故所求引力为
$$\boldsymbol{F} = (F_x, F_y, F_z) = \left[0, \frac{4GmM}{\pi R^2} \left(\ln \frac{R+\sqrt{a^2+R^2}}{a} - \frac{R}{\sqrt{a^2+R^2}} \right), -\frac{2GmM}{R^2} \left(1 - \frac{a}{\sqrt{a^2+R^2}} \right) \right].$$

15. 求质量分布均匀的半个旋转椭球体 $\Omega = \{(x,y,z) | \frac{x^2+y^2}{a^2} + \frac{z^2}{b^2} \leq 1, z \geq 0\}$ 的质心.

【解】 设质心为 $(\bar{x}, \bar{y}, \bar{z})$，由对称性知质心位于 z 轴上，即 $\bar{x} = \bar{y} = 0$. 由于

$$\iiint\limits_\Omega z dv = \int_0^b z dz \iint\limits_{D_z} dx dy \quad \left\{ \text{其中 } D_z = \left[(x,y) \mid x^2+y^2 \leq a^2 \left(1 - \frac{z^2}{b^2}\right) \right] \right\}$$

$$= \int_0^b \pi a^2 \left(1 - \frac{z^2}{b^2}\right) z dz = \pi a^2 \int_0^b \left(z - \frac{z^3}{b^2}\right) dz = \frac{\pi a^2 b^2}{4},$$

$$V = \frac{1}{2} \times \frac{4}{3}\pi a^2 b = \frac{2\pi a^2 b}{3},$$

因此 $\bar{z} = \dfrac{\frac{\pi a^2 b^2}{4}}{\frac{2\pi a^2 b}{3}} = \frac{3b}{8}$，即质心为 $\left(0, 0, \frac{3b}{8}\right)$.

*16. 一球形行星的半径为 R, 其质量为 M, 其密度呈球对称分布, 并向着球心线性增加. 若行星表面的密度为零, 那么行星中心的密度是多少?

【解】 设行星中心的密度为 μ_0, 则由题设, 在距球心 $r(0 \leqslant r \leqslant R)$ 处的密度为 $\mu(r) = \mu_0 - kr$. 由于 $\mu(R) = \mu_0 - kR = 0$, 故 $k = \dfrac{\mu_0}{R}$, 即 $\mu(r) = \mu_0 \left(1 - \dfrac{r}{R}\right)$. 于是

$$\begin{aligned}
M &= \iiint\limits_{r \leqslant R} \mu_0 \left(1 - \frac{r}{R}\right) r^2 \sin\varphi \, dr \, d\varphi \, d\theta \\
&= \mu_0 \int_0^{2\pi} d\theta \int_0^{\pi} \sin\varphi \, d\varphi \int_0^R \left(1 - \frac{r}{R}\right) r^2 \, dr \\
&= 4\pi \mu_0 \int_0^R \left(1 - \frac{r}{R}\right) r^2 \, dr \\
&= \frac{\mu_0 \pi R^3}{3},
\end{aligned}$$

因此得

$$\mu_0 = \frac{3M}{\pi R^3}.$$

第十一章 曲线积分与曲面积分

一、主要内容

(一) 主要定义

1. 对弧长的曲线积分

设 $f(x, y)$ 和 $f(x, y, z)$ 分别是定义在平面上光滑曲线 L 和空间光滑曲线 Γ 上的有界函数，则它们在各自曲线上对弧长的曲线积分，分别定义为（若右端极限存在）：

$$\int_L f(x, y) ds = \lim_{\lambda \to 0} \sum_{i=1}^n f(\xi_i, \eta_i) \Delta s_i, \quad \int_\Gamma f(x, y, z) ds = \lim_{\lambda \to 0} \sum_{i=1}^n f(\xi_i, \eta_i, \zeta_i) \Delta s_i,$$

其中 Δs_i 为第 i 个小弧段的长度，$f(M_i)$（$M_i = (\xi_i, \eta_i)$ 或 (ξ_i, η_i, ζ_i)）表示 L（或 Γ）上第 i 个弧段上的任意一点，λ 表示 n 个弧段中最长的一段弧的长度.

2. 对坐标的曲线积分

设

$$f(x, y) = P(x, y)\boldsymbol{i} + Q(x, y)\boldsymbol{j},$$
$$\boldsymbol{F}(x, y, z) = P(x, y, z)\boldsymbol{i} + Q(x, y, z)\boldsymbol{j} + R(x, y, z)\boldsymbol{k}$$

分别是定义在光滑的平面有向曲线 L 和空间有向曲线 Γ 上的向量函数，且 P, Q, R 都是有界函数，则它们在各自曲线上对坐标的曲线积分定义为

$$\int_L \boldsymbol{f} \cdot d\boldsymbol{s} = \int_L P(x, y) dx + \int_L Q(x, y) dy \quad (d\boldsymbol{s} = dx\boldsymbol{i} + dy\boldsymbol{j}),$$

$$\int_\Gamma \boldsymbol{F} \cdot d\boldsymbol{s} = \int_\Gamma P(x, y, z) dx + \int_\Gamma Q(x, y, z) dy + \int_\Gamma R(x, y, z) dz \quad (d\boldsymbol{s} = dx\boldsymbol{i} + dy\boldsymbol{j} + dz\boldsymbol{k}).$$

设下面右端极限存在，定义

$$\int_L P(x, y) dx = \lim_{\lambda \to 0} \sum_{i=1}^n P(\xi_i, \eta_i) \Delta x_i, \quad \int_\Gamma P(x, y, z) dx = \lim_{\lambda \to 0} \sum_{i=1}^n P(\xi_i, \eta_i, \zeta_i) \Delta x_i,$$

都称为在相应曲线上对坐标 x 的曲线积分，类似地可以写出对坐标 y, z 的曲线积分的定义.

3. 对面积的曲面积分

设 $f(x, y, z)$ 是定义在光滑曲面 Σ 上的有界函数，则 $f(x, y, z)$ 在 Σ 上对面积的曲面积分定义为（设右端极限存在，以下同此）

$$\iint_\Sigma f(x, y, z) dS = \lim_{\lambda \to 0} \sum_{i=1}^n f(\xi_i, \eta_i, \zeta_i) \Delta S_i,$$

其中 ΔS_i 为第 i 个小曲面块的面积，点 (ξ_i, η_i, ζ_i) 为第 i 个小曲面块上的任意一点，λ 表示 n 个小曲面块诸直径中的最大者.

4. 对坐标的曲面积分

设 Σ 为一张光滑的有向曲面，

$$\boldsymbol{F}(x, y, z) = P(x, y, z)\boldsymbol{i} + Q(x, y, z)\boldsymbol{j} + R(x, y, z)\boldsymbol{k}$$

是定义在 Σ 上的向量函数，且 P, Q, R 在 Σ 上有界，则函数 P, Q, R 对坐标的曲面积分可表示为

$$\iint_\Sigma \boldsymbol{F} \cdot d\boldsymbol{S} = \iint_\Sigma P(x, y, z) dydz + \iint_\Sigma Q(x, y, z) dzdx + \iint_\Sigma R(x, y, z) dxdy$$

$$(d\boldsymbol{S} = dydz\boldsymbol{i} + dzdx\boldsymbol{j} + dxdy\boldsymbol{k}),$$

其中
$$\iint_\Sigma P(x,y,z)dydz = \lim_{\lambda \to 0}\sum_{i=1}^n P(\xi_i,\eta_i,\zeta_i)(\Delta S_i)_{yz}$$
称为 P 对坐标 y,z 的曲面积分,$(\Delta S_i)_{yz}$ 为第 i 个小曲面块 ΔS_i(也表示相应的面积)在 yOz 面上的投影,(ξ_i,η_i,ζ_i) 为 ΔS_i 上的任意一点,λ 为 n 个曲面块的最大直径长.

类似地有
$$\iint_\Sigma Q(x,y,z)dzdx = \lim_{\lambda \to 0}\sum_{i=1}^n Q(\xi_i,\eta_i,\zeta_i)(\Delta S_i)_{zx},$$
$$\iint_\Sigma R(x,y,z)dxdy = \lim_{\lambda \to 0}\sum_{i=1}^n R(\xi_i,\eta_i,\zeta_i)(\Delta S_i)_{xy},$$
分别称为 Q 和 R 在 Σ 面上对坐标 z,x 和 x,y 的曲面积分.

5. 通量

$\iint_\Sigma \boldsymbol{A}\cdot\boldsymbol{n}dS$,式中 $\boldsymbol{A}=P\boldsymbol{i}+Q\boldsymbol{j}+R\boldsymbol{k}$,$\boldsymbol{n}$ 为 Σ 的单位法向量,$\boldsymbol{n}=\cos\alpha\boldsymbol{i}+\cos\beta\boldsymbol{j}+\cos\gamma\boldsymbol{k}$.

6. 散度
$$\text{div}\boldsymbol{A} = \frac{\partial P}{\partial x}+\frac{\partial Q}{\partial y}+\frac{\partial R}{\partial z}.$$

7. 旋度
$$\textbf{rot}\boldsymbol{A} = \left(\frac{\partial R}{\partial y}-\frac{\partial Q}{\partial z}\right)\boldsymbol{i}+\left(\frac{\partial P}{\partial z}-\frac{\partial R}{\partial x}\right)\boldsymbol{j}+\left(\frac{\partial Q}{\partial x}-\frac{\partial P}{\partial y}\right)\boldsymbol{k}.$$

8. 环流量
$$\Phi = \oint_\Gamma Pdx+Qdy+Rdz.$$
Γ 的正向与 Σ 的侧符合右手定则.

9. 全微分方程
$$P(x,y)dx+Q(x,y)dy = 0 \quad \left(\text{满足}\frac{\partial Q}{\partial x}=\frac{\partial P}{\partial y}\right)$$
的通解为
$$u(x,y)=C,$$
其中
$$u(x,y)=\int_{x_0}^x P(x,y_0)dx+\int_{y_0}^y Q(x,y)dy.$$

(二) 主要结论

1. 曲线积分的性质

设函数 $f(x,y),g(x,y)$ 在光滑曲线 L 上连续,k 为常数,则

(1) $\int_L ds = L$ (L 也表示曲线 L 的长度).

(2) $\int_L [f(x,y)\pm g(x,y)]ds = \int_L f(x,y)ds \pm \int_L g(x,y)ds.$

(3) $\int_L kf(x,y)ds = k\int_L f(x,y)ds.$

(4) $\int_L f(x,y)ds = \int_{L_1} f(x,y)ds+\int_{L_2} f(x,y)ds$,其中 $L=L_1+L_2$.

对坐标的曲线积分具有上述性质(2),(3),(4).但积分与曲线方向有关:
$$\int_{\widehat{AB}} P(x,y)dx+Q(x,y)dy = -\int_{\widehat{BA}} P(x,y)dx+Q(x,y)dy.$$

(5) 若 $f(x,y)\leq g(x,y)$,则 $\int_L f(x,y)ds \leq \int_L g(x,y)ds.$

(6) 若在 L 上 $m \leq f(x, y) \leq M$，L 亦表示曲线弧 L 的长度，则
$$mL \leq \int_L f(x, y) \mathrm{d}s \leq ML.$$

(7) 若 $f(x, y)$ 在 L 上连续，则必有 (ξ, η) 在 L 上，使得
$$\int_L f(x, y) \mathrm{d}s = f(\xi, \eta) \cdot L.$$

注 对面积的曲面积分有与此完全平行的性质.

2. 曲线积分的计算方法

(1) 设曲线 L 由参数方程 $x = \varphi(t), y = \psi(t), \alpha \leq t \leq \beta$ 给出，且 $\varphi(t), \psi(t)$ 在 $[\alpha, \beta]$ 上具有一阶连续导数，又 $f(x, y)$ 在曲线 L 上连续，则有
$$\int_L f(x, y) \mathrm{d}s = \int_\alpha^\beta f(\varphi(t), \psi(t)) \sqrt{\varphi'^2(t) + \psi'^2(t)} \mathrm{d}t \quad (\alpha < \beta);$$

若曲线 L 由极坐标 $r = r(\theta)$ $(\alpha \leq \theta \leq \beta)$ 给出，则有
$$\int_L f(x, y) \mathrm{d}s = \int_\alpha^\beta f(r\cos\theta, r\sin\theta) \sqrt{r^2(\theta) + r'^2(\theta)} \mathrm{d}\theta;$$

若曲线 L 由方程 $y = \psi(x)$ $(a \leq x \leq b)$ 给出，则有
$$\int_L f(x, y) \mathrm{d}s = \int_a^b f(x, \psi(x)) \sqrt{1 + \psi'^2(x)} \mathrm{d}x;$$

若曲线 L 由方程 $x = \varphi(y)$ $(c \leq y \leq d)$ 给出，则有
$$\int_L f(x, y) \mathrm{d}s = \int_c^d f(\varphi(y), y) \sqrt{1 + \varphi'^2(y)} \mathrm{d}y.$$

(2) 设曲线 L 由参数方程 $x = \varphi(t), y = \psi(t)$ 给出，L 的起点 A 及终点 B 分别对应于参数值 α 及 β（α 不一定小于 β），且 $\varphi(t), \psi(t)$ 在 $[\alpha, \beta]$ 上具有一阶连续导数，当 t 由 α 变到 β 时，点 $M(x, y)$ 描出有向曲线 L. 又 $P(x, y), Q(x, y)$ 在 L 上连续，则有
$$\int_{\widehat{AB}} P(x, y) \mathrm{d}x + Q(x, y) \mathrm{d}y = \int_\alpha^\beta [P(\varphi(t), \psi(t))\varphi'(t) + Q(\varphi(t), \psi(t))\psi'(t)] \mathrm{d}t;$$

若曲线 $\widehat{AB}$ 由 $y = \psi(x)$ 给出时，则有
$$\int_{\widehat{AB}} P(x, y) \mathrm{d}x + Q(x, y) \mathrm{d}y = \int_a^b [P(x, \psi(x)) + Q(x, \psi(x))\psi'(x)] \mathrm{d}x,$$

其中下限 a 对应起点 A，上限 b 对应终点 B.

注 三维空间内的曲线积分也有与之类似的公式，请读者自己给出.

3. 曲面积分的性质

对面积的曲面积分有类似于对弧长的曲线积分的一些性质.

当对坐标的曲面积分存在时，其性质有：

(1) $\iint\limits_{\Sigma_1+\Sigma_2} P\mathrm{d}y\mathrm{d}z + Q\mathrm{d}z\mathrm{d}x + R\mathrm{d}x\mathrm{d}y = \iint\limits_{\Sigma_1} P\mathrm{d}y\mathrm{d}z + Q\mathrm{d}z\mathrm{d}x + R\mathrm{d}x\mathrm{d}y + \iint\limits_{\Sigma_2} P\mathrm{d}y\mathrm{d}z + Q\mathrm{d}z\mathrm{d}x + R\mathrm{d}x\mathrm{d}y.$

(2) $\iint\limits_{\Sigma^-} P\mathrm{d}y\mathrm{d}z + Q\mathrm{d}z\mathrm{d}x + R\mathrm{d}x\mathrm{d}y = -\iint\limits_{\Sigma^+} P\mathrm{d}y\mathrm{d}z + Q\mathrm{d}z\mathrm{d}x + R\mathrm{d}x\mathrm{d}y.$

其中 Σ^+ 表示曲面 Σ 的某一侧面，而 Σ^- 表示与 Σ^+ 相反侧的有向曲面.

4. 曲面积分的计算方法

(1) 设曲面 Σ 由方程 $z = z(x, y)$ 给出，Σ 在 xOy 面上投影区域为 D_{xy}，函数 $z(x, y)$ 在 D_{xy} 上具有连续一阶偏导数，被积函数 $f(x, y, z)$ 在 Σ 上连续，则有
$$\iint\limits_\Sigma f(x, y, z) \mathrm{d}S = \iint\limits_{D_{xy}} f(x, y, z(x, y)) \sqrt{1 + z_x^2(x, y) + z_y^2(x, y)} \mathrm{d}x\mathrm{d}y;$$

若 Σ 由方程 $x = x(y, z)$ 给出，Σ 在 yOz 面上的投影区域为 D_{yz}，则有
$$\iint\limits_\Sigma f(x, y, z) \mathrm{d}S = \iint\limits_{D_{yz}} f(x(y, z), y, z) \sqrt{1 + x_y^2(y, z) + x_z^2(y, z)} \mathrm{d}y\mathrm{d}z;$$

若 Σ 由方程 $y = y(z, x)$ 给出，Σ 在 zOx 面上的投影区域为 D_{zx}，则有

$$\iint_{\Sigma} f(x, y, z) \mathrm{d}S = \iint_{D_{zx}} f(x, y(z, x), z) \sqrt{1 + y_z^2(z, x) + y_x^2(z, x)} \, \mathrm{d}z\mathrm{d}x.$$

（2）设曲面 Σ 是由方程 $z = z(x, y)$ 给出的曲面上侧，Σ 在 xOy 面上的投影区域为 D_{xy}，函数 $z(x, y)$ 在 D_{xy} 上连续，被积函数 $R(x, y, z)$ 在 Σ 上连续，则有

$$\iint_{\Sigma} R(x, y, z) \mathrm{d}x\mathrm{d}y = \iint_{D_{xy}} R(x, y, z(x, y)) \mathrm{d}x\mathrm{d}y;$$

若曲面积分取在 Σ 的下侧，则有

$$\iint_{\Sigma} R(x, y, z) \mathrm{d}x\mathrm{d}y = -\iint_{D_{xy}} R(x, y, z(x, y)) \mathrm{d}x\mathrm{d}y;$$

若 Σ 由 $x = x(y, z)$ 给出，Σ 在 yOz 面上的投影区域为 D_{yz}，则有

$$\iint_{\Sigma} P(x, y, z) \mathrm{d}y\mathrm{d}z = \pm \iint_{D_{yz}} P(x(y, z), y, z) \mathrm{d}y\mathrm{d}z,$$

当积分曲面取 Σ 的前侧，应取"+"号；取 Σ 的后侧，则取"-"号；

若 Σ 由方程 $y = y(z, x)$ 给出，Σ 在 zOx 面上的投影区域为 D_{zx}，则有

$$\iint_{\Sigma} Q(x, y, z) \mathrm{d}z\mathrm{d}x = \pm \iint_{D_{zx}} Q(x, y(z, x), z) \mathrm{d}z\mathrm{d}x,$$

当积分曲面取 Σ 的右侧，应取"+"号；取 Σ 的左侧，则取"-"号.

5. 格林（Green）公式

设函数 $P(x, y)$ 和 $Q(x, y)$ 及 $\dfrac{\partial P}{\partial y}$，$\dfrac{\partial Q}{\partial x}$ 在分段光滑的闭曲线 L 所围成的闭区域 D 上连续，则有格林公式

$$\oint_{L} P\mathrm{d}x + Q\mathrm{d}y = \iint_{D} \left(\frac{\partial Q}{\partial x} - \frac{\partial P}{\partial y} \right) \mathrm{d}x\mathrm{d}y,$$

其中曲线积分是沿 L 的正向进行的.

当格林公式中取 $P(x, y) = -y$，$Q(x, y) = x$ 时，则有

$$A = \iint_{D} \mathrm{d}x\mathrm{d}y = \frac{1}{2} \oint_{L} x\mathrm{d}y - y\mathrm{d}x,$$

其中 A 为区域 D 的面积.

6. 高斯（Gauss）公式

设空间的有界闭区域 Ω 由分片光滑的闭曲面 Σ 围成，函数 $P(x, y, z)$，$Q(x, y, z)$，$R(x, y, z)$ 及其偏导数在 Ω 上连续，则有高斯公式

$$\oiint_{\Sigma} P\mathrm{d}y\mathrm{d}z + Q\mathrm{d}z\mathrm{d}x + R\mathrm{d}x\mathrm{d}y = \iiint_{\Omega} \left(\frac{\partial P}{\partial x} + \frac{\partial Q}{\partial y} + \frac{\partial R}{\partial z} \right) \mathrm{d}v,$$

其中曲面积分取 Σ 的外侧.

7. 斯托克斯（Stokes）公式

设曲面 Σ 的边界为光滑闭曲线 Γ，Γ 的正向与 Σ 的侧符合右手规则，函数 $P(x, y, z)$，$Q(x, y, z)$，$R(x, y, z)$ 及其偏导数在 Σ 上连续，则有斯托克斯公式

$$\oint_{\Gamma} P\mathrm{d}x + Q\mathrm{d}y + R\mathrm{d}z = \iint_{\Sigma} \left(\frac{\partial R}{\partial y} - \frac{\partial Q}{\partial z} \right) \mathrm{d}y\mathrm{d}z + \left(\frac{\partial P}{\partial z} - \frac{\partial R}{\partial x} \right) \mathrm{d}z\mathrm{d}x + \left(\frac{\partial Q}{\partial x} - \frac{\partial P}{\partial y} \right) \mathrm{d}x\mathrm{d}y$$

$$= \iint_{\Sigma} \begin{vmatrix} \mathrm{d}y\mathrm{d}z & \mathrm{d}z\mathrm{d}x & \mathrm{d}x\mathrm{d}y \\ \dfrac{\partial}{\partial x} & \dfrac{\partial}{\partial y} & \dfrac{\partial}{\partial z} \\ P & Q & R \end{vmatrix}.$$

8. 两类曲线积分之间的联系

(1) $\int_L P\mathrm{d}x + Q\mathrm{d}y = \int_L (P\cos\alpha + Q\cos\beta)\mathrm{d}s$,

式中 $\cos\alpha = \dfrac{\mathrm{d}x}{\mathrm{d}s}$, $\cos\beta = \dfrac{\mathrm{d}y}{\mathrm{d}s}$, 它们是曲线切向量的方向余弦.

(2) $\int_\Gamma P\mathrm{d}x + Q\mathrm{d}y + R\mathrm{d}z = \int_\Gamma (P\cos\alpha + Q\cos\beta + R\cos\gamma)\mathrm{d}s$,

式中 $\cos\alpha = \dfrac{\mathrm{d}x}{\mathrm{d}s}$, $\cos\beta = \dfrac{\mathrm{d}y}{\mathrm{d}s}$, $\cos\gamma = \dfrac{\mathrm{d}z}{\mathrm{d}s}$, 它们是 Γ 在点 (x, y, z) 处切向量的方向余弦.

9. 两类曲面积分之间的联系

$$\iint_\Sigma P\mathrm{d}y\mathrm{d}z + Q\mathrm{d}z\mathrm{d}x + R\mathrm{d}x\mathrm{d}y = \iint_\Sigma (P\cos\alpha + Q\cos\beta + R\cos\gamma)\mathrm{d}S,$$

式中 $\cos\alpha$, $\cos\beta$, $\cos\gamma$ 为有向曲面 Σ 在 (x, y, z) 处法向量的方向余弦. 当把对坐标的曲面积分化成对面积的曲面积分时, $\{\mathrm{d}y\mathrm{d}z, \mathrm{d}z\mathrm{d}x, \mathrm{d}x\mathrm{d}y\}$ 转化成 $\{\cos\alpha\mathrm{d}S, \cos\beta\mathrm{d}S, \cos\gamma\mathrm{d}S\}$.

10. $P(x, y)\mathrm{d}x + Q(x, y)\mathrm{d}y = 0$ 简单积分因子的求法

若 $\dfrac{1}{Q}\left(\dfrac{\partial P}{\partial y} - \dfrac{\partial Q}{\partial x}\right)$ 与 y 无关, 则有积分因子

$$\mu(x) = e^{\int \frac{1}{Q}\left(\frac{\partial P}{\partial y} - \frac{\partial Q}{\partial x}\right)\mathrm{d}x};$$

若 $\dfrac{1}{P}\left(\dfrac{\partial P}{\partial y} - \dfrac{\partial Q}{\partial x}\right)$ 与 x 无关, 则有积分因子

$$\mu(y) = e^{-\int \frac{1}{P}\left(\frac{\partial P}{\partial y} - \frac{\partial Q}{\partial x}\right)\mathrm{d}y}.$$

一般地, 如果 $P(x, y)\mathrm{d}x + Q(x, y)\mathrm{d}y$ 有积分因子 $\mu(x, y)$, 则 $\mu(x, y)$ 应满足一阶偏微分方程

$$Q\dfrac{\partial \mu}{\partial x} - P\dfrac{\partial \mu}{\partial y} = \left(\dfrac{\partial P}{\partial y} - \dfrac{\partial Q}{\partial x}\right)\mu.$$

(三) 结论补充

1. 曲线积分 $\int_L P\mathrm{d}x + Q\mathrm{d}y$ 与路径无关的条件: 设 $P(x, y)$, $Q(x, y)$ 在单连通区域 D 内具有一阶连续偏导数, 则以下四条相互等价:

(1) $\int_L P\mathrm{d}x + Q\mathrm{d}y$ 在 D 内与路径无关.

(2) $\oint_C P\mathrm{d}x + Q\mathrm{d}y = 0$, C 为 D 在任一分段光滑闭曲线.

(3) $\dfrac{\partial Q}{\partial x} = \dfrac{\partial P}{\partial y}$.

(4) 存在 $u(x, y)$, 使 $\mathrm{d}u = P\mathrm{d}x + Q\mathrm{d}y$,

且 $$u(x, y) = \int_{x_0}^x P(x, y_0)\mathrm{d}x + \int_{y_0}^y Q(x, y)\mathrm{d}y,$$

或 $$u(x, y) = \int_{y_0}^y Q(x_0, y)\mathrm{d}y + \int_{x_0}^x P(x, y)\mathrm{d}x.$$

若对空间曲线积分给出与上面类似的条件也有类似的结论.

2. $\int_\Gamma P\mathrm{d}x + Q\mathrm{d}y + R\mathrm{d}z$ 与路径无关的充分必要条件有

(1) $\oint_C P\mathrm{d}x + Q\mathrm{d}y + R\mathrm{d}z = 0$.

(2) $\dfrac{\partial P}{\partial y} = \dfrac{\partial Q}{\partial x}$, $\dfrac{\partial Q}{\partial z} = \dfrac{\partial R}{\partial y}$, $\dfrac{\partial R}{\partial x} = \dfrac{\partial P}{\partial z}$.

(3) 存在 $u(x, y, z)$, 使 $\mathrm{d}u = P\mathrm{d}x + Q\mathrm{d}y + R\mathrm{d}z$, 且

$$u(x, y, z) = \int_{x_0}^{x} P(x, y_0, z_0) dx + \int_{y_0}^{y} Q(x, y, z_0) dy + \int_{z_0}^{z} R(x, y, z) dz.$$

3. 格林第一公式

设 $u(x,y,z)$, $v(x,y,z)$ 在闭区域 Ω 上具有一阶及二阶连续偏导数，则

$$\iiint_{\Omega} u\left(\frac{\partial^2 v}{\partial x^2} + \frac{\partial^2 v}{\partial y^2} + \frac{\partial^2 v}{\partial z^2}\right) dv = \oiint_{\Sigma} u \frac{\partial v}{\partial n} dS - \iiint_{\Omega} \left(\frac{\partial u}{\partial x}\frac{\partial v}{\partial x} + \frac{\partial u}{\partial y}\frac{\partial v}{\partial y} + \frac{\partial u}{\partial z}\frac{\partial v}{\partial z}\right) dv,$$

其中 Σ 是闭区域 Ω 的整个边界曲面，$\frac{\partial v}{\partial n}$ 为函数 $v(x,y,z)$ 沿 Σ 的外法线方向的方向导数。

4. 格林第二公式

$$\iiint_{\Omega} \left[u\left(\frac{\partial^2 v}{\partial x^2} + \frac{\partial^2 v}{\partial y^2} + \frac{\partial^2 v}{\partial z^2}\right) - v\left(\frac{\partial^2 u}{\partial x^2} + \frac{\partial^2 u}{\partial y^2} + \frac{\partial^2 u}{\partial z^2}\right)\right] dv = \oiint_{\Sigma} \left(u \frac{\partial v}{\partial n} - v \frac{\partial u}{\partial n}\right) dS \quad \text{（条件与3相同）}.$$

5. 设 $I = \iint_{\Sigma} R(x,y,z) d\sigma$，$\Sigma: z = z(x,y)$，$z_x$，$z_y$ 连续。Σ 关于 xOy 面对称，Σ_1 表示 xOy 面上方或下方的部分。若 $R(x,y,z)$ 关于 z 为奇（偶）函数，则有

$$I = 2\iint_{\Sigma_1} R(x,y,z) d\sigma \quad (I = 0).$$

注 对坐标的曲线积分也有类似结论。

6. $I = \iint_{\Sigma} f(x,y,z) dS$，若连续函数 $u = f(x,y,z)$ 关于 z 为奇（偶）函数，光滑曲面 Σ 关于 xOy 面对称，Σ_1 表示 Σ 的位于 xOy 面上方的部分，则

$$I = 0 \quad \left(I = 2\iint_{\Sigma_1} f(x,y,z) dS\right).$$

注 对弧长的曲线积分也有与之类似的结论。

7. 设曲线积分 $\int_L Pdx + Qdy$ 与路径无关，L 的始点为 (x_0, y_0)，终点为 (x, y)。记

$$du = Pdx + Qdy,$$

则

$$\int_L Pdx + Qdy = u(x, y) - u(x_0, y_0).$$

注 利用此公式，可以简化与路径无关的曲线积分的计算。

8. 对弧长的曲线积分的应用

以空间为例，空间光滑曲线 L，线密度为 $\rho(x,y,z)$，则

（1）质量

$$M = \int_L \rho(x,y,z) ds.$$

（2）质心坐标 $(\bar{x}, \bar{y}, \bar{z})$

设 M 为弧段质量，则

$$\bar{x} = \frac{1}{M}\int_L x\rho(x,y,z) ds, \quad \bar{y} = \frac{1}{M}\int_L y\rho(x,y,z) ds, \quad \bar{z} = \frac{1}{M}\int_L z\rho(x,y,z) ds.$$

（3）转动惯量

$$I_x = \int_L (y^2 + z^2)\rho(x,y,z) ds, \quad I_y = \int_L (x^2 + z^2)\rho(x,y,z) ds,$$

$$I_z = \int_L (x^2 + y^2)\rho(x,y,z) ds, \quad I_0 = \int_L (x^2 + y^2 + z^2)\rho(x,y,z) ds.$$

注 对面积的曲面积分也有与之完全平行的结论。

9. 设 $P(x,y,z)$，$Q(x,y,z)$，$R(x,y,z)$ 在空间曲面 Σ 上连续，$\Sigma: z = z(x,y)$，z_x，z_y 连续，Σ 的法向量方向余弦不变号，则有

$$\iint_\Sigma P dydz + Qdzdx + Rdxdy = \iint_\Sigma (P,\ Q,\ R) \cdot (-z_x,\ -z_y,\ 1) dxdy.$$

10. 设函数 $P(x,y)$, $Q(x,y)$ 在除去 M_0 外的区域 D 上具有各连续的一阶偏导数，且 $\dfrac{\partial Q}{\partial x} = \dfrac{\partial P}{\partial y}$. 如图 11-1 所示，必有

$$\oint_L Pdx + Qdy = \oint_\gamma Pdx + Qdy,$$

式中 L 与 γ 是任意围绕 M_0 的同向闭区域.

11. 设 G 是空间二维单连通区域，$P(x,y,z)$, $Q(x,y,z)$, $R(x,y,z)$ 在 G 内具有各一阶连续偏导数，Σ 是 G 内任意光滑闭曲面外侧，则

$$\oiint_\Sigma Pdydz + Qdzdx + Rdxdy = 0$$

的充要条件是 $\dfrac{\partial P}{\partial x} + \dfrac{\partial Q}{\partial y} + \dfrac{\partial R}{\partial z} = 0$ 在 G 内恒成立.

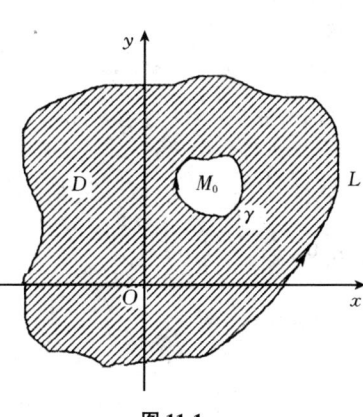

图 11-1

12. 设 $P(x,y,z)$, $Q(x,y,z)$, $R(x,y,z)$ 在除 M_0 外的空间区域 G 内有各连续的一阶偏导数，Σ_1, Σ_2 是任意包围 M_0 的光滑闭曲面，皆取外侧，当 $\dfrac{\partial P}{\partial x} + \dfrac{\partial Q}{\partial y} + \dfrac{\partial R}{\partial z} = 0$（除 M_0 外）时，则有

$$\oiint_{\Sigma_1} Pdydz + Qdzdx + Rdxdy = \oiint_{\Sigma_2} Pdydz + Qdzdx + Rdxdy.$$

二、典型例题

（一）曲线积分

1. 对弧长的曲线积分

【例 11-1】 设 $L: \begin{cases} x^2 + y^2 + z^2 = a^2, \\ y + z = a \end{cases}$ $(a > 0)$，求 $\oint_L y^2 ds$.

【解】 将 $z = a - y$ 代入 $x^2 + y^2 + z^2 = a^2$，得 $x^2 + y^2 + (y-a)^2 = a^2$，再化成

$$x^2 + \left(\sqrt{2}y - \dfrac{a}{\sqrt{2}}\right)^2 = \left(\dfrac{a}{\sqrt{2}}\right)^2.$$

令 $x = \dfrac{a}{\sqrt{2}}\cos\theta$，$\sqrt{2}y - \dfrac{a}{\sqrt{2}} = \dfrac{a}{\sqrt{2}}\sin\theta$，则将 L 化成参数式方程

$$x = \dfrac{a}{\sqrt{2}}\cos\theta,\ y = \dfrac{a}{2} + \dfrac{a}{2}\sin\theta,\ z = \dfrac{a}{2} - \dfrac{a}{2}\sin\theta \quad (0 \leqslant \theta \leqslant 2\pi).$$

于是

$$ds = \sqrt{\left(-\dfrac{a}{\sqrt{2}}\sin\theta\right)^2 + \left(\dfrac{a}{2}\cos\theta\right)^2 + \left(-\dfrac{a}{2}\cos\theta\right)^2} d\theta = \dfrac{a}{\sqrt{2}}d\theta,$$

$$\oint_L y^2 ds = \int_0^{2\pi} \left(\dfrac{a}{2} + \dfrac{a}{2}\sin\theta\right)^2 \dfrac{a}{\sqrt{2}} d\theta = \dfrac{a^3}{4\sqrt{2}} \int_0^{2\pi} (1 + 2\sin\theta + \sin^2\theta) d\theta = \dfrac{3}{4\sqrt{2}}\pi a^3.$$

【例 11-2】 求 $\oint_L x^2 ds$，式中 L 为圆周 $\begin{cases} x^2 + y^2 + z^2 = a^2, \\ x + y + z = 0. \end{cases}$

【解】 $\oint_L x^2 \mathrm{d}s = \oint_L y^2 \mathrm{d}s = \oint_L z^2 \mathrm{d}s$,故

$$\oint_L x^2 \mathrm{d}s = \frac{1}{3}\oint_L (x^2 + y^2 + z^2)\mathrm{d}s = \frac{1}{3}\oint_L a^2 \mathrm{d}s = a^2 \cdot \frac{1}{3} \cdot 2\pi a = \frac{2}{3}\pi a^3.$$

2. 对坐标的曲线积分

【例 11-3】 求 $\int_L x\mathrm{d}y - y\mathrm{d}x$,式中 L 是沿摆线 $x = t - \sin t$, $y = 1 - \cos t$,从 $O(0,0)$ 到 $A(2\pi,0)$ 的一段.

【解】
$$\int_L x\mathrm{d}y - y\mathrm{d}x = \int_0^{2\pi}[(t-\sin t)\cdot \sin t - (1-\cos t)^2]\mathrm{d}t = \int_0^{2\pi}(t\sin t - 2 + 2\cos t)\mathrm{d}t = -6\pi.$$

【例 11-4】 求 $\int_L \frac{x}{2}\mathrm{d}x + y\mathrm{d}y + z\mathrm{d}z$,式中 L 是圆 $\begin{cases} x^2 + y^2 + z^2 = 1 \\ y = z \end{cases}$,在第 I 卦限从 $A(1,0,0)$ 到 $B\left(0, \frac{1}{\sqrt{2}}, \frac{1}{\sqrt{2}}\right)$ 一段.

【解法 1】 $x = \cos t$, $y = \frac{1}{\sqrt{2}}\sin t$, $z = \frac{1}{\sqrt{2}}\sin t$, t 从 0 变到 $\frac{\pi}{2}$.

原式 $= \int_0^{\frac{\pi}{2}}\left[\frac{1}{2}\cos t \cdot (-\sin t) + \frac{1}{2}\sin t\cos t + \frac{1}{2}\sin t\cos t\right]\mathrm{d}t = \frac{1}{2}\int_0^{\frac{\pi}{2}}\sin t\cos t\,\mathrm{d}t = \frac{1}{4}.$

【解法 2】 原式 $= \left.\left(\frac{x^2}{4} + \frac{y^2}{2} + \frac{z^2}{2}\right)\right|_{(1,0,0)}^{\left(0,\frac{1}{\sqrt{2}},\frac{1}{\sqrt{2}}\right)} = \frac{1}{4}.$

3. 综合问题

(1) 格林公式

【例 11-5】 设 L 为圆 $x^2 + y^2 = a^2 (a > 0)$ 依逆时针一周,求 $\oint_L xy^2\mathrm{d}y - x^2 y\mathrm{d}x.$

【解】 $P(x,y) = -x^2 y$, $Q(x,y) = xy^2$, 记 $D: x^2 + y^2 \leq a^2$, 利用格林公式,得

原式 $= \iint_D \left[\frac{\partial}{\partial x}(xy^2) - \frac{\partial}{\partial y}(-x^2 y)\right]\mathrm{d}x\mathrm{d}y = \iint_D (y^2 + x^2)\mathrm{d}x\mathrm{d}y = \int_0^{2\pi}\mathrm{d}\theta\int_0^a r^2 \cdot r\,\mathrm{d}r = \frac{1}{2}\pi a^4.$

【例 11-6】 求 $\int_{\widehat{ANO}} (e^x \sin y - my)\mathrm{d}x + (e^x \cos y - m)\mathrm{d}y$,式中 $\widehat{ANO}$ 为由点 $A(a,0)$ 至点 $O(0,0)$ 的如图 11-2 所示的上半圆周 $(a > 0)$.

【解】 补充 $\overline{OA}$. 显然在 $\overline{OA}$ 上的积分值为 0,于是有

$\int_{\widehat{ANO}} (e^x \sin y - my)\mathrm{d}x + (e^x \cos y - m)\mathrm{d}y = \oint_{\widehat{ANOA}} (e^x \sin y - my)\mathrm{d}x + (e^x \cos y - m)\mathrm{d}y$

$= \iint_{x^2+y^2 \leq ax}\left[\frac{\partial}{\partial x}(e^x \cos y - m) - \frac{\partial}{\partial y}(e^x \sin y - my)\right]\mathrm{d}x\mathrm{d}y$

$= \iint_{\substack{x^2+y^2 \leq ax \\ y \geq 0}} (e^x \cos y - e^x \cos y + m)\mathrm{d}x\mathrm{d}y = m \cdot \frac{1}{2}\pi\left(\frac{a}{2}\right)^2 = \frac{\pi a^2 m}{8}.$

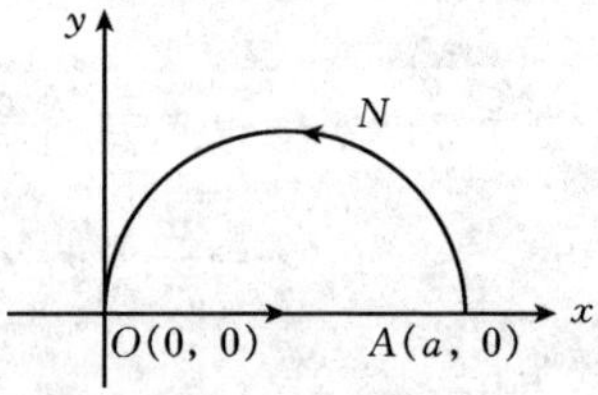

图 11-2

(2) 积分路径的选取与运算简化

【例 11-7】 求 $\oint_L \frac{x\mathrm{d}y - y\mathrm{d}x}{4x^2 + y^2}$,式中 L 是以点 $(1,0)$ 为中心,$R(R > 1)$ 为半径的圆周,取逆时针

方向.

【解】 $P = \dfrac{-y}{4x^2 + y^2}$, $Q = \dfrac{x}{4x^2 + y^2}$, $\dfrac{\partial Q}{\partial x} = \dfrac{y^2 - 4x^2}{(4x^2 + y^2)^2} = \dfrac{\partial P}{\partial y}$ $(4x^2 + y^2 \neq 0)$.

取 $\gamma: 4x^2 + y^2 = \delta^2 (\delta > 0)$ 使此椭圆含于 L 内，取逆时针一周，记 $D: 4x^2 + y^2 \leq \delta^2$，则有

$$\text{原式} = \oint_\gamma \frac{xdy - ydx}{4x^2 + y^2} = \frac{1}{\delta^2}\oint_\gamma xdy - ydx = \frac{1}{\delta^2}\iint_D 2dxdy = \frac{1}{\delta^2} \cdot 2 \cdot \pi \cdot \frac{\delta}{2} \cdot \delta = \pi.$$

【例 11-8】 设 $f(u)$ 连续可微，L 为从 $A\left(3, \dfrac{2}{3}\right)$ 到 $B(1, 2)$ 的直线段，求 $\displaystyle\int_L \dfrac{1 + y^2 f(xy)}{y}dx + \dfrac{x}{y^2}[y^2 f(xy) - 1]dy$.

【解】 原式 $= \displaystyle\int_L \dfrac{ydx - xdy}{y^2} + \int_L f(xy)(ydx + xdy) = \int_L d\left(\dfrac{x}{y}\right) + \int_L f(xy)d(xy)$.

记 $F'(u) = f(u)$，则有

$$\text{原式} = \left[\frac{x}{y} + F(xy)\right]\Big|_{(3, \frac{2}{3})}^{(1, 2)} = -4.$$

【例 11-9】 设 L 是从点 $(1, 1, 1)$ 到 $(1, 1, \sqrt{3})$ 的直线段，求 $\displaystyle\int_L \dfrac{yzdx + zxdy + xydz}{1 + x^2 y^2 z^2}$.

【解】 由于被积表达式

$$\frac{yzdx + zxdy + xydz}{1 + x^2 y^2 z^2} = \frac{d(xyz)}{1 + (xyz)^2} = d(\arctan(xyz) + C),$$

故 $u = \arctan(xyz) + C$,

则 $\text{原式} = \arctan(xyz)\Big|_{(1,1,1)}^{(1,1,\sqrt{3})} = \dfrac{\pi}{12}$.

【例 11-10】 求 $\displaystyle\int_L \left[x\sin\sqrt{x^2 + y^2} + \dfrac{x^2}{4} + (y-1)^2 + 4y\right]ds$，式中 L 为椭圆 $\dfrac{x^2}{4} + (y-1)^2 = 1$.

【解】 由于积分弧段关于 y 轴对称，被积函数关于 x 为连续的奇函数，故

$$\int_L x\sin\sqrt{x^2 + y^2}ds = 0.$$

又 $\dfrac{x^2}{4} + (y-1)^2 = 1$,

故 $\displaystyle\int_L \left[\dfrac{x^2}{4} + (y-1)^2\right]ds = L$ （L 是椭圆的全长），

而 $\displaystyle\int_L 4yds = 4\int_L yds$.

又 L 的重心在 $(0, 1)$，由公式 $\bar{y} = \dfrac{\int_L yds}{\int_L ds}$，得

$$\int_L yds = \bar{y}L = 1 \cdot L,$$

所以 $\displaystyle\int_L 4yds = 4L$.

总之 $\text{原式} = 0 + L + 4L = 5L$.

又 $L = \pi[1.5(a + b) - \sqrt{ab}]$,

代入 $a = 2, b = 1$，得 $L = \pi[1.5(2 + 1) - \sqrt{2 \times 1}] = \pi(4.5 - \sqrt{2})$，所以

$$\text{原式} = 5\pi(4.5 - \sqrt{2}) \approx 15.5\pi.$$

(二) 曲面积分

1. 对面积的曲面积分

【例 11-11】 求 $\iint\limits_{\Sigma} z \, dS$,式中 Σ 为锥面 $z = \sqrt{x^2 + y^2}$ 在柱面 $x^2 + y^2 = 2x$ 内的部分.

【解】 记 $D: (x-1)^2 + y^2 \leqslant 1$. 由于 $z = \sqrt{x^2 + y^2}$,故

$$\frac{\partial z}{\partial x} = \frac{x}{\sqrt{x^2 + y^2}}, \quad \frac{\partial z}{\partial y} = \frac{y}{\sqrt{x^2 + y^2}}, \quad dS = \sqrt{1 + z_x^2 + z_y^2} \, dxdy = \sqrt{2} \, dxdy,$$

$$\iint\limits_{\Sigma} z \, dS = \iint\limits_{D} \sqrt{x^2 + y^2} \cdot \sqrt{2} \, dxdy = \sqrt{2} \cdot 2 \int_0^{\frac{\pi}{2}} d\theta \int_0^{2\cos\theta} r^2 \, dr = \frac{16}{3} \sqrt{2} \int_0^{\frac{\pi}{2}} \cos^3\theta \, d\theta = \frac{32}{9} \sqrt{2}.$$

【例 11-12】 求 $\oiint\limits_{\Sigma} \left(x^2 + \frac{1}{2} y^2 + \frac{1}{4} z^2 \right) dS$,式中 Σ 为球面 $x^2 + y^2 + z^2 = a^2$.

【解】 注意到 $\oiint\limits_{\Sigma} x^2 \, dS = \oiint\limits_{\Sigma} y^2 \, dS = \oiint\limits_{\Sigma} z^2 \, dS$.

$$\text{原式} = \left(1 + \frac{1}{2} + \frac{1}{4}\right) \oiint\limits_{\Sigma} x^2 \, dS = \left(1 + \frac{1}{2} + \frac{1}{4}\right) \times \frac{1}{3} \oiint\limits_{\Sigma} (x^2 + y^2 + z^2) \, dS$$

$$= \left(1 + \frac{1}{2} + \frac{1}{4}\right) \times \frac{1}{3} \oiint\limits_{\Sigma} a^2 \, dS = \left(1 + \frac{1}{2} + \frac{1}{4}\right) \times \frac{1}{3} \cdot a^2 \cdot 4\pi a^2 = \frac{7}{3} \pi a^4.$$

2. 对坐标的曲面积分

【例 11-13】 求 $\iint\limits_{\Sigma} \frac{e^z \, dxdy}{\sqrt{x^2 + y^2}}$,$\Sigma$ 为锥面 $z = \sqrt{x^2 + y^2}$ 及平面 $z = 1$ 和 $z = 2$ 所围成的立体表面的外侧.

【解】 将 Σ 分成

$\Sigma_1: z = 2 \ (x^2 + y^2 \leqslant 4)$,取上侧;

$\Sigma_2: z = \sqrt{x^2 + y^2} \ (1 \leqslant x^2 + y^2 \leqslant 4)$,取下侧;

$\Sigma_3: z = 1 \ (x^2 + y^2 \leqslant 1)$,取下侧.

再记 $D_1: x^2 + y^2 \leqslant 4, \ D_2: 1 \leqslant x^2 + y^2 \leqslant 4, \ D_3: x^2 + y^2 \leqslant 1.$

$$\iint\limits_{\Sigma} \frac{e^z \, dxdy}{\sqrt{x^2 + y^2}} = \iint\limits_{\Sigma_1} \frac{e^z \, dxdy}{\sqrt{x^2 + y^2}} + \iint\limits_{\Sigma_2} \frac{e^z \, dxdy}{\sqrt{x^2 + y^2}} + \iint\limits_{\Sigma_3} \frac{e^z \, dxdy}{\sqrt{x^2 + y^2}}$$

$$= \iint\limits_{D_1} \frac{e^2 \, dxdy}{\sqrt{x^2 + y^2}} - \iint\limits_{D_2} \frac{e^{\sqrt{x^2 + y^2}}}{\sqrt{x^2 + y^2}} dxdy - \iint\limits_{D_3} \frac{e}{\sqrt{x^2 + y^2}} dxdy$$

$$= e^2 \int_0^{2\pi} d\theta \int_0^2 \frac{1}{r} r \, dr + \left(- \int_0^{2\pi} d\theta \int_1^2 e^r \, dr \right) + \left(-e \int_0^{2\pi} d\theta \int_0^1 dr \right)$$

$$= 4\pi e^2 + 2\pi(e - e^2) + (-2\pi e) = 2\pi e^2.$$

【例 11-14】 求 $\oiint\limits_{\Sigma} \left| x - \frac{a}{3} \right| dydz + \left| y - \frac{2b}{3} \right| dzdx + \left| z - \frac{c}{4} \right| dxdy$,

式中 Σ 为六面体 $0 \leqslant x \leqslant a, \ 0 \leqslant y \leqslant b, \ 0 \leqslant z \leqslant c$ 外表面.

【解】

$$I_1 = \oiint\limits_{\Sigma} \left| x - \frac{a}{3} \right| dydz = \iint\limits_{\substack{0 \leqslant y \leqslant b \\ 0 \leqslant z \leqslant c}} \left(a - \frac{a}{3} \right) dydz - \iint\limits_{\substack{0 \leqslant y \leqslant b \\ 0 \leqslant z \leqslant c}} \left| 0 - \frac{a}{3} \right| dydz = \frac{2}{3} a \cdot bc - \frac{1}{3} a \cdot bc = \frac{1}{3} abc.$$

类似地,有 $I_2 = \oiint_{\Sigma} \left|y - \dfrac{2b}{3}\right| dzdx = -\dfrac{abc}{3}$, $I_3 = \oiint_{\Sigma} \left|z - \dfrac{c}{4}\right| dxdy = \dfrac{abc}{2}$.

总之   原式 $= I_1 + I_2 + I_3 = \dfrac{abc}{3} + \left(-\dfrac{abc}{3}\right) + \dfrac{abc}{2} = \dfrac{1}{2}abc$.

3. 高斯公式与斯托克斯公式

【例 11-15】 求 $\oiint_{\Sigma} x^2 dydz + y^2 dxdz + z^2 dxdy$. Σ 是球面 $(x-a)^2 + (y-b)^2 + (z-c)^2 = R^2$ 的外侧.

【解】 记 $\Omega: (x-a)^2 + (y-b)^2 + (z-c)^2 \leq R^2$, 利用高斯公式,有

$$原式 = 2\iiint_{\Omega} (x + y + z) dxdydz.$$

作坐标平移, 令 $x = \xi + a, y = \eta + b, z = \zeta + c$,

$$原式 = 2\iiint_{\xi^2 + \eta^2 + \zeta^2 \leq R^2} (\xi + \eta + \zeta + a + b + c) d\xi d\eta d\zeta = 2\iiint_{\xi^2 + \eta^2 + \zeta^2 \leq R^2} (a + b + c) d\xi d\eta d\zeta$$

$$= \dfrac{8}{3}\pi R^3 (a + b + c).$$

注 在求 $\iiint_{\Omega} z dv$ 时, 可利用重心求解公式简化计算: $\iiint_{\Omega} z dv = \dfrac{4}{3}\pi R^3 \cdot c = \dfrac{4}{3}\pi c R^3$.

【例 11-16】 求 $\iint_{\Sigma} 2xz^2 dydz + y(z^2 + 1) dzdx + (9 - z^3) dxdy$,

其中 Σ 是曲面 $z = x^2 + y^2 + 1$ $(1 \leq z \leq 2)$ 的下侧.

【解】 补充 $\Sigma_1: \begin{cases} z = 2, \\ x^2 + y^2 \leq 1, \end{cases}$ 取上侧,

$$原式 = \left(\oiint_{\Sigma + \Sigma_1} - \iint_{\Sigma_1}\right) 2xz^2 dydz + y(z^2 + 1) dzdx + (9 - z^3) dxdy = \iiint_{\Omega} dv - \iint_{D_{xy}} (9 - 2^3) dxdy$$

$$= \int_1^2 \pi(z - 1) dz - \pi = \dfrac{\pi}{2} - \pi = -\dfrac{\pi}{2}.$$

【例 11-17】 求 $\oint_L (y^2 - z^2) dx + (2z^2 - x^2) dy + (3x^2 - y^2) dz$, 式中 L 是平面 $x + y + z = 2$ 与柱面 $|x| + |y| = 1$ 的交线, 从 z 轴正向看去, L 取逆时针方向.

【解】 先利用斯托克斯公式, 再利用 "结论补充" 中公式 9.

记 Σ 为平面 $x + y + z = 2$ $(|x| + |y| \leq 1)$, 取上侧. $D: |x| + |y| \leq 1$.

$$原式 = \iint_{\Sigma} (-2y - 4z) dydz + (-2z - 6x) dzdx + (-2x - 2y) dxdy$$

$$= \iint_{\Sigma} (-2y - 4z, -2z - 6x, -2x - 2y) \cdot (1, 1, 1) dxdy$$

$$= \iint_{\Sigma} (-8x - 4y - 6z) dxdy = \iint_D [-8x - 4y - 6(2 - x - y)] dxdy$$

$$= -2\iint_D (x - y + 6) dxdy = -12\iint_D dxdy = -24.$$

【例 11-18】 求 $\oiint_{\Sigma} \dfrac{xdydz + ydzdx + zdxdy}{(x^2 + y^2 + z^2)^{3/2}}$, 式中 Σ 为包围原点的一闭合曲面, 取外侧.

【解】 记 $r = \sqrt{x^2 + y^2 + z^2}$, 则

$$P = xr^{-3}, Q = yr^{-3}, R = zr^{-3},$$

则
$$\frac{\partial P}{\partial x} + \frac{\partial Q}{\partial y} + \frac{\partial R}{\partial z} = r^{-3} + x \cdot (-3) r^{-4} \cdot \frac{x}{r} + r^{-3} + y \cdot (-3) r^{-4} \cdot \frac{y}{r} + r^{-3} + z \cdot (-3) r^{-4} \cdot \frac{z}{r}$$
$$= 3r^{-3} - \frac{3}{r^3} = 0.$$

根据"结论补充"中公式 12,取充分小的闭合球面 $\Sigma_0: x^2 + y^2 + z^2 = a^2$ 使之完全含于 Σ 内,取外侧. 记 $\Omega_0: x^2 + y^2 + z^2 \leq a^2$.

原式 $= \oiint_{\Sigma_0} \frac{xdydz + ydzdx + zdxdy}{(x^2 + y^2 + z^2)^{3/2}} = \oiint_{\Sigma_0} \frac{xdydz + ydzdx + zdxdy}{a^3} = \frac{1}{a^3} \iiint_{\Omega_0} 3dv = \frac{3}{a^3} \cdot \frac{4}{3}\pi a^3 = 4\pi.$

(三) 综合与应用

1. 曲线积分

【例 11-19】 在方向依纵轴负方向,且大小等于作用点的横坐标平方的力场上,求质量为 m 的质点沿抛物线 $1 - x = y^2$ 从 $A(1, 0)$ 移到 $B(0, 1)$(第一象限内)所做的功.

【解】 依题意,如图 11-3 所示,力场
$$F(x, y) = P(x, y)\boldsymbol{i} + Q(x, y)\boldsymbol{j} = 0\boldsymbol{i} - x^2\boldsymbol{j},$$
做功为
$$W = \int_{\widehat{AB}} 0dx - x^2 dy = -\int_0^1 (1 - y^2)^2 dy = -\frac{8}{15}.$$

【例 11-20】 设螺旋形弹簧一圈方程为
$$x = a\cos t, \ y = a\sin t, \ z = kt \quad (0 \leq t \leq 2\pi),$$
其线密度等于点到原点距离的平方,求此线对 z 轴的转动惯量.

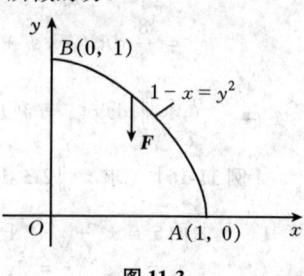

图 11-3

【解】 依题意,线密度函数为
$$\rho(x, y, z) = x^2 + y^2 + z^2,$$
$$I_z = \int_L (x^2 + y^2)\rho(x, y, z)ds = \int_L (x^2 + y^2) \cdot (x^2 + y^2 + z^2)ds$$
$$= \int_0^{2\pi} [(a\cos t)^2 + (a\sin t)^2][(a\cos t)^2 + (a\sin t)^2 + (kt)^2] \cdot \sqrt{\dot{x}^2 + \dot{y}^2 + \dot{z}^2} dt$$
$$= \int_0^{2\pi} a^2(a^2 + k^2 t^2) \sqrt{a^2 + k^2} dt = a^2 \sqrt{a^2 + k^2} \left(2\pi a^2 + \frac{8\pi^3}{3} k^2\right).$$

【例 11-21】 求质量均匀分布的半圆环对位于圆心的单位质点的引力 F.

【解】 质线 L 对质量为 m_0 的质点 $P_0(x_0, y_0)$ 的引力 $F = F_x \boldsymbol{i} + F_y \boldsymbol{j}$,其中
$$F_x = km_0 \int_L \frac{(x - x_0)\mu(x, y)}{[(x - x_0)^2 + (y - y_0)^2]^{3/2}} ds, \quad F_y = km_0 \int_L \frac{(y - y_0)\mu(x, y)}{[(x - x_0)^2 + (y - y_0)^2]^{3/2}} ds.$$

其中 $\mu(x, y)$ 是 L 上任意点 (x, y) 处的线密度,k 为引力常数. 对于本题,设半圆环的圆心在原点,半径为 $a(a > 0)$,则
$$F_x = k\mu \int_L \frac{x}{(x^2 + y^2)^{3/2}} ds = \frac{k\mu}{a} \int_0^\pi \cos t dt = 0, \quad F_y = k\mu \int_L \frac{y}{(x^2 + y^2)^{3/2}} ds = \frac{k\mu}{a} \int_0^\pi \sin t dt = \frac{2k\mu}{a}.$$

引力为 $F = \frac{2k\mu}{a} \boldsymbol{j}.$

2. 曲面积分

【例 11-22】 设 Σ 为椭球面 $\frac{x^2}{2} + \frac{y^2}{2} + z^2 = 1$ 的上半部分,点 $P(x, y, z) \in \Sigma$,Π 为 Σ 在点 P

处的切平面，$\rho(x, y, z)$ 为点 $O(0, 0, 0)$ 到平面 Π 的距离，求
$$\iint_{\Sigma} \frac{z}{\rho(x, y, z)} dS.$$

【解】 $\Sigma: \dfrac{x^2}{2} + \dfrac{y^2}{2} + z^2 = 1$，$\boldsymbol{n} = (x, y, 2z)$。过点 $P(x,y,z)$ 的切平面为
$$x(X - x) + y(Y - y) + 2z(Z - z) = 0.$$

注意到
$$x^2 + y^2 + 2z^2 = 2,$$

上述方程写成
$$\frac{xX}{2} + \frac{yY}{2} + zZ = 1.$$

原点到此平面的距离为 $\rho(x, y, z) = \left(\dfrac{x^2}{4} + \dfrac{y^2}{4} + z^2\right)^{-\frac{1}{2}}$，代入 $z^2 = 1 - \dfrac{x^2}{2} - \dfrac{y^2}{2}$，则
$$\rho(x, y, z) = \frac{1}{\sqrt{1 - \dfrac{x^2}{4} - \dfrac{y^2}{4}}} = \frac{2}{\sqrt{4 - x^2 - y^2}}, \quad dS = \frac{\sqrt{4 - x^2 - y^2} \, dxdy}{2\sqrt{1 - \left(\dfrac{x^2}{2} + \dfrac{y^2}{2}\right)}}.$$

又
$$z = \sqrt{1 - \left(\frac{x^2}{2} + \frac{y^2}{2}\right)}, \quad D: x^2 + y^2 \leq 2,$$

有
$$\iint_{\Sigma} \frac{z}{\rho(x, y, z)} dS = \iint_{D} \frac{\sqrt{4 - x^2 - y^2}}{2} \cdot \sqrt{1 - \left(\frac{x^2}{2} + \frac{y^2}{2}\right)} \cdot \frac{\sqrt{4 - x^2 - y^2}}{2\sqrt{1 - \left(\dfrac{x^2}{2} + \dfrac{y^2}{2}\right)}} d\sigma$$
$$= \frac{1}{4}\iint_{D}(4 - x^2 - y^2) dxdy = \frac{1}{4}\int_0^{2\pi} d\theta \int_0^{\sqrt{2}}(4 - r^2)r dr = \frac{3}{2}\pi.$$

【例 11-23】 试确定可导函数 $f(x)$，使积分
$$\int_{(A)}^{(B)} [e^x + f(x)] y dx - f(x) dy$$

与路径无关，且求 A, B 为 $(0, 0), (1, 1)$ 时的积分值。此处 $f(0) = \dfrac{1}{2}$。

【解】 $P = [e^x + f(x)]y$，$Q = -f(x)$，$\dfrac{\partial Q}{\partial x} = -f'(x)$，$\dfrac{\partial P}{\partial y} = e^x + f(x)$。

令 $\dfrac{\partial Q}{\partial x} = \dfrac{\partial P}{\partial y}$，则有 $f'(x) + f(x) = -e^x$。这是一阶非齐次线性微分方程。
$$f(x) = e^{-\int dx}\left[\int(-e^x)e^{\int dx} dx + C\right] = e^{-x}\left(-\frac{e^{2x}}{2} + C\right).$$

代入 $f(0) = \dfrac{1}{2}$，得 $C = 1$，最后 $f(x) = e^{-x} - \dfrac{1}{2}e^x$。
$$I = \int_{(0,0)}^{(1,1)}\left(e^{-x} + \frac{e^x}{2}\right)y dx - \left(e^{-x} - \frac{e^x}{2}\right) dy = \int_0^1 0 dx - \int_0^1\left(e^{-1} - \frac{e}{2}\right) dy = \frac{e}{2} - \frac{1}{e}.$$

【例 11-24】 在半空间 $x > 0$ 内任意光滑有向曲面 Σ（取外侧），都有
$$\oiint_{\Sigma} xf(x) dydz - xyf(x) dzdx - e^{2x}z dxdy = 0.$$

其中 $f(x)$ 在 $(0, +\infty)$ 内一阶连续可导，且 $\lim\limits_{x \to +0} f(x) = 1$，求 $f(x)$。

【解】 题中所给曲面积分为零的充要条件是
$$[xf(x)]'_x + \frac{\partial}{\partial y}[-xyf(x)] + \frac{\partial}{\partial z}(-e^{2x}z) = 0,$$

即
$$xf'(x) + f(x) - xf(x) - e^{2x} = 0,$$
得微分方程
$$f'(x) + \left(\frac{1}{x} - 1\right)f(x) = \frac{1}{x}e^{2x},$$
从而
$$f(x) = e^{\int\left(1-\frac{1}{x}\right)dx}\left[\int \frac{1}{x}e^{2x} \cdot e^{\int\left(\frac{1}{x}-1\right)dx}dx + C\right] = \frac{e^x}{x}(e^x + C).$$
又
$$\lim_{x\to+0}f(x) = \lim_{x\to+0}\frac{e^{2x} + Ce^x}{x} = 1,$$
必有 $\lim_{x\to+0}(e^{2x} + Ce^x) = 0$, 得 $C + 1 = 0$, 从而 $C = -1$. 最后得
$$f(x) = \frac{e^x}{x}(e^x - 1).$$

(四) 全微分方程

【例 11-25】 求微分方程 $2(3xy^2 + 2x^3)dx + 3(2x^2y + y^2)dy = 0$ 的通解.

【解】 $P(x,y) = 2(3xy^2 + 2x^3)$, $Q(x,y) = 3(2x^2y + y^2)$, $\frac{\partial Q}{\partial x} = \frac{\partial P}{\partial y} = 12xy$, 故方程是全微分方程, 故有 $u(x, y)$, 使
$$du = Pdx + Qdy,$$
$$u(x, y) = \int_0^x 4x^3 dx + \int_0^y 3(2x^2y + y^2)dy = x^4 + 3x^2y^2 + y^3,$$
通解为
$$x^4 + 3x^2y^2 + y^3 = C.$$
实际上, 此方程经过适当并项后会非常容易求解. 原方程写成
$$(6xy^2 dx + 6x^2 y dy) + 4x^3 dx + 3y^2 dy = 0,$$
$$d(3x^2y^2) + d(x^4) + d(y^3) = 0.$$
通解为
$$3x^2y^2 + x^4 + y^3 = C.$$

【例 11-26】 求微分方程 $xdx + \frac{(x+y)dx - (x-y)dy}{x^2 + y^2} = 0$ 的通解.

【解】 将原方程进行分项组合
$$xdx + \frac{xdx + ydy}{x^2+y^2} + \frac{ydx - xdy}{x^2+y^2} = 0,\ xdx + \frac{1}{2}\frac{d(x^2+y^2)}{x^2+y^2} + \frac{d\left(\frac{x}{y}\right)}{1+\left(\frac{x}{y}\right)^2} = 0,$$
$$\frac{1}{2}d(x^2) + \frac{1}{2}d\ln(x^2+y^2) + d\arctan\frac{x}{y} = 0.$$
原方程的通解为
$$\frac{1}{2}x^2 + \frac{1}{2}\ln(x^2+y^2) + \arctan\frac{x}{y} = C.$$

【例 11-27】 求微分方程 $(x^4 + y^4)dx - xy^3 dy = 0\ (xy \neq 0)$ 的通解.

【解】 $P(x,y) = x^4 + y^4$, $Q(x,y) = -xy^3$. $\frac{\partial Q}{\partial x} = -y^3$, $\frac{\partial P}{\partial y} = 4y^3$, $\frac{\partial Q}{\partial x} \neq \frac{\partial P}{\partial y}$, 故原方程不是全微分方程.
$$\frac{1}{Q}\left(\frac{\partial P}{\partial y} - \frac{\partial Q}{\partial x}\right) = \frac{4y^3 - (-y^3)}{-xy^3} = -\frac{5}{x},$$
故有积分因子
$$\mu(x) = e^{\int\left(-\frac{5}{x}\right)dx} = x^{-5}.$$
将原方程两边乘以 $\frac{1}{x^5}$, 成为全微分方程

$$\left(\frac{1}{x} + \frac{y^4}{x^5}\right)dx - \frac{y^3}{x^4}dy = 0.$$

分项组合为
$$\frac{1}{x}dx + x^{-5}y^4dx - x^{-4}y^3dy = 0,$$

再化成
$$\frac{1}{x}dx - \frac{1}{4}y^4dx^{-4} - \frac{1}{4}x^{-4}dy^4 = 0,$$

即
$$\frac{1}{x}dx - \frac{1}{4}d(x^{-4}y^4) = 0$$

通解为
$$\ln x - \frac{1}{4}x^{-4}y^4 = C.$$

【例 11-28】 试确定常数 k，使微分方程
$$\frac{x}{y}(x^2+y^2)^k dx + \left[1 - \frac{x^2}{y^2}(x^2+y^2)^k\right]dy = 0$$
是全微分方程，并求其通解．

【解】 $P = \frac{x}{y}(x^2+y^2)^k$, $Q = 1 - \frac{x^2}{y^2}(x^2+y^2)^k$,

$$\frac{\partial Q}{\partial x} = -\frac{x}{y^2}(x^2+y^2)^{k-1}[2(1+k)x^2 + 2y^2], \frac{\partial P}{\partial y} = -\frac{x}{y^2}(x^2+y^2)^{k-1}[x^2+(1-2k)y^2].$$

令 $\frac{\partial Q}{\partial x} = \frac{\partial P}{\partial y}$，得 $2(1+k) = 1$，且 $1 - 2k = 2$，得

$$k = -\frac{1}{2}.$$

$$u(x,y) = \int_0^x \frac{x}{y\sqrt{x^2+y^2}}dx + \int_1^y dy = \frac{\sqrt{x^2+y^2}}{y} + y.$$

通解为
$$\frac{\sqrt{x^2+y^2}}{y} + y = C.$$

三、习题全解

习题 11-1 对弧长的曲线积分

1. 设在 xOy 面内有一分布着质量的曲线弧 L，在点 (x,y) 处它的线密度为 $\mu(x,y)$．用对弧长的曲线积分分别表达：

(1) 这曲线弧对 x 轴、对 y 轴的转动惯量 I_x, I_y．

【解】 在 L 上取微元 ds，则 $dI_x = y^2\mu(x,y)ds$，$dI_y = x^2\mu(x,y)ds$．转动惯量为
$$I_x = \int_L y^2\mu(x,y)ds, \quad I_y = \int_L x^2\mu(x,y)ds.$$

(2) 这曲线弧的质心坐标 $\bar{x}$, $\bar{y}$．

【解】 在 L 上取微元 ds，则质量微元为 $dM = \mu(x,y)ds$．
L 对 x 轴与 y 轴静力矩的微元为
$$dM_x = y\mu(x,y)ds, \quad dM_y = x\mu(x,y)ds.$$

重心坐标为
$$\bar{x} = \frac{M_y}{M} = \frac{\int_L x\mu(x,y)ds}{\int_L \mu(x,y)ds}, \quad \bar{y} = \frac{M_x}{M} = \frac{\int_L y\mu(x,y)ds}{\int_L \mu(x,y)ds}.$$

2. 利用对弧长的曲线积分的定义证明性质 3.

【证】 注 性质3：设 $f(x,y)$, $g(x,y)$ 在光滑曲线弧 L 上连续，且 $f(x,y) \leqslant g(x,y)$, 则
$$\int_L f(x,y)\mathrm{d}s \leqslant \int_L g(x,y)\mathrm{d}s.$$

由所给条件，可将 L 任意分割成 n 段，第 i 段记为 Δs_i, 在 Δs_i 上取 (ξ_i, η_i), 则
$$f(\xi_i, \eta_i)\Delta s_i \leqslant g(\xi_i, \eta_i)\Delta s_i,$$
于是
$$\sum_{i=1}^{n} f(\xi_i, \eta_i)\Delta s_i \leqslant \sum_{i=1}^{n} g(\xi_i, \eta_i)\Delta s_i.$$
令 $\lambda \to 0$ $(\lambda = \max\{\Delta s_i\})$, 则得到
$$\int_L f(x,y)\mathrm{d}s \leqslant \int_L g(x,y)\mathrm{d}s.$$

3. 计算下列对弧长的曲线积分：

(1) $\oint_L (x^2+y^2)^n \mathrm{d}s$, 其中 L 为圆周 $x=a\cos t$, $y=a\sin t$ $(0 \leqslant t \leqslant 2\pi)$.

【解】 在圆周 L 上，$x^2+y^2=a^2$, 故 $\oint_L (x^2+y^2)^n \mathrm{d}s = \oint_L a^{2n} \mathrm{d}s = a^{2n} \cdot 2\pi a = 2\pi a^{2n+1}$.

(2) $\int_L (x+y)\mathrm{d}s$, 其中 L 为连接 $(1,0)$ 及 $(0,1)$ 两点的直线段.

【解】 连接 $(1,0)$ 和 $(0,1)$ 两点的直线 L 的方程为 $x+y=1$ $(x \in [0,1])$, 而 L 的长度为 $\sqrt{2}$.
$$\int_L (x+y)\mathrm{d}s = \int_L \mathrm{d}s = \sqrt{2}.$$

(3) $\oint_L x\mathrm{d}s$, 其中 L 为由直线 $y=x$ 及抛物线 $y=x^2$ 所围成的区域的整个边界.

【解】 设 $L_1: y=x^2$ $(0 \leqslant x \leqslant 1)$,
$L_2: y=x$ $(0 \leqslant x \leqslant 1)$,

如图 11-4 所示.
$$\int_L x\mathrm{d}s = \int_{L_1} x\mathrm{d}s + \int_{L_2} x\mathrm{d}s = \int_0^1 x\sqrt{1+(2x)^2}\mathrm{d}x + \int_0^1 x\sqrt{1+1}\mathrm{d}x$$
$$= \int_0^1 x\sqrt{1+4x^2}\mathrm{d}x + \int_0^1 \sqrt{2}x\mathrm{d}x = \frac{1}{12}(5\sqrt{5}+6\sqrt{2}-1).$$

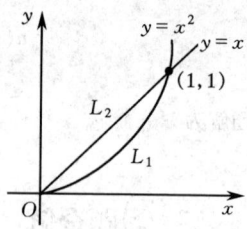

图 11-4

(4) $\oint_L e^{\sqrt{x^2+y^2}} \mathrm{d}s$, 其中 L 为圆周 $x^2+y^2=a^2$, 直线 $y=x$ 及 x 轴在第一象限内所围成的扇形的整个边界.

【解】 如图 11-5 所示，把整个边界曲线分成 L_1, L_2, L_3 三部分.
$$\oint_L e^{\sqrt{x^2+y^2}} \mathrm{d}s = \oint_{L_1} e^{\sqrt{x^2+y^2}} \mathrm{d}s + \oint_{L_2} e^{\sqrt{x^2+y^2}} \mathrm{d}s + \oint_{L_3} e^{\sqrt{x^2+y^2}} \mathrm{d}s.$$
$L_1: y=0$ $(0 \leqslant x \leqslant a)$, $\mathrm{d}s = \sqrt{1+0^2}\mathrm{d}x = \mathrm{d}x$;
$L_2: y=x$ $\left(0 \leqslant x \leqslant \frac{\sqrt{2}}{2}a\right)$, $\mathrm{d}s = \sqrt{1+1^2}\mathrm{d}x = \sqrt{2}\mathrm{d}x$;
$L_3: \begin{cases} x=a\cos t \\ y=a\sin t \end{cases}$ $\left(0 \leqslant t \leqslant \frac{\pi}{4}\right)$, $\mathrm{d}s = \sqrt{a^2\sin^2 t + a^2\cos^2 t}\mathrm{d}t = a\mathrm{d}t.$

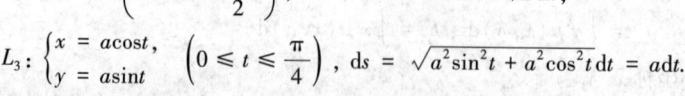

图 11-5

所以
$$\oint_L e^{(x^2+y^2)^{\frac{1}{2}}} \mathrm{d}s = \int_0^a e^x \mathrm{d}x + \int_0^{\frac{\sqrt{2}}{2}a} e^{\sqrt{2}x} \cdot \sqrt{2}\mathrm{d}x + \int_0^{\frac{\pi}{4}} e^a \cdot a\mathrm{d}t = e^x \Big|_0^a + e^{\sqrt{2}x} \Big|_0^{\frac{\sqrt{2}}{2}a} + ae^a \frac{\pi}{4}$$
$$= e^a - 1 + e^a - 1 + e^a \cdot \frac{\pi}{4}a = e^a\left(2+\frac{\pi}{4}a\right) - 2.$$

(5) $\int_\Gamma \dfrac{1}{x^2+y^2+z^2}ds$,其中 Γ 为曲线 $x=e^t\cos t$,$y=e^t\sin t$,$z=e^t$ 上相应于 t 从 0 变到 2 的这段弧.

【解】 $ds=\sqrt{\left(\dfrac{dx}{dt}\right)^2+\left(\dfrac{dy}{dt}\right)^2+\left(\dfrac{dz}{dt}\right)^2}dt=\sqrt{(e^t\cos t-e^t\sin t)^2+(e^t\sin t+e^t\cos t)^2+e^{2t}}dt=\sqrt{3}\,e^t dt$,

$\int_\Gamma \dfrac{1}{x^2+y^2+z^2}ds=\int_0^2 \dfrac{1}{e^{2t}\cos^2 t+e^{2t}\sin^2 t+e^{2t}}\cdot\sqrt{3}\,e^t dt=\int_0^2 \dfrac{\sqrt{3}}{2}e^{-t}dt=\left(-\dfrac{\sqrt{3}}{2}e^{-t}\right)\Big|_0^2=\dfrac{\sqrt{3}}{2}(1-e^{-2})$.

(6) $\int_\Gamma x^2 yz\,ds$,其中 Γ 为折线 $ABCD$,这里 A,B,C,D 依次为点 $(0,0,0)$,$(0,0,2)$,$(1,0,2)$,$(1,3,2)$.

【解】 把积分弧段 Γ 分成如图 11-6 所示的 $\overline{AB}$,$\overline{BC}$,$\overline{CD}$ 三部分.
$\overline{AB}$: $x=0$,$y=0$,$z=t$ $(0\leq t\leq 2)$,$ds=\sqrt{0+0+1}\,dt=dt$;
$\overline{BC}$: $x=t$,$y=0$,$z=2$ $(0\leq t\leq 1)$,$ds=\sqrt{1+0+0}\,dt=dt$;
$\overline{CD}$: $x=1$,$y=t$,$z=2$ $(0\leq t\leq 3)$,$ds=\sqrt{0+1+0}\,dt=dt$.

$\int_\Gamma x^2 yz\,ds=\int_0^2 0\,dt+\int_0^1 0\,dt+\int_0^3 2t\,dt=t^2\Big|_0^3=9$.

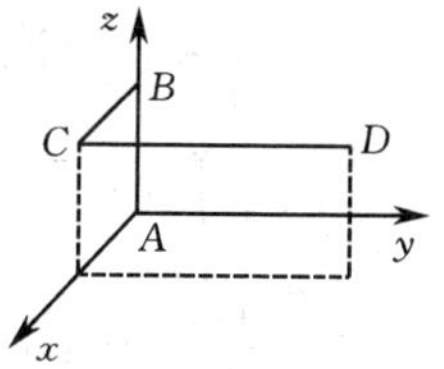

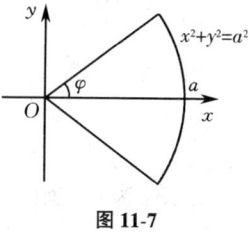

图 11-6

(7) $\int_L y^2 ds$,其中 L 为摆线的一拱

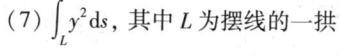 $x=a(t-\sin t)$,$y=a(1-\cos t)$ $(0\leq t\leq 2\pi)$.

【解】 $ds=\sqrt{a^2(1-\cos t)^2+a^2\sin^2 t}\,dt=\sqrt{2}\,a(1-\cos t)^{\frac{1}{2}}dt$,

$I=\int_0^{2\pi}a^2(1-\cos t)^2\sqrt{2}\,a(1-\cos t)^{\frac{1}{2}}dt=\sqrt{2}\,a^3\int_0^{2\pi}(1-\cos t)^{\frac{5}{2}}dt=\sqrt{2}\,a^3\cdot 4\sqrt{2}\int_0^{2\pi}\sin^5\dfrac{t}{2}dt$

$=8a^3\int_0^{2\pi}\sin^4\dfrac{t}{2}\sin\dfrac{t}{2}dt=-16a^3\int_0^{2\pi}\left(1-\cos^2\dfrac{t}{2}\right)^2 d\left(\cos\dfrac{t}{2}\right)=\dfrac{256}{15}a^3$.

(8) $\int_L (x^2+y^2)ds$,其中 L 为曲线 $x=a(\cos t+t\sin t)$,$y=a(\sin t-t\cos t)$ $(0\leq t\leq 2\pi)$.

【解】 $ds=\sqrt{(at\cos t)^2+(at\sin t)^2}\,dt=at\,dt$,

$I=\int_0^{2\pi}[a^2(\cos t+t\sin t)^2+a^2(\sin t-t\cos t)^2]at\,dt$

$=\int_0^{2\pi}a^3(1+t^2)t\,dt=2\pi^2 a^3(1+2\pi^2)$.

4. 求半径为 a、圆心角为 2φ 的均匀圆弧(线密度 $\mu=1$)的质心.

【解】 取坐标系如图 11-7 所示,由扇形的对称性可知,$\bar{y}=0$,而

$\bar{x}=\dfrac{M_x}{M}=\dfrac{1}{2\varphi a}\int_L x\,ds=\dfrac{1}{2\varphi a}\int_{-\varphi}^{\varphi}a\cos\theta\cdot a\,d\theta=\dfrac{a\sin\varphi}{\varphi}$.

图 11-7

质心在扇形对称轴上距圆心 $\dfrac{a\sin\varphi}{\varphi}$ 处.

5. 设螺旋形弹簧一圈的方程为 $x=a\cos t$,$y=a\sin t$,$z=kt$,其中 $0\leq t\leq 2\pi$,它的线密度 $\rho(x,y,z)=x^2+y^2+z^2$. 求:

(1) 它关于 z 轴的转动惯量 I_z;

(2) 它的质心.

【解】 质量

$M=\int_L (x^2+y^2+z^2)ds=\int_0^{2\pi}(a^2\cos^2 t+a^2\sin^2 t+k^2 t^2)\sqrt{a^2\cos^2 t+a^2\sin^2 t+k^2}\,dt$

$=\int_0^{2\pi}(a^2+k^2 t^2)\sqrt{a^2+k^2}\,dt=\dfrac{2}{3}\pi(a^2+k^2)^{\frac{1}{2}}(3a^2+4\pi^2 k^2)$.

(1) 关于 z 轴的转动惯量为

$$I_z = \int_L (x^2+y^2)(x^2+y^2+z^2)\,ds = \int_0^{2\pi} a^2(a^2+k^2t^2)(a^2+k^2)^{\frac{1}{2}}\,dt$$

$$= \frac{2}{3}\pi a^2(a^2+k^2)^{\frac{1}{2}}(3a^2+4\pi^2k^2) = a^2 M;$$

(2) 设质心坐标为 $(\bar{x}, \bar{y}, \bar{z})$，则

$$\bar{x} = \frac{1}{M}\int_L x(x^2+y^2+z^2)\,ds = \frac{1}{M}\int_0^{2\pi} a\cos t(a^2+k^2t^2)(a^2+k^2)^{\frac{1}{2}}\,dt$$

$$= \frac{1}{M}\int_0^{2\pi}(a^3\sqrt{a^2+k^2}\cos t + ak^2\sqrt{a^2+k^2}\,t^2\cos t)\,dt$$

$$= \frac{ak^2\sqrt{a^2+k^2}}{\frac{2}{3}\pi\sqrt{a^2+k^2}(3a^2+4\pi^2k^2)}\int_0^{2\pi} t^2\cos t\,dt = \frac{ak^2\cdot 4\pi}{\frac{2}{3}\pi(3a^2+4\pi^2k^2)} = \frac{6ak^2}{3a^2+4\pi^2k^2},$$

$$\bar{y} = \frac{1}{M}\int_L y(x^2+y^2+z^2)\,ds = \frac{1}{M}\int_0^{2\pi} a\sin t(a^2+k^2t^2)\sqrt{a^2+k^2}\,dt$$

$$= \frac{1}{M}\int_0^{2\pi}(a^3\sqrt{a^2+k^2}\sin t + ak^2\sqrt{a^2+k^2}\,t^2\sin t)\,dt = \frac{ak^2\sqrt{a^2+k^2}}{\frac{2}{3}\pi\sqrt{a^2+k^2}(3a^2+4\pi^2k^2)}\int_0^{2\pi}t^2\sin t\,dt$$

$$= \frac{ak^2\cdot(-4\pi^2)}{\frac{2}{3}\pi(3a^2+4\pi^2k^2)\sqrt{a^2+k^2}} = \frac{-6\pi ak^2}{3a^2+4\pi^2k^2},$$

$$\bar{z} = \frac{1}{M}\int_L z(x^2+y^2+z^2)\,ds = \frac{1}{M}\int_0^{2\pi} kt(a^2+k^2t^2)\sqrt{a^2+k^2}\,dt$$

$$= \frac{1}{M}k\sqrt{a^2+k^2}\int_0^{2\pi}(a^2 t+k^2 t^3)\,dt = \frac{k\sqrt{a^2+k^2}\cdot(2a^2\pi^2+4k^2\pi^4)}{\frac{2}{3}\pi\sqrt{a^2+k^2}(3a^2+4\pi^2k^2)} = \frac{3\pi k(a^2+2\pi^2k^2)}{3a^2+4\pi^2k^2}.$$

质心坐标为 $\left[\dfrac{6ak^2}{3a^2+4\pi^2k^2}, \dfrac{-6\pi ak^2}{3a^2+4\pi^2k^2}, \dfrac{3\pi k(a^2+2\pi^2k^2)}{3a^2+4\pi^2k^2}\right]$.

习题 11-2 对坐标的曲线积分

1. 设 L 为 xOy 面内直线 $x=a$ 上的一段，证明：$\int_L P(x,y)\,dx = 0$.

【证】 在 L 上，$x\equiv a$，设 y 从 b_1 变到 b_2，则 $\int_L P(x,y)\,dx = \int_{b_1}^{b_2} P(a,y)\cdot 0\,dy = 0$.

2. 设 L 为 xOy 面内 x 轴上从点 $(a,0)$ 到点 $(b,0)$ 的一段直线，证明：

$$\int_L P(x,y)\,dx = \int_a^b P(x,0)\,dx.$$

【证】 在 L 上，$y\equiv 0$，选 x 作为参数，则 $\int_L P(x,y)\,dx = \int_a^b P(x,0)\,dx$.

3. 计算下列对坐标的曲线积分：

(1) $\int_L (x^2-y^2)\,dx$，其中 L 是抛物线 $y=x^2$ 上从点 $(0,0)$ 到点 $(2,4)$ 的一段弧.

【解】 $L:\begin{cases} x=x, \\ y=x^2, \end{cases}$ $x: 0\to 2$. $I = \int_0^2 (x^2-x^4)\,dx = -\dfrac{56}{15}$.

(2) $\oint_L xy\mathrm{d}x$, 其中 L 为圆周 $(x-a)^2+y^2=a^2(a>0)$ 及 x 轴所围成的在第一象限内的区域的整个边界（按逆时针方向绕行）.

【解】 如图 11-8 所示.

$L_1: \begin{cases} x=2a\cos^2 t \\ y=2a\cos t\sin t \end{cases}, t: 0 \to \dfrac{\pi}{2}; L_2: \begin{cases} x=x \\ y=0 \end{cases}, x: 0 \to 2a.$

$I = \int_{L_1} xy\mathrm{d}x + \int_{L_2} xy\mathrm{d}x$

$= \int_0^{\frac{\pi}{2}} 2a\cos^2 t \cdot 2a\cos t\sin t \cdot (-4a\cos t\sin t)\mathrm{d}t + \int_0^{2a} 0\mathrm{d}x$

$= -16a^3 \int_0^{\frac{\pi}{2}} \cos^4 t \cdot (1-\cos^2 t)\mathrm{d}t = -16a^3 \left(\int_0^{\frac{\pi}{2}} \cos^4 t\mathrm{d}t - \int_0^{\frac{\pi}{2}} \cos^6 t\mathrm{d}t \right) = -\dfrac{\pi}{2}a^3.$

(3) $\int_L y\mathrm{d}x + x\mathrm{d}y$, 其中 L 为圆周 $x=R\cos t, y=R\sin t$ 上对应 t 从 0 到 $\dfrac{\pi}{2}$ 的一段弧.

【解】 $L: \begin{cases} x=R\cos t \\ y=R\sin t \end{cases}, t: 0 \to \dfrac{\pi}{2}.$

$I = \int_0^{\frac{\pi}{2}} [R\sin t(-R\sin t) + R\cos t \cdot R\cos t]\mathrm{d}t = R^2 \int_0^{\frac{\pi}{2}} \cos 2t\mathrm{d}t = 0.$

(4) $\oint_L \dfrac{(x+y)\mathrm{d}x - (x-y)\mathrm{d}y}{x^2+y^2}$, 其中 L 为圆周 $x^2+y^2=a^2$（按逆时针方向绕行）.

【解】 $L: \begin{cases} x=a\cos t \\ y=a\sin t \end{cases}, t: 0 \to 2\pi.$

$I = \dfrac{1}{a^2}\int_0^{2\pi} [(a\cos t + a\sin t)(-a\sin t) - (a\cos t - a\sin t)(a\cos t)]\mathrm{d}t = \dfrac{1}{a^2}\int_0^{2\pi}(-a^2)\mathrm{d}t = -2\pi.$

(5) $\int_L x^2\mathrm{d}x + z\mathrm{d}y - y\mathrm{d}z$, 其中 Γ 为曲线 $x=k\theta, y=a\cos\theta, z=a\sin\theta$ 上对应 θ 从 0 到 π 的一段弧.

【解】 $\Gamma: \begin{cases} x=k\theta \\ y=a\sin\theta \\ z=a\sin\theta \end{cases}, \theta: 0 \to \pi.$

$I = \int_0^{\pi} [(k\theta)^2 \cdot k + a\sin\theta \cdot (-a\sin\theta) - a\cos\theta \cdot a\cos\theta]\mathrm{d}\theta = \int_0^{\pi}(k^3\theta^2 - a^2)\mathrm{d}\theta = \dfrac{1}{3}\pi^3 k^3 - \pi a^2.$

(6) $\int_\Gamma x\mathrm{d}x + y\mathrm{d}y + (x+y-1)\mathrm{d}z$, 其中 Γ 是从点 $(1,1,1)$ 到点 $(2,3,4)$ 的一段直线.

【解】 $\Gamma: \begin{cases} x=1+t \\ y=1+2t \\ z=1+3t \end{cases}, t: 0 \to 1.$

$I = \int_0^1 [(1+t) \cdot 1 + (1+2t) \cdot 2 + (1+t+1+2t-1) \cdot 3]\mathrm{d}t = \int_0^1 (6+14t)\mathrm{d}t = 13.$

(7) $\oint_\Gamma \mathrm{d}x - \mathrm{d}y + y\mathrm{d}z$, 其中 Γ 为有向闭折线 $ABCA$, 这里的 A, B, C 依次为点 $(1, 0, 0)$, $(0, 1, 0)$, $(0, 0, 1)$.

【解】 如图 11-9 所示, 将 Γ 分成 $\overline{AB}, \overline{BC}, \overline{CA}$ 三段.

$\overline{AB}: \begin{cases} x=x \\ y=1-x \\ z=0 \end{cases}, x: 1 \to 0.$

147

$$\int_{\overline{AB}} dx - dy + y dz = \int_1^0 [1 - (-1) + (1-x) \cdot 0] dx = \int_1^0 2 dx = -2.$$

类似地,可求得

$$\int_{\overline{BC}} dx - dy + y dz = \frac{3}{2}, \quad \int_{\overline{CA}} dx - dy + y dz = 1.$$

总之,有

$$\int_{\Gamma} dx - dy + y dz = -2 + \frac{3}{2} + 1 = \frac{1}{2}.$$

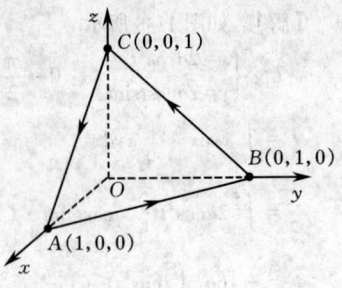

图 11-9

(8) $\int_L (x^2-2xy)dx+(y^2-2xy)dy$,其中 L 是抛物线 $y=x^2$ 上从点$(-1, 1)$到点$(1, 1)$的一段弧.

【解】 $L: \begin{cases} x=x, \\ y=x^2, \end{cases} x: -1 \to 1.$

$$I = \int_{-1}^1 [(x^2 - 2x^3) + (x^4 - 2x^3) \cdot 2x] dx = -\frac{14}{15}.$$

4. 计算 $\int_L (x+y)dx+(y-x)dy$,其中 L 是:

(1) 抛物线 $y^2=x$ 上从点$(1, 1)$到点$(4, 2)$的一段弧;

(2) 从点$(1, 1)$到点$(4, 2)$的直线段;

(3) 先沿直线从点$(1, 1)$到点$(1, 2)$,然后再沿直线到点$(4, 2)$的折线;

(4) 曲线 $x=2t^2+t+1, y=t^2+1$ 上从点$(1, 1)$到点$(4, 2)$的一段弧.

【解】 (1) $L: \begin{cases} x=y^2, \\ y=y, \end{cases} y: 1 \to 2.$

$$I = \int_1^2 [(y^2 + y) \cdot 2y + (y - y^2) \cdot 1] dy = \int_1^2 (2y^3 + y^2 + y) dy = \frac{34}{3};$$

(2) $L: \begin{cases} x=3y-2, \\ y=y, \end{cases} y: 1 \to 2.$

$$I = \int_1^2 [(3y - 2 + y) \cdot 3 + (y - 3y + 2)] dy = \int_1^2 (10y - 4) dy = 11;$$

(3) 如图 11-10 所示,将 L 分成 L_1 和 L_2.

$L_1: \begin{cases} x=1, \\ y=y, \end{cases} y: 1 \to 2; \quad L_2: \begin{cases} x=x, \\ y=2, \end{cases} x: 1 \to 4.$

$$I = \int_{L_1} (x+y)dx + (y-x)dy + \int_{L_2} (x+y)dx + (y-x)dy$$

$$= \int_1^2 (y-1) dy + \int_1^4 (x+2) dx = \frac{1}{2} + \left(16 - \frac{5}{2}\right) = 14;$$

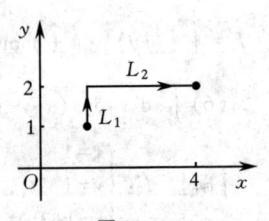

图 11-10

(4) $L: \begin{cases} x=2t^2+t+1, \\ y=t^2+1, \end{cases} t: 0 \to 1.$

$$I = \int_0^1 [(3t^2 + t + 2)(4t + 1) + (-t^2 - t) \cdot 2t] dt = \int_0^1 (10t^3 + 5t^2 + 9t + 2) dt = \frac{32}{3}.$$

5. 一力场由沿横轴正方向的恒力 F 所构成. 试求当一质量为 m 的质点沿圆周 $x^2+y^2=R^2$ 按逆时针方向移过位于第一象限的那一段弧时场力所做的功.

【解】 场力所做的功为

$$W = \int_{\Gamma} |F| dx; \quad \Gamma: x^2+y^2=R^2, \quad x: R \to 0; \quad W = \int_{\Gamma} |F| dx = \int_R^0 |F| dx = -|F|R.$$

6. 设 z 轴与重力的方向一致,求质量为 m 的质点从位置(x_1, y_1, z_1)沿直线移到(x_2, y_2, z_2)

时重力所做的功.

【解】 $F=\{0, 0, mg\}$，记 $M_1(x_1, y_1, z_1)$，$M_2(x_2, y_2, z_2)$，则
$$W = \int_{\overgroup{M_1M_2}} 0dx + 0dy + mgdz = mg\int_{z_1}^{z_2} dz = mg(z_2 - z_1).$$

7. 把对坐标的曲线积分 $\int_L P(x,y)dx+Q(x,y)dy$ 化成对弧长的曲线积分，其中 L 为

(1) 在 xOy 面内沿直线从点 $(0,0)$ 到点 $(1,1)$；
(2) 沿抛物线 $y=x^2$ 从点 $(0,0)$ 到点 $(1,1)$；
(3) 沿上半圆周 $x^2+y^2=2x$ 从点 $(0,0)$ 到点 $(1,1)$.

【解】 （1） L 的方向余弦为
$$\cos\alpha = \cos\beta = \cos\frac{\pi}{4} = \frac{1}{\sqrt{2}},$$
$$\int_L P(x,y)dx + Q(x,y)dy = \int_L \frac{P(x,y) + Q(x,y)}{\sqrt{2}} ds;$$

(2)
$$ds = \sqrt{1+(2x)^2}dx,$$
$$\cos\alpha = \frac{dx}{ds} = \frac{1}{(1+4x^2)^{\frac{1}{2}}}, \quad \cos\beta = \sin\alpha = \left(1 - \frac{1}{1+4x^2}\right)^{\frac{1}{2}} = \frac{2x}{(1+4x^2)^{\frac{1}{2}}},$$
$$\int_L P(x,y)dx + Q(x,y)dy = \int_L \frac{P(x,y) + 2xQ(x,y)}{(1+4x^2)^{\frac{1}{2}}} ds;$$

(3)
$$ds = \left[1 + \frac{(1-x)^2}{2x-x^2}\right]^{\frac{1}{2}} dx = \frac{1}{\sqrt{2x-x^2}} dx,$$
$$\cos\alpha = \frac{dx}{ds} = \sqrt{2x-x^2}, \quad \cos\beta = \sin\alpha = \sqrt{1-2x+x^2} = 1-x,$$
$$\int_L P(x,y)dx + Q(x,y)dy = \int_L \left[\sqrt{2x-x^2}P(x,y) + (1-x)Q(x,y)\right]ds.$$

8. 设 Γ 为曲线 $x=t$，$y=t^2$，$z=t^3$ 上相应于 t 从 0 变到 1 的曲线弧. 把对坐标的曲线积分
$$\int_\Gamma Pdx + Qdy + Rdz$$
化成对弧长的曲线积分.

【解】 由 $x=t, y=t^2, z=t^3$

得 $dx=dt$，$dy=2tdt=2xdt$，$dz=3t^2dt=3ydt$，$ds=(1+4x^2+9y^2)^{\frac{1}{2}}dt$，
$$\cos\alpha = \frac{dx}{ds} = \frac{1}{(1+4x^2+9y^2)^{\frac{1}{2}}}, \quad \cos\beta = \frac{2x}{(1+4x^2+9y^2)^{\frac{1}{2}}}, \quad \cos\gamma = \frac{3y}{(1+4x^2+9y^2)^{\frac{1}{2}}},$$
$$\int_\Gamma Pdx + Qdy + Rdz = \int_\Gamma \frac{P + 2xQ + 3yR}{(1+4x^2+9y^2)^{\frac{1}{2}}} ds.$$

9. 设曲线 Γ 为球面 $x^2+y^2+z^2=a^2$ 与平面 $x+y+z=0$ 的交线，从 z 轴的正向看取逆时针方向，
$$I = \oint_\Gamma zdx+xdy+ydz,$$
试利用两类曲线积分之间的关系证明：$|I|=2\pi a^2$.

【证】 由两类曲线积分之间的关系得
$$I = \oint_\Gamma zdx+xdy+ydz = \oint_\Gamma (z\cos\alpha+x\cos\beta+y\cos\gamma)ds,$$
其中 $\cos\alpha$，$\cos\beta$ 和 $\cos\gamma$ 为 Γ 的方向余弦.

利用向量的数量积，得

$$|z\cos\alpha+x\cos\beta+y\cos\gamma| \leq \sqrt{z^2+x^2+y^2} \cdot \sqrt{\cos^2\alpha+\cos^2\beta+\cos^2\gamma}$$
$$= \sqrt{z^2+x^2+y^2},$$

因此，

$$|I| \leq \oint_\Gamma |z\cos\alpha+x\cos\beta+y\cos\gamma|\,\mathrm{d}s \leq \oint_\Gamma \sqrt{z^2+x^2+y^2}\,\mathrm{d}s,$$

注意到，在曲线 Γ 上 $x^2+y^2+z^2=a^2$，曲线 Γ 的长度为 $2\pi a$，于是

$$|I| \leq \oint_\Gamma \sqrt{z^2+x^2+y^2}\,\mathrm{d}s = \oint_\Gamma a\,\mathrm{d}s = 2\pi a^2.$$

习题 11-3　格林公式及其应用

1. 计算下列曲线积分，并验证格林公式的正确性：

(1) $\oint_L (2xy-x^2)\mathrm{d}x+(x+y^2)\mathrm{d}y$，其中 L 是由抛物线 $y=x^2$ 和 $y^2=x$ 所围成的区域的正向边界曲线.

【解】　如图 11-11 所示.

$$\oint_L (2xy-x^2)\mathrm{d}x+(x+y^2)\mathrm{d}y = \int_{L_1}+\int_{L_2}$$
$$= \int_0^1 [(2x^3-x^2)+(x+x^4)2x]\mathrm{d}x + \int_1^0 [(2y^3-y^4)2y+(y^2+y^2)]\mathrm{d}y$$
$$= \int_0^1 (2x^5+2x^3+x^2)\mathrm{d}x - \int_0^1 (-2y^5+4y^4+2y^2)\mathrm{d}y$$
$$= \left(\frac{1}{3}+\frac{1}{2}+\frac{1}{3}\right)-\left(-\frac{1}{3}+\frac{4}{5}+\frac{2}{3}\right) = \frac{1}{30}.$$

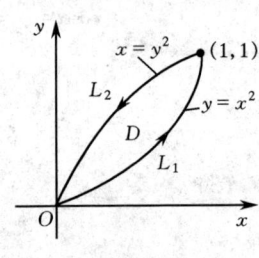

图 11-11

又

$$\iint_D \left(\frac{\partial Q}{\partial x}-\frac{\partial P}{\partial y}\right)\mathrm{d}x\mathrm{d}y = \iint_D (1-2x)\mathrm{d}x\mathrm{d}y = \int_0^1 \mathrm{d}y \int_{y^2}^{\sqrt{y}}(1-2x)\mathrm{d}x = \int_0^1 (x-x^2)\Big|_{y^2}^{\sqrt{y}}\mathrm{d}y$$
$$= \int_0^1 (y^{\frac{1}{2}}-y-y^2+y^4)\mathrm{d}y = \frac{2}{3}-\frac{1}{2}-\frac{1}{3}+\frac{1}{5} = \frac{1}{30},$$

所以 $\iint_D \left(\frac{\partial Q}{\partial x}-\frac{\partial P}{\partial y}\right)\mathrm{d}x\mathrm{d}y = \oint_L P\mathrm{d}x+Q\mathrm{d}y.$

(2) $\oint_L (x^2-xy^3)\mathrm{d}x+(y^2-2xy)\mathrm{d}y$，其中 L 是四个顶点分别为 $(0,0)$，$(2,0)$，$(2,2)$ 和 $(0,2)$ 的正方形区域的正向边界.

【解】　如图 11-12 所示.

$$\oint_L (x^2-xy^3)\mathrm{d}x+(y^2-2xy)\mathrm{d}y$$
$$= \int_{L_1+L_2+L_3+L_4}(x^2-xy^3)\mathrm{d}x+(y^2-2xy)\mathrm{d}y$$
$$= \int_0^2 x^2\mathrm{d}x + \int_0^2(y^2-4y)\mathrm{d}y + \int_2^0(x^2-8x)\mathrm{d}x + \int_2^0 y^2\mathrm{d}y$$
$$= \int_0^2 8x\mathrm{d}x + \int_0^2(-4y)\mathrm{d}y = 4x^2\Big|_0^2 + (-2y^2)\Big|_0^2 = 8.$$

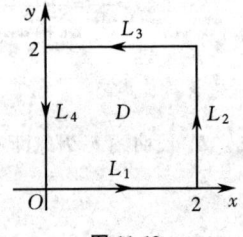

图 11-12

$$\iint_D \left(\frac{\partial Q}{\partial x}-\frac{\partial P}{\partial y}\right)\mathrm{d}x\mathrm{d}y = \iint_D (-2y+3xy^2)\mathrm{d}x\mathrm{d}y = \int_0^2 \mathrm{d}x\int_0^2(-2y+3xy^2)\mathrm{d}y = \int_0^2 (8x-4)\mathrm{d}x = 8.$$

由此可见，格林公式得到了验证.

2. 利用曲线积分，求下列曲线所围成的图形的面积：

(1) 星形线 $x = a\cos^3 t$，$y = a\sin^3 t$.

【解】 $A = \iint_D d\sigma = \dfrac{1}{2}\int_L x dy - y dx.$

$$A = \dfrac{1}{2}\int_0^{2\pi}[a\cos^3 t \cdot 3\sin^2 t\cos t - a\sin^3 t \cdot 3\cos^2 t \cdot (-\sin t)]dt$$

$$= \dfrac{a^2}{2}\int_0^{2\pi}3(\sin^2 t\cos^4 t + \sin^4 t\cos^2 t)dt = \dfrac{3}{2}a^2\int_0^{2\pi}\sin^2 t\cos^2 t dt = \dfrac{3\pi}{8}a^2.$$

(2) 椭圆 $9x^2 + 16y^2 = 144$.

【解】 $A = \iint_D d\sigma = \dfrac{1}{2}\int_L x dy - y dx.$

$$A = \dfrac{1}{2}\int_0^{2\pi}[4\cos t \cdot 3\cos t - 3\sin t(-4\sin t)]dt = 6\int_0^{2\pi}d\theta = 12\pi.$$

(3) 圆 $x^2+y^2 = 2ax$.

【解】 $x = a + a\cos t$，$y = a\sin t$（$0 \leq t \leq 2\pi$）.

$$A = \dfrac{1}{2}\int_0^{2\pi}[a(1+\cos t) \cdot a\cos t - a\sin t \cdot (-a\sin t)]dt = \dfrac{a^2}{2}\int_0^{2\pi}(1+\cos t)dt = \pi a^2.$$

3. 计算曲线积分 $\oint_L \dfrac{y dx - x dy}{2(x^2+y^2)}$，其中 L 为圆周 $(x-1)^2 + y^2 = 2$，L 的方向为逆时针方向.

【解】 如图11-13所示. 在以 L 为圆周的内部作以坐标原点为圆心，以 r（$0<r<\sqrt{2}-1$）为半径的小圆，取逆时针一周，记为 l，则

$$I = \oint_l \dfrac{y dx - x dy}{2(x^2+y^2)} = \dfrac{1}{2r^2}\oint_l y dx - x dy$$

$$= \dfrac{1}{2r^2}\iint_D (-2)d\sigma$$

$$= \dfrac{1}{2r^2} \cdot (-2\pi r^2).$$

式中 D 是 l 围成的闭区域.

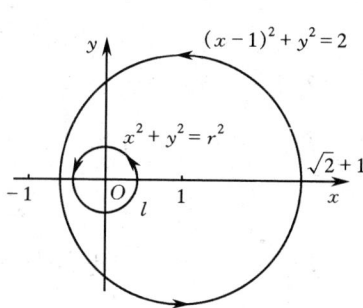

图 11-13

4. 确定正向闭曲线 C，使曲线积分 $\oint_C \left(x + \dfrac{y^2}{3}\right)dx + \left(y + x - \dfrac{2}{3}x^3\right)dy$ 达到最大值.

【解】 令曲线 C 所围成的平面闭区域为 D，且 C 取正向，则由格式公式得

$$原式 = \iint_D [(1 - 2x^2) - y^2]dxdy.$$

要使该二重积分达到最大值，其被积函数 $f(x,y) = 1 - 2x^2 - y^2$ 应非负，即 $f(x,y) = 1 - 2x^2 - y^2 \geq 0$，因此 D 应为由椭圆 $2x^2 + y^2 = 1$ 所围成的闭区域，故当 C 是取逆时针方向的椭圆：$2x^2 + y^2 = 1$ 时，所给的曲线积分达到最大值.

5. 设 n 边形的 n 个顶点按逆时针方向依次为 $M_1(x_1, y_1)$，$M_2(x_2, y_2)$，$\cdots$，$M_n(x_n, y_n)$. 试利用曲线积分证明此 n 边形的面积为

$$A = \dfrac{1}{2}[(x_1 y_2 - x_2 y_1) + (x_2 y_3 - x_3 y_2) + \cdots + (x_{n-1} y_n - x_n y_{n-1}) + (x_n y_1 - x_1 y_n)].$$

【证】 由题设条件知：n 边形的正向边界 L 由有向线段 $\overrightarrow{M_1 M_2}$，$\overrightarrow{M_2 M_3}$，$\cdots$，$\overrightarrow{M_{n-1} M_n}$，$\overrightarrow{M_n M_1}$ 组成，$\overrightarrow{M_1 M_2}$ 的参数方程为 $x = x_1 + (x_2 - x_1)t$，$y = y_1 + (y_2 - y_1)t$，t 从 0 变到 1，因此有

$$\int_{\overrightarrow{M_1M_2}} x\mathrm{d}y - y\mathrm{d}x = \int_0^1 \{[x_1 + (x_2-x_1)t](y_2-y_1) - [y_1 + (y_2-y_1)t](x_2-x_1)\}\mathrm{d}t$$

$$= \int_0^1 (x_1y_2 - x_2y_1)\mathrm{d}t = x_1y_2 - x_2y_1.$$

同理可知

$$\int_{\overrightarrow{M_2M_3}} x\mathrm{d}y - y\mathrm{d}x = x_2y_3 - x_3y_2, \cdots, \int_{\overrightarrow{M_{n-1}M_n}} x\mathrm{d}y - y\mathrm{d}x = x_{n-1}y_n - x_ny_{n-1}, \int_{\overrightarrow{M_nM_1}} x\mathrm{d}y - y\mathrm{d}x = x_ny_1 - x_1y_n,$$

故 n 边形的面积为

$$A = \frac{1}{2} \oint_L x\mathrm{d}y - y\mathrm{d}x = \frac{1}{2} \left(\int_{\overrightarrow{M_1M_2}} + \int_{\overrightarrow{M_2M_3}} + \cdots + \int_{\overrightarrow{M_{n-1}M_n}} + \int_{\overrightarrow{M_nM_1}} \right) x\mathrm{d}y - y\mathrm{d}x$$

$$= \frac{1}{2}[(x_1y_2 - x_2y_1) + (x_2y_3 - x_3y_2) + \cdots + (x_{n-1}y_n - x_ny_{n-1}) + (x_ny_1 - x_1y_n)].$$

6. 证明下列曲线积分在整个 xOy 面内与路径无关，并计算积分值：

(1) $\int_{(1,1)}^{(2,3)} (x+y)\mathrm{d}x + (x-y)\mathrm{d}y.$

【解】 $P = x+y$, $Q = x-y$, $\dfrac{\partial Q}{\partial x} = 1$, $\dfrac{\partial P}{\partial y} = 1$. 在整个 xOy 面内，$\dfrac{\partial Q}{\partial x} = \dfrac{\partial P}{\partial y}$, 积分与路径无关.

$$(x+y)\mathrm{d}x + (x-y)\mathrm{d}y = \mathrm{d}\left(\frac{x^2}{2}\right) + \mathrm{d}(xy) - \mathrm{d}\left(\frac{x}{2}\right)^2 = \mathrm{d}\left(\frac{1}{2}x^2 + xy - \frac{1}{2}y^2\right).$$

$$I = \left(\frac{1}{2}x^2 + xy - \frac{1}{2}y^2\right)\Big|_{(1,1)}^{(2,3)} = \frac{5}{2}.$$

(2) $\int_{(1,2)}^{(3,4)} (6xy^2 - y^3)\mathrm{d}x + (6x^2y - 3xy^2)\mathrm{d}y.$

【解】 $P = 6xy^2 - y^3$, $Q = 6x^2y - 3xy^2$. $\dfrac{\partial Q}{\partial x} = 12xy - 3y^2$, $\dfrac{\partial P}{\partial y} = 12xy - 3y^2$.

$$I = (3x^2y^2 - xy^3)\Big|_{(1,2)}^{(3,4)} = 236.$$

(3) $\int_{(1,0)}^{(2,1)} (2xy - y^4 + 3)\mathrm{d}x + (x^2 - 4xy^3)\mathrm{d}y.$

【解】 $P = 2xy - y^4 + 3$, $Q = x^2 - 4xy^3$. $\dfrac{\partial Q}{\partial x} = 2x - 4y^3$, $\dfrac{\partial P}{\partial y} = 2x - 4y^3$. $I = (x^2y - xy^4 + 3x)\Big|_{(1,0)}^{(2,1)} = 5.$

7. 利用格林公式，计算下列曲线积分：

(1) $\oint_L (2x-y+4)\mathrm{d}x + (5y+3x-6)\mathrm{d}y$, 其中 L 是三顶点分别为 $(0,0)$, $(3,0)$ 和 $(3,2)$ 的三角形正向边界.

【解】 积分域 D 由积分路径 L 围成，如图 11-14 所示，应用格林公式，有

$$P = 2x - y + 4, \quad Q = 5y + 3x - 6.$$

$$I = \iint_D \left(\frac{\partial Q}{\partial x} - \frac{\partial P}{\partial y}\right) \mathrm{d}x\mathrm{d}y = \iint_D 4\mathrm{d}x\mathrm{d}y = 4 \times \frac{1}{2} \times 3 \times 2 = 12.$$

(2) $\oint_L (x^2y\cos x + 2xy\sin x - y^2\mathrm{e}^x)\mathrm{d}x + (x^2\sin x - 2y\mathrm{e}^x)\mathrm{d}y$, 其中 L 为正向星形线 $x^{\frac{2}{3}} + y^{\frac{2}{3}} = a^{\frac{2}{3}}$ $(a>0)$.

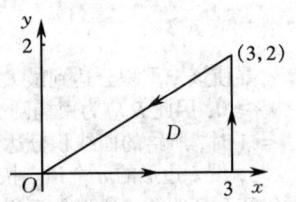

图 11-14

【解】 $P = x^2y\cos x + 2xy\sin x - y^2\mathrm{e}^x$, $Q = x^2\sin x - 2y\mathrm{e}^x$.

$$\frac{\partial Q}{\partial x} = 2x\sin x + x^2\cos x - 2y\mathrm{e}^x, \quad \frac{\partial P}{\partial y} = x^2\cos x + 2x\sin x - 2y\mathrm{e}^x.$$

记所给 L 围成的闭区域为 D, 则

$$I = \iint_D \left(\frac{\partial Q}{\partial x} - \frac{\partial P}{\partial y}\right) dxdy = \iint_D 0\,dxdy = 0.$$

(3) $\int_L (2xy^3 - y^2\cos x)dx + (1 - 2y\sin x + 3x^2y^2)dy$, 其中 L 为在抛物线 $2x = \pi y^2$ 上由点 $(0,0)$ 到 $\left(\frac{\pi}{2}, 1\right)$ 的一段弧.

【解】 如图 11-15 所示, 补充 $\overline{OA}$ 和 $\overline{AB}$, 而 $\frac{\partial Q}{\partial x} - \frac{\partial P}{\partial y} = 0$.

$$I = \oint_{OABO} - \int_{OA} - \int_{AB} = \int_{OA} + \int_{AB} = 0 + \int_0^1 \left(1 - 2y + \frac{3\pi^2}{4}y^2\right)dy = \frac{\pi^2}{4}.$$

(4) $\int_L (x^2 - y)dx - (x + \sin^2 y)dy$, 其中 L 是在圆周 $y = \sqrt{2x - x^2}$ 上由点 $(0,0)$ 到点 $(1,1)$ 的一段弧.

【解】 如图 11-16 所示, 类似于 (3), 有.

$$I = -\left(\oint_{OABO} - \int_{OA} - \int_{AB}\right) = \int_{OA} + \int_{AB} = \int_0^1 x^2 dx + \int_0^1 [-(1 + \sin^2 y)]dy = \frac{1}{4}\sin 2 - \frac{7}{6}.$$

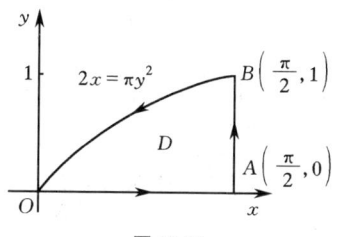

图 11-15

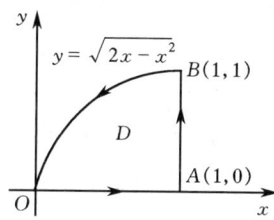

图 11-16

8. 设有界闭区域 D 由 xOy 面上的分段光滑曲线 L 所围成, 函数 $u = u(x,y)$ 在 D 上具有连续的二阶偏导数, $\frac{\partial u}{\partial n}$ 表示 $u(x,y)$ 沿 L 的外法向量的方向导数. 证明

$$\oint_L \frac{\partial u}{\partial n} ds = \iint_D \left(\frac{\partial^2 u}{\partial x^2} + \frac{\partial^2 u}{\partial y^2}\right) d\sigma,$$

其中 L 取正向.

【证】 设沿 L 的切向量的方向余弦为 $\cos\alpha, \cos\beta$, 则外法向量的方向余弦为

$$\cos\beta, -\cos\alpha,$$

故

$$\frac{\partial u}{\partial n} = \cos\beta \frac{\partial u}{\partial x} - \cos\alpha \frac{\partial u}{\partial y}.$$

因此, 利用两类曲线积分之间的关系得

$$\oint_L \frac{\partial u}{\partial n} ds = \oint_L \left(-\cos\alpha \frac{\partial u}{\partial y} + \cos\beta \frac{\partial u}{\partial x}\right) ds = \oint_L \left(-\frac{\partial u}{\partial y}dx + \frac{\partial u}{\partial x}dy\right),$$

于是, 利用格林公式, 得

$$\oint_L \frac{\partial u}{\partial n} ds = \iint_D \left[\frac{\partial}{\partial x}\left(\frac{\partial u}{\partial x}\right) - \frac{\partial}{\partial y}\left(-\frac{\partial u}{\partial y}\right)\right] d\sigma = \iint_D \left(\frac{\partial^2 u}{\partial x^2} + \frac{\partial^2 u}{\partial y^2}\right) d\sigma.$$

9. 验证下列 $P(x,y)dx + Q(x,y)dy$ 在整个 xOy 平面内是某一函数 $u(x,y)$ 的全微分, 并求这样的一个 $u(x,y)$:

(1) $(x + 2y)dx + (2x + y)dy$.

【解】 因为 $\frac{\partial Q}{\partial x}=2=\frac{\partial P}{\partial y}$，所以 $(x+2y)dx+(2x+y)dy$ 是某个定义在整个 xOy 面内的函数 $u(x,y)$ 的全微分.

$$u(x,y)=\int_{(0,0)}^{(x,y)}(x+2y)dx+(2x+y)dy=\int_0^x xdx+\int_0^y(2x+y)dy=\frac{x^2}{2}+\left(2xy+\frac{y^2}{2}\right)\Big|_0^y$$

$$=\frac{x^2}{2}+2xy+\frac{y^2}{2}.$$

(2) $2xydx+x^2dy$.

【解】 因为 $\frac{\partial Q}{\partial x}=2x=\frac{\partial P}{\partial y}$，所以 $2xydx+x^2dy$ 是某个定义在整个 xOy 平面内的函数 $u(x,y)$ 的全微分.

$$u(x,y)=\int_{(0,0)}^{(x,y)}2xydx+x^2dy=\int_0^x 0dx+\int_0^y x^2dy=x^2y.$$

(3) $4\sin x\sin 3y\cos xdx-3\cos 3y\cos 2xdy$.

【解】 $\frac{\partial Q}{\partial x}=6\cos 3y\sin 2x$，$\frac{\partial P}{\partial y}=12\sin x\cos 3y\cos x=6\cos 3y\sin 2x$.

因为 $\frac{\partial Q}{\partial x}=\frac{\partial P}{\partial y}$，所以 $4\sin x\sin 3y\cos xdx-3\cos 3y\cos 2xdy$ 是某个定义在整个 xOy 面内的函数 $u(x,y)$ 的全微分.

$$u(x,y)=\int_{(0,0)}^{(x,y)}4\sin x\sin 3y\cos xdx-3\cos 3y\cos 2xdy=\int_0^x 0dx+\int_0^y(-3\cos 3y\cos 2x)dy=-\cos 2x\sin 3y.$$

(4) $(3x^2y+8xy^2)dx+(x^3+8x^2y+12ye^y)dy$.

【解】 因为 $\frac{\partial Q}{\partial x}=3x^2+16xy=\frac{\partial P}{\partial y}$，所以 $(3x^2y+8xy^2)dx+(x^3+8x^2y+12ye^y)dy$ 是某个定义在整个 xOy 平面内的函数 $u(x,y)$ 的全微分.

$$u(x,y)=\int_{(0,0)}^{(x,y)}(3x^2y+8xy^2)dx+(x^3+8x^2y+12ye^y)dy$$

$$=\int_0^x 0dx+\int_0^y(x^3+8x^2y+12ye^y)dy=x^3y+4x^2y^2+12(ye^y-e^y).$$

(5) $(2x\cos y+y^2\cos x)dx+(2y\sin x-x^2\sin y)dy$.

【解】 因为 $\frac{\partial Q}{\partial x}=2y\cos x-2x\sin y=\frac{\partial P}{\partial y}$，所以 $(2x\cos y+y^2\cos x)dx+(2y\sin x-x^2\sin y)dy$ 是某个定义在整个 xOy 平面内的函数 $u(x,y)$ 的全微分.

$$u(x,y)=\int_0^x 2xdx+\int_0^y(2y\sin x-x^2\sin y)dy=y^2\sin x+x^2\cos y.$$

10. 设有一变力在坐标轴上的投影为 $X=x+y^2$，$Y=2xy-8$，这变力确定了一个力场. 证明质点在此场内移动时，场力所做的功与路径无关.

【证】 场力所做的功

$$W=\int_L(x+y^2)dx+(2xy-8)dy, \quad \frac{\partial X}{\partial y}=2y=\frac{\partial Y}{\partial y}.$$

积分与路径无关，也就是场力所做的功与路径无关.

*11. 判别下列方程中哪些是全微分方程，对于全微分方程，求出它的通解：

(1) $(3x^2+6xy^2)dx+(6x^2y+4y^2)dy=0$.

【解】 $P=3x^2+6xy^2$，$Q=6x^2y+4y^2$.

因为 $\frac{\partial Q}{\partial x}=12xy=\frac{\partial P}{\partial y}$，所以原方程是全微分方程.

$(3x^2+6xy^2)dx+(6x^2y+4y^2)dy=3x^2dx+(6xy^2dx+6x^2ydy)+4y^2dy=d(x^3)+d(3x^2y^2)+d\left(\frac{4}{3}y^3\right),$

方程的通解为
$$x^3+3x^2y^2+\frac{4}{3}y^3=C.$$

(2) $(a^2-2xy-y^2)dx-(x+y)^2dy=0$ （a 为常数）.

【解】 $P=a^2-2xy-y^2$, $Q=-(x+y)^2$.

因为 $\frac{\partial Q}{\partial x}=-2(x+y)=\frac{\partial P}{\partial y}$, 所以该方程是全微分方程.

$$u(x,y)=\int_0^x(a^2-2xy-y^2)dx+\int_0^y(-y^2)dy=a^2x-x^2y-xy^2-\frac{1}{3}y^3,$$

通解为
$$a^2x-x^2y-xy^2-\frac{1}{3}y^3=C.$$

(3) $e^y dx+(xe^y-2y)dy=0$.

【解】 $P=e^y$, $Q=xe^y-2y$.

因为 $\frac{\partial Q}{\partial x}=e^y=\frac{\partial P}{\partial y}$, 所以该方程是全微分方程.

$$e^y dx+(xe^y-2y)dy=(e^y dx+xde^y)-2ydy=d(xe^y)-d(y^2).$$

通解为
$$xe^y-y^2=C.$$

(4) $(x\cos y+\cos x)y'-y\sin x+\sin y=0$.

【解】 方程变形为
$$(\sin y-y\sin x)dx+(x\cos y+\cos x)dy=0.$$
$$P=\sin y-y\sin x, \quad Q=x\cos y+\cos x.$$

因为 $\frac{\partial Q}{\partial x}=\cos y-\sin x=\frac{\partial P}{\partial y}$, 所以该方程是全微分方程.

$(\sin y-y\sin x)dx+(x\cos y+\cos x)dy=(\sin ydx+x\cos ydy)+(\cos xdy-y\sin xdx)$
$$=(\sin ydx+xd\sin y)+(\cos xdy+yd\cos x)=d(x\sin y)+d(y\cos x).$$

方程的通解为
$$x\sin y+y\cos x=C.$$

(5) $(x^2-y)dx-xdy=0$.

【解】 $P=x^2-y$, $Q=-x$.

因为 $\frac{\partial Q}{\partial x}=-1=\frac{\partial P}{\partial y}$, 所以该方程是全微分方程.

$$(x^2-y)dx-xdy=x^2dx-(ydx+xdy)=d\left(\frac{x^3}{3}\right)-d(xy).$$

方程的通解为
$$\frac{1}{3}x^3-xy=C.$$

(6) $y(x-2y)dx-x^2dy=0$.

【解】 $P=y(x-2y)$, $Q=-x^2$.

因为 $\frac{\partial Q}{\partial x}=-2x$, $\frac{\partial P}{\partial y}=x-4y$, $\frac{\partial Q}{\partial x}\neq\frac{\partial P}{\partial y}$. 所以该方程不是全微分方程.

(7) $(1+e^{2\theta})d\rho+2\rho e^{2\theta}d\theta=0$.

【解】 $P=(1+e^{2\theta})$, $Q=2\rho e^{2\theta}$.

因为 $\frac{\partial Q}{\partial \rho}=2e^{2\theta}=\frac{\partial P}{\partial \theta}$, 所以该方程是全微分方程.

$$(1+e^{2\theta})d\rho+2\rho e^{2\theta}d\theta=d\rho+d(\rho e^{2\theta}).$$

该方程的通解为
$$\rho+\rho e^{2\theta}=C.$$

(8) $(x^2+y^2)dx+xydy=0$.

【解】 $P=x^2+y^2$, $Q=xy$.

因为 $\frac{\partial Q}{\partial x}=y$, $\frac{\partial P}{\partial y}=2y$, $\frac{\partial Q}{\partial x}\neq\frac{\partial P}{\partial y}$, 所以该方程不是全微分方程.

12. 确定常数 λ，使右半平面 $x>0$ 内的向量
$$A(x,y)=2xy(x^4+y^2)^\lambda i-x^2(x^4+y^2)^\lambda j$$
为某二元函数 $u(x,y)$ 的梯度，并求 $u(x,y)$。

【解】 $P(x,y)=2xy(x^4+y^2)^\lambda$，$Q(x,y)=-x^2(x^4+y^2)^\lambda$，
$\dfrac{\partial Q}{\partial x}=-2x(x^4+y^2)^\lambda-x^2\lambda(x^4+y^2)^{\lambda-1}\cdot 4x^3$，$\dfrac{\partial P}{\partial y}=2x(x^4+y^2)^\lambda+2\lambda xy(x^4+y^2)^{\lambda-1}\cdot 2y$。

令 $\dfrac{\partial Q}{\partial x}=\dfrac{\partial P}{\partial y}$，得
$$4x(x^4+y^2)^\lambda(1+\lambda)=0,$$
从而 $\lambda=-1$。此时
$$A(x,y)=\dfrac{2xy}{x^4+y^2}i-\dfrac{x^2}{x^4+y^2}j,\ u(x,y)=\int_1^x\dfrac{2x\cdot 0}{x^4+0^2}dx-\int_0^y\dfrac{x^2}{x^4+y^2}dy=-\arctan\dfrac{y}{x}.$$

习题 11-4 对面积的曲面积分

1. 设有一分布着质量的曲面 Σ，在点 (x,y,z) 处它的面密度为 $\mu(x,y,z)$，用对面积的曲面积分表示这曲面对于 x 轴的转动惯量。

【解】 曲面 Σ 置于空间直角坐标系内，过点 $M(x,y,z)$ 作切平面，取切平面微元 dS，小曲面块 ΔS 用 dS 代替，于是
$$dI_x=(y^2+z^2)\mu(x,y,z)dS,\ I_x=\iint_\Sigma(y^2+z^2)\mu(x,y,z)dS.$$

2. 按对面积的曲面积分的定义证明公式
$$\iint_\Sigma f(x,y,z)dS=\iint_{\Sigma_1}f(x,y,z)dS+\iint_{\Sigma_2}f(x,y,z)dS,$$
其中 Σ 是由 Σ_1 和 Σ_2 组成的。

【证】 分割 Σ 时，永远将 Σ_1 与 Σ_2 的边界曲线作为分割线，则
$$\sum_{(\Sigma)}f(\xi_i,\eta_i,\zeta_i)\Delta S_i=\sum_{(\Sigma_1)}f(\xi_i,\eta_i,\zeta_i)\Delta S_i+\sum_{(\Sigma_2)}f(\xi_i,\eta_i,\zeta_i)\Delta S_i.$$
令 $\lambda\to 0$（λ 是各小曲面块直径最大值），有
$$\iint_\Sigma f(x,y,z)dS=\iint_{\Sigma_1}f(x,y,z)dS+\iint_{\Sigma_2}f(x,y,z)dS.$$

3. 当 Σ 是 xOy 面内的一个闭区域时，曲面积分 $\iint_\Sigma f(x,y,z)dS$ 与二重积分有什么关系？

【解】 此时，Σ 是 xOy 面上的区域 D。有 $z_x=0$，$z_y=0$，$dS=dxdy$，$f(x,y,z)=f(x,y,0)$，故
$$\iint_\Sigma f(x,y,z)dS=\iint_D f(x,y,0)dxdy.$$

4. 计算曲面积分 $\iint_\Sigma f(x,y,z)dS$，其中 Σ 为抛物面 $z=2-(x^2+y^2)$ 在 xOy 面上方的部分，$f(x,y,z)$ 分别如下：

(1) $f(x,y,z)=1$；(2) $f(x,y,z)=x^2+y^2$；(3) $f(x,y,z)=3z$。

【解】 (1) $z=2-(x^2+y^2)$，$D_{xy}:x^2+y^2\leq 2$。$dS=\sqrt{1+4x^2+4y^2}dxdy$。
$$I=\iint_{D_{xy}}\sqrt{1+4x^2+4y^2}dxdy=\int_0^{2\pi}d\theta\int_0^{\sqrt{2}}\sqrt{1+4\rho^2}\rho d\rho=2\pi\left[\dfrac{1}{12}(1+4\rho^2)^{\frac{3}{2}}\right]\Big|_0^{\sqrt{2}}=\dfrac{13}{3}\pi.$$

(2) 同(1)，有
$$dS=\sqrt{1+4x^2+4y^2},\ D_{xy}:x^2+y^2\leq 2.$$

$$I = \iint_{D_{xy}} (x^2 + y^2) \sqrt{1 + 4x^2 + 4y^2} \, dxdy = \int_0^{2\pi} d\theta \int_0^{\sqrt{2}} \rho^2 \cdot \sqrt{1 + 4\rho^2} \cdot \rho d\rho$$

$$= \frac{\pi}{16} \int_0^{\sqrt{2}} [(4\rho^2 + 1) - 1] \sqrt{1 + 4\rho^2} \, d(4\rho^2 + 1)$$

$$= \frac{\pi}{16} \left[\frac{2}{5}(4\rho^2 + 1)^{\frac{5}{2}} - \frac{2}{3}(4\rho^2 + 1)^{\frac{3}{2}} \right] \Big|_0^{\sqrt{2}} = \frac{149}{30}\pi.$$

(3) dS 与 D 同前，于是，有

$$I = \iint_{D_{xy}} 3[2 - (x^2 + y^2)] \sqrt{1 + 4x^2 + 4y^2} \, dxdy = 3 \int_0^{2\pi} d\theta \int_0^{\sqrt{2}} (2 - \rho^2) \sqrt{1 + 4\rho^2} \rho d\rho$$

$$= 6\pi \times \frac{1}{32} \int_0^{\sqrt{2}} [9 - (1 + 4\rho^2)] \sqrt{1 + 4\rho^2} \, d(1 + 4\rho^2)$$

$$= \frac{3\pi}{16} \left[9 \times \frac{2}{3}(1 + 4\rho^2)^{\frac{3}{2}} - \frac{2}{5}(1 + 4\rho^2)^{\frac{5}{2}} \right] \Big|_0^{\sqrt{2}} = \frac{111}{10}\pi.$$

5. 计算 $\iint_{\Sigma} (x^2 + y^2) dS$，其中 Σ 是：

(1) 锥面 $z = \sqrt{x^2 + y^2}$ 及平面 $z = 1$ 所围成的区域的整个边界曲面；

(2) 锥面 $z^2 = 3(x^2 + y^2)$ 被平面 $z = 0$ 和 $z = 3$ 所截得的部分.

【解】 (1) 把 Σ 分成 Σ_1 和 Σ_2，其中

$$\Sigma_1: z = 1 \quad (x^2 + y^2 \leq 1), \quad dS = dxdy, \quad D_{xy}: x^2 + y^2 \leq 1;$$

$$\Sigma_2: z = (x^2 + y^2)^{\frac{1}{2}} \quad (0 \leq z \leq 1), \quad dS = \left(1 + \frac{x^2}{x^2 + y^2} + \frac{y^2}{x^2 + y^2}\right)^{\frac{1}{2}} dxdy = \sqrt{2} dxdy, \quad D_{xy}: x^2 + y^2 \leq 1.$$

$$\iint_{\Sigma_1} (x^2 + y^2) dS = \iint_{D_{xy}} (x^2 + y^2) dxdy = \int_0^{2\pi} d\theta \int_0^1 \rho^3 d\rho = 2\pi \cdot \frac{1}{4} = \frac{\pi}{2},$$

$$\iint_{\Sigma_2} (x^2 + y^2) dS = \iint_{D_{xy}} (x^2 + y^2) \sqrt{2} dxdy = \sqrt{2} \int_0^{2\pi} d\theta \int_0^1 \rho^3 d\rho = \sqrt{2} \cdot \frac{\pi}{2} = \frac{\sqrt{2}}{2}\pi,$$

$$\iint_{\Sigma} (x^2 + y^2) dxdy = \frac{\pi}{2} + \frac{\sqrt{2}}{2}\pi = \frac{1 + \sqrt{2}}{2}\pi;$$

(2) $\Sigma: z^2 = 3(x^2 + y^2)$，$2zdz = 6xdx + 6ydy.$

$$dS = \sqrt{1 + \left(\frac{3x}{z}\right)^2 + \left(\frac{3y}{z}\right)^2} dxdy = \sqrt{\frac{z^2 + 9(x^2 + y^2)}{z^2}} dxdy = \sqrt{\frac{z^2 + 3z^2}{z^2}} dxdy = 2dxdy,$$

$$D_{xy}: x^2 + y^2 \leq 3.$$

$$I = \iint_{D_{xy}} (x^2 + y^2) 2dxdy = \int_0^{2\pi} d\theta \int_0^{\sqrt{3}} \rho^2 \cdot 2\rho d\rho = 9\pi.$$

6. 计算下列对面积的曲面积分：

(1) $\iint_{\Sigma} \left(z + 2x + \frac{4}{3}y\right) dS$，其中 Σ 为平面 $\frac{x}{2} + \frac{y}{3} + \frac{z}{4} = 1$ 在第 I 卦限中的部分.

【解】 Σ 如图 11-17 所示. 由于 Σ 是平面 $\frac{x}{2} + \frac{y}{3} + \frac{z}{4} = 1$ 在第 I 卦限内的部分，而被积函数

$$z + 2x + \frac{4}{3}y = 4\left(\frac{x}{2} + \frac{y}{3} + \frac{z}{4}\right) = 4,$$

于是

$$I = \iint_{\Sigma} 4dS.$$

$\iint_\Sigma dS$ 就是 $\triangle ABC$ 的面积，因此

$$I = 4 \times \frac{1}{2}\sqrt{2^2 \times 3^2 + 3^2 \times 4^2 + 2^2 \times 4^2} = 2 \times 2\sqrt{61} = 4\sqrt{61}.$$

(2) $\iint_\Sigma (2xy - 2x^2 - x + z)dS$，其中 Σ 为平面 $2x + 2y + z = 6$ 在第 I 卦限中的部分.

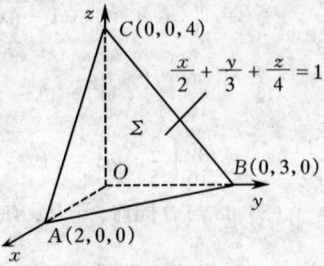

图 11-17

【解】 $\Sigma: z = 6 - 2x - 2y$，如图 11-18 所示，图中阴影部分为 D_{xy}.

$$dS = \sqrt{1 + (-2)^2 + (-2)^2}\,dxdy = 3dxdy.$$

$$I = \iint_{D_{xy}} (2xy - 2x^2 - x + 6 - 2x - 2y) 3dxdy$$

$$= 3\int_0^3 dx \int_0^{3-x} (6 - 3x - 2x^2 + 2xy - 2y)dy$$

$$= 3\int_0^3 (3x^3 - 10x^2 + 9)dx = -\frac{27}{4}.$$

(3) $\iint_\Sigma (x + y + z)dS$，其中 Σ 为球面 $x^2 + y^2 + z^2 = a^2$ 上 $z \geq h$ $(0 < h < a)$ 的部分.

【解】 注意到 $\iint_\Sigma xdS = 0$，$\iint_\Sigma ydS = 0$.

$$D_{xy}: x^2 + y^2 \leq a^2 - h^2, \quad dS = \frac{a}{\sqrt{a^2 - x^2 - y^2}}dxdy,$$

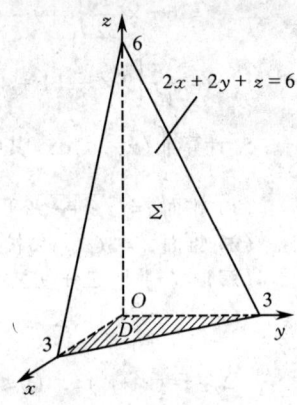

图 11-18

则

$$I = \iint_\Sigma zdS = \iint_{D_{xy}} \sqrt{a^2 - x^2 - y^2} \cdot \frac{a}{\sqrt{a^2 - x^2 - y^2}}dxdy = a\pi(a^2 - h^2).$$

(4) $\iint_\Sigma (xy + yz + zx)dS$，其中 Σ 为锥面 $z = \sqrt{x^2 + y^2}$ 被柱面 $x^2 + y^2 = 2ax$ 所截得的有限部分.

【解】 注意到 $\iint_\Sigma xydS = 0$，$\iint_\Sigma yzdS = 0$.

$$I = \iint_\Sigma zxdS = \iint_{x^2+y^2 \leq 2ax} x \cdot \sqrt{x^2+y^2} \cdot \sqrt{2}\,dxdy = 2\sqrt{2}\int_0^{\frac{\pi}{2}} d\theta \int_0^{2a\cos\theta} r^3\cos\theta\,dr$$

$$= 2\sqrt{2} \cdot \frac{1}{4}(2a)^4 \int_0^{\frac{\pi}{2}} \cos^5\theta\,d\theta = \frac{64}{15}\sqrt{2}\,a^4.$$

7. 求抛物面壳 $z = \frac{1}{2}(x^2 + y^2)$ $(0 \leq z \leq 1)$ 的质量，此壳的面密度为 $\mu = z$.

【解】 $z = \frac{1}{2}(x^2+y^2)$，$\frac{\partial z}{\partial x} = x$，$\frac{\partial z}{\partial y} = y$，$D_{xy}: x^2 + y^2 \leq 2$.

$$M = \iint_\Sigma zdS = \iint_{D_{xy}} \frac{1}{2}(x^2+y^2)(1+x^2+y^2)^{\frac{1}{2}}dxdy = \int_0^{2\pi} d\theta \int_0^{\sqrt{2}} \frac{1}{2}r^2(1+r^2)^{\frac{1}{2}} \cdot rdr$$

$$= 2\pi \int_0^2 \frac{1}{4}u(1+u)^{\frac{1}{2}}du = \frac{\pi}{2}\left[\frac{2}{3}u(1+u)^{\frac{3}{2}}\Big|_0^2 - \frac{2}{3}\int_0^2 (1+u)^{\frac{3}{2}}du\right]$$

$$= \frac{\pi}{2}\left[\frac{4}{3} \times 3^{\frac{3}{2}} - \frac{4}{15}(3^{\frac{5}{2}} - 1)\right] = \frac{2\pi}{15}(6\sqrt{3} + 1).$$

8. 求面密度为 μ_0 的均匀半球壳 $x^2+y^2+z^2=a^2$ $(z\geq 0)$ 对于 z 轴的转动惯量.

【解】 $I_z = \iint\limits_{\Sigma}(x^2+y^2)\mu_0 dS.$

Σ 在 xOy 面上的投影区域为 D_{xy}: $x^2+y^2\leq a^2$, 在 Σ 上,
$$z=\sqrt{a^2-x^2-y^2},$$
$$dS=\left[1+\left(\frac{-2x}{2\sqrt{a^2-x^2-y^2}}\right)^2+\left(\frac{-2y}{2\sqrt{a^2-x^2-y^2}}\right)^2\right]^{\frac{1}{2}}dxdy=\frac{a}{\sqrt{a^2-x^2-y^2}}dxdy.$$

$$I_z = \iint\limits_{\Sigma}(x^2+y^2)\mu_0 dS = \iint\limits_{D_{xy}}(x^2+y^2)\mu_0 \cdot \frac{a}{\sqrt{a^2-x^2-y^2}}dxdy$$
$$= a\mu_0\int_0^{2\pi}d\theta\int_0^a \frac{\rho^3}{\sqrt{a^2-\rho^2}}d\rho = \pi a\mu_0\int_0^a \frac{(a^2-\rho^2)-a^2}{\sqrt{a^2-\rho^2}}d(a^2-\rho^2)$$
$$= \pi a\mu_0\int_0^a\left(\sqrt{a^2-\rho^2}-\frac{a^2}{\sqrt{a^2-\rho^2}}\right)d(a^2-\rho^2) = \pi a\mu_0\left[\frac{2}{3}(a^2-\rho^2)^{\frac{3}{2}}-2a^2\sqrt{a^2-\rho^2}\right]\Big|_0^a$$
$$= \frac{4}{3}\pi\mu_0 a^4.$$

习题 11-5 对坐标的曲面积分

1. 按对坐标的曲面积分的定义证明公式
$$\iint\limits_{\Sigma}[P_1(x,y,z)\pm P_2(x,y,z)]dydz = \iint\limits_{\Sigma}P_1(x,y,z)dydz \pm \iint\limits_{\Sigma}P_2(x,y,z)dydz.$$

【证】 把积分曲面 Σ 分成 n 块, 第 i 块为 ΔS_i, 它在 yOz 面上的投影为 $(\Delta S_i)_{yz}$, (ξ_i,η_i,ζ_i) 为 ΔS_i 上任一点, λ 为 n 块小曲面直径最大值, 则

$$\iint\limits_{\Sigma}[P_1(x,y,z)\pm P_2(x,y,z)]dydz$$
$$=\lim_{\lambda\to 0}\sum_{i=1}^n[P_1(\xi_i,\eta_i,\zeta_i)\pm P_2(\xi_i,\eta_i,\zeta_i)](\Delta S_i)_{yz}$$
$$=\lim_{\lambda\to 0}\sum_{i=1}^n P_1(\xi_i,\eta_i,\zeta_i)(\Delta S_i)_{yz}\pm\lim_{\lambda\to 0}\sum_{i=1}^n P_2(\xi_i,\eta_i,\zeta_i)(\Delta S_i)_{yz}$$
$$=\iint\limits_{\Sigma}P_1(x,y,z)dydz\pm\iint\limits_{\Sigma}P_2(x,y,z)dydz.$$

2. 当 Σ 为 xOy 面内的一个闭区域时, 曲面积分 $\iint\limits_{\Sigma}R(x,y,z)dxdy$ 与二重积分有什么关系?

【解】 $\iint\limits_{\Sigma}R(x,y,z)dxdy = \pm\iint\limits_{D_{xy}}R(x,y,z)dxdy.$

D_{xy} 为 Σ 在 xOy 面上的投影区域, 也就是 Σ 占有的区域.

当 Σ 取上侧时, $\iint\limits_{\Sigma}R(x,y,z)dxdy = \iint\limits_{D_{xy}}R(x,y,z)dxdy;$

当 Σ 取下侧时, $\iint\limits_{\Sigma}R(x,y,z)dxdy = -\iint\limits_{D_{xy}}R(x,y,z)dxdy.$

3. 计算下列对坐标的曲面积分:

(1) $\iint\limits_{\Sigma}x^2y^2zdxdy$, 其中 Σ 是球面 $x^2+y^2+z^2=R^2$ 的下半部分的下侧.

【解】 D_{xy}: $x^2+y^2\leq R^2$.

$$I = -\iint_{D_{xy}} x^2 y^2 (-\sqrt{R^2 - x^2 - y^2}) dxdy = 4\int_0^{\frac{\pi}{2}} d\theta \int_0^R (\rho\cos\theta)^2 (\rho\sin\theta)^2 \sqrt{R^2 - \rho^2} \rho d\rho$$

$$= 4\int_0^{\frac{\pi}{2}} \cos^2\theta \sin^2\theta d\theta \cdot \int_0^R \rho^5 \sqrt{R^2 - \rho^2} d\rho = \frac{\pi}{4} \times \frac{8}{105} R^7 = \frac{2}{105}\pi R^7.$$

(2) $\iint_\Sigma zdxdy + xdydz + ydzdx$,其中 Σ 是柱面 $x^2 + y^2 = 1$ 被平面 $z=0$ 及 $z=3$ 所截得的在第 I 卦限内的部分的前侧.

【解】Σ 如图 11-19 所示. 又

$$\iint_\Sigma zdxdy = 0,$$

$$\iint_\Sigma xdydz = \iint_\Sigma ydzdx,$$

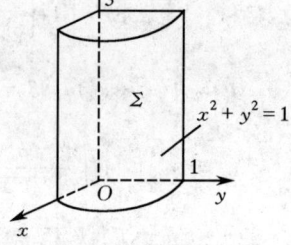

故

$$I = 2\iint_\Sigma ydzdx = 2\int_0^3 dz\int_0^1 (1-x^2)^{\frac{1}{2}} dx = 2 \times 3 \times \frac{\pi}{4} = \frac{3}{2}\pi.$$

图 11-19

(3) $\iint_\Sigma [f(x,y,z)+x]dydz + [2f(x,y,z)+y]dzdx + [f(x,y,z)+z]dxdy$,

其中 $f(x,y,z)$ 为连续函数,Σ 是平面 $x-y+z=1$ 在第 IV 卦限部分的上侧.

【解】$P = f+x$, $Q = 2f+y$, $R = f+z$. $\Sigma: z = 1-x+y$, $z_x = -1$, $z_y = 1$.

代入公式,并注意到 $x-y+z=1$. 由

$$\iint_\Sigma Pdydz + Qdzdx + Rdxdy = \iint_\Sigma \{P, Q, R\} \cdot \{-z_x, -z_y, 1\} dxdy$$

得

$$I = \iint_\Sigma \{f+x, 2f+y, f+z\} \cdot \{1, -1, 1\} dxdy$$

$$= \iint_\Sigma [(f+x) - (2f+y) + (f+z)] dxdy = \iint_\Sigma (x-y+z) dxdy = \iint_{D_{xy}} dxdy = \frac{1}{2}.$$

(4) $\oiint_\Sigma xzdxdy + xydydz + yzdzdx$,其中 Σ 是平面 $x=0$, $y=0$, $z=0$, $x+y+z=1$ 所围成的空间区域的整个边界曲面的外侧.

【解】设 Σ_0 为平面 $x+y+z=1$ 在第 I 卦限内部分的上侧,它在 xOy 面上的投影区域记为 D_{xy},则

$$I = 3\oiint_\Sigma xzdxdy = 3\iint_{\Sigma_0} xzdxdy = 3\iint_{D_{xy}} x(1-x-y)dxdy = \int_0^1 dx\int_0^{1-x} x(1-x-y)dy = 3 \times \frac{1}{24} = \frac{1}{8}.$$

4. 把对坐标的曲面积分

$$\iint_\Sigma P(x,y,z)dydz + Q(x,y,z)dzdx + R(x,y,z)dxdy$$

化成对面积的曲面积分,其中:

(1) Σ 是平面 $3x+2y+2\sqrt{3}z=6$ 在第 I 卦限的部分的上侧;

(2) Σ 是抛物面 $z = 8-(x^2+y^2)$ 在 xOy 面上方的部分的上侧.

【解】(1) $\Sigma: z = \sqrt{3} - \frac{\sqrt{3}}{2}x - \frac{\sqrt{3}}{3}y$,故

$$\frac{\partial z}{\partial x} = -\frac{\sqrt{3}}{2}, \quad \frac{\partial z}{\partial y} = -\frac{\sqrt{3}}{3}, \quad \sqrt{1 + \left(\frac{\partial z}{\partial x}\right)^2 + \left(\frac{\partial z}{\partial y}\right)^2} = \left(1 + \frac{3}{4} + \frac{3}{9}\right)^{\frac{1}{2}} = \frac{5}{6}\sqrt{3},$$

$$\cos\alpha = \frac{-\frac{\partial z}{\partial x}}{\sqrt{1+\left(\frac{\partial z}{\partial x}\right)^2+\left(\frac{\partial z}{\partial y}\right)^2}} = \frac{\frac{\sqrt{3}}{2}}{\frac{5}{6}\sqrt{3}} = \frac{3}{5}, \quad \cos\beta = \frac{-\frac{\partial z}{\partial y}}{\sqrt{1+\left(\frac{\partial z}{\partial x}\right)^2+\left(\frac{\partial z}{\partial y}\right)^2}} = \frac{\frac{\sqrt{3}}{3}}{\frac{5}{6}\sqrt{3}} = \frac{2}{5},$$

$$\cos\gamma = \frac{1}{\sqrt{1+\left(\frac{\partial z}{\partial y}\right)^2+\left(\frac{\partial z}{\partial x}\right)^2}} = \frac{1}{\frac{5}{6}\sqrt{3}} = \frac{2}{5}\sqrt{3},$$

$$I = \iint_{\Sigma}(P\cos\alpha + Q\cos\beta + R\cos\gamma)\mathrm{d}S = \iint_{\Sigma}\left(\frac{3}{5}P + \frac{2}{5}Q + \frac{2\sqrt{3}}{5}R\right)\mathrm{d}S;$$

（2）$\Sigma: z = 8-(x^2+y^2)$，故

$$\frac{\partial z}{\partial x} = -2x, \quad \frac{\partial z}{\partial y} = -2y,$$

$$\cos\alpha = \frac{-\frac{\partial z}{\partial x}}{\sqrt{1+\left(\frac{\partial z}{\partial x}\right)^2+\left(\frac{\partial z}{\partial y}\right)^2}} = \frac{2x}{\sqrt{1+4x^2+4y^2}}, \quad \cos\beta = \frac{-\frac{\partial z}{\partial y}}{\sqrt{1+\left(\frac{\partial z}{\partial x}\right)^2+\left(\frac{\partial z}{\partial y}\right)^2}} = \frac{2y}{\sqrt{1+4x^2+4y^2}},$$

$$\cos\gamma = \frac{1}{\sqrt{1+\left(\frac{\partial z}{\partial x}\right)^2+\left(\frac{\partial z}{\partial y}\right)^2}} = \frac{1}{\sqrt{1+4x^2+4y^2}},$$

$$I = \iint_{\Sigma}(P\cos\alpha + Q\cos\beta + R\cos\gamma)\mathrm{d}S = \iint_{\Sigma}\frac{2xP + 2yQ + R}{\sqrt{1+4x^2+4y^2}}\mathrm{d}S.$$

5. 计算

$$\iint_{\Sigma}(3z+1)x\mathrm{d}y\mathrm{d}z - \mathrm{d}z\mathrm{d}x + z\mathrm{d}x\mathrm{d}y,$$

其中 Σ 是由曲线 $\begin{cases} z = \sqrt{y-1}, \\ x = 0 \end{cases}$，$(1 \leqslant y \leqslant 3)$ 绕 y 轴旋转一周所成的旋转曲面的左侧.

【解】 曲面 Σ 的方程为

$$y = z^2 + x^2 + 1,$$

它在 zOx 面上的投影区域为

$$D = \{(x,z) \mid x^2 + z^2 \leqslant 2\},$$

根据条件可知，曲面 Σ 的法向量为 $\left(\frac{\partial y}{\partial x}, -1, \frac{\partial y}{\partial z}\right) = (2x, -1, 2z)$，故法向量的方向余弦为

$$\cos\alpha = \frac{2x}{\sqrt{4x^2+1+4z^2}}, \quad \cos\beta = \frac{-1}{\sqrt{4x^2+1+4z^2}}, \quad \cos\gamma = \frac{2z}{\sqrt{4x^2+1+4z^2}}.$$

于是，利用两类曲面积分之间的联系，得

$$\iint_{\Sigma}(3z+1)x\mathrm{d}y\mathrm{d}z - \mathrm{d}z\mathrm{d}x + z\mathrm{d}x\mathrm{d}y = \iint_{\Sigma}\frac{(3z+1)x \cdot 2x - (-1) + z \cdot 2z}{\sqrt{4x^2+4z^2+1}}\mathrm{d}S$$

$$= \iint_{D}\frac{6x^2z + 2x^2 + 2z^2 + 1}{\sqrt{4x^2+4z^2+1}} \cdot \sqrt{4x^2+4z^2+1}\,\mathrm{d}z\mathrm{d}x$$

$$= \iint_{D}(6x^2z + 2x^2 + 2z^2 + 1)\mathrm{d}z\mathrm{d}x,$$

由积分区域 D 关于 x 轴的对称性以及函数 $6x^2z$ 关于 z 为奇函数可知

$$\iint_{D}6x^2z\mathrm{d}z\mathrm{d}x = 0,$$

利用极坐标, 得

$$\iint_D (2x^2 + 2z^2 + 1) dzdx = \int_0^{2\pi} d\theta \int_0^{\sqrt{2}} (2\rho^2 + 1) \cdot \rho d\rho = 6\pi,$$

于是

$$\iint_\Sigma (3z + 1) x dydz - dzdx + zdxdy = 6\pi.$$

习题 11-6　高斯公式　*通量与散度

1. 利用高斯公式计算曲面积分:

(1) $\oiint_\Sigma x^2 dydz + y^2 dzdx + z^2 dxdy$, 其中 Σ 为平面 $x=0$, $y=0$, $z=0$, $x=a$, $y=a$, $z=a$ 所围成的立体的表面的外侧.

【解】 $P=x^2$, $Q=y^2$, $R=z^2$, 从而

$$\frac{\partial P}{\partial x} + \frac{\partial Q}{\partial y} + \frac{\partial R}{\partial z} = 2(x+y+z).$$

Ω 表示所给各平面围成的空间区域, 则

$$I = \iiint_\Omega 2(x+y+z) dv = 2\int_0^a dx \int_0^a dy \int_0^a (x+y+z) dz = 6\int_0^a dx \int_0^a dy \int_0^a z dz = 6 \cdot a \cdot a \cdot \frac{a^2}{2} = 3a^4.$$

*(2) $\oiint_\Sigma x^3 dydz + y^3 dzdx + z^3 dxdy$, 其中 Σ 为球面 $x^2+y^2+z^2=a^2$ 的外侧.

【解】 $\Omega: x^2+y^2+z^2 \leq R^2$, $\Omega_1: x^2+y^2+z^2 \leq R^2$, $z \geq 0$.

$$I = 3\iiint_\Omega (x^2+y^2+z^2) dv = 9\iiint_\Omega z^2 dv = 18\iiint_{\Omega_1} z^2 dv = 18\int_0^R z^2 \pi (R^2 - z^2) dz = \frac{12}{5}\pi R^5.$$

*(3) $\oiint_\Sigma xz^2 dydz + (x^2y-z^3) dzdx + (2xy+y^2z) dxdy$, 其中 Σ 为上半球体 $0 \leq z \leq \sqrt{a^2-x^2-y^2}$, $x^2+y^2 \leq a^2$ 的表面外侧.

【解】 $\Omega: x^2+y^2 \leq a^2$, $0 \leq z \leq \sqrt{a^2-x^2-y^2}$.

$$I = \iiint_\Omega (z^2 + x^2 + y^2) dv = \int_0^{2\pi} d\theta \int_0^{\frac{\pi}{2}} d\varphi \int_0^a r^2 \cdot r^2 \sin\varphi dr = 2\pi \int_0^{\frac{\pi}{2}} \sin\varphi d\varphi \cdot \int_0^a r^4 dr = \frac{2}{5}\pi a^5.$$

(4) $\oiint_\Sigma xdydz + ydzdx + zdxdy$, 其中 Σ 是介于 $z=0$ 和 $z=3$ 之间的圆柱体 $x^2+y^2 \leq 9$ 的整个表面的外侧.

【解】 设 Ω 为题中所给圆柱体所占空间, 则

$$I = \iiint_\Omega (1+1+1) dv = 3\iiint_\Omega dv = 3 \times \pi \times 3^2 \times 3 = 81\pi.$$

(5) $\oiint_\Sigma 4xzdydz - y^2 dzdx + yzdxdy$, 其中 Σ 是平面 $x=0$, $y=0$, $z=0$, $x=1$, $y=1$, $z=1$ 所围成的立方体的全表面的外侧.

【解】 设 Ω 为题中所给立方体所占空间, 则有 $I = \iiint_\Omega (4z - 2y + y) dv = \iiint_\Omega (4z - y) dv$.

由于 $\iiint_\Omega z dv = \iiint_\Omega y dz$, 所以 $I = 3\iiint_\Omega z dv$, 即

$$I = 3\int_0^1 dx \int_0^1 dy \int_0^1 z dz = \frac{3}{2}.$$

*2. 求下列向量 A 穿过曲面 Σ 流向指定侧的通量：

(1) $A = yz\boldsymbol{i} + xz\boldsymbol{j} + xy\boldsymbol{k}$，$\Sigma$ 为圆柱 $x^2+y^2 \leq a^2 (0 \leq z \leq h)$ 的全表面，流向外侧.

【解】 设 Ω 为题中所给圆柱所占有的空间.记通量为 Φ，则有

$$\Phi = \oiint_\Sigma yz\mathrm{d}y\mathrm{d}z + xz\mathrm{d}z\mathrm{d}x + xy\mathrm{d}x\mathrm{d}y = \iiint_\Omega \left[\frac{\partial(yz)}{\partial x} + \frac{\partial(xz)}{\partial y} + \frac{\partial(xy)}{\partial z}\right]\mathrm{d}v = 0.$$

(2) $A = (2x-z)\boldsymbol{i} + x^2 y\boldsymbol{j} - xz^2\boldsymbol{k}$，$\Sigma$ 为立方体 $0 \leq x \leq a$，$0 \leq y \leq a$，$0 \leq z \leq a$ 的全表面，流向外侧.

【解】 设 Ω：$0 \leq x \leq a$，$0 \leq y \leq a$，$0 \leq z \leq a$. 通量

$$\Phi = \oiint_\Sigma (2x-z)\mathrm{d}y\mathrm{d}z + x^2 y\mathrm{d}z\mathrm{d}x - xz^2\mathrm{d}x\mathrm{d}y = \iiint_\Omega (2 + x^2 - 2xz)\mathrm{d}v$$

$$= \int_0^a \mathrm{d}x \int_0^a \mathrm{d}y \int_0^a (2 + x^2 - 2xz)\mathrm{d}z = a^3\left(2 - \frac{a^2}{6}\right).$$

(3) $A = (2x+3z)\boldsymbol{i} - (xz+y)\boldsymbol{j} + (y^2+2z)\boldsymbol{k}$，$\Sigma$ 是以点 $(3, -1, 2)$ 为球心，半径 $R = 3$ 的球面，流向外侧.

【解】 设 Ω 为所给球面所围空间，通量

$$\Phi = \oiint_\Sigma (2x+3z)\mathrm{d}y\mathrm{d}z + (-xz-y)\mathrm{d}z\mathrm{d}x + (y^2+2z)\mathrm{d}x\mathrm{d}y$$

$$= \iiint_\Omega (2-1+2)\mathrm{d}v = 3\iiint_\Omega \mathrm{d}v = 3 \times \frac{4}{3}\pi \times 3^3 = 108\pi.$$

*3. 求下列向量场 A 的散度：

(1) $A = (x^2+yz)\boldsymbol{i} + (y^2+xz)\boldsymbol{j} + (z^2+xy)\boldsymbol{k}$.

【解】 $P = x^2+yz$，$Q = y^2+xz$，$R = z^2+xy$.

A 的散度为 $\quad\mathrm{div}A = \dfrac{\partial P}{\partial x} + \dfrac{\partial Q}{\partial y} + \dfrac{\partial R}{\partial z} = 2(x+y+z).$

(2) $A = e^{xy}\boldsymbol{i} + \cos(xy)\boldsymbol{j} + \cos(xz^2)\boldsymbol{k}$.

【解】 $P = e^{xy}$，$Q = \cos(xy)$，$R = \cos(xz^2)$.

A 的散度为 $\quad\mathrm{div}A = \dfrac{\partial P}{\partial x} + \dfrac{\partial Q}{\partial y} + \dfrac{\partial R}{\partial z} = ye^{xy} - x\sin(xy) - 2xz\sin(xz^2).$

(3) $A = y^2\boldsymbol{i} + xy\boldsymbol{j} + xz\boldsymbol{k}$.

【解】 $P = y^2$，$Q = xy$，$R = xz$.

A 的散度为 $\quad\mathrm{div}A = \dfrac{\partial P}{\partial x} + \dfrac{\partial Q}{\partial y} + \dfrac{\partial R}{\partial z} = 0 + x + x = 2x.$

4. 设 $u(x, y, z)$，$v(x, y, z)$ 是两个定义在闭区域 Ω 上的具有二阶连续偏导数的函数，$\dfrac{\partial u}{\partial \boldsymbol{n}}$，$\dfrac{\partial v}{\partial \boldsymbol{n}}$ 依次表示 $u(x, y, z)$，$v(x, y, z)$ 沿 Σ 的外法线方向的方向导数. 证明

$$\iiint_\Omega (u\Delta v - v\Delta u)\mathrm{d}x\mathrm{d}y\mathrm{d}z = \oiint_\Sigma \left(u\frac{\partial v}{\partial \boldsymbol{n}} - v\frac{\partial u}{\partial \boldsymbol{n}}\right)\mathrm{d}S,$$

其中 Σ 是空间闭区域 Ω 的整个边界曲面. 这个公式叫作<u>格林第二公式</u>.

【证】 由本节例 3 的结论可得

$$\iiint_\Omega u\left(\frac{\partial^2 v}{\partial x^2} + \frac{\partial^2 v}{\partial y^2} + \frac{\partial^2 v}{\partial z^2}\right)\mathrm{d}x\mathrm{d}y\mathrm{d}z = \oiint_\Sigma u\frac{\partial v}{\partial \boldsymbol{n}}\mathrm{d}S - \iiint_\Omega \left(\frac{\partial u}{\partial x}\frac{\partial v}{\partial x} + \frac{\partial u}{\partial y}\frac{\partial v}{\partial y} + \frac{\partial u}{\partial z}\frac{\partial v}{\partial z}\right)\mathrm{d}x\mathrm{d}y\mathrm{d}z,$$

$$\iiint_\Omega v\left(\frac{\partial^2 u}{\partial x^2} + \frac{\partial^2 u}{\partial y^2} + \frac{\partial^2 u}{\partial z^2}\right)\mathrm{d}x\mathrm{d}y\mathrm{d}z = \oiint_\Sigma v\frac{\partial u}{\partial \boldsymbol{n}}\mathrm{d}S - \iiint_\Omega \left(\frac{\partial u}{\partial x}\frac{\partial v}{\partial x} + \frac{\partial u}{\partial y}\frac{\partial v}{\partial y} + \frac{\partial u}{\partial z}\frac{\partial v}{\partial z}\right)\mathrm{d}x\mathrm{d}y\mathrm{d}z,$$

将上面两个式子相减，得

$$\iiint_\Omega \left[u\left(\frac{\partial^2 v}{\partial x^2} + \frac{\partial^2 v}{\partial y^2} + \frac{\partial^2 v}{\partial z^2}\right) - v\left(\frac{\partial^2 u}{\partial x^2} + \frac{\partial^2 u}{\partial y^2} + \frac{\partial^2 u}{\partial z^2}\right)\right]\mathrm{d}x\mathrm{d}y\mathrm{d}z = \oiint_\Sigma \left(u\frac{\partial v}{\partial \boldsymbol{n}} - v\frac{\partial u}{\partial \boldsymbol{n}}\right)\mathrm{d}S.$$

*5. 利用高斯公式推证阿基米德原理：浸没在液体中的物体所受液体的压力的合力(即浮力)的方向铅直向上，其大小等于这物体所排开的液体的重力.

【证】 取液面为 xOy 坐标面，z 轴垂直向下，液体密度为 μ. 在物体表面 Σ 上取微元 dS，点(x,y,z) 为 dS 上一点. Σ 在 (x,y,z) 处外法线方向余弦为 $\cos\alpha$，$\cos\beta$，$\cos\gamma$，则 dS 所受液体压力在三坐标轴上的分量分别为

$$-\mu g z \cos\alpha\, dS,\ -\mu g z \cos\beta\, dS,\ -\mu g z \cos\gamma\, dS.$$

利用高斯公式，不难得到

$$F_x = \oiint_\Sigma (-\mu g z \cos\alpha\, dS) = \iiint_\Omega 0\, dv = 0,\ F_y = 0,$$

$$F_z = \oiint_\Sigma (-\mu g z \cos\gamma)\, dS = -\mu g \iiint_\Omega dv = 0 = -\mu g v.$$

合力 $\qquad\qquad\qquad\qquad F = -\mu g v \mathbf{k}.$

合力大小为 $\qquad\qquad\qquad |F| = \mu g v.$

习题 11-7　斯托克斯公式　*环流量与旋度

1. 试对曲面 $\Sigma: z = x^2 + y^2$，$x^2 + y^2 \leq 1$，$P = y^2$，$Q = x$，$R = z^2$ 验证斯托克斯公式.

【证】 Σ 取上侧，Σ 的边界 Γ 为圆周 $x^2 + y^2 = 1$，$z = 1$. 从 z 轴正向看去，取逆时针方向. 利用斯托克斯公式，环流量为

$$\Phi = \iint_\Sigma \begin{vmatrix} dydz & dzdx & dxdy \\ \dfrac{\partial}{\partial x} & \dfrac{\partial}{\partial y} & \dfrac{\partial}{\partial z} \\ y^2 & x & z^2 \end{vmatrix} = \iint_\Sigma (1 - 2y)\, dxdy = \iint_{D_{xy}} (1 - 2y)\, dxdy = \int_0^{2\pi} d\theta \int_0^1 (1 - 2r\sin\theta) r\, dr = \pi.$$

另外，Γ 的参数方程为 $x = \cos t$，$y = \sin t$，$z = 1$. t 从 0 变到 2π. 环流量为

$$\Phi = \int_0^{2\pi} (-\sin^3 t + \cos^2 t)\, dt = \pi.$$

得到验证.

*2. 利用斯托克斯公式，计算下列曲线积分：

(1) $\oint_\Gamma y\,dx + z\,dy + x\,dz$，其中 Γ 为圆周 $x^2 + y^2 + z^2 = a^2$，$x + y + z = 0$，若从 x 轴的正向看去，这圆周是取逆时针方向.

【解】 取 Σ 为平面 $x + y + z = 0$ 被 Γ 所围成的部分的上侧，则 Σ 的面积为 πa^2.

$$\mathbf{n} = \{\cos\alpha, \cos\beta, \cos\gamma\} = \left\{\dfrac{1}{\sqrt{3}}, \dfrac{1}{\sqrt{3}}, \dfrac{1}{\sqrt{3}}\right\},$$

则

$$\oint_\Gamma y\,dx + z\,dy + x\,dz = \oiint_\Sigma \begin{vmatrix} \dfrac{1}{\sqrt{3}} & \dfrac{1}{\sqrt{3}} & \dfrac{1}{\sqrt{3}} \\ \dfrac{\partial}{\partial x} & \dfrac{\partial}{\partial y} & \dfrac{\partial}{\partial z} \\ y & z & x \end{vmatrix} dS = \iint_\Sigma \left(-\dfrac{1}{\sqrt{3}} - \dfrac{1}{\sqrt{3}} - \dfrac{1}{\sqrt{3}}\right) dS = -\dfrac{3}{\sqrt{3}} \iint_\Sigma dS = -\sqrt{3}\,\pi a^2.$$

(2) $\oint_\Gamma (y-z)\,dx + (z-x)\,dy + (x-y)\,dz$，其中 Γ 为椭圆 $x^2 + y^2 = a^2$，$\dfrac{x}{a} + \dfrac{z}{b} = 1$ $(a > 0, b > 0)$，若从 x 轴正向看去，这椭圆是取逆时针方向.

【解】 取 Σ 为平面 $\dfrac{x}{a} + \dfrac{z}{b} = 1$ 被 Γ 所围成的部分的上侧，Σ 的单位法向量

$$\boldsymbol{n} = \{\cos\alpha, \cos\beta, \cos\gamma\} = \left\{\frac{b}{\sqrt{a^2+b^2}}, 0, \frac{a}{\sqrt{a^2+b^2}}\right\},$$

$$\oint_\Gamma (y-z)\mathrm{d}x + (z-x)\mathrm{d}y + (x-y)\mathrm{d}z = \iint_\Sigma \begin{vmatrix} \dfrac{b}{\sqrt{a^2+b^2}} & 0 & \dfrac{a}{\sqrt{a^2+b^2}} \\ \dfrac{\partial}{\partial x} & \dfrac{\partial}{\partial y} & \dfrac{\partial}{\partial z} \\ y-z & z-x & x-y \end{vmatrix} \mathrm{d}S = \frac{-2(a+b)}{\sqrt{a^2+b^2}} \iint_\Sigma \mathrm{d}S.$$

在 Σ 上，$z = b - \dfrac{b}{a}x$，

$$\mathrm{d}S = \sqrt{1 + \left(\frac{b}{a}\right)^2}\,\mathrm{d}x\mathrm{d}y = \frac{\sqrt{a^2+b^2}}{a}\mathrm{d}x\mathrm{d}y,$$

$$原式 = \frac{-2(a+b)}{\sqrt{a^2+b^2}} \iint_{D_{xy}} \frac{\sqrt{a^2+b^2}}{a}\mathrm{d}x\mathrm{d}y = \frac{-2(a+b)}{a} \iint_{D_{xy}} \mathrm{d}x\mathrm{d}y$$

$$= \frac{-2(a+b)}{a} \int_0^{2\pi}\mathrm{d}\theta \int_0^a r\mathrm{d}r = \frac{-2(a+b)}{a}\cdot \pi a^2 = -2\pi a(a+b).$$

(3) $\oint_\Gamma 3y\mathrm{d}x - xz\mathrm{d}y + yz^2\mathrm{d}z$，其中 Γ 是圆周 $x^2+y^2=2z$，$z=2$，若从 z 轴正向看去，这圆周是取逆时针方向.

【解法 1】 利用斯托克斯公式，

$$\oint_\Gamma 3y\mathrm{d}x - xz\mathrm{d}y + yz^2\mathrm{d}z$$

$$= \iint_\Sigma \begin{vmatrix} \mathrm{d}y\mathrm{d}z & \mathrm{d}z\mathrm{d}x & \mathrm{d}x\mathrm{d}y \\ \dfrac{\partial}{\partial x} & \dfrac{\partial}{\partial y} & \dfrac{\partial}{\partial z} \\ 3y & -xz & yz^2 \end{vmatrix} = \iint_\Sigma (z^2+x)\mathrm{d}y\mathrm{d}z - (z+3)\mathrm{d}x\mathrm{d}y = 0 + \iint_{D_{xy}}[-(2+3)]\mathrm{d}x\mathrm{d}y = -20\pi,$$

$$D_{xy}: x^2+y^2 \leq 4.$$

【解法 2】 利用投影方法，记 $l_0: x^2+y^2=4$. 取逆时针一周，$D_{xy}: x^2+y^2 \leq 4$. Γ 可看成圆周 $l: x^2+y^2=4$，$z=2$，从 z 轴正向看去，取逆时针方向，则

$$I = \oint_l 3y\mathrm{d}x - 2x\mathrm{d}y + y\cdot 2^2\mathrm{d}(2) = \oint_{l_0} 3y\mathrm{d}x - 2x\mathrm{d}y = -5\iint_{D_{xy}}\mathrm{d}x\mathrm{d}y = -20\pi.$$

(4) $\oint_\Gamma 2y\mathrm{d}x + 3x\mathrm{d}y - z^2\mathrm{d}z$，其中 Γ 是圆周 $x^2+y^2+z^2=9$，$z=0$，若从 z 轴正向看去，这圆周是取逆时针方向.

【解】

$$I = \iint_\Sigma \begin{vmatrix} \mathrm{d}y\mathrm{d}z & \mathrm{d}z\mathrm{d}x & \mathrm{d}x\mathrm{d}y \\ \dfrac{\partial}{\partial x} & \dfrac{\partial}{\partial y} & \dfrac{\partial}{\partial z} \\ 2y & 3x & -z^2 \end{vmatrix} = \iint_\Sigma \mathrm{d}x\mathrm{d}y = \iint_{D_{xy}} \mathrm{d}x\mathrm{d}y = 9\pi.$$

*3. 求下列向量场 $\boldsymbol{A}$ 的旋度：

(1) $\boldsymbol{A} = (2z-3y)\boldsymbol{i} + (3x-z)\boldsymbol{j} + (y-2x)\boldsymbol{k}$.

【解】
$$\mathrm{rot}\boldsymbol{A} = \begin{vmatrix} \boldsymbol{i} & \boldsymbol{j} & \boldsymbol{k} \\ \dfrac{\partial}{\partial x} & \dfrac{\partial}{\partial y} & \dfrac{\partial}{\partial z} \\ 2z-3y & 3x-z & y-2x \end{vmatrix} = 2\boldsymbol{i} + 4\boldsymbol{j} + 6\boldsymbol{k}.$$

(2) $\boldsymbol{A} = (z+\sin y)\boldsymbol{i} - (z-x\cos y)\boldsymbol{j}$.

【解】 $\text{rot}\boldsymbol{A} = \begin{vmatrix} \boldsymbol{i} & \boldsymbol{j} & \boldsymbol{k} \\ \dfrac{\partial}{\partial x} & \dfrac{\partial}{\partial y} & \dfrac{\partial}{\partial z} \\ z+\sin y & x\cos y-z & 0 \end{vmatrix} = \boldsymbol{i}+\boldsymbol{j}.$

(3) $\boldsymbol{A} = x^2\sin y\boldsymbol{i}+y^2\sin(xz)\boldsymbol{j}+xy\sin(\cos z)\boldsymbol{k}.$

【解】 $\text{rot}\boldsymbol{A} = \begin{vmatrix} \boldsymbol{i} & \boldsymbol{j} & \boldsymbol{k} \\ \dfrac{\partial}{\partial x} & \dfrac{\partial}{\partial y} & \dfrac{\partial}{\partial z} \\ x^2\sin y & y^2\sin(xz) & xy\sin(\cos z) \end{vmatrix}$

$= [x\sin(\cos z)-xy^2\cos(xz)]\boldsymbol{i}-y\sin(\cos z)\boldsymbol{j}+[y^2z\cos(xz)-x^2\cos y]\boldsymbol{k}.$

*4. 利用斯托克斯公式把曲面积分 $\iint\limits_{\Sigma}\text{rot}\boldsymbol{A}\cdot\boldsymbol{n}\mathrm{d}S$ 化为曲线积分,并计算积分值,其中 $\boldsymbol{A}$, Σ 及 $\boldsymbol{n}$ 分别如下:

(1) $\boldsymbol{A}=y^2\boldsymbol{i}+xy\boldsymbol{j}+xz\boldsymbol{k}$, Σ 为上半球面 $z=\sqrt{1-x^2-y^2}$ 的上侧,$\boldsymbol{n}$ 是 Σ 的单位法向量;

(2) $\boldsymbol{A}=(y-z)\boldsymbol{i}+yz\boldsymbol{j}-xz\boldsymbol{k}$, Σ 为立方体 $\{(x,y,z)|0\leqslant x\leqslant 2, 0\leqslant y\leqslant 2, 0\leqslant z\leqslant 2\}$ 的表面外侧去掉 xOy 面上的那个底面,$\boldsymbol{n}$ 是 Σ 的单位法向量.

【解】 (1) 设 Σ 的边界 Γ 的方向从 z 轴正向看取为逆时针方向,就是圆 $x^2+y^2=1$ 的逆时针方向.其参数方程为 $x=\cos\theta$, $y=\sin\theta$, $z=0(0\leqslant\theta\leqslant 2\pi)$.于是有

$$\iint\limits_{\Sigma}\text{rot}\boldsymbol{A}\cdot\boldsymbol{n}\mathrm{d}S = \oint_{\Gamma}P\mathrm{d}x+Q\mathrm{d}y+R\mathrm{d}z = \oint_{\Gamma}y^2\mathrm{d}x+xy\mathrm{d}y+xz\mathrm{d}z$$

$$= \int_0^{2\pi}[\sin^2\theta(-\sin\theta)+\cos^2\theta\sin\theta]\mathrm{d}\theta = \int_0^{2\pi}(1-2\cos^2\theta)\mathrm{d}(\cos\theta)$$

$$= \left(\cos\theta-\dfrac{2}{3}\cos^3\theta\right)\Big|_0^{2\pi} = 0;$$

(2) Γ 同(1)选取,则 Γ 在 xOy 面上如图 11-20 所示.

$$\iint\limits_{\Sigma}\text{rot}\boldsymbol{A}\cdot\boldsymbol{n}\mathrm{d}S = \oint_{\Gamma}P\mathrm{d}x+Q\mathrm{d}y+R\mathrm{d}z$$

$$= \oint_{\Gamma}(y-z)\mathrm{d}x+yz\mathrm{d}y+(-xz)\mathrm{d}z$$

$$= \oint_{\Gamma}y\mathrm{d}x = \int_2^0 2\mathrm{d}x = (2x)\Big|_2^0 = -4.$$

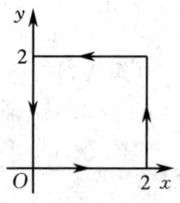

图 11-20

*5. 求下列向量场 $\boldsymbol{A}$ 沿闭曲线 Γ(从 z 轴正向看 Γ 依逆时针方向)的环流量:

(1) $\boldsymbol{A}=-y\boldsymbol{i}+x\boldsymbol{j}+c\boldsymbol{k}$ (c 为常量),Γ 为圆周 $x^2+y^2=1$, $z=0$.

【解】 Γ: $x^2+y^2=1$,取逆时针方向.其参数方程为

$$x=\cos\theta, y=\sin\theta, z=0 \quad (0\leqslant\theta\leqslant 2\pi).$$

环流量为

$$\Phi = \oint_{\Gamma}(-y)\mathrm{d}x+x\mathrm{d}y+c\mathrm{d}z = \int_0^{2\pi}[(-\sin\theta)(-\sin\theta)+\cos\theta\cdot\cos\theta]\mathrm{d}\theta = \int_0^{2\pi}\mathrm{d}\theta = 2\pi.$$

(2) $\boldsymbol{A}=(x-z)\boldsymbol{i}+(x^3+yz)\boldsymbol{j}-3xy^2\boldsymbol{k}$,其中 Γ 为圆周 $z=2-\sqrt{x^2+y^2}$, $z=0$.

【解】 Γ: $x^2+y^2=4$,取逆时针方向.其参数方程为 $x=2\cos\theta$, $y=2\sin\theta$, $z=0$ ($0\leqslant\theta\leqslant 2\pi$).环流量

$$\Phi = \oint_{\Gamma}(x-z)\mathrm{d}x+(x^3+yz)\mathrm{d}y-3xy^2\mathrm{d}z$$

$$= \int_0^{2\pi}\{(2\cos\theta-0)\cdot(-2\sin\theta)+[(2\cos\theta)^3+(2\sin\theta)\cdot 0]\cdot(2\cos\theta)-3(2\cos\theta)(2\sin\theta)^2\cdot 0\}\mathrm{d}\theta$$

$$= -4\int_0^{2\pi}\sin\theta\cos\theta\mathrm{d}\theta + 16\int_0^{2\pi}\cos^4\theta\mathrm{d}\theta = 0 + 64\int_0^{\frac{\pi}{2}}\cos^4\theta\mathrm{d}\theta = 64\times\frac{3}{4}\times\frac{1}{2}\times\frac{\pi}{2} = 12\pi.$$

*6. 证明 **rot**($a+b$) = **rot**a+**rot**b.

【证】 设
$$a = P_1\boldsymbol{i}+Q_1\boldsymbol{j}+R_1\boldsymbol{k},$$
$$b = P_2\boldsymbol{i}+Q_2\boldsymbol{j}+R_2\boldsymbol{k}.$$

$$\mathbf{rot}(a+b) = \left[\frac{\partial(R_1+R_2)}{\partial y}-\frac{\partial(Q_1+Q_2)}{\partial z}\right]\boldsymbol{i}+\left[\frac{\partial(P_1+P_2)}{\partial z}-\frac{\partial(R_1+R_2)}{\partial x}\right]\boldsymbol{j}+\left[\frac{\partial(Q_1+Q_2)}{\partial x}-\frac{\partial(P_1+P_2)}{\partial y}\right]\boldsymbol{k}$$

$$= \left(\frac{\partial R_1}{\partial y}-\frac{\partial Q_1}{\partial z}\right)\boldsymbol{i}+\left(\frac{\partial P_1}{\partial z}-\frac{\partial R_1}{\partial x}\right)\boldsymbol{j}+\left(\frac{\partial Q_1}{\partial x}-\frac{\partial P_1}{\partial y}\right)\boldsymbol{k}+\left(\frac{\partial R_2}{\partial y}-\frac{\partial Q_2}{\partial z}\right)\boldsymbol{i}+\left(\frac{\partial P_2}{\partial z}-\frac{\partial R_2}{\partial x}\right)\boldsymbol{j}+\left(\frac{\partial Q_2}{\partial x}-\frac{\partial P_2}{\partial y}\right)\boldsymbol{k}$$

$$= \mathbf{rot}a+\mathbf{rot}b.$$

*7. 设 $u=u(x,y,z)$ 具有二阶连续偏导数,求 **rot**(**grad**u).

【解】 $\mathbf{grad}u = \frac{\partial u}{\partial x}\boldsymbol{i}+\frac{\partial u}{\partial y}\boldsymbol{j}+\frac{\partial u}{\partial z}\boldsymbol{k},$

$$\mathbf{rot}(\mathbf{grad}u) = \begin{vmatrix} \boldsymbol{i} & \boldsymbol{j} & \boldsymbol{k} \\ \frac{\partial}{\partial x} & \frac{\partial}{\partial y} & \frac{\partial}{\partial z} \\ \frac{\partial u}{\partial x} & \frac{\partial u}{\partial y} & \frac{\partial u}{\partial z} \end{vmatrix} = \left(\frac{\partial^2 u}{\partial z\partial y}-\frac{\partial^2 u}{\partial y\partial z}\right)\boldsymbol{i}+\left(\frac{\partial^2 u}{\partial x\partial z}-\frac{\partial^2 u}{\partial z\partial x}\right)\boldsymbol{j}+\left(\frac{\partial^2 u}{\partial y\partial x}-\frac{\partial^2 u}{\partial x\partial y}\right)\boldsymbol{k}$$

$$= 0\boldsymbol{i}+0\boldsymbol{j}+0\boldsymbol{k} = \boldsymbol{0}.$$

总习题十一

1. 填空：

(1) 第二类曲线积分 $\int_L P\mathrm{d}x+Q\mathrm{d}y+R\mathrm{d}z$ 化成第一类曲线积分是_____, 其中 α, β, γ 为有向曲线弧 Γ 在点 (x,y,z) 处的_____的方向角.

【解】 应填 $\int_\Gamma (P\cos\alpha + Q\cos\beta + R\cos\gamma)\mathrm{d}S$; 切向量.

(2) 第二类曲面积分 $\iint_\Sigma P\mathrm{d}y\mathrm{d}z+Q\mathrm{d}z\mathrm{d}x+R\mathrm{d}x\mathrm{d}y$ 化成第一类曲面积分是_____, 其中 α, β, γ 为有向曲面 Σ 在点 (x,y,z) 处的_____的方向角.

【解】 应填 $\iint_\Sigma (P\cos\alpha + Q\cos\beta + R\cos\gamma)\mathrm{d}S$; 法向量.

2. 下题中给出了四个结论,从中选出一个正确的结论：

设曲面 Σ 是上半球面: $x^2+y^2+z^2=R^2$ ($z\geq 0$), 曲面 Σ_1 是曲面 Σ 在第 I 卦限中的部分, 则有_____.

A. $\iint_\Sigma x\mathrm{d}S = 4\iint_{\Sigma_1} x\mathrm{d}S$ \qquad B. $\iint_\Sigma y\mathrm{d}S = 4\iint_{\Sigma_1} x\mathrm{d}S$

C. $\iint_\Sigma z\mathrm{d}S = 4\iint_{\Sigma_1} x\mathrm{d}S$ \qquad D. $\iint_\Sigma xyz\mathrm{d}S = 4\iint_{\Sigma_1} xyz\mathrm{d}S$

【解】 应选择 C. 因为 Σ 关于 yOz 面和 zOx 面都是对称的, 而 x, y, xyz 分别是 x, y, x 的奇函数, 所以, A, B, D 中左端结果皆为零, 但右端非零. 这样, 就排除了 A, B, D.

事实上, 由对称性和轮换对称性, 有

$$\iint_\Sigma z\mathrm{d}S = 4\iint_{\Sigma_1} z\mathrm{d}S = 4\iint_{\Sigma_1} x\mathrm{d}S.$$

3. 计算下列曲线积分：

(1) $\oint_L \sqrt{x^2+y^2}\,ds$，其中 L 为圆周 $x^2+y^2=ax$.

【解】 L 的极坐标方程为

$$\rho = a\cos\theta \quad \left(-\frac{\pi}{2} \leq \theta \leq \frac{\pi}{2}\right).$$

$$dS = \sqrt{\rho^2(\theta) + \rho'^2(\theta)}\,d\theta = \sqrt{(a\cos\theta)^2 + (-a\sin\theta)^2}\,d\theta = a\,d\theta.$$

$$I = 2\int_0^{\frac{\pi}{2}} a\cos\theta \cdot a\,d\theta = 2a^2.$$

此题若用参数方程形式，会加大计算量.

(2) $\int_\Gamma z\,ds$，其中 Γ 为曲线 $x=t\cos t$, $y=t\sin t$, $z=t$ $(0 \leq t \leq t_0)$.

【解】 $I = \int_0^{t_0} t\sqrt{(t\cos t)'^2 + (t\sin t)'^2 + (t')^2}\,dt = \int_0^{t_0} t\sqrt{2+t^2}\,dt = \frac{1}{3}\left[(2+t_0^2)^{\frac{3}{2}} - 2\sqrt{2}\right]$.

(3) $\int_L (2a-y)\,dx + x\,dy$，其中 L 为摆线 $x=a(t-\sin t)$, $y=a(1-\cos t)$ 上对应 t 从 0 到 2π 的一段弧.

【解】 $I = \int_0^{2\pi} \left[(2a - a + a\cos t) \cdot a(1-\cos t) + a(t-\sin t) \cdot a\sin t\right]dt$

$$= a^2 \int_0^{2\pi} t\sin t\,dt = a^2(\sin t - t\cos t)\Big|_0^{2\pi} = -2\pi a^2.$$

(4) $\int_\Gamma (y^2 - z^2)\,dx + 2yz\,dy - x^2\,dz$，其中 Γ 是曲线 $x=t$, $y=t^2$, $z=t^3$ 上由 $t_1=0$ 到 $t_2=1$ 的一段弧.

【解】 $I = \int_0^1 \left[(t^4 - t^6) + 2t^2 \cdot t^3 \cdot 2t - t^2 \cdot 3t^2\right]dt = \int_0^1 (3t^6 - 2t^4)\,dt = \frac{1}{35}$.

(5) $\int_L (e^x\sin y - 2y)\,dx + (e^x\cos y - 2)\,dy$，其中 L 为上半圆周 $(x-a)^2 + y^2 = a^2$, $y \geq 0$，沿逆时针方向.

【解】 设 $D: (x-a)^2 + y^2 \leq a^2$, $y \geq 0$，使用格林公式，有

$$I = \iint_D \left[\frac{\partial}{\partial x}(e^x\cos y - 2) - \frac{\partial}{\partial y}(e^x\sin y - 2y)\right]dxdy = \iint_D 2\,dxdy = \pi a^2.$$

(6) $\oint_\Gamma xyz\,dz$，其中 Γ 是用平面 $y=z$ 截球面 $x^2+y^2+z^2=1$ 所得的截痕，从 z 轴的正向看去，沿逆时针方向.

【解】 截痕为
$$\begin{cases} x^2+y^2+z^2=1, \\ y=z, \end{cases}$$

即
$$\begin{cases} x^2+2z^2=1, \\ y=z. \end{cases}$$

其参数方程为

$$x=\cos t, \quad y=\frac{\sqrt{2}}{2}\sin t, \quad z=\frac{\sqrt{2}}{2}\sin t.$$

$$I = \int_0^{2\pi} \cos t \cdot \frac{\sqrt{2}}{2}\sin t \cdot \frac{\sqrt{2}}{2}\sin t \cdot \frac{\sqrt{2}}{2}\cos t\,dt = \frac{\sqrt{2}}{4}\int_0^{2\pi} \cos^2 t\sin^2 t\,dt$$

$$= \sqrt{2}\int_0^{\frac{\pi}{2}} \cos^2 t\sin^2 t\,dt = \sqrt{2}\int_0^{\frac{\pi}{2}} (\sin^2 t - \sin^4 t)\,dt = \frac{\sqrt{2}}{16}\pi.$$

4. 已知函数 $f(x)$ 具有连续导数，$f(0)=1$，且曲线积分

$$\int_L [e^x + f(x)]y\,dx - f(x)\,dy$$

与路径无关,试确定 $f(x)$,并计算 $\int_{(0,0)}^{(1,1)} [e^x + f(x)]y\,dx - f(x)\,dy$ 的值.

【解】 由于曲线积分与路径无关,则
$$-f'(x) = e^x + f(x),$$
故 $y = f(x)$ 满足微分方程
$$\begin{cases} y' + y = -e^x, \\ y|_{x=0} = 1. \end{cases}$$
这是一阶线性微分方程,由求解公式得方程的通解为
$$y = e^{-\int dx} \left[\int (-e^x e^{\int dx}) dx + C \right] = e^{-x}\left(-\frac{1}{2}e^{2x} + C\right).$$
由初始条件得 $C = \frac{3}{2}$, 因此 $f(x) = -\frac{1}{2}e^x + \frac{3}{2}e^{-x}$.

$$\begin{aligned}
\int_{(0,0)}^{(1,1)} [e^x + f(x)]y\,dx - f(x)\,dy &= \int_{(0,0)}^{(1,1)} \left(\frac{1}{2}e^x + \frac{3}{2}e^{-x}\right)y\,dx + \left(\frac{1}{2}e^x - \frac{3}{2}e^{-x}\right)dy \\
&= \int_0^1 \left(\frac{1}{2}e^x + \frac{3}{2}e^{-x}\right) \cdot 0\,dx + \int_0^1 \left(\frac{1}{2}e - \frac{3}{2}e^{-1}\right) dy \\
&= \frac{1}{2}e - \frac{3}{2}e^{-1}.
\end{aligned}$$

5. 计算下列曲面积分:

(1) $\iint_\Sigma \dfrac{dS}{x^2+y^2+z^2}$, 其中 Σ 是介于平面 $z=0$ 及 $z=H$ 之间的圆柱面 $x^2+y^2=R^2$.

【解】 如图 11-21 所示,将 Σ 分成前后两部分 Σ_1 和 Σ_2.
$$\Sigma_1: x = \sqrt{R^2-y^2}, \ D_{yz}: -R \leq y \leq R, \ 0 \leq z \leq H.$$

$$\begin{aligned}
I &= 2\iint_{\Sigma_1} \frac{dS}{x^2+y^2+z^2} \\
&= 2\iint_{D_{yz}} \frac{1}{(R^2-y^2)+y^2+z^2} \cdot \frac{R}{\sqrt{R^2-y^2}} dydz \\
&= 2R \iint_{D_{yz}} \frac{Rdydz}{(R^2+z^2)\sqrt{R^2-y^2}} \\
&= 2R \int_{-R}^{R} \frac{dy}{\sqrt{R^2-y^2}} \cdot \int_0^H \frac{dz}{R^2+z^2} \\
&= 2\pi \arctan\frac{H}{R}.
\end{aligned}$$

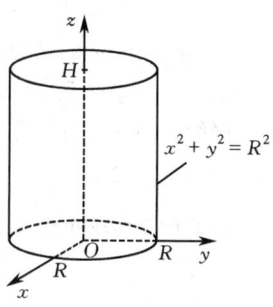

图 11-21

(2) $\iint_\Sigma (y^2-z)\,dydz + (z^2-x)\,dzdx + (x^2-y)\,dxdy$, 其中 Σ 为锥面 $z = \sqrt{x^2+y^2}$ ($0 \leq z \leq h$) 的外侧.

【解】 如图 11-22 所示,补充曲面 $\Sigma_1: z=h$ ($x^2+y^2 \leq h^2$),取上侧,记 Σ 与 Σ_1 所围成的空间区域为 Ω, $D_{xy}: x^2+y^2 \leq h^2$,则有

$$\begin{aligned}
I &= \oiint_{\Sigma+\Sigma_1} - \iint_{\Sigma_1} = 0 - \iint_{\Sigma_1} \\
&= -\iint_{D_{xy}} (x^2-y)\,dxdy \\
&= -\iint_{D_{xy}} x^2 dxdy
\end{aligned}$$

$$= -\frac{1}{2}\iint_{D_{xy}}(x^2+y^2)\mathrm{d}x\mathrm{d}y$$

$$= -\frac{1}{2}\int_0^{2\pi}\mathrm{d}\theta\int_0^h r^3\mathrm{d}r = -\frac{\pi}{4}h^4.$$

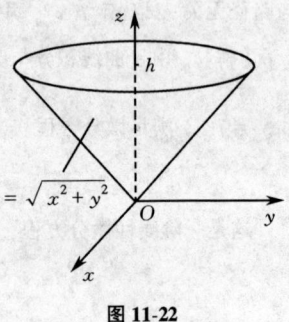

图 11-22

(3) $\iint_{\Sigma} x\mathrm{d}y\mathrm{d}z+y\mathrm{d}z\mathrm{d}x+z\mathrm{d}x\mathrm{d}y$,其中 Σ 为半球面 $z=\sqrt{R^2-x^2-y^2}$ 的上侧.

【解】 补充曲面 Σ_1:$z=0$ $(x^2+y^2\leq R^2)$,取下侧,显然有

$$\iint_{\Sigma_1} x\mathrm{d}y\mathrm{d}z + y\mathrm{d}z\mathrm{d}x + z\mathrm{d}x\mathrm{d}y = 0.$$

于是,可使用高斯公式

$$I = \oiint_{\Sigma+\Sigma_1} - \iint_{\Sigma_1} = \oiint_{\Sigma+\Sigma_1} = 3\iiint_{\Omega}\mathrm{d}v = 3\times\frac{2}{3}\pi R^3 = 2\pi R^3.$$

式中 Ω 为 Σ 与 Σ_1 围成的半球域.

(4) $\iint_{\Sigma} xyz\mathrm{d}x\mathrm{d}y$,其中 Σ 为球面 $x^2+y^2+z^2=1$ $(x\geq 0, y\geq 0)$ 的外侧.

【解】 取 Σ 在第 I 卦限的部分为 Σ_1. 取球 $x^2+y^2+z^2\leq 1$ 在第 I 卦限的部分的外侧为 Σ_0,则

$$I = 2\iint_{\Sigma_1} = 2\oiint_{\Sigma_0} = 2\iiint_{\Omega_0} xy\mathrm{d}v, \quad \Omega_0: x^2+y^2+z^2\leq 1, x\geq 0, y\geq 0, z\geq 0.$$

采用球坐标

$$I = 2\int_0^{\frac{\pi}{2}}\mathrm{d}\theta\int_0^{\frac{\pi}{2}}\mathrm{d}\varphi\int_0^1 r\cos\theta\sin\varphi\cdot r\sin\theta\sin\varphi\cdot r^2\sin\varphi\mathrm{d}r = 2\int_0^{\frac{\pi}{2}}\cos\theta\sin\theta\mathrm{d}\theta\cdot\int_0^{\frac{\pi}{2}}\sin^3\varphi\mathrm{d}\varphi\cdot\int_0^1 r^4\mathrm{d}r$$

$$= 2\times\frac{1}{2}\times\frac{2}{3}\times\frac{1}{5} = \frac{2}{15}.$$

(5) $\oiint_{\Sigma} f(x)\mathrm{d}y\mathrm{d}z - [2f(y)+y^2]\mathrm{d}z\mathrm{d}x + [f(z)+z^3]\mathrm{d}x\mathrm{d}y$,其中函数 $f(x)$ 具有连续导数,Σ 是立方体 Ω:$0\leq x\leq a, 0\leq y\leq a, 0\leq z\leq a$ 的表面,并取外侧.

【解】 利用高斯公式,得

$$\oiint_{\Sigma} f(x)\mathrm{d}y\mathrm{d}z - [2f(y)+y^2]\mathrm{d}z\mathrm{d}x + [f(z)+z^3]\mathrm{d}x\mathrm{d}y = \iiint_{\Omega}[f'(x)-2f'(y)-2y+f'(z)+3z^2]\mathrm{d}V.$$

由 Ω 的对称性可知

$$\iiint_{\Omega}f'(x)\mathrm{d}V = \iiint_{\Omega}f'(y)\mathrm{d}V = \iiint_{\Omega}f'(z)\mathrm{d}V,$$

$$\iiint_{\Omega}y\mathrm{d}V = \iiint_{\Omega}z\mathrm{d}V.$$

于是

$$\oiint_{\Sigma} f(x)\mathrm{d}y\mathrm{d}z - [2f(y)+y^2]\mathrm{d}z\mathrm{d}x + [f(z)+z^3]\mathrm{d}x\mathrm{d}y$$

$$= \iiint_{\Omega}(-2z+3z^2)\mathrm{d}V = \int_0^a\mathrm{d}x\int_0^a\mathrm{d}y\int_0^a(-2z+3z^2)\mathrm{d}z = a^4(a-1).$$

6. 证明:$\dfrac{x\mathrm{d}x+y\mathrm{d}y}{x^2+y^2}$ 在整个 xOy 平面除去 y 的负半轴及原点的区域 G 内是某个二元函数的全微分,并求出一个这样的二元函数.

【证】 $P=\dfrac{x}{x^2+y^2}$, $Q=\dfrac{y}{x^2+y^2}$.

在开区域 G 内,$\dfrac{\partial P}{\partial y}=\dfrac{-2xy}{(x^2+y^2)^2}=\dfrac{\partial Q}{\partial x}$.取如图 11-23 所示路径 $\overline{AB}$.

$$u(x,y) = \int_{(1,0)}^{(x,y)} \frac{x\mathrm{d}x + y\mathrm{d}y}{x^2+y^2} = \int_{(1,0)}^{(x,y)} \frac{\frac{1}{2}\mathrm{d}(x^2+y^2)}{x^2+y^2}$$

$$= \frac{1}{2}\ln(x^2+y^2)\Big|_{(1,0)}^{(x,y)}.$$

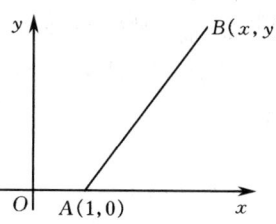

图 11-23

7. 设在半平面 $x>0$ 内有力 $\boldsymbol{F} = -\dfrac{k}{\rho^3}(x\boldsymbol{i}+y\boldsymbol{j})$ 构成力场,其中 k 为常数,$\rho = \sqrt{x^2+y^2}$. 证明在此力场中场力所做的功与所取的路径无关.

【证】 场力沿 L 所做的功为 $W = \int_L -\dfrac{k}{r^3}x\mathrm{d}x - \dfrac{k}{r^3}y\mathrm{d}y$. 取半平面 $x>0$,有

$$P = -\frac{k}{r^3}x,\ Q = -\frac{k}{r^3}y,\ \frac{\partial Q}{\partial x} = \frac{3k}{r^5}xy = \frac{\partial P}{\partial y}\ (x>0).$$

8. 设函数 $f(x)$ 在 $(-\infty,+\infty)$ 内具有一阶连续导数,L 是上半平面($y>0$)内有向分段光滑曲线,其起点为 (a,b),终点为 (c,d),记 $I = \int_L \dfrac{1}{y}[1+y^2f(xy)]\mathrm{d}x + \dfrac{x}{y^2}[y^2f(xy)-1]\mathrm{d}y.$

(1) 证明曲线积分 I 与路径无关;

(2) 当 $ab = cd$ 时,求 I 的值.

【解】 (1) $P = \dfrac{1}{y}[1+y^2f(xy)],\ Q = \dfrac{x}{y^2}[y^2f(xy)-1],\ \dfrac{\partial Q}{\partial x} = f(xy) - \dfrac{1}{y^2} + xyf'(xy) = \dfrac{\partial P}{\partial y},$

故积分 I 与路径无关;

(2) 设 $F'(u) = f(u)$,则

$$I = \int_L \frac{\mathrm{d}x}{y} - \frac{x\mathrm{d}y}{y^2} + \int_L yf(xy)\mathrm{d}x + xf(xy)\mathrm{d}y = \frac{x}{y}\Big|_{(a,b)}^{(c,d)} + \int_L f(xy)\mathrm{d}(xy)$$

$$= \frac{c}{d} - \frac{a}{b} + F(cd) - F(ab) = \frac{c}{d} - \frac{a}{b}.$$

9. 求均匀曲面 $z = \sqrt{a^2-x^2-y^2}$ 的质心的坐标.

【解】 设质心坐标为 $(\bar{x},\bar{y},\bar{z})$,由对称性可知,$\bar{x} = \bar{y} = 0$. 记 $D_{xy}: x^2+y^2 \leq a^2$,则

$$\mathrm{d}S = \frac{a}{\sqrt{a^2-x^2-y^2}}\mathrm{d}x\mathrm{d}y,$$

$$\iint_\Sigma z\mathrm{d}S = \iint_{D_{xy}} \sqrt{a^2-x^2-y^2} \cdot \frac{a}{\sqrt{a^2-x^2-y^2}}\mathrm{d}x\mathrm{d}y = a\iint_{D_{xy}}\mathrm{d}x\mathrm{d}y = a \cdot \pi a^2 = \pi a^3,$$

$$\iint_\Sigma \mathrm{d}S = 2\pi a^2,$$

$$\bar{z} = \frac{\iint_\Sigma z\mathrm{d}S}{\iint_\Sigma \mathrm{d}S} = \frac{\pi a^3}{2\pi a^2} = \frac{a}{2}.$$

质心坐标为 $\left(0,0,\dfrac{a}{2}\right)$.

10. 设 $u(x,y),v(x,y)$ 在闭区域 D 上都具有二阶连续偏导数,分段光滑的曲线 L 为 D 的正向边界曲线. 证明:

(1) $\iint_D v\Delta u\mathrm{d}x\mathrm{d}y = -\iint_D (\mathbf{grad}\,u \cdot \mathbf{grad}\,v)\mathrm{d}x\mathrm{d}y + \int_L v\dfrac{\partial u}{\partial \boldsymbol{n}}\mathrm{d}s;$

(2) $\iint_D (u\Delta v - v\Delta u)\mathrm{d}x\mathrm{d}y = \oint_L \left(u\dfrac{\partial v}{\partial \boldsymbol{n}} - v\dfrac{\partial u}{\partial \boldsymbol{n}}\right)\mathrm{d}s.$

其中 $\dfrac{\partial u}{\partial \boldsymbol{n}}$, $\dfrac{\partial v}{\partial \boldsymbol{n}}$ 分别是 u, v 沿 L 的外法线向量 $\boldsymbol{n}$ 的方向导数，符号 $\Delta = \dfrac{\partial^2}{\partial x^2} + \dfrac{\partial^2}{\partial y^2}$ 称为二维拉普拉斯算子．

【证】 (1) 设 α 为 x 轴正向到切向量 $\boldsymbol{T}$ 的转角，φ 为 x 轴正向到外法向量 $\boldsymbol{n}$ 的转角，则总有 $\alpha = \varphi + \dfrac{\pi}{2}$．于是，

$$\cos\varphi = \cos\left(\alpha - \dfrac{\pi}{2}\right) = \cos\left(\dfrac{\pi}{2} - \alpha\right) = \sin\alpha,\ \sin\varphi = \sin\left(\alpha - \dfrac{\pi}{2}\right) = -\sin\left(\dfrac{\pi}{2} - \alpha\right) = -\cos\alpha,$$

$$\oint_L \dfrac{\partial u}{\partial \boldsymbol{n}} \mathrm{d}s = \oint_L \left(\dfrac{\partial u}{\partial x}\cos\varphi + \dfrac{\partial u}{\partial y}\sin\varphi\right)\mathrm{d}S = \oint_L \left(\dfrac{\partial u}{\partial x}\sin\alpha - \dfrac{\partial u}{\partial y}\cos\alpha\right)\mathrm{d}S = \oint_L \dfrac{\partial u}{\partial x}\mathrm{d}y - \dfrac{\partial u}{\partial y}\mathrm{d}x,$$

$$\oint_L v\dfrac{\partial u}{\partial \boldsymbol{n}} \mathrm{d}s = \oint_L v\dfrac{\partial u}{\partial x}\mathrm{d}y - v\dfrac{\partial u}{\partial y}\mathrm{d}x = \iint_D \left[\dfrac{\partial}{\partial x}\left(v\dfrac{\partial u}{\partial x}\right) + \dfrac{\partial}{\partial y}\left(v\dfrac{\partial u}{\partial y}\right)\right]\mathrm{d}x\mathrm{d}y$$

$$= \iint_D \left(\dfrac{\partial v}{\partial x} \cdot \dfrac{\partial u}{\partial x} + \dfrac{\partial v}{\partial y} \cdot \dfrac{\partial u}{\partial y}\right)\mathrm{d}x\mathrm{d}y + \iint_D v\left(\dfrac{\partial^2 u}{\partial x^2} + \dfrac{\partial^2 u}{\partial y^2}\right)\mathrm{d}x\mathrm{d}y$$

$$= \iint_D (\mathbf{grad}\,u \cdot \mathbf{grad}\,v)\mathrm{d}x\mathrm{d}y + \iint_D v\Delta u\,\mathrm{d}x\mathrm{d}y,$$

即 $\displaystyle\iint_D v\Delta u\,\mathrm{d}x\mathrm{d}y = -\iint_D (\mathbf{grad}\,u \cdot \mathbf{grad}\,v)\mathrm{d}x\mathrm{d}y + \oint_L v\dfrac{\partial u}{\partial \boldsymbol{n}}\mathrm{d}S;$

(2) 由格林公式，可得

$$\oint_L \left(u\dfrac{\partial v}{\partial \boldsymbol{n}} - v\dfrac{\partial u}{\partial \boldsymbol{n}}\right)\mathrm{d}s = \oint_L \left[u\left(\dfrac{\partial v}{\partial x}\cos\alpha + \dfrac{\partial v}{\partial y}\sin\alpha\right) - v\left(\dfrac{\partial u}{\partial x}\cos\alpha + \dfrac{\partial u}{\partial y}\sin\alpha\right)\right]\mathrm{d}s$$

$$= \oint_L u\dfrac{\partial v}{\partial x}\mathrm{d}y - u\dfrac{\partial v}{\partial y}\mathrm{d}x - v\dfrac{\partial u}{\partial x}\mathrm{d}y + v\dfrac{\partial u}{\partial y}\mathrm{d}x$$

$$= \oint_L \left(u\dfrac{\partial v}{\partial x} - v\dfrac{\partial u}{\partial x}\right)\mathrm{d}y + \left(v\dfrac{\partial u}{\partial y} - u\dfrac{\partial v}{\partial y}\right)\mathrm{d}x$$

$$= \iint_D \left[\dfrac{\partial}{\partial x}\left(u\dfrac{\partial v}{\partial x} - v\dfrac{\partial u}{\partial x}\right) - \dfrac{\partial}{\partial y}\left(v\dfrac{\partial u}{\partial y} - u\dfrac{\partial v}{\partial y}\right)\right]\mathrm{d}x\mathrm{d}y$$

$$= \iint_D \left(\dfrac{\partial u}{\partial x}\dfrac{\partial v}{\partial x} + u\dfrac{\partial^2 v}{\partial x^2} - \dfrac{\partial v}{\partial x}\dfrac{\partial u}{\partial x} - v\dfrac{\partial^2 u}{\partial x^2} - \dfrac{\partial v}{\partial y}\dfrac{\partial u}{\partial y} - v\dfrac{\partial^2 u}{\partial y^2} + \dfrac{\partial u}{\partial y}\dfrac{\partial v}{\partial y} + u\dfrac{\partial^2 v}{\partial y^2}\right)\mathrm{d}x\mathrm{d}y$$

$$= \iint_D \left[u\left(\dfrac{\partial^2 v}{\partial x^2} + \dfrac{\partial^2 v}{\partial y^2}\right) - v\left(\dfrac{\partial^2 u}{\partial x^2} + \dfrac{\partial^2 u}{\partial y^2}\right)\right]\mathrm{d}x\mathrm{d}y = \iint_D (u\Delta v - v\Delta u)\mathrm{d}x\mathrm{d}y,$$

即 $\displaystyle\iint_D (u\Delta v - v\Delta u)\mathrm{d}x\mathrm{d}y = \int_L \left(u\dfrac{\partial v}{\partial \boldsymbol{n}} - v\dfrac{\partial u}{\partial \boldsymbol{n}}\right)\mathrm{d}s.$

*11. 求向量 $\boldsymbol{A} = x\boldsymbol{i} + y\boldsymbol{j} + z\boldsymbol{k}$ 通过闭区域 $\Omega = \{(x, y, z) | 0 \leqslant x \leqslant 1,\ 0 \leqslant y \leqslant 1,\ 0 \leqslant z \leqslant 1\}$ 的边界曲面流向外侧的通量．

【解】 设 Σ 为 Ω 的边界曲面，取外侧，则所求通量为

$$\Phi = \oiint_\Sigma x\mathrm{d}y\mathrm{d}z + y\mathrm{d}z\mathrm{d}x + z\mathrm{d}x\mathrm{d}y = \iiint_\Omega 3\mathrm{d}v = 3.$$

12. 求力 $\boldsymbol{F} = y\boldsymbol{i} + z\boldsymbol{j} + x\boldsymbol{k}$ 沿有向闭曲线 Γ 所做的功，其中 Γ 为平面 $x+y+z=1$ 被三个坐标面所截成的三角形的整个边界，从 z 轴正向看去，沿顺时针方向．

【解】 设 Γ_1 为从 $A(1, 0, 0)$ 到 $B(0, 1, 0)$ 的直线段．

$$W = \int_\Gamma y\mathrm{d}x + z\mathrm{d}y + x\mathrm{d}z = 3\int_{\Gamma_1} y\mathrm{d}x + z\mathrm{d}y + x\mathrm{d}z = 3\int_{\Gamma_1} y\mathrm{d}x = 3\int_0^1 (1-x)\mathrm{d}x = \dfrac{3}{2}.$$

第十二章 无穷级数

一、主要内容

(一) 主要定义

1. 数项级数

把数列 $\{u_n\}$ 各项依次用"+"号连接起来所得的表达式

$$\sum_{n=1}^{\infty} u_n = u_1 + u_2 + \cdots + u_n + \cdots$$

为常数项级数(简称级数).

2. 级数的收敛与发散

级数的部分和数列 $\{s_n\}$ $\left(s_n = \sum_{k=1}^{n} u_k\right)$ 存在极限 $\lim_{n\to\infty} s_n = s$,称级数 $\sum_{n=1}^{\infty} u_n$ 收敛,s 称为它的和,记作 $s = \sum_{n=1}^{\infty} u_n$.

若极限 $\lim_{n\to\infty} s_n$ 不存在,则称级数 $\sum_{n=1}^{\infty} u_n$ 发散.

3. 函数项级数

设函数列 $\{u_n(x)\}$ 中的每一项都是定义在区间 I 上的函数,则称表达式

$$u_1(x) + u_2(x) + \cdots + u_n(x) + \cdots = \sum_{n=1}^{\infty} u_n(x)$$

为函数项级数. 称 $s_n(x) = \sum_{k=1}^{n} u_k(x)$ 为 $\sum_{n=1}^{\infty} u_n(x)$ 的部分和函数.

4. 函数项级数的收敛域与和函数

设 $x_0 \in I$,若函数项级数 $\sum_{n=1}^{\infty} u_n(x_0)$ 收敛,称 x_0 为 $\sum_{n=1}^{\infty} u_n(x)$ 的收敛点,否则称为发散点. $\sum_{n=1}^{\infty} u_n(x)$ 的收敛点的全体为它的收敛域.

在收敛域上函数项级数的和 $s(x)$ 是收敛点 x 的函数,将 $s(x)$ 称为函数项级数的和函数. 在收敛域上

$$\lim_{n\to\infty} s_n(x) = s(x) = \sum_{n=1}^{\infty} u_n(x).$$

5. 幂级数

级数 $\sum_{n=0}^{\infty} a_n(x - x_0)^n (a_n \neq 0)$ 称为幂级数,$x_0 = 0$ 时,成为 $\sum_{n=0}^{\infty} a_n x^n$.

6. 幂级数的收敛半径与收敛区间

对任何幂级数 $\sum_{n=0}^{\infty} a_n x^n$,都存在唯一的实数 $R(0 \leq R < +\infty)$,当 $|x| < R$ 或 $|x| \leq R$ 时幂级数收敛,当 $|x| > R$ 时幂级数发散,称 R 为幂级数的收敛半径. 在 $(-R, R)$ 内幂级数处处收敛,在 $x = \pm R$ 处可能收敛也可能发散. 确定了端点 $x = \pm R$ 的收敛性以后,便得到幂级数的收敛区间,如

$[-R, R]$, $(-R, R)$, $[-R, R)$, $(-R, R]$, $(-\infty, +\infty)$ 等.

$$\text{收敛半径 } R = \lim_{n\to\infty}\left|\frac{a_n}{a_{n+1}}\right|.$$

7. 傅里叶(Fourier)级数

设 $f(x)$ 是以 2π 为周期的函数,且在 $[-\pi, \pi]$ 上可积,称三角级数

$$\frac{a_0}{2} + \sum_{n=1}^{\infty}(a_n\cos nx + b_n\sin nx)$$

为 $f(x)$ 的傅里叶级数,其中

$$a_n = \frac{1}{\pi}\int_{-\pi}^{\pi}f(x)\cos nx\,dx \quad (n = 0, 1, 2, \cdots),$$

$$b_n = \frac{1}{\pi}\int_{-\pi}^{\pi}f(x)\sin nx\,dx \quad (n = 1, 2, \cdots),$$

称为 $f(x)$ 的傅里叶系数.

(二) 主要结论

1. 正项级数审敛法

(1) 比较审敛法 设有两个正项级数

$$\sum_{n=1}^{\infty}u_n \text{ 和 } \sum_{n=1}^{\infty}v_n,$$

若存在自然数 N,当 $n \geq N$ 时 $u_n \leq v_n$,则 $\sum_{n=1}^{\infty}v_n$ 收敛时,$\sum_{n=1}^{\infty}u_n$ 收敛;$\sum_{n=1}^{\infty}u_n$ 发散时,$\sum_{n=1}^{\infty}v_n$ 发散. 比较审敛法的极限形式,即若

$$\lim_{n\to\infty}\frac{u_n}{v_n} = l \quad (0 < l < +\infty),$$

则级数 $\sum_{n=1}^{\infty}u_n$ 与 $\sum_{n=1}^{\infty}v_n$ 同时收敛或同时发散.

(2) 比值审敛法(D'Alembert 判定法) 设正项级数 $\sum_{n=1}^{\infty}u_n$ 的后项与前项之比的极限为 ρ,即

$$\lim_{n\to\infty}\frac{u_{n+1}}{u_n} = \rho,$$

则 $\sum_{n=1}^{\infty}u_n$ 当

$$\begin{cases} \rho < 1 \text{ 时}, & \text{收敛}; \\ \rho > 1 \text{ 或 } \rho = +\infty \text{ 时}, & \text{发散}; \\ \rho = 1 \text{ 时}, & \text{不能确定}. \end{cases}$$

(3) 根值审敛法 对于正项级数 $\sum_{n=1}^{\infty}u_n$,若有 $\lim_{n\to\infty}\sqrt[n]{u_n} = \rho$,则 $\sum_{n=0}^{\infty}u_n$ 当

$$\begin{cases} \rho < 1 \text{ 时}, & \text{收敛}; \\ \rho > 1 \text{ 时}, & \text{发散}; \\ \rho = 1 \text{ 时}, & \text{不能确定}. \end{cases}$$

(4) 极限审敛法 对于正项级数 $\sum_{n=1}^{\infty}u_n$,若 $\lim_{n\to\infty}nu_n = l > 0$(或 $\lim_{n\to\infty}nu_n = \infty$),则级数 $\sum_{n=1}^{\infty}u_n$ 发散;若有 $p > 1$,使 $\lim_{n\to\infty}n^p u_n$ 存在,则级数 $\sum_{n=1}^{\infty}u_n$ 收敛.

(5) 正项级数 $\sum_{n=1}^{\infty}u_n$ 收敛的充要条件是它的部分和数列 $\{s_n\}$ 有界.

(6) 柯西积分审敛法　设 $f(x)$ 为一单调减少非负函数 $(1 \leq x < +\infty)$，若 $f(n) = u_n$，则当 $\int_1^{+\infty} f(x)dx$ 收敛时，正项级数 $\sum_{n=1}^{\infty} u_n$ 也收敛；当 $\int_1^{+\infty} f(x)dx$ 发散时，正项级数 $\sum_{n=1}^{\infty} u_n$ 发散.

2. 交错级数审敛法(莱布尼茨定理)

若交错级数 $\sum_{n=1}^{\infty} (-1)^{n-1} u_n (u_n > 0, n = 1, 2, \cdots)$ 满足条件

(1) $u_{n+1} \leq u_n$,
(2) $\lim_{n \to \infty} u_n = 0$,

则级数收敛.

3. 任意项级数审敛法

若任意项级数 $\sum_{n=1}^{\infty} u_n$ 的绝对值级数 $\sum_{n=1}^{\infty} |u_n|$ 收敛，则 $\sum_{n=1}^{\infty} u_n$ 收敛，称其为绝对收敛级数. 若 $\sum_{n=1}^{\infty} u_n$ 收敛而 $\sum_{n=1}^{\infty} |u_n|$ 发散，称 $\sum_{n=1}^{\infty} u_n$ 为条件收敛级数.

4. 傅里叶级数的收敛定理(狄利克雷条件)

设 $f(x)$ 是以 2π 为周期的函数，在 $[-\pi, \pi]$ 上至多有有限个第一类间断点，且至多有有限个极值点，则 $f(x)$ 的傅里叶级数在 $(-\infty, +\infty)$ 内处处收敛，且有

$$\frac{a_0}{2} + \sum_{n=1}^{\infty} (a_n \cos nx + b_n \sin nx) = \begin{cases} f(x), & x \text{ 为连续点}; \\ \dfrac{f(x-0) + f(x+0)}{2}, & x \text{ 为间断点}; \\ \dfrac{f(-\pi+0) + f(\pi-0)}{2}, & x \text{ 为端点}. \end{cases}$$

其中

$$a_n = \frac{1}{\pi} \int_{-\pi}^{\pi} f(x) \cos nx \, dx \quad (n = 0, 1, 2, \cdots),$$

$$b_n = \frac{1}{\pi} \int_{-\pi}^{\pi} f(x) \sin nx \, dx \quad (n = 1, 2, 3 \cdots).$$

5. 奇偶函数的傅里叶级数

(1) 若 $f(x)$ 为以 2π 为周期的奇函数，它的以 2π 为周期的傅里叶级数

$$\sum_{n=1}^{\infty} b_n \sin nx, \text{ 其中 } b_n = \frac{2}{\pi} \int_0^{\pi} f(x) \sin nx \, dx \quad (n = 1, 2, \cdots)$$

称为正弦级数.

(2) 若 $f(x)$ 为以 2π 为周期的偶函数，它的以 2π 为周期的傅里叶级数

$$\frac{a_0}{2} + \sum_{n=1}^{\infty} a_n \cos nx, \text{ 其中 } a_n = \frac{2}{\pi} \int_0^{\pi} f(x) \cos nx \, dx \quad (n = 0, 1, 2, \cdots)$$

称为余弦级数(简记"奇正偶余"四个字).

6. 几个典型常数项级数的敛散性

(1) 等比级数

$$\sum_{n=0}^{\infty} ar^n = \begin{cases} +\infty, & |a| > 0, |r| \geq 1 \quad (\text{发散}); \\ \dfrac{a}{1-r}, & |r| < 1 \quad (\text{收敛}). \end{cases}$$

(2) 调和级数

$$\sum_{n=1}^{\infty} \frac{1}{n} = +\infty \quad (\text{发散}).$$

(3) p-级数 $\sum_{n=1}^{\infty} \dfrac{1}{n^p}$，当 $p \leq 1$ 时发散，当 $p > 1$ 时收敛.

7. 几个重要函数的麦克劳林级数

(1) $e^x = 1 + x + \dfrac{1}{2!}x^2 + \cdots + \dfrac{1}{n!}x^n + \cdots \quad (-\infty < x < +\infty)$.

(2) $\sin x = x - \dfrac{1}{3!}x^3 + \dfrac{1}{5!}x^5 - \cdots + (-1)^n \dfrac{x^{2n+1}}{(2n+1)!} + \cdots \quad (-\infty < x < +\infty)$.

(3) $\cos x = 1 - \dfrac{1}{2!}x^2 + \dfrac{1}{4!}x^4 - \cdots + (-1)^n \dfrac{x^{2n}}{(2n)!} + \cdots \quad (-\infty < x < +\infty)$.

(4) $\ln(1+x) = x - \dfrac{1}{2}x^2 + \dfrac{1}{3}x^3 - \cdots + (-1)^n \dfrac{1}{n+1}x^{n+1} + \cdots \quad (-1 < x \leq 1)$.

(5) $\dfrac{1}{1-x} = 1 + x + x^2 + \cdots + x^n + \cdots \quad (-1 < x < 1)$.

(6) $\dfrac{1}{1+x} = 1 - x + x^2 - \cdots + (-1)^n x^n + \cdots \quad (-1 < x < 1)$.

(7) $(1+x)^\alpha = 1 + \alpha x + \dfrac{\alpha(\alpha-1)}{2!}x^2 + \cdots + \dfrac{\alpha(\alpha-1)(\alpha-2)\cdots(\alpha-n+1)}{n!}x^n + \cdots$

$\quad\quad (-1 < x < 1)$.

注 有关级数的基本性质,请读者自己总结.

(三) 结论补充

1. 正项级数

(1) 若 $\sum\limits_{n=1}^{\infty} u_n$ 与 $\sum\limits_{n=1}^{\infty} v_n$ 都收敛,则 $\sum\limits_{n=1}^{\infty} u_n v_n$ 收敛.

(2) $\lim\limits_{n\to\infty} u_n = 0$, $\lim\limits_{n\to\infty} v_n = 0$, $u_n = o(v_n)$,则级数 $\sum\limits_{n=1}^{\infty} u_n$ 与 $\sum\limits_{n=1}^{\infty} v_n$ 的收敛性相同.

(3) $\lim\limits_{n\to\infty} u_n = 0$, $\lim\limits_{n\to\infty} v_n = 0$, $u_n = o(v_n)$. 若级数 $\sum\limits_{n=1}^{\infty} v_n$ 收敛,则级数 $\sum\limits_{n=1}^{\infty} u_n$ 必收敛.

(4) 设 $\lim\limits_{n\to\infty} n\left(1 - \dfrac{u_{n+1}}{u_n}\right) = \alpha$,则当 $\alpha > 1$ 时,级数 $\sum\limits_{n=1}^{\infty} u_n$ 收敛;当 $\alpha < 1$ 时,级数 $\sum\limits_{n=1}^{\infty} u_n$ 发散.

2. 任意项级数

(1) 若级数 $\sum\limits_{n=1}^{\infty} u_n$ 与 $\sum\limits_{n=1}^{\infty} v_n$ 都绝对收敛,则级数 $\sum\limits_{n=1}^{\infty} u_n v_n$ 也绝对收敛.

(2) 若级数 $\sum\limits_{n=1}^{\infty} u_n$ 绝对收敛, $\sum\limits_{n=1}^{\infty} v_n$ 条件收敛,则级数 $\sum\limits_{n=1}^{\infty} (u_n \pm v_n)$ 条件收敛.

(3) 若级数 $\sum\limits_{n=1}^{\infty} u_n$ 收敛, $\sum\limits_{n=1}^{\infty} v_n$ 发散,则级数 $\sum\limits_{n=1}^{\infty} (u_n \pm v_n)$ 必发散.

(4) 若 $u_n \leq w_n \leq v_n$,当级数 $\sum\limits_{n=1}^{\infty} u_n$ 与 $\sum\limits_{n=1}^{\infty} v_n$ 都收敛时,级数 $\sum\limits_{n=1}^{\infty} w_n$ 收敛.

(5) 级数 $\sum\limits_{n=1}^{\infty} u_n$ 收敛的充要条件是 $\forall \varepsilon > 0, \exists N > 0$,当 $m > n > N$ 时,恒有 $|u_{n+1} + u_{n+2} + \cdots + u_m| < \varepsilon$.

3. 函数项级数

(1) 在区间 I 上,若 $|u_n(x)| \leq a_n$,而数项级数 $\sum\limits_{n=1}^{\infty} a_n$ 收敛,则级数 $\sum\limits_{n=1}^{\infty} u_n(x)$ 在 I 上绝对收敛.

(2) 幂级数 $\sum\limits_{n=0}^{\infty} a_n x^n$ 收敛半径的另一个公式为

$$R = \lim_{n \to \infty} \frac{1}{\sqrt[n]{|a_n|}}.$$

(3) 阿贝尔(Abel)定理 若幂级数 $\sum_{n=0}^{\infty} a_n x^n$,当 $x = x_0(x_0 \neq 0)$ 时收敛,则对 $|x| < |x_0|$ 的一切 x,该幂级数绝对收敛;当 $x = x_0$ 发散时,对 $|x| > |x_0|$ 的一切 x,该幂级数发散.

注 它的更一般的形式是:对于幂级数 $\sum_{n=0}^{\infty} a_n (x - x_0)^n$,若当 $x = x^* (x^* \neq x_0)$ 时收敛,则对 $|x - x_0| < |x^* - x_0|$ 的一切 x,该幂级数绝对收敛;当 $x = x^*$ 发散时,对 $|x - x_0| > |x^* - x_0|$ 的一切 x,该幂级数发散.

(4) 狄氏条件(狄利克雷充分条件) 设 $f(x)$ 是周期为 $2l$ 的周期函数.若它满足条件:在一个周期内连续或只有有限个第一类间断点,并且至多有有限个极值点,则 $f(x)$ 的傅里叶级数

$$\frac{a_0}{2} + \sum_{n=1}^{\infty} a_n \cos \frac{n\pi x}{l} + b_n \sin \frac{n\pi x}{l}$$

收敛,并且当 x 是 $f(x)$ 的连续点时,级数收敛于 $f(x)$;当 x 是 $f(x)$ 的间断点时,级数收敛于

$$\frac{1}{2}[f(x-0) + f(x+0)],$$

其中

$$a_n = \frac{1}{l} \int_{-l}^{l} f(x) \cos \frac{n\pi x}{l} dx \quad (n = 0, 1, 2, \cdots),$$

$$b_n = \frac{1}{l} \int_{-l}^{l} f(x) \sin \frac{n\pi x}{l} dx \quad (n = 1, 2, 3, \cdots).$$

(5) 幂级数的和函数的分析性质 幂级数 $\sum_{n=1}^{\infty} a_n x^n$ 在收敛域内可以逐项求导与逐项积分,且所得幂级数的收敛半径不变.

(6) 若 $f(x)$ 在 x_0 某邻域内任意阶可导,则称

$$\sum_{n=0}^{\infty} \frac{f^{(n)}(x_0)}{n!} (x - x_0)^n$$

为 $f(x)$ 的泰勒级数,当 $x_0 = 0$ 时,级数成为 $\sum_{n=0}^{\infty} \frac{f^{(n)}(0)}{n!} x^n$,称为 $f(x)$ 的麦克劳林级数.

(7) 欧拉(Euler)公式

$$\cos t = \frac{e^{it} + e^{-it}}{2}, \quad \sin t = \frac{e^{it} - e^{-it}}{2i},$$

或

$$\begin{cases} e^{it} = \cos t + i\sin t, \\ e^{-it} = \cos t - i\sin t. \end{cases}$$

(8) 设周期为 $2l$ 的周期函数 $f(x)$ 满足收敛定理的条件,则它的傅里叶级数展开式为

$$f(x) = \frac{a_0}{2} + \sum_{n=1}^{\infty} \left(a_n \cos \frac{n\pi x}{l} + b_n \sin \frac{n\pi x}{l} \right),$$

其中系数 a_n, b_n 为

$$a_n = \frac{1}{l} \int_{-l}^{l} f(x) \cos \frac{n\pi x}{l} dx \quad (n = 0, 1, 2, \cdots),$$

$$b_n = \frac{1}{l} \int_{-l}^{l} f(x) \sin \frac{n\pi x}{l} dx \quad (n = 1, 2, 3, \cdots).$$

若 $f(x)$ 为奇函数,则有

$$f(x) = \sum_{n=1}^{\infty} b_n \sin \frac{n\pi x}{l},$$

其中
$$b_n = \frac{2}{l}\int_0^l f(x)\sin\frac{n\pi x}{l}dx \quad (n = 1, 2, 3, \cdots);$$

若 $f(x)$ 为偶函数，则有
$$f(x) = \frac{a_0}{2} + \sum_{n=1}^{\infty} a_n\cos\frac{n\pi x}{l},$$

其中
$$a_n = \frac{2}{l}\int_0^l f(x)\cos\frac{n\pi x}{l}dx \quad (n = 0, 1, 2, \cdots).$$

(9) 设 $f(x)$ 在区间 $[a, b]$ 上满足狄氏条件，则 $f(x)$ 的傅里叶级数为
$$f(x) = \frac{a_0}{2} + \sum_{n=1}^{\infty}\left(a_n\cos\frac{2n\pi x}{b-a} + b_n\sin\frac{2n\pi x}{b-a}\right),$$

其中傅里叶系数为
$$a_n = \frac{2}{b-a}\int_a^b f(x)\cos\frac{2n\pi x}{b-a}dx \quad (n = 0, 1, 2, \cdots);$$
$$b_n = \frac{2}{b-a}\int_a^b f(x)\sin\frac{2n\pi x}{b-a}dx \quad (n = 1, 2, \cdots).$$

二、典型例题

(一) 数项级数收敛性判定

1. 利用性质和定义

【例 12-1】 判定级数 $\sum_{n=1}^{\infty}\frac{n-\sqrt{n}}{2n-1}$ 的收敛性.

【解】 $\lim_{n\to\infty}u_n = \lim_{n\to\infty}\frac{n-\sqrt{n}}{2n-1} = \lim_{n\to\infty}\frac{1-\frac{1}{\sqrt{n}}}{2-\frac{1}{n}} = \frac{1}{2} \neq 0.$

由于级数收敛的必要条件是 $\lim_{n\to\infty}u_n = 0$，此题不满足，故该级数发散.

【例 12-2】 判定级数 $1 + \frac{1}{4} + \frac{1}{2} + \frac{1}{4^2} + \frac{1}{3} + \frac{1}{4^3} + \cdots + \frac{1}{n} + \frac{1}{4^n} + \cdots$ 的收敛性.

【解】 原级数是由 $\sum_{n=1}^{\infty}\frac{1}{n}$ 和 $\sum_{n=1}^{\infty}\frac{1}{4^n}$ 逐项相加而得到的，而 $\sum_{n=1}^{\infty}\frac{1}{n}$ 发散，$\sum_{n=1}^{\infty}\frac{1}{4^n}$ 收敛. 这是因为前者是调和级数，后者是公比为 $\frac{1}{4}$ 的等比级数. 于是，原级数成为一收敛级数与一发散级数逐项相加而得到的级数，由级数性质可推知原级数发散.

【例 12-3】 判定级数 $\frac{1}{\sqrt{2}-1} - \frac{1}{\sqrt{2}+1} + \frac{1}{\sqrt{3}-1} - \frac{1}{\sqrt{3}+1} + \cdots$ 的收敛性.

【解】 将原级数加括号使之成为
$$\left(\frac{1}{\sqrt{2}-1} - \frac{1}{\sqrt{2}+1}\right) + \left(\frac{1}{\sqrt{3}-1} - \frac{1}{\sqrt{3}+1}\right) + \cdots + \left(\frac{1}{\sqrt{n}-1} - \frac{1}{\sqrt{n}+1}\right) + \cdots,$$

通项为
$$b_n = \frac{1}{\sqrt{n}-1} - \frac{1}{\sqrt{n}+1} = \frac{2}{n-1}.$$

而 $\sum_{n=2}^{\infty} \frac{2}{n-1} = 2\sum_{n=2}^{\infty} \frac{1}{n-1} = 2\sum_{n=1}^{\infty} \frac{1}{n}$ 发散，由级数性质——若加括号后所成的级数发散，则原来级数也发散，可以知道，此题所给级数发散．

【例 12-4】 利用级数收敛的定义判定级数 $\sum_{n=1}^{\infty} \frac{1}{(3n-2)(3n+1)}$ 的收敛性．

【解】 $u_n = \frac{1}{(3n-2)(3n+1)} = \frac{1}{3}\left(\frac{1}{3n-2} - \frac{1}{3n+1}\right)$,

$$S_n = \frac{1}{3}\left[\left(1 - \frac{1}{4}\right) + \left(\frac{1}{4} - \frac{1}{7}\right) + \cdots + \left(\frac{1}{3n-5} - \frac{1}{3n-2}\right) + \left(\frac{1}{3n-2} - \frac{1}{3n+1}\right)\right]$$

$$= \frac{1}{3}\left(1 - \frac{1}{3n+1}\right),$$

$$\lim_{n\to\infty} S_n = \sum_{n=1}^{\infty} \frac{1}{(3n-2)(3n+1)} = \lim_{n\to\infty} \frac{1}{3}\left(1 - \frac{1}{3n+1}\right) = \frac{1}{3}.$$

由级数收敛的定义知此级数收敛于 $\frac{1}{3}$．

【例 12-5】 判定级数 $\sum_{n=1}^{\infty} \left(\frac{1}{n^2+2}\right)^{\frac{1}{n}}$ 的收敛性．

【解】 令 $f(x) = \left(\frac{1}{x^2+2}\right)^{\frac{1}{x}}$，则

$$\lim_{n\to+\infty} f(x) = \exp\lim_{x\to+\infty} \frac{-\ln(x^2+2)}{x} = \exp\lim_{x\to+\infty}\left(-\frac{2x}{x^2+2}\right) = e^0 = 1,$$

故 $\lim_{n\to\infty}\left(\frac{1}{n^2+2}\right)^{\frac{1}{n}} = 1 \neq 0$，该级数发散．

2. 利用审敛定理

【例 12-6】 判定级数 $\sum_{n=1}^{\infty} \frac{3^n \cdot n^n}{n!}$ 的收敛性．

【解】 $\lim_{n\to\infty} \frac{u_{n+1}}{u_n} = \lim_{n\to\infty} \frac{3^{n+1}(n+1)^{n+1}}{(n+1)!} \cdot \frac{n!}{3^n \cdot n^n} = \lim_{n\to\infty} 3\left(1 + \frac{1}{n}\right)^n = 3e > 1.$

由比值审敛法知原级数发散．

【例 12-7】 判定级数 $\sum_{n=1}^{\infty} (-1)^{n-1} \frac{2^n n!}{n^n}$ 的收敛性．

【解】 $\lim_{n\to\infty}\left|\frac{u_{n+1}}{u_n}\right| = \lim_{n\to\infty} \frac{2^{n+1}(n+1)!}{(n+1)^{n+1}} \cdot \frac{n^n}{2^n n!} = \lim_{n\to\infty} \frac{2}{\left(1+\frac{1}{n}\right)^n} = \frac{2}{e} < 1.$

由比较审敛法知该级数绝对收敛．

【例 12-8】 判定级数 $\sum_{n=1}^{\infty} \frac{n^2}{1+n^2+n^5}$ 的收敛性．

【解】 $u_n = \frac{n^2}{1+n^2+n^5} < \frac{n^2}{n^2+n^5} = \frac{1}{1+n^3} < \frac{1}{n^3}$,

而 $\sum_{n=1}^{\infty} \frac{1}{n^3}$ 收敛，由比较审敛法知原级数收敛．

【例 12-9】 判定级数 $\sum_{n=1}^{\infty} \frac{5}{\sqrt{n}} \ln\frac{n+1}{n}$ 的收敛性．

【解】 $\lim\limits_{n\to\infty}\dfrac{\dfrac{5}{\sqrt{n}}\ln\dfrac{n+1}{n}}{1/n^{\frac{3}{2}}}=\lim\limits_{n\to\infty}\dfrac{\dfrac{5}{\sqrt{n}}\ln\left(1+\dfrac{1}{n}\right)}{\dfrac{1}{\sqrt{n}}\cdot\dfrac{1}{n}}=5.$

由于级数 $\sum\limits_{n=1}^{\infty}\dfrac{1}{n^{3/2}}$ 收敛,根据比较法的极限形式可知级数 $\sum\limits_{n=1}^{\infty}\dfrac{5}{\sqrt{n}}\ln\dfrac{n+1}{n}$ 收敛.

【例 12-10】 判定级数 $\sum\limits_{n=1}^{\infty}(-1)^n\dfrac{\sqrt{2n}}{n+100}$ 的收敛性.

【解】 $\lim\limits_{n\to\infty}u_n=\lim\limits_{n\to\infty}\dfrac{\sqrt{2n}}{n+100}=0.$

设 $f(x)=\dfrac{\sqrt{2x}}{x+100}\quad(0<x<+\infty),$

则 $f'(x)=\dfrac{100-x}{\sqrt{2x}(x+100)^2}<0\quad(x>100),$

故当 $x>100$ 时,$f(x)$ 单调减少,因此 $u_n>u_{n+1}\ (n>100)$,由莱布尼茨审敛法知

$$\sum_{n=1}^{\infty}(-1)^n\dfrac{\sqrt{2n}}{n+100}\ 收敛.$$

又 $\dfrac{\sqrt{2n}}{n+100}>\dfrac{\sqrt{2n}}{n+n}=\dfrac{1}{\sqrt{2}}\cdot\dfrac{1}{\sqrt{n}}\quad(n>100),$

而 $\sum\limits_{n=101}^{\infty}\dfrac{1}{\sqrt{2}}\cdot\dfrac{1}{\sqrt{n}}$ 发散,由比较法知 $\sum\limits_{n=101}^{\infty}\dfrac{\sqrt{2n}}{n+100}$ 也发散,从而 $\sum\limits_{n=1}^{\infty}\dfrac{\sqrt{2n}}{n+100}$ 亦发散.

总之,原级数条件收敛.

【例 12-11】 判定级数 $\sum\limits_{n=1}^{\infty}(-1)^n\left(\dfrac{2n+100}{3n+1}\right)^n$ 的收敛性.

【解】 $\lim\limits_{n\to\infty}\sqrt[n]{|u_n|}=\lim\limits_{n\to\infty}\dfrac{2n+100}{3n+1}=\dfrac{2}{3}<1.$ 由根值审敛法可知该级数绝对收敛.

【例 12-12】 判定级数 $\sum\limits_{n=1}^{\infty}(-1)^{n-1}\dfrac{1}{\sqrt[3]{n}}$ 的收敛性.

【解】 $|u_n|=\dfrac{1}{\sqrt[3]{n}}>\dfrac{1}{\sqrt[3]{n+1}}=u_{n+1},\ \lim\limits_{n\to\infty}\dfrac{1}{\sqrt[3]{n}}=0.$

由莱布尼茨判定法可知数收敛.

然而,$\sum\limits_{n=1}^{\infty}\left|(-1)^{n-1}\dfrac{1}{\sqrt[3]{n}}\right|=\sum\limits_{n=1}^{\infty}\dfrac{1}{\sqrt[3]{n}}=\sum\limits_{n=1}^{\infty}\dfrac{1}{n^{\frac{1}{3}}}$ 发散,原级数条件收敛.

【例 12-13】 判定级数 $\sum\limits_{n=1}^{\infty}(-1)^{n-1}\dfrac{n\cos^2\dfrac{n\pi}{3}}{2^n}$ 的收敛性.

【解】 $|u_n|=\dfrac{n\cos^2\dfrac{n\pi}{3}}{2^n}<\dfrac{n}{2^n},$

而级数 $\sum\limits_{n=1}^{\infty}\dfrac{n}{2^n}$ 是收敛的,因为 $\lim\limits_{n\to\infty}\dfrac{n+1}{2^{n+1}}\cdot\dfrac{2^n}{n}=\dfrac{1}{2}<1$,最后可知原级数绝对收敛.

【例 12-14】 判定级数 $\sum\limits_{n=1}^{\infty}(-1)^{n-1}\displaystyle\int_0^{\frac{1}{n}}\dfrac{\sqrt{x}}{1+x^4}\mathrm{d}x$ 的收敛性.

【解】 $|u_n| = \int_0^{\frac{1}{n}} \frac{\sqrt{x}}{1+x^4} dx < \int_0^{\frac{1}{n}} \sqrt{x} dx \leq \int_0^{\frac{1}{n}} \left(\frac{1}{n}\right)^{\frac{1}{2}} dx = \left(\frac{1}{n}\right)^{\frac{1}{2}} \cdot \frac{1}{n} = \frac{1}{n^{3/2}}$,

而级数 $\sum_{n=1}^{\infty} \frac{1}{n^{3/2}}$ 收敛,由比较法可知原级数绝对收敛.

【例 12-15】 设 $f(x)$ 二阶连续可导于 $U(0,\delta)$ 内,且 $\lim_{x \to 0} \frac{f(x)}{x} = 0$,试证级数 $\sum_{n=1}^{\infty} f\left(\frac{1}{n}\right)$ 绝对收敛.

【证】 由于 $\lim_{x \to 0} \frac{f(x)}{x} = 0$,故 $\lim_{x \to 0} f(x) = 0$,于是

$$\lim_{x \to 0} \frac{f(x)}{x} = \lim_{x \to 0} \frac{f(x) - f(0)}{x - 0} = 0,$$

即 $f'(0) = 0$. 在 $U(0, \delta)$ 内,有

$$f(x) = f(0) + f'(0)x + \frac{1}{2!}f''(\xi)x^2 = \frac{1}{2}f''(\xi)x^2 \quad (\xi \text{ 介于 } 0 \text{ 与 } x \text{ 之间}).$$

由于 $f''(x)$ 连续,在 $U(0, \delta)$ 再取以 0 为中心的小闭区间 $I \subset U(0, \delta)$,在 I 上,必有 $M > 0$,使 $|f''(x)| \leq M$,此时

$$|f''(\xi)| \leq M.$$

取 $x = \frac{1}{n}$,只要 n 充分大,即可保证 $|f''(x)| \leq M$. 于是

$$\left| f\left(\frac{1}{n}\right) \right| \leq \frac{M}{2} \cdot \frac{1}{n^2},$$

而级数 $\sum_{n=1}^{\infty} \frac{M}{2} \cdot \frac{1}{n^2}$ 是收敛的. 由比较审敛法可知级数 $\sum_{n=1}^{\infty} f\left(\frac{1}{n}\right)$ 是绝对收敛的.

(二) 幂级数的收敛域

【例 12-16】 求幂级数 $\sum_{n=1}^{\infty} \frac{(-x)^n}{3^{n-1}\sqrt{n}}$ 的收敛域.

【解】 收敛半径为 $R = \lim_{n \to \infty} \left| \frac{a_n}{a_{n+1}} \right| = \lim_{n \to \infty} \frac{1}{3^{n-1}\sqrt{n}} \cdot \frac{3^n \sqrt{n+1}}{1} = 3$.

当 $x = 3$ 时,$\sum_{n=1}^{\infty} \frac{(-1)^n 3^n}{3^{n-1}\sqrt{n}} = 3\sum_{n=1}^{\infty} \frac{(-1)^n}{\sqrt{n}}$,很容易由莱布尼茨审敛法知该级数收敛;

当 $x = -3$ 时,$\sum_{n=1}^{\infty} \frac{3^n}{3^{n-1}\sqrt{n}} = 3\sum_{n=1}^{\infty} \frac{1}{\sqrt{n}}$ 发散. 故原级数之收敛区间为 $(-3, 3]$.

【例 12-17】 求幂级数 $\sum_{n=1}^{\infty} \frac{(-1)^n}{n}(x-4)^n$ 的收敛域.

【解】 收敛半径为 $R = \lim_{n \to \infty} \left| \frac{a_n}{a_{n+1}} \right| = \lim_{n \to \infty} \left| \frac{\frac{(-1)^n}{n}}{\frac{(-1)^{n+1}}{n+1}} \right| = 1$.

当 $x - 4 = 1$ 时,级数成为 $\sum_{n=1}^{\infty} \frac{(-1)^{n-1}}{n}$,由莱布尼茨判定法可知此级数收敛;

当 $x - 4 = -1$ 时,级数成为 $-\sum_{n=1}^{\infty} \frac{1}{n}$,此级数显然发散.

解不等式 $-1 < x - 4 \leq 1$,得 $3 < x \leq 5$,原级数收敛域为 $(3, 5]$.

【例 12-18】 求幂级数 $\sum_{n=1}^{\infty} \frac{2^n + 3^n}{n} x^n$ 的收敛域.

【解】 收敛半径为 $R = \lim_{n \to \infty} \left| \frac{a_n}{a_{n+1}} \right| = \lim_{n \to \infty} \frac{2^n + 3^n}{n} \cdot \frac{n+1}{2^{n+1} + 3^{n+1}} = \frac{1}{3}$.

当 $x = \frac{1}{3}$ 时，级数成为 $\sum_{n=1}^{\infty} \frac{2^n + 3^n}{n} \left(\frac{1}{3} \right)^n$. 注意到

$$\sum_{n=1}^{\infty} \frac{2^n + 3^n}{n} \left(\frac{1}{3} \right)^n = \sum_{n=1}^{\infty} \left[\frac{1}{n} \left(\frac{2}{3} \right)^n + \frac{1}{n} \right],$$

而级数 $\sum_{n=1}^{\infty} \frac{1}{n}$ 发散，由比值法可知 $\sum_{n=1}^{\infty} \frac{1}{n} \left(\frac{2}{3} \right)^n$ 收敛，故 $\sum_{n=1}^{\infty} \left[\frac{1}{n} \left(\frac{2}{3} \right)^n + \frac{1}{n} \right]$ 发散；

当 $x = -\frac{1}{3}$ 时，级数成为 $\sum_{n=1}^{\infty} \frac{2^n + 3^n}{n} \left(-\frac{1}{3} \right)^n$. 注意到

$$\sum_{n=1}^{\infty} \frac{2^n + 3^n}{n} \left(-\frac{1}{3} \right)^n = \sum_{n=1}^{\infty} \left[(-1)^n \left(\frac{1}{n} \right) \left(\frac{2}{3} \right)^n + (-1)^n \frac{1}{n} \right],$$

容易判定级数 $\sum_{n=1}^{\infty} (-1)^n \left(\frac{1}{n} \right) \left(\frac{2}{3} \right)^n$ 与 $\sum_{n=1}^{\infty} (-1)^n \frac{1}{n}$ 都收敛，故此时级数 $\sum_{n=1}^{\infty} \frac{2^n + 3^n}{n} \left(-\frac{1}{3} \right)^n$ 收敛.

原级数收敛域为 $\left[-\frac{1}{3}, \frac{1}{3} \right)$.

【例 12-19】 求函数项级数 $\sum_{n=1}^{\infty} \frac{n^2}{x^n}$ 的收敛域.

【解】 设 $y = \frac{1}{x}$，则级数成为 $\sum_{n=1}^{\infty} n^2 y^n$，对于新级数，由于 $R = \lim_{n \to \infty} \frac{n^2}{(n+1)^2} = 1$，又在 $y = \pm 1$ 时级数发散，故此级数收敛域为 $-1 < y < 1$，即

$$-1 < \frac{1}{x} < 1.$$

故原级数的收敛域为 $(-\infty, -1) \cup (1, +\infty)$.

【例 12-20】 求幂级数 $\sum_{n=1}^{\infty} \frac{4^n + (-2)^n}{n} (x+1)^n$ 的收敛域.

【解】 收敛半径为 $R = \lim_{n \to \infty} \frac{4^n + (-2)^n}{n} \cdot \frac{n+1}{4^{n+1} + (-2)^{n+1}} = \frac{1}{4}$.

当 $x + 1 = \frac{1}{4}$ 时，级数成为

$$\sum_{n=1}^{\infty} \frac{4^n + (-2)^n}{n} \left(\frac{1}{4} \right)^n = \sum_{n=1}^{\infty} \frac{1}{n} + \sum_{n=1}^{\infty} \frac{1}{n} \cdot \left(-\frac{1}{2} \right)^n,$$

而级数 $\sum_{n=1}^{\infty} \frac{1}{n}$ 发散，级数 $\sum_{n=1}^{\infty} \frac{1}{n} \left(-\frac{1}{2} \right)^n$ 收敛，故此时幂级数发散；

当 $x + 1 = -\frac{1}{4}$ 时，级数成为

$$\sum_{n=1}^{\infty} \frac{4^n + (-2)^n}{n} \left(-\frac{1}{4} \right)^n = \sum_{n=1}^{\infty} (-1)^n \frac{1}{n} + \sum_{n=1}^{\infty} \frac{1}{n} \cdot \left(\frac{1}{2} \right)^n,$$

而级数 $\sum_{n=1}^{\infty} (-1)^n \frac{1}{n}$ 和 $\sum_{n=1}^{\infty} \frac{1}{n} \left(\frac{1}{2} \right)^n$ 都是收敛的，故此时幂级数收敛.

由 $-\frac{1}{4} \leq x + 1 < \frac{1}{4}$，解出 $-\frac{5}{4} \leq x < -\frac{3}{4}$. 所给幂级数的收敛域为 $\left[-\frac{5}{4}, -\frac{3}{4} \right)$.

【例 12-21】 求幂级数 $\sum_{n=1}^{\infty} \frac{n}{n+1} \left(\frac{x}{2x+1}\right)^n$ 的收敛域.

【解】 令 $y = \frac{x}{2x+1}$,级数成为 $\sum_{n=1}^{\infty} \frac{n}{n+1} y^n$,后者的收敛半径显然为 1.

当 $y = 1$ 时,级数成为 $\sum_{n=1}^{\infty} \frac{n}{n+1}$,发散;当 $y = -1$ 时,级数成为 $\sum_{n=1}^{\infty} \frac{n}{n+1}(-1)^n$,发散.

级数 $\sum_{n=1}^{\infty} \frac{n}{n+1} y^n$ 的收敛域为 $(-1, 1)$.

由 $-1 < \frac{x}{2x+1} < 1$,解出 $-\frac{1}{3} < x < +\infty$ 或 $-\infty < x < -1$.

原级数 $\sum_{n=1}^{\infty} \frac{n}{n+1} \left(\frac{x}{2x+1}\right)^n$ 的收敛域为 $(-\infty, -1) \cup \left(-\frac{1}{3}, +\infty\right)$.

【例 12-22】 设幂级数 $\sum_{n=1}^{\infty} a_n (x+1)^n$ 在 $x = 3$ 处条件收敛,求该幂级数的收敛半径 R.

【解】 设 $y = x + 1$,由于幂级数 $\sum_{n=1}^{\infty} a_n (x+1)^n$ 在 $x = 3$ 处条件收敛,所以幂级数 $\sum_{n=1}^{\infty} a_n y^n$ 在 $y = 4$ 处条件收敛,从而幂级数 $\sum_{n=1}^{\infty} a_n y^n$ 的收敛半径为 $R = 4$. 否则,存在 $y_0 > 4$,使得幂级数 $\sum_{n=1}^{\infty} a_n y^n$ 在 $y = y_0$ 处收敛. 根据阿贝尔定理知 $\sum_{n=1}^{\infty} a_n y^n$ 在 $|y| < y_0$ 内绝对收敛. 从而推出 $\sum_{n=1}^{\infty} a_n y^n$ 在 $y = 4$ 处绝对收敛,这与 $\sum_{n=1}^{\infty} a_n y^n$ 在 $y = 4$ 处条件收敛矛盾,所以幂级数 $\sum_{n=1}^{\infty} a_n (x+1)^n$ 的收敛半径 $R = 4$.

(三) 幂级数求和

【例 12-23】 求幂级数 $\sum_{n=1}^{\infty} n(x-1)^{n-1}$ 的收敛区间及和函数.

【解】 当 $-1 < x - 1 < 1$,即当 $0 < x < 2$ 时,幂级数绝对收敛. 在收敛区间 $(0, 2)$ 内

$$\sum_{n=1}^{\infty} n(x-1)^{n-1} = \left[\int_0^x \left(\sum_{n=1}^{\infty} n(x-1)^{n-1}\right) dx\right]' = \left(\sum_{n=1}^{\infty} \int_0^x n(x-1)^{n-1} dx\right)'$$

$$= \left[\sum_{n=1}^{\infty} (x-1)^n\right]' = \left(\frac{x-1}{1-(x-1)}\right)' = \frac{1}{(2-x)^2}.$$

【例 12-24】 求幂级数 $\sum_{n=1}^{\infty} \frac{2n-1}{3^n} x^{2n-2} \ (|x| < \sqrt{3})$ 的和函数,并求级数 $\sum_{n=1}^{\infty} \frac{2n+1}{3^n}$ 的和.

【解】 当 $|x| < \sqrt{3}$ 时,

$$s(x) = \sum_{n=1}^{\infty} \frac{2n-1}{3^n} x^{2n-2} = \sum_{n=1}^{\infty} (2n-1) \left(\frac{x}{\sqrt{3}}\right)^{2n-2} \cdot \frac{1}{3},$$

$$\int_0^x s(x) dx = \frac{1}{3} \sum_{n=1}^{\infty} \int_0^x (2n-1) \left(\frac{x}{\sqrt{3}}\right)^{2n-2} dx = \frac{\sqrt{3}}{3} \sum_{n=1}^{\infty} \left(\frac{x}{\sqrt{3}}\right)^{2n-1} = \frac{1}{\sqrt{3}} \cdot \frac{\frac{x}{\sqrt{3}}}{1 - \left(\frac{x}{\sqrt{3}}\right)^2} = \frac{x}{3-x^2},$$

$$s(x) = \left(\frac{x}{3-x^2}\right)' = \frac{3+x^2}{(3-x^2)^2} \quad (|x| < \sqrt{3}),$$

$$\sum_{n=1}^{\infty}\frac{2n+1}{3^n}=\sum_{n=1}^{\infty}\frac{2n-1+2}{3^n}=\sum_{n=1}^{\infty}\frac{2n-1}{3^n}+2\sum_{n=1}^{\infty}\frac{1}{3^n}=S(1)+2\cdot\frac{\frac{1}{3}}{1-\frac{1}{3}}=\frac{3+1}{(3-1)^2}+2\cdot\frac{\frac{1}{3}}{\frac{2}{3}}$$

$$=1+1=2.$$

【例 12-25】 求级数 $\sum_{n=1}^{\infty}\frac{1}{2^n(2n-1)}$ 的和.

【解】 作幂级数 $\sum_{n=1}^{\infty}\frac{1}{2n-1}x^{2n}$ ($|x|<1$)，则有

$$\sum_{n=1}^{\infty}\frac{1}{2n-1}x^{2n}=x\sum_{n=1}^{\infty}\frac{x^{2n-1}}{2n-1}=x\int_0^x\left(\sum_{n=1}^{\infty}\frac{x^{2n-1}}{2n-1}\right)'dx=x\int_0^x\left(\sum_{n=1}^{\infty}x^{2n-2}\right)dx=x\int_0^x\frac{dx}{1-x^2}$$

$$=\frac{x}{2}\ln\frac{1+x}{1-x},\quad x=\frac{1}{\sqrt{2}}\in(-1,1).$$

故可利用此公式求原级数的和，只需令 $x=\frac{1}{\sqrt{2}}$ 即可．

$$\sum_{n=1}^{\infty}\frac{1}{2^n(2n-1)}=\frac{1}{2\sqrt{2}}\ln\frac{1+\frac{1}{\sqrt{2}}}{1-\frac{1}{\sqrt{2}}}=\frac{1}{\sqrt{2}}\ln(\sqrt{2}+1).$$

【例 12-26】 求幂级数 $\sum_{n=1}^{\infty}n(n+1)x^n$ ($|x|<1$) 的和函数．

【解】 设 $s(x)=\sum_{n=1}^{\infty}n(n+1)x^n(|x|<1)$，则有

$$\int_0^x s(t)dt=\sum_{n=1}^{\infty}\int_0^x n(n+1)t^n dt=\sum_{n=1}^{\infty}nx^{n+1}=x^2\sum_{n=1}^{\infty}nx^{n-1}.$$

再令 $f(x)=\sum_{n=1}^{\infty}nx^{n-1}$．显然此级数的收敛域亦为 $(-1,1)$，在此区间内

$$\int_0^x f(t)dt=\sum_{n=1}^{\infty}\int_0^x nt^{n-1}dt=\sum_{n=1}^{\infty}x^n=\frac{x}{1-x},$$

从而 $$f(x)=\left(\frac{x}{1-x}\right)'=\frac{1}{(1-x)^2},$$

进一步 $$\int_0^x s(t)dt=\frac{x^2}{(1-x)^2},$$

故 $$s(x)=\left[\frac{x^2}{(1-x)^2}\right]'=\frac{2x}{(1-x)^3},$$

亦即 $$\sum_{n=1}^{\infty}n(n+1)x^n=\frac{2x}{(1-x)^3},\quad x\in(-1,1).$$

【例 12-27】 求级数 $\sum_{n=1}^{\infty}nx^{2n}$ 的和函数．

【解】 首先求收敛域，有

$$\lim_{n\to\infty}\left|\frac{a_{n+1}}{a_n}\right|=\lim_{n\to\infty}\frac{n+1}{n}=1.$$

当 $-1<x<1$ 时，级数收敛；当 $x=\pm1$ 时，级数发散．故原级数之收敛域为 $(-1,1)$．
设所给级数的和函数为 $s(x)$，则

$$s(x) = x^2 + 2x^4 + 3x^6 + \cdots + nx^{2n} + \cdots,$$
$$x^2 s(x) = x^4 + 2x^6 + 3x^8 + \cdots + (n-1)x^{2n} + \cdots,$$
$$(1-x^2)s(x) = x^2 + x^4 + x^6 + \cdots + x^{2n} + \cdots = \frac{x^2}{1-x^2},$$

故
$$s(x) = \frac{x^2}{(1-x^2)^2}.$$

【例 12-28】 求幂级数 $\sum_{n=0}^{\infty} \frac{x^{2n}}{(2n)!}$ 的和函数，$|x| < \infty$.

【解】 设 $s(x) = \sum_{n=0}^{\infty} \frac{x^{2n}}{(2n)!}$，$x \in (-\infty, +\infty)$，则有

$$s(x) = 1 + \frac{x^2}{2!} + \frac{x^4}{4!} + \frac{x^6}{6!} + \cdots + \frac{x^{2n}}{(2n)!} + \cdots,$$
$$s'(x) = x + \frac{x^3}{3!} + \frac{x^5}{5!} + \cdots + \frac{x^{2n-1}}{(2n-1)!} + \cdots,$$
$$s''(x) = 1 + \frac{x^2}{2!} + \frac{x^4}{4!} + \frac{x^6}{6!} + \cdots + \frac{x^{2n}}{(2n)!} + \cdots.$$

可见 $s''(x) = s(x)$，$s(0) = 1$，$s'(0) = 0$.

得到具有定解条件的微分方程
$$\begin{cases} s''(x) - s(x) = 0, \\ s(0) = 1, s'(0) = 0. \end{cases}$$

特征方程为 $r^2 - 1 = 0$，特征根为 $r_{1,2} = \pm 1$，通解为 $s(x) = C_1 e^x + C_2 e^{-x}$，于是
$$s'(x) = C_1 e^x - C_2 e^{-x}.$$

代入 $s(0) = 1$，$s'(0) = 0$，定出 $C_1 = \frac{1}{2}$，$C_2 = \frac{1}{2}$.

最后得
$$s(x) = \frac{1}{2}(e^x + e^{-x}).$$

也就是幂级数 $\sum_{n=0}^{\infty} \frac{x^{2n}}{(2n)!}$ 的和函数为 $s(x) = \frac{1}{2}(e^x + e^{-x})$，$x \in (-\infty, +\infty)$.

(四) 函数的级数展开

1. 幂级数展开

【例 12-29】 将函数 $f(x) = \frac{1}{x^2 - 2x - 3}$ 展开为麦克劳林级数.

【解】

$$f(x) = \frac{1}{x^2 - 2x - 3} = \frac{1}{4}\left(\frac{1}{x-3} - \frac{1}{x+1}\right) = \frac{1}{4}\left(-\frac{1}{1+x} - \frac{1}{3} \cdot \frac{1}{1-\frac{x}{3}}\right)$$
$$= \frac{1}{4}\left[-\sum_{n=0}^{\infty}(-1)^n x^n - \frac{1}{3}\sum_{n=0}^{\infty}\left(\frac{x}{3}\right)^n\right] = \frac{1}{4}\sum_{n=0}^{\infty}\left[(-1)^{n+1} - \frac{1}{3^{n+1}}\right]x^n \quad (-1 < x < 1).$$

【例 12-30】 将 $f(x) = \ln(2x^2 + x - 3)$ 在 $x_0 = 3$ 处展开成幂级数.

【解】 $f(x) = \ln(2x^2 + x - 3) = \ln(2x + 3) + \ln(x - 1)$
$$= \ln[9 + 2(x-3)] + \ln[2 + (x-3)]$$
$$= \ln 9 + \ln\left[1 + \frac{2}{9}(x-3)\right] + \ln 2 + \ln\left[1 + \frac{x-3}{2}\right]$$

$$= \ln 9 + \sum_{n=1}^{\infty} \frac{(-1)^{n-1}}{n} \cdot \left[\frac{2(x-3)}{9}\right]^n + \ln 2 + \sum_{n=1}^{\infty} \frac{(-1)^{n-1}}{n} \cdot \left(\frac{x-3}{2}\right)^n$$

$$= \ln 18 + \sum_{n=1}^{\infty} \frac{(-1)^{n-1}}{n} \left[\left(\frac{2}{9}\right)^n + \left(\frac{1}{2}\right)^n\right](x-3)^n.$$

收敛域为满足 $-1 < \frac{2}{9}(x-3) \le 1$ 和 $-1 < \frac{x-3}{2} \le 1$ 的公共区间,即 $1 < x \le 5$.

【例 12-31】 将 $f(x) = x\arctan x - \ln\sqrt{1+x^2}$ 展开为 x 的幂级数.

【解】 $f'(x) = \arctan x, f(0) = 0, f''(x) = \frac{1}{1+x^2}, f'(0) = 0,$

故
$$f'(x) = \int_0^x \frac{1}{1+t^2} dt,$$

而
$$\frac{1}{1+x^2} = \sum_{n=0}^{\infty} (-1)^n x^{2n} \quad (|x| < 1).$$

$$f'(x) = \sum_{n=0}^{\infty} \left[\int_0^x (-1)^n t^{2n} dt\right] = \sum_{n=0}^{\infty} \frac{(-1)^n}{2n+1} x^{2n+1} \quad (|x| \le 1),$$

$$f(x) = \int_0^x f'(t) dt = \sum_{n=0}^{\infty} \frac{(-1)^n}{(2n+1)(2n+2)} x^{2n+2} \quad (|x| \le 1).$$

2. 傅里叶级数展开

【例 12-32】 将 $f(x) = \frac{\pi - x}{2}(0 \le x \le \pi)$ 展开为正弦级数,并求 $\sum_{n=1}^{\infty} (-1)^{n+1} \frac{1}{2n+1}$ 的和.

【解】 将 $f(x)$ 进行奇延拓,则
$$a_n = 0 \quad (n = 0, 1, 2, \cdots),$$

$$b_n = \frac{2}{\pi} \int_0^{\pi} \frac{\pi - x}{2} \sin nx \, dx = \frac{2}{\pi}\left[\left(-\frac{\pi-x}{2n}\cos nx\right)\bigg|_0^{\pi} - \frac{1}{2n}\int_0^{\pi} \cos nx \, dx\right] = \frac{1}{n} \quad (n = 1, 2, \cdots),$$

于是
$$f(x) = \frac{\pi - x}{2} = \sum_{n=1}^{\infty} \frac{1}{n} \sin nx, \ x \in [0, \pi].$$

取 $x = \frac{\pi}{2}$,则
$$\frac{\pi}{4} = \sum_{n=1}^{\infty} \frac{1}{n} \sin \frac{n\pi}{2} = \sum_{n=1}^{\infty} \frac{(-1)^{n-1}}{2n-1},$$

即
$$\sum_{n=1}^{\infty} \frac{(-1)^{n+1}}{2n+1} = \frac{\pi}{4}.$$

【例 12-33】 将
$$f(x) = \begin{cases} 2x + 1, & -3 \le x < 0, \\ 1, & 0 \le x < 3 \end{cases}$$

展开为傅里叶级数,已知 $f(x)$ 以 6 为周期.

【解】 $a_0 = \frac{1}{3}\int_{-3}^{3} f(x) dx = \frac{1}{3}\int_{-3}^{0} (2x+1) dx + \frac{1}{3}\int_0^3 dx = -1,$

$$a_n = \frac{1}{3}\int_{-3}^{3} f(x) \cos\frac{n\pi x}{3} dx = \frac{1}{3}\int_{-3}^{0} (2x+1)\cos\frac{n\pi x}{3} dx + \frac{1}{3}\int_0^3 \cos\frac{n\pi x}{3} dx$$

$$= \frac{1}{3}\int_{-3}^{0} 2x\cos\frac{n\pi x}{3} dx + \frac{1}{3}\int_{-3}^{3} \cos\frac{n\pi x}{3} dx = \frac{2}{n\pi}\int_{-3}^{0} x d\sin\frac{n\pi x}{3} + \frac{2}{n\pi}\sin\frac{n\pi x}{3}\bigg|_{-3}^{3}$$

$$= \frac{2}{n\pi} x\sin\frac{n\pi x}{3}\bigg|_{-3}^{0} - \frac{2}{n\pi}\int_{-3}^{0} \sin\frac{n\pi x}{3} dx = \frac{6}{n^2\pi^2}\cos\frac{n\pi x}{3}\bigg|_{-3}^{0} = \frac{6}{n^2\pi^2}(1 - \cos n\pi)$$

$$= \frac{6}{n^2\pi^2}[1 - (-1)^n] \quad (n = 1, 2, \cdots),$$

$$b_n = \frac{1}{3}\int_{-3}^{3} f(x)\sin\frac{n\pi x}{3}dx = \frac{1}{3}\int_{-3}^{0} 2x\sin\frac{n\pi x}{3}dx + \frac{1}{3}\int_{-3}^{3}\sin\frac{n\pi x}{3}dx$$

$$= \frac{-2}{n\pi}\int_{-3}^{0} xd\cos\frac{n\pi x}{3} = \frac{-2}{n\pi}x\cos\frac{n\pi x}{3}\bigg|_{-3}^{0} + \frac{2}{n\pi}\int_{-3}^{0}\cos\frac{n\pi x}{3}dx$$

$$= -\frac{6}{n\pi}\cos n\pi - \frac{6}{n^2\pi^2}\sin\frac{n\pi x}{3}\bigg|_{-3}^{0} = \frac{6}{n\pi}(-1)^{n+1} \quad (n=1,2,\cdots).$$

$f(-3) = -5, f(3) = 1$，延拓后的周期函数在区间$[-3, 3]$之端点处不连续，但$f(x)$在$[-3, 3]$上满足狄氏条件，故有

$$f(x) = -\frac{1}{2} + \sum_{n=1}^{\infty}\left\{\frac{6}{n^2\pi^2}[1-(-1)^n]\cos\frac{n\pi x}{3} + \frac{6}{n\pi}(-1)^{n+1}\sin\frac{n\pi x}{3}\right\} \quad (-3 < x < 3).$$

三、习题全解

习题 12-1 常数项级数的概念和性质

1. 写出下列级数的前五项：

(1) $\sum_{n=1}^{\infty}\frac{1+n}{1+n^2}$.

【解】 $\sum_{n=1}^{\infty}\frac{1+n}{1+n^2} = \frac{1+1}{1+1^2} + \frac{1+2}{1+2^2} + \frac{1+3}{1+3^2} + \frac{1+4}{1+4^2} + \frac{1+5}{1+5^2} + \cdots$.

(2) $\sum_{n=1}^{\infty}\frac{1\cdot 3\cdots(2n-1)}{2\cdot 4\cdots 2n}$.

【解】 $\sum_{n=1}^{\infty}\frac{1\cdot 3\cdots(2n-1)}{2\cdot 4\cdots 2n} = \frac{1}{2} + \frac{1\times 3}{2\times 4} + \frac{1\times 3\times 5}{2\times 4\times 6} + \frac{1\times 3\times 5\times 7}{2\times 4\times 6\times 8} + \frac{1\times 3\times 5\times 7\times 9}{2\times 4\times 6\times 8\times 10} + \cdots$.

(3) $\sum_{n=1}^{\infty}\frac{(-1)^{n-1}}{5^n}$.

【解】 $\sum_{n=1}^{\infty}\frac{(-1)^{n-1}}{5^n} = \frac{1}{5} - \frac{1}{5^2} + \frac{1}{5^3} - \frac{1}{5^4} + \frac{1}{5^5} - \cdots$.

(4) $\sum_{n=1}^{\infty}\frac{n!}{n^n}$.

【解】 $\sum_{n=1}^{\infty}\frac{n!}{n^n} = \frac{1!}{1} + \frac{2!}{2^2} + \frac{3!}{3^3} + \frac{4!}{4^4} + \frac{5!}{5^5} + \cdots$.

2. 根据级数收敛与发散的定义判定下列级数的收敛性：

(1) $\sum_{n=1}^{\infty}(\sqrt{n+1}-\sqrt{n})$.

【解】 $S_n = \sqrt{2}-1+\sqrt{3}-\sqrt{2}+\sqrt{4}-\sqrt{3}+\cdots+\sqrt{n+1}-\sqrt{n} = \sqrt{n+1}-1$,

$$\lim_{n\to\infty} S_n = \lim_{n\to\infty}(\sqrt{n+1}-1) = +\infty,$$

该级数发散.

(2) $\frac{1}{1\cdot 3}+\frac{1}{3\cdot 5}+\frac{1}{5\cdot 7}+\cdots+\frac{1}{(2n-1)(2n+1)}+\cdots$.

【解】 $$u_n = \frac{1}{(2n-1)(2n+1)} = \frac{1}{2}\left(\frac{1}{2n-1}-\frac{1}{2n+1}\right),$$

$$S_n = \frac{1}{2}\left[\left(1-\frac{1}{3}\right)+\left(\frac{1}{3}-\frac{1}{5}\right)+\cdots+\left(\frac{1}{2n-1}-\frac{1}{2n+1}\right)\right] = \frac{1}{2}\left(1-\frac{1}{2n+1}\right),$$

故
$$\lim_{n\to\infty} S_n = \lim_{n\to\infty}\frac{1}{2}\left(1-\frac{1}{2n+1}\right) = \frac{1}{2},$$

该级数收敛.

(3) $\sin\dfrac{\pi}{6}+\sin\dfrac{2\pi}{6}+\cdots+\sin\dfrac{n\pi}{6}+\cdots$.

【解】
$$S_n = \sin\frac{\pi}{6}+\sin\frac{2\pi}{6}+\cdots+\sin\frac{n\pi}{6} = \frac{1}{2\sin\frac{\pi}{12}}\left(2\sin\frac{\pi}{12}\sin\frac{\pi}{6}+2\sin\frac{\pi}{12}\sin\frac{2\pi}{6}+\cdots+2\sin\frac{\pi}{12}\sin\frac{n\pi}{6}\right)$$

$$= \frac{1}{2\sin\frac{\pi}{12}}\left[\left(\cos\frac{\pi}{12}-\cos\frac{3\pi}{12}\right)+\left(\cos\frac{3\pi}{12}-\cos\frac{5\pi}{12}\right)+\cdots+\left(\cos\frac{2n-1}{12}\pi-\cos\frac{2n+1}{12}\pi\right)\right]$$

$$= \frac{1}{2\sin\frac{\pi}{12}}\left(\cos\frac{\pi}{12}-\cos\frac{2n+1}{12}\pi\right).$$

由于
$$\lim_{n\to\infty} S_n = \lim_{n\to\infty}\frac{1}{2\sin\frac{\pi}{12}}\left(\cos\frac{\pi}{12}-\cos\frac{2n+1}{12}\pi\right),$$

而 $\lim\limits_{n\to\infty}\cos\dfrac{2n+1}{12}\pi$ 不存在，故 $\lim\limits_{n\to\infty} S_n$ 不存在.由此可知该级数发散.

(4) $\sum\limits_{n=1}^{\infty}\ln\left(1+\dfrac{1}{n}\right)$.

【解】 $\ln\left(1+\dfrac{1}{n}\right) \sim \dfrac{1}{n}$，而 $\sum\limits_{n=1}^{\infty}\dfrac{1}{n}$ 发散，故 $\sum\limits_{n=1}^{\infty}\ln\left(1+\dfrac{1}{n}\right)$ 发散.

3. 设级数 $\sum\limits_{n=1}^{\infty} u_n$ 满足条件：(1) $\lim\limits_{n\to\infty} u_n = 0$；(2) $\sum\limits_{k=1}^{\infty}(u_{2k-1}+u_{2k})$ 收敛.证明：级数 $\sum\limits_{n=1}^{\infty} u_n$ 收敛.

【证】 设级数 $\sum\limits_{n=1}^{\infty} u_n$ 的部分和为 s_n，$\sum\limits_{k=1}^{\infty}(u_{2k-1}+u_{2k})$ 的部分和为 σ_n，且 $\lim\limits_{n\to\infty}\sigma_n = \sigma$.

由于
$$s_{2n} = \sum_{k=1}^{2n} u_k = \sum_{k=1}^{n}(u_{2k-1}+u_{2k}) = \sigma_n,\ \text{故} \lim_{n\to\infty} s_{2n} = \lim_{n\to\infty}\sigma_n = \sigma;$$

又
$$s_{2n+1} = s_{2n}+u_{2n+1},\ \text{故}\lim_{n\to\infty} s_{2n+1} = \lim_{n\to\infty} s_{2n}+\lim_{n\to\infty} u_{2n+1} = \sigma+0 = \sigma.$$

于是 $\lim\limits_{n\to\infty} s_n = \sigma$，即级数 $\sum\limits_{n=1}^{\infty} u_n$ 收敛.

4. 判定下列级数的收敛性：

(1) $-\dfrac{8}{9}+\dfrac{8^2}{9^2}-\dfrac{8^3}{9^3}+\cdots+(-1)^n\dfrac{8^n}{9^n}+\cdots$.

【解】 这是公比为 $q=-\dfrac{8}{9}$ 的等比级数，由于 $|q| = \left|-\dfrac{8}{9}\right| = \dfrac{8}{9}<1$，故该级数收敛.

(2) $\dfrac{1}{3}+\dfrac{1}{6}+\dfrac{1}{9}+\cdots+\dfrac{1}{3n}+\cdots$.

【解】 由于 $u_n = \dfrac{1}{3n} = \dfrac{1}{3} \cdot \dfrac{1}{n}$，而由极限形式比较法 $\lim\limits_{n\to\infty} \dfrac{\frac{1}{3} \cdot \frac{1}{n}}{\frac{1}{n}} = \dfrac{1}{3} \in (0, +\infty)$ 可知，该级数发散.

(3) $\dfrac{1}{3} + \dfrac{1}{\sqrt{3}} + \dfrac{1}{\sqrt[3]{3}} + \cdots + \dfrac{1}{\sqrt[n]{3}} + \cdots$.

【解】 $u_n = \dfrac{1}{\sqrt[n]{3}}$, $\lim\limits_{n\to\infty} u_n = \dfrac{1}{\lim\limits_{n\to\infty}\sqrt[n]{3}} = 1 \neq 0$，该级数发散.

(4) $\dfrac{3}{2} + \dfrac{3^2}{2^2} + \dfrac{3^3}{2^3} + \cdots + \dfrac{3^n}{2^n} + \cdots$.

【解】 这是公比 $q = \dfrac{3}{2} > 1$ 的等比级数，该级数发散.

(5) $\left(\dfrac{1}{2} + \dfrac{1}{3}\right) + \left(\dfrac{1}{2^2} + \dfrac{1}{3^2}\right) + \left(\dfrac{1}{2^3} + \dfrac{1}{3^3}\right) + \cdots + \left(\dfrac{1}{2^n} + \dfrac{1}{3^n}\right) + \cdots$.

【解】 这是由级数 $\sum\limits_{n=1}^{\infty} \dfrac{1}{2^n}$ 和 $\sum\limits_{n=1}^{\infty} \dfrac{1}{3^n}$ 逐项相加而得到的级数. 而两原级数都是公比小于 1 的正项等比级数，都是收敛的，因此，新级数必收敛.

*5.利用柯西审敛原理判定下列级数的收敛性：

(1) $\sum\limits_{n=1}^{\infty} \dfrac{(-1)^{n+1}}{n}$.

【解】 当 p 为偶数时，

$|u_{n+1} + u_{n+2} + u_{n+3} + \cdots + u_{n+p}|$

$= \left| \dfrac{(-1)^{n+2}}{n+1} + \dfrac{(-1)^{n+3}}{n+2} + \dfrac{(-1)^{n+4}}{n+3} + \cdots + \dfrac{(-1)^{n+p+1}}{n+p} \right| = \left| \dfrac{1}{n+1} - \dfrac{1}{n+2} + \dfrac{1}{n+3} - \cdots - \dfrac{1}{n+p} \right|$

$= \left| \dfrac{1}{n+1} - \left(\dfrac{1}{n+2} - \dfrac{1}{n+3}\right) - \cdots - \left(\dfrac{1}{n+p-2} - \dfrac{1}{n+p-1}\right) - \dfrac{1}{n+p} \right| < \dfrac{1}{n+1}$.

当 p 为奇数时，

$|u_{n+1} + u_{n+2} + u_{n+3} + \cdots + u_{n+p}|$

$= \left| \dfrac{(-1)^{n+2}}{n+1} + \dfrac{(-1)^{n+3}}{n+2} + \dfrac{(-1)^{n+4}}{n+3} + \cdots + \dfrac{(-1)^{n+p}}{n+p} \right| = \left| \dfrac{1}{n+1} - \dfrac{1}{n+2} + \dfrac{1}{n+3} - \cdots + \dfrac{1}{n+p} \right|$

$= \left| \dfrac{1}{n+1} - \left(\dfrac{1}{n+2} - \dfrac{1}{n+3}\right) - \cdots - \left(\dfrac{1}{n+p-1} - \dfrac{1}{n+p}\right) \right| < \dfrac{1}{n+1}$.

因而，对于任何自然数 p，都有

$$|u_{n+1} + u_{n+2} + \cdots + u_{n+p}| < \dfrac{1}{n+1} < \dfrac{1}{n}.$$

对于任意给定的正数 ε，取自然数 $N \geq \dfrac{1}{\varepsilon}$，则当 $n \geq N$ 时，对任何自然数 p，都有

$$|u_{n+1} + u_{n+2} + \cdots + u_{n+p}| < \varepsilon$$

成立，按柯西收敛原理，级数 $\sum\limits_{n=1}^{\infty} \dfrac{(-1)^{n+1}}{n}$ 收敛.

(2) $1 + \dfrac{1}{2} - \dfrac{1}{3} + \dfrac{1}{4} + \dfrac{1}{5} - \dfrac{1}{6} + \cdots + \dfrac{1}{3n-2} + \dfrac{1}{3n-1} - \dfrac{1}{3n} + \cdots$.

【解】 取 $p = 3n$，于是

$$|s_{n+p} - s_n| = \left| \frac{1}{n+1} + \frac{1}{n+2} - \frac{1}{n+3} + \frac{1}{n+4} + \frac{1}{n+5} - \frac{1}{n+6} + \cdots + \frac{1}{4n-2} + \frac{1}{4n-1} - \frac{1}{4n} \right|$$

$$> \left| \frac{1}{n+1} + \frac{1}{n+4} + \cdots + \frac{1}{4n-2} \right| > \frac{1}{4n} + \frac{1}{4n} + \cdots + \frac{1}{4n} = \frac{1}{4},$$

从而对于 $\varepsilon_0 = \frac{1}{4}$，$\forall n \in N$，存在 $p = 3n$，使得 $|s_{n+p} - s_n| > \varepsilon_0$，故由柯西收敛原理知，级数发散.

(3) $\sum\limits_{n=1}^{\infty} \frac{\sin nx}{2^n}$.

【解】 对于任何自然数 p，

$$|u_{n+1} + u_{n+2} + \cdots + u_{n+p}| = \left| \frac{\sin(n+1)x}{2^{n+1}} + \frac{\sin(n+2)x}{2^{n+2}} + \cdots + \frac{\sin(n+p)x}{2^{n+p}} \right|$$

$$\leq \frac{1}{2^{n+1}} + \frac{1}{2^{n+2}} + \cdots + \frac{1}{2^{n+p}} = \frac{\frac{1}{2^{n+1}}\left(1 - \frac{1}{2^p}\right)}{1 - \frac{1}{2}} < \frac{1}{2^n}.$$

所以，对于任意给定的正数 ε，取自然数 $N \geq \log_2 \frac{1}{\varepsilon}$，则当 $n \geq N$ 时，对任何自然数 p，都有 $|u_{n+1} + u_{n+2} + \cdots + u_{n+p}| < \varepsilon$ 成立，按柯西收敛原理，级数收敛.

(4) $\sum\limits_{n=0}^{\infty} \left(\frac{1}{3n+1} + \frac{1}{3n+2} - \frac{1}{3n+3} \right)$.

【解】 仿(2)的做法，此题中，取 $p = 3n$，$\varepsilon_0 = \frac{1}{6}$，可证明级数发散.

习题 12-2 常数项级数的审敛法

1. 以下各题中给出了四个结论，从中选出一个正确的结论：

(1) 设 $\sum\limits_{n=1}^{\infty} a_n$ 是收敛的正项级数，$b_n = \frac{1 - \cos a_n}{a_n}$，$c_n = \frac{1 - \cos \sqrt{a_n}}{\sqrt{a_n}}$，则有(　　)；

(A) $\sum\limits_{n=1}^{\infty} b_n$ 和 $\sum\limits_{n=1}^{\infty} c_n$ 均收敛　　　　(B) $\sum\limits_{n=1}^{\infty} b_n$ 收敛，$\sum\limits_{n=1}^{\infty} c_n$ 敛散性不确定

(C) $\sum\limits_{n=1}^{\infty} b_n$ 和 $\sum\limits_{n=1}^{\infty} c_n$ 均发散　　　　(D) $\sum\limits_{n=1}^{\infty} b_n$ 发散，$\sum\limits_{n=1}^{\infty} c_n$ 敛散性不确定

(2) 设有两个数列 $\{a_n\}$ 和 $\{b_n\}$，若 $\lim\limits_{n \to \infty} a_n = 0$，则有(　　).

(A) 当 $\sum\limits_{n=1}^{\infty} b_n$ 收敛时，$\sum\limits_{n=1}^{\infty} a_n b_n$ 收敛　　(B) 当 $\sum\limits_{n=1}^{\infty} b_n$ 发散时，$\sum\limits_{n=1}^{\infty} a_n b_n$ 发散

(C) 当 $\sum\limits_{n=1}^{\infty} |b_n|$ 收敛时，$\sum\limits_{n=1}^{\infty} |a_n b_n|$ 收敛　(D) 当 $\sum\limits_{n=1}^{\infty} |b_n|$ 发散时，$\sum\limits_{n=1}^{\infty} |a_n b_n|$ 发散

【解】 (1) 因为正项级数 $\sum\limits_{n=1}^{\infty} a_n$ 收敛，所以 $\lim\limits_{n \to \infty} a_n = 0$. 当 $n \to \infty$ 时，由 $b_n = \frac{1 - \cos a_n}{a_n} \sim \frac{1}{2} a_n$，知 $\sum\limits_{n=1}^{\infty} b_n$ 与 $\sum\limits_{n=1}^{\infty} \frac{1}{2} a_n$ 有相同的敛散性，即级数 $\sum\limits_{n=1}^{\infty} b_n$ 收敛.

又 $c_n = \frac{1 - \cos \sqrt{a_n}}{\sqrt{a_n}} \sim \frac{1}{2} \sqrt{a_n}$，故 $\sum\limits_{n=1}^{\infty} c_n$ 与 $\sum\limits_{n=1}^{\infty} \frac{1}{2} \sqrt{a_n}$ 有相同的敛散性，如果取 $a_n = \frac{1}{n^2}$，那么 $\sum\limits_{n=1}^{\infty} \frac{1}{2} \sqrt{a_n} = \sum\limits_{n=1}^{\infty} \frac{1}{2n}$ 发散；又如果取 $a_n = \frac{1}{n^4}$，那么 $\sum\limits_{n=1}^{\infty} \frac{1}{2} \sqrt{a_n} = \sum\limits_{n=1}^{\infty} \frac{1}{2n^2}$ 收敛. 可见 $\sum\limits_{n=1}^{\infty} c_n$ 的敛散性不确

定,故选 B.

(2)用排除法.

取 $a_n = b_n = (-1)^n \frac{1}{\sqrt{n}}$, $\sum\limits_{n=1}^{\infty} a_n b_n = \sum\limits_{n=1}^{\infty} \frac{1}{n}$ 发散,排除 A;

取 $a_n \equiv 0$, $b_n = \frac{1}{n}$, $\sum\limits_{n=1}^{\infty} a_n b_n = \sum\limits_{n=1}^{\infty} |a_n b_n| = \sum\limits_{n=1}^{\infty} 0$ 收敛,排除 B 与 D.

故选 C.

可以证明 C 是对的:

因为 $\lim\limits_{n\to\infty} a_n = 0$, n 适当大以后有 $|a_n| \le 1$,即 $|a_n b_n| \le |b_n|$,而 $\sum\limits_{n=1}^{\infty} |b_n|$ 收敛,所以由比较审敛法知 $\sum\limits_{n=1}^{\infty} |a_n b_n|$ 收敛,故结论 C 是正确的.

2. 用比较审敛法或极限形式的比较审敛法判定下列级数的收敛性:

(1) $1 + \frac{1}{3} + \frac{1}{5} + \cdots + \frac{1}{(2n-1)} + \cdots$.

【解】 $\lim\limits_{n\to\infty} \dfrac{\frac{1}{2n-1}}{\frac{1}{n}} = \frac{1}{2}$,由极限形式比较审敛法知,该级数发散.

(2) $1 + \frac{1+2}{1+2^2} + \frac{1+3}{1+3^2} + \cdots + \frac{1+n}{1+n^2} + \cdots$.

【解】 由于 $\lim\limits_{n\to\infty} \dfrac{\frac{1+n}{1+n^2}}{\frac{1}{n}} = 1$,同(1)的理由可知,该级数发散.

(3) $\frac{1}{2 \cdot 5} + \frac{1}{3 \cdot 6} + \cdots + \frac{1}{(n+1)(n+4)} + \cdots$.

【解】 $\lim\limits_{n\to\infty} \dfrac{\frac{1}{(n+1)(n+4)}}{\frac{1}{n^2}} = 1$,同(1)的理由可知,该级数收敛.

(4) $\sin\frac{\pi}{2} + \sin\frac{\pi}{2^2} + \sin\frac{\pi}{2^3} + \cdots + \sin\frac{\pi}{2^n} + \cdots$.

【解】 $\lim\limits_{n\to\infty} \dfrac{\sin\frac{\pi}{2^n}}{\frac{\pi}{2^n}} = 1$,而级数 $\sum\limits_{n=1}^{\infty} \frac{\pi}{2^n}$ 是公比 $q = \frac{1}{2} < 1$ 的正项等比级数,是收敛的,同(1)的理由可知,原级数收敛.

(5) $\sum\limits_{n=1}^{\infty} \frac{1}{1+a^n}$ $(a>0)$.

【解】 当 $a=1$ 时,$u_n = \frac{1}{2}$,该级数发散;

当 $a<1$ 时,$\frac{1}{1+a^n} > \frac{1}{2}$,而 $\sum\limits_{n=1}^{\infty} \frac{1}{2}$ 发散,由比较法可知,原级数发散;

当 $a>1$ 时,$\frac{1}{1+a^n} < \frac{1}{a^n}$,而级数 $\sum\limits_{n=1}^{\infty} \frac{1}{a^n}$ 是公比为 $q = \frac{1}{a} < 1$ 的正项等比级数,是收敛的.由比较法

可知，原级数收敛.

总之，原级数当 $a \leq 1$ 时，发散；当 $a > 1$ 时，收敛.

3. 用比值审敛法判定下列级数的收敛性：

(1) $\dfrac{3}{1 \cdot 2} + \dfrac{3^2}{2 \cdot 2^2} + \dfrac{3^3}{3 \cdot 2^3} + \cdots + \dfrac{3^n}{n \cdot 2^n} + \cdots.$

【解】 $\lim\limits_{n \to \infty} \dfrac{u_{n+1}}{u_n} = \lim\limits_{n \to \infty} \dfrac{3^{n+1}}{(n+1)2^{n+1}} \cdot \dfrac{n \cdot 2^n}{3^n} = \dfrac{3}{2} > 1$，该级数发散.

(2) $\sum\limits_{n=1}^{\infty} \dfrac{n^2}{3^n}.$

【解】 $\lim\limits_{n \to \infty} \dfrac{u_{n+1}}{u_n} = \lim\limits_{n \to \infty} \dfrac{(n+1)^2}{3^{n+1}} \cdot \dfrac{3^n}{n^2} = \dfrac{1}{3} < 1$，该级数收敛.

(3) $\sum\limits_{n=1}^{\infty} \dfrac{2^n \cdot n!}{n^n}.$

【解】 $\lim\limits_{n \to \infty} \dfrac{u_{n+1}}{u_n} = \lim\limits_{n \to \infty} \dfrac{2^{n+1} \cdot (n+1)!}{(n+1)^{n+1}} \cdot \dfrac{n^n}{2^n \cdot n!} = \lim\limits_{n \to \infty} 2 \left(\dfrac{n}{n+1}\right)^n = \lim\limits_{n \to \infty} 2 \cdot \dfrac{1}{\left(1+\dfrac{1}{n}\right)^n} = \dfrac{2}{e} < 1,$

该级数收敛.

(4) $\sum\limits_{n=1}^{\infty} n \tan \dfrac{\pi}{2^{n+1}}.$

【解】 $\lim\limits_{n \to \infty} \dfrac{u_{n+1}}{u_n} = \lim\limits_{n \to \infty} \dfrac{(n+1)\tan\dfrac{\pi}{2^{n+2}}}{n \tan \dfrac{\pi}{2^{n+1}}} = \lim\limits_{n \to \infty} \dfrac{n+1}{n} \cdot \dfrac{\tan \dfrac{\pi}{2^{n+2}}}{\tan \dfrac{\pi}{2^{n+1}}} = \lim\limits_{n \to \infty} \dfrac{\dfrac{\pi}{2^{n+2}}}{\dfrac{\pi}{2^{n+1}}} = \dfrac{1}{2} < 1$，该级数收敛.

*4. 用根值审敛法判定下列级数的收敛性：

(1) $\sum\limits_{n=1}^{\infty} \left(\dfrac{n}{2n+1}\right)^n.$

【解】 $\lim\limits_{n \to \infty} \sqrt[n]{\left(\dfrac{n}{2n+1}\right)^n} = \dfrac{1}{2} < 1$，该级数收敛.

(2) $\sum\limits_{n=1}^{\infty} \dfrac{1}{[\ln(n+1)]^n}.$

【解】 $\lim\limits_{n \to \infty} \sqrt[n]{\dfrac{1}{[\ln(n+1)]^n}} = 0 < 1$，该级数收敛.

(3) $\sum\limits_{n=1}^{\infty} \left(\dfrac{n}{3n-1}\right)^{2n-1}.$

【解】 $\lim\limits_{n \to \infty} \left(\dfrac{n}{3n-1}\right)^{\frac{2n-1}{n}} = \lim\limits_{n \to \infty} \left(\dfrac{n}{3n-1}\right)^{2-\frac{1}{n}} = \exp\left[\lim\limits_{n \to \infty} \left(2-\dfrac{1}{n}\right)\ln\left(\dfrac{n}{3n-1}\right)\right] = e^{2\ln\frac{1}{3}} = \dfrac{1}{9} < 1,$

该级数收敛.

(4) $\sum\limits_{n=1}^{\infty} \left(\dfrac{b}{a_n}\right)^n$，其中 $a_n \to a \ (n \to \infty)$，$a_n, b, a$ 均为正数.

【解】 $\lim\limits_{n \to \infty} \sqrt[n]{\left(\dfrac{b}{a_n}\right)^n} = \lim\limits_{n \to \infty} \dfrac{b}{a_n} = \dfrac{b}{a}.$

当 $\dfrac{b}{a} < 1$，即 $b < a$ 时，该级数收敛；当 $\dfrac{b}{a} > 1$，即 $b > a$ 时，该级数发散；

当 $\dfrac{b}{a}=1$，即 $b=a$ 时，级数收敛性用根值法不能确定.

5. 判定下列级数的收敛性：

(1) $\dfrac{3}{4}+2\left(\dfrac{3}{4}\right)^2+3\left(\dfrac{3}{4}\right)^3+\cdots+n\left(\dfrac{3}{4}\right)^n+\cdots$.

【解】 $\lim\limits_{n\to\infty}\dfrac{u_{n+1}}{u_n}=\lim\limits_{n\to\infty}\dfrac{(n+1)\cdot\left(\dfrac{3}{4}\right)^{n+1}}{n\cdot\left(\dfrac{3}{4}\right)^n}=\lim\limits_{n\to\infty}\dfrac{n+1}{n}\cdot\dfrac{3}{4}=\dfrac{3}{4}<1$，该级数收敛.

(2) $\dfrac{1^4}{1!}+\dfrac{2^4}{2!}+\dfrac{3^4}{3!}+\cdots+\dfrac{n^4}{n!}+\cdots$.

【解】 $\lim\limits_{n\to\infty}\dfrac{u_{n+1}}{u_n}=\lim\limits_{n\to\infty}\dfrac{(n+1)^4}{(n+1)!}\cdot\dfrac{n!}{n^4}=0<1$，该级数收敛.

(3) $\sum\limits_{n=1}^{\infty}\dfrac{n+1}{n(n+2)}$.

【解】 $\lim\limits_{n\to\infty}\dfrac{\dfrac{n+1}{n(n+2)}}{\dfrac{1}{n}}=1$，该级数发散.

(4) $\sum\limits_{n=1}^{\infty}2^n\sin\dfrac{\pi}{3^n}$.

【解】 $\lim\limits_{n\to\infty}\dfrac{2^n\sin\dfrac{\pi}{3^n}}{\dfrac{2^n}{3^n}}=\pi$，而级数 $\sum\limits_{n=1}^{\infty}\left(\dfrac{2}{3}\right)^n$ 收敛，故原级数收敛.

(5) $\sqrt{2}+\sqrt{\dfrac{3}{2}}+\cdots+\sqrt{\dfrac{n+1}{n}}+\cdots$.

【解】 $\lim\limits_{n\to\infty}\sqrt{\dfrac{n}{n+1}}=1\neq 0$，该级数发散.

(6) $\dfrac{1}{a+b}+\dfrac{1}{2a+b}+\cdots+\dfrac{1}{na+b}+\cdots\quad (a>0,\ b>0)$.

【解】 $\lim\limits_{n\to\infty}\dfrac{\dfrac{1}{na+b}}{\dfrac{1}{n}}=\dfrac{1}{a}\in(0,+\infty)$，该级数收敛.

6. 判定下列级数是否收敛？如果是收敛的，是绝对收敛还是条件收敛？

(1) $1-\dfrac{1}{\sqrt{2}}+\dfrac{1}{\sqrt{3}}-\dfrac{1}{\sqrt{4}}+\cdots+\dfrac{(-1)^{n-1}}{\sqrt{n}}+\cdots$.

【解】 $u_n=\dfrac{1}{\sqrt{n}}>u_{n+1}=\dfrac{1}{\sqrt{n+1}}$，$\lim\limits_{n\to\infty}u_n=\lim\limits_{n\to\infty}\dfrac{1}{\sqrt{n}}=0$，由莱布尼茨判定法可知，该级数收敛.

而 $\sum\limits_{n=1}^{\infty}\left|(-1)^{n-1}\dfrac{1}{\sqrt{n}}\right|=\sum\limits_{n=1}^{\infty}\dfrac{1}{\sqrt{n}}$ 是 $p=\dfrac{1}{2}<1$ 的 p-级数，是发散的. 总之，原级数是条件收敛的.

(2) $\sum\limits_{n=1}^{\infty}(-1)^{n-1}\dfrac{n}{3^{n-1}}$.

【解】 $\sum_{n=1}^{\infty}\left|(-1)^{n-1}\frac{n}{3^{n-1}}\right|=\sum_{n=1}^{\infty}\frac{n}{3^{n-1}}, \lim_{n\to\infty}\frac{n+1}{3^n}\cdot\frac{3^{n-1}}{n-1}=\frac{1}{3}<1.$

级数 $\sum_{n=1}^{\infty}\frac{n}{3^{n-1}}$ 收敛,原级数绝对收敛.

(3) $\frac{1}{3}\cdot\frac{1}{2}-\frac{1}{3}\cdot\frac{1}{2^2}+\frac{1}{3}\cdot\frac{1}{2^3}-\frac{1}{3}\cdot\frac{1}{2^4}+\cdots+(-1)^{n-1}\frac{1}{3}\cdot\frac{1}{2^n}+\cdots.$

【解】 $\sum_{n=1}^{\infty}\left|(-1)^{n-1}\frac{1}{3}\cdot\frac{1}{2^n}\right|=\frac{1}{3}\sum_{n=1}^{\infty}\frac{1}{2^n}$,此级数收敛,故原级数绝对收敛.

(4) $\frac{1}{\ln 2}-\frac{1}{\ln 3}+\frac{1}{\ln 4}-\frac{1}{\ln 5}+\cdots+(-1)^{n-1}\frac{1}{\ln(n+1)}+\cdots.$

【解】 $\frac{1}{\ln n}>\frac{1}{\ln(n+1)}$ $(n\geq 2)$, $\lim_{n\to\infty}\frac{1}{\ln(n+1)}=0$,由莱布尼茨判定法可知,该级数条件收敛.

(5) $\sum_{n=1}^{\infty}(-1)^{n+1}\frac{2^{n^2}}{n!}.$

【解】 由于

$$\frac{2^n\cdot 2^n\cdot 2^n\cdots 2^n\cdot 2^n\cdot 2^n}{n\cdot(n-1)\cdot(n-2)\cdots 3\cdot 2\cdot 1}>\frac{2^n}{n},$$

而

$$\lim_{n\to\infty}\frac{2^n}{n}=\lim_{x\to\infty}\frac{2^x}{x}=\lim_{x\to\infty}2^x\ln 2=+\infty,$$

故

$$\lim_{n\to\infty}\frac{2^n}{n}=+\infty,$$

该级数发散.

习题 12-3 幂级数

1. 以下题中给出了四个结论,从中选出一个正确的结论:

已知 $\alpha>0$,若幂级数 $\sum_{n=1}^{\infty}a_n(x+\alpha)^n$ 在 $x=0$ 处发散,在 $x=-2\alpha$ 处收敛,则幂级数 $\sum_{n=1}^{\infty}a_n(x-\alpha)^n$ 的收敛域为( ).

A. $[-2\alpha, 0)$ B. $[0, 2\alpha)$ C. $(-2\alpha, 0]$ D. $(0, 2\alpha]$

【解】 由题设条件知 $\sum_{n=1}^{\infty}a_n x^n$ 在 $x=\alpha$ 处发散,在 $x=-\alpha$ 处收敛,故 $\sum_{n=1}^{\infty}a_n x^n$ 的收敛域为 $[-\alpha, \alpha)$,从而 $\sum_{n=1}^{\infty}a_n(x-\alpha)^n$ 的收敛域为 $[0, 2\alpha)$,故选 B.

2. 求下列幂级数的收敛区间:

(1) $x+2x^2+3x^3+\cdots+nx^n+\cdots.$

【解】 收敛半径 $R=\lim_{n\to\infty}\left|\frac{a_n}{a_{n+1}}\right|=\lim_{n\to\infty}\left|\frac{n}{n+1}\right|=1.$

当 $x=1$ 和 $x=-1$ 时,级数成为 $\sum_{n=1}^{\infty}n$ 和 $\sum_{n=1}^{\infty}(-1)^n n$. 这两个级数一般项不趋于零,它们全是发散的.原幂级数收敛区间为 $(-1, 1)$.

(2) $1-x+\frac{x^2}{2^2}+\cdots+(-1)^n\frac{x^n}{n^2}+\cdots.$

【解】 原级数的通项不能符合第一项,故应将原级数写成 $1+\sum_{n=1}^{\infty}(-1)^n\frac{x^n}{n^2}$. 对于级数

$\sum_{n=1}^{\infty}(-1)^n \frac{x^n}{n^2}$，容易求得其收敛区间为$[-1,1]$.从而原级数收敛区间为$[-1,1]$.

(3) $\frac{x}{2}+\frac{x^2}{2\cdot 4}+\frac{x^3}{2\cdot 4\cdot 6}+\cdots+\frac{x^n}{2\cdot 4\cdots(2n)}+\cdots$.

【解】 收敛半径 $R=\lim_{n\to\infty}\left|\frac{a_n}{a_{n+1}}\right|=\lim_{n\to\infty}\frac{2^{n+1}(n+1)!}{2^n n!}=\lim_{n\to\infty}\frac{2(n+1)}{1}=+\infty$.

该幂级数收敛区间为$(-\infty,+\infty)$.

(4) $\frac{x}{1\cdot 3}+\frac{x^2}{2\cdot 3^2}+\frac{x^3}{3\cdot 3^3}+\cdots+\frac{x^n}{n\cdot 3^n}+\cdots$.

【解】 收敛半径 $R=\lim_{n\to\infty}\left|\frac{a_n}{a_{n+1}}\right|=\lim_{n\to\infty}\left|\frac{(n+1)\cdot 3^{n+1}}{n\cdot 3^n}\right|=3$.

当$x=3$时，原级数成为调和级数，发散；

当$x=-3$时，原级数成为

$$-1+\frac{1}{2}-\frac{1}{3}+\frac{1}{4}-\frac{1}{5}+\cdots,$$

容易由莱布尼茨判定法知其收敛.幂级数收敛区间为$[-3,3)$.

(5) $\frac{2}{2}x+\frac{2^2}{5}x^2+\frac{2^3}{10}x^3+\cdots+\frac{2^n}{n^2+1}x^n+\cdots$.

【解】 收敛半径 $R=\lim_{n\to\infty}\left|\frac{a_n}{a_{n+1}}\right|=\lim_{n\to\infty}\frac{2^n}{n^2+1}\cdot\frac{(n+1)^2+1}{2^{n+1}}=\frac{1}{2}$.

当$x=\frac{1}{2}$时，原级数成为$\frac{1}{2}+\frac{1}{5}+\frac{1}{10}+\cdots+\frac{1}{n^2+1}+\cdots$，这是收敛级数；

当$x=-\frac{1}{2}$时，原级数成为$-\frac{1}{2}+\frac{1}{5}-\frac{1}{10}+\cdots+(-1)^n\frac{1}{n^2+1}+\cdots$，这也是收敛级数.

幂级数收敛区间为$\left[-\frac{1}{2},\frac{1}{2}\right]$.

(6) $\sum_{n=1}^{\infty}(-1)^n\frac{x^{2n+1}}{2n+1}$.

【解】 幂级数缺少偶数项，不能利用普通的求收敛半径的公式去求收敛半径.

$$\lim_{n\to\infty}\left|\frac{u_{n+1}}{u_n}\right|=\lim_{n\to\infty}\left|\frac{x^{2n+3}}{2n+3}\cdot\frac{2n+1}{x^{2n+1}}\right|=|x^2|.$$

当$|x^2|<1$，即$|x|<1$时，幂级数收敛，故收敛半径$R=1$.

当$x=1$和$x=-1$时，得到级数$\sum_{n=1}^{\infty}\frac{(-1)^n}{2n+1}$和$\sum_{n=1}^{\infty}\frac{(-1)^{n+1}}{2n+1}$，这都是收敛级数.

幂级数收敛区间为$[-1,1]$.

(7) $\sum_{n=1}^{\infty}\frac{2n-1}{2^n}x^{2n-2}$.

【解】 缺少奇数项，同(6)的做法，有

$$\lim_{n\to\infty}\left|\frac{u_{n+1}}{u_n}\right|=\lim_{n\to\infty}\left|\frac{1}{2}\cdot\frac{2n+1}{2n-1}\cdot x^2\right|=\frac{1}{2}|x^2|.$$

当$\frac{1}{2}|x^2|<1$，即$-\sqrt{2}<x<\sqrt{2}$时，幂级数收敛，收敛半径$R=\sqrt{2}$.

当$x=\pm\sqrt{2}$时，原级数成为$\sum_{n=1}^{\infty}\frac{2n-1}{2}$，显然是发散的.

幂级数收敛区间为$(-\sqrt{2},\sqrt{2})$.

(8) $\sum\limits_{n=1}^{\infty} \dfrac{(x-5)^n}{\sqrt{n}}$.

【解】 收敛半径 $R = \lim\limits_{n\to\infty} \left|\dfrac{\sqrt{n}}{\sqrt{n+1}}\right| = 1$.

当 $x-5=1$, 即 $x=6$ 时, 原级数成为 $\sum\limits_{n=1}^{\infty} \dfrac{1}{\sqrt{n}}$, 发散;

当 $x-5=-1$, 即 $x=4$ 时, 原级数成为 $\sum\limits_{n=1}^{\infty} (-1)^n \dfrac{1}{\sqrt{n}}$, 由莱布尼茨判定法可知其收敛.

该幂级数收敛域满足 $-1 \leqslant x-5 < 1$, 即收敛区间为 $[4, 6)$.

3. 利用逐项求导或逐项积分, 求下列级数的和函数:

(1) $\sum\limits_{n=1}^{\infty} nx^{n-1}$.

【解】 设和函数为 $s(x)$, 则

$$s(x) = \left(\sum\limits_{n=1}^{\infty} \int_0^x nt^{n-1} dt\right)' = \left(\sum\limits_{n=1}^{\infty} x^n\right)' = \left(\dfrac{x}{1-x}\right)' = \dfrac{1}{(1-x)^2} \quad (x \in (-1, 1)).$$

(2) $\sum\limits_{n=1}^{\infty} \dfrac{x^{4n+1}}{4n+1}$.

【解】 设和函数为 $s(x)$, 则

$$s(x) = \int_0^x \sum\limits_{n=1}^{\infty} \left(\dfrac{x^{4n+1}}{4n+1}\right)' dx + s(0) = \int_0^x \left(\sum\limits_{n=1}^{\infty} x^{4n}\right) dx + s(0)$$

$$= \int_0^x \dfrac{x^4}{1-x^4} dx + s(0) = \int_0^x \left[-1 + \dfrac{1}{2(1+x^2)} + \dfrac{1}{2(1-x^2)}\right] dx + s(0)$$

$$= \dfrac{1}{4} \ln\dfrac{1+x}{1-x} + \dfrac{1}{2} \arctan x - x \quad (x \in (-1, 1)).$$

(3) $x + \dfrac{x^3}{3} + \dfrac{x^5}{5} + \cdots + \dfrac{x^{2n-1}}{2n-1} + \cdots$.

【解】 设和函数为 $s(x)$, 则

$$s(x) = \int_0^x \left[\sum\limits_{n=1}^{\infty} \left(\dfrac{x^{2n-1}}{2n-1}\right)'\right] dx + s(0) = \int_0^x \left(\sum\limits_{n=1}^{\infty} x^{2n-2}\right) dx + s(0)$$

$$= \int_0^x \dfrac{1}{1-x^2} dx + s(0) = \dfrac{1}{2} \ln\dfrac{1+x}{1-x} \quad (x \in (-1, 1)).$$

(4) $\sum\limits_{n=1}^{\infty} (n+2)x^{n+3}$.

【解】 $\lim\limits_{n\to\infty}\left|\dfrac{a_{n+1}}{a_n}\right| = \lim\limits_{n\to\infty} \dfrac{n+3}{n+2} = 1$, 收敛半径 $R = 1$, 又 $x = \pm 1$ 时, 级数发散, 故该级数收敛域为 $(-1, 1)$.

在 $(-1, 1)$ 内, 记 $S(x) = \sum\limits_{n=1}^{\infty} (n+2)x^{n+3}$, 则

$$S(x) = x^2 \sum\limits_{n=1}^{\infty} (n+2)x^{n+1} = x^2 \left(\sum\limits_{n=1}^{\infty} x^{n+2}\right)'.$$

而 $\sum\limits_{n=1}^{\infty} x^{n+2} = x^3 \cdot \sum\limits_{n=1}^{\infty} x^{n-1} = x^3 \sum\limits_{n=0}^{\infty} x^n = \dfrac{x^3}{1-x}$, $\left(\sum\limits_{n=1}^{\infty} x^{n+2}\right)' = \left(\dfrac{x^3}{1-x}\right)' = \dfrac{3x^2 - 2x^3}{(1-x)^2}$,

$$S(x) = x^2 \cdot \left(\sum\limits_{n=1}^{\infty} x^{n+2}\right)' = \dfrac{3x^4 - 2x^5}{(1-x)^2} \quad (-1 < x < 1).$$

即
$$\sum_{n=1}^{\infty}(n+2)x^{n+3} = \frac{3x^4-2x^5}{(1-x)^2} \quad (-1,1).$$

习题 12-4　函数展开成幂级数

1. 求函数 $f(x)=\cos x$ 的泰勒级数，并验证它在整个数轴上收敛于这个函数.

【解】　$f^{(n)}(x) = \cos\left(x+n\cdot\frac{\pi}{2}\right) \quad (n=1,2,3,\cdots),$

$$f^{(n)}(x_0) = \cos\left(x_0+n\cdot\frac{\pi}{2}\right) \quad (n=1,2,3,\cdots).$$

x_0 是整个数轴上的任一固定的点.

$f(x)$ 在 x_0 处展开所得泰勒级数为

$$\cos x_0 + \cos\left(x_0+\frac{\pi}{2}\right)(x-x_0) + \frac{\cos(x_0+\pi)}{2!}(x-x_0)^2 + \cdots + \frac{\cos\left(x_0+\frac{n\pi}{2}\right)}{n!}(x-x_0)^n + \cdots.$$

设余项为 $R_n(x)$，则

$$|R_n(x)| = \left|\frac{\cos\left[x_0+\theta(x-x_0)+\frac{n+1}{2}\pi\right]}{(n+1)!}(x-x_0)^{n+1}\right| \leq \frac{1}{(n+1)!}(x-x_0)^{n+1} \quad (0<\theta<1).$$

幂级数 $\sum_{n=1}^{\infty}\frac{(x-x_0)^{n+1}}{(n+1)!}$ 的收敛半径 $R = \lim_{n\to\infty}\frac{(n+1)!}{n!} = +\infty.$

也就是说，对于任何 $x\in(-\infty,+\infty)$，幂级数收敛. 从而一般项趋于零，故 $\lim_{n\to\infty}R_n(x)=0.$
最后得

$$\cos x = \cos x_0 + \cos\left(x_0+\frac{\pi}{2}\right)(x-x_0) + \frac{\cos(x_0+\pi)}{2!}(x-x_0)^2 + \cdots + \frac{\cos\left(x_0+\frac{n\pi}{2}\right)}{n!}(x-x_0)^n + \cdots$$
$$(x\in(-\infty,+\infty)).$$

2. 将下列函数展开成 x 的幂级数，并求展开式成立的区间：

(1) $\mathrm{sh}x = \dfrac{e^x-e^{-x}}{2}.$

【解】　$\dfrac{1}{2}(e^x-e^{-x}) = \dfrac{1}{2}\left[\sum_{n=0}^{\infty}\dfrac{x^n}{n!} - \sum_{n=0}^{\infty}\dfrac{(-x)^n}{n!}\right] = \dfrac{1}{2}\sum_{n=0}^{\infty}[1-(-1)^n]x^n = \sum_{n=1}^{\infty}\dfrac{x^{2n-1}}{(2n-1)!}$
$(x\in(-\infty,+\infty)).$

(2) $\ln(a+x)\ (a>0).$

【解】　$\ln(a+x) = \ln a\left(1+\dfrac{x}{a}\right) = \ln a + \ln\left(1+\dfrac{x}{a}\right) = \ln a + \sum_{n=0}^{\infty}\dfrac{(-1)^n x^{n+1}}{(n+1)a^{n+1}} \quad (-a<x\leq a).$

(3) $a^x\ (a>0\text{ 且 }a\neq 1).$

【解】　$a^x = e^{x\ln a} = \sum_{n=0}^{\infty}\dfrac{(\ln a)^n}{n!}x^n \quad (x\in(-\infty,+\infty)).$

(4) $\sin^2 x.$

【解】　$\sin^2 x = \dfrac{1}{2} - \dfrac{1}{2}\cos 2x = \dfrac{1}{2} - \dfrac{1}{2}\sum_{n=0}^{\infty}(-1)^n\dfrac{(2x)^{2n}}{(2n)!}$
$= \sum_{n=1}^{\infty}(-1)^{n-1}\dfrac{2^{2n-1}x^{2n}}{(2n)!} \quad (x\in(-\infty,+\infty)).$

(5) $(1+x)\ln(1+x)$.

【解】 $(1+x)\ln(1+x)$
$= \ln(1+x) + x\ln(1+x)$
$= \sum_{n=1}^{\infty}(-1)^n \frac{x^{n+1}}{n+1} + \sum_{n=1}^{\infty}(-1)^n \frac{x^{n+2}}{n+1} = \sum_{n=1}^{\infty}(-1)^n \frac{x^{n+1}}{n+1} + x + \sum_{n=1}^{\infty}(-1)^{n-1} \frac{x^{n+1}}{n}$
$= x + \sum_{n=1}^{\infty}\left[\frac{(-1)^n n + (-1)^{n-1}(n+1)}{n(n+1)}\right] x^{n+1} = x + \sum_{n=1}^{\infty} \frac{(-1)^{n-1}}{n(n+1)} x^{n+1} \quad (x \in (-1, 1])$.

(6) $\dfrac{x}{\sqrt{1+x^2}}$.

【解】 $\dfrac{1}{\sqrt{1+x^2}} = 1 + \sum_{n=1}^{\infty}(-1)^n \dfrac{(2n-1)!!}{(2n)!!} x^{2n} \quad (x \in [-1, 1])$,

$\dfrac{x}{\sqrt{1+x^2}} = x + \sum_{n=1}^{\infty}(-1)^n \dfrac{(2n-1)!!}{(2n)!!} x^{2n+1} \quad (x \in [-1, 1])$.

3. 将下列函数展开成 $(x-1)$ 的幂级数,并求展开式成立的区间:

(1) $\sqrt{x^3}$; (2) $\lg x$. (3) xe^x.

【解】 (1)
$\sqrt{x^3} = [1 + (x-1)]^{\frac{3}{2}}$
$= 1 + \dfrac{\frac{3}{2}}{1!}(x-1) + \dfrac{\frac{3}{2}\left(\frac{3}{2}-1\right)}{2!}(x-1)^2 + \cdots + \dfrac{\frac{3}{2}\left(\frac{3}{2}-1\right)\left(\frac{3}{2}-2\right)\cdots\left(\frac{3}{2}-n+1\right)}{n!}(x-1)^n + \cdots$
$= 1 + \dfrac{3}{2}(x-1) + \dfrac{3 \cdot 1}{2^2 \cdot 2!}(x-1)^2 + \dfrac{3 \cdot 1 \cdot (-1)}{2^3 \cdot 3!}(x-1)^3 + \cdots +$
$\dfrac{3 \cdot 1 \cdot (-1)(-3) \cdot \cdots \cdot (-2n+5)}{2^n \cdot n!}(x-1)^n + \cdots$
$= 1 + \dfrac{3}{2}(x-1) + \sum_{n=0}^{\infty} \dfrac{3 \cdot (-1)^n \cdot 1 \cdot 3 \cdot 5 \cdot \cdots \cdot (2n-1)}{2^{n+2} \cdot (n+2)!}(x-1)^{n+2}$
$= 1 + \dfrac{3}{2}(x-1) + \sum_{n=0}^{\infty} \dfrac{3 \cdot (-1)^n \cdot (2n)!}{2^{n+2} \cdot 2^n \cdot n! \cdot (n+2)!}(x-1)^{n+2}$
$= 1 + \dfrac{3}{2}(x-1) + \sum_{n=0}^{\infty} (-1)^n \dfrac{(2n)!}{(n!)^2} \cdot \dfrac{3}{(n+1)(n+2) 2^n}\left(\dfrac{x-1}{2}\right)^{n+2} \quad (x \in [0, 2])$;

(2) $\lg x = \dfrac{\ln x}{\ln 10} = \dfrac{1}{\ln 10} \cdot \ln[1 + (x-1)]$
$= \dfrac{1}{\ln 10} \sum_{n=1}^{\infty}(-1)^{n-1} \dfrac{(x-1)^n}{n} \quad (-1 < x-1 \leqslant 1)$
$= \dfrac{1}{\ln 10} \sum_{n=1}^{\infty}(-1)^{n-1} \dfrac{(x-1)^n}{n} \quad (0 < x \leqslant 2).$

(3) $xe^x = (x-1+1)e^{x-1+1} = e[(x-1)e^{x-1} + e^{x-1}] \xrightarrow{x-1=t} e(te^t + e^t)$,

由于
$$e^t = \sum_{n=0}^{\infty} \dfrac{1}{n!} t^n \quad (-\infty < t < +\infty),$$

故
$$xe^x = e(te^t + e^t) = e\left(t\sum_{n=0}^{\infty} \dfrac{1}{n!} t^n + \sum_{n=0}^{\infty} \dfrac{1}{n!} t^n\right) = e\left(\sum_{n=0}^{\infty} \dfrac{1}{n!} t^{n+1} + 1 + \sum_{n=1}^{\infty} \dfrac{1}{n!} t^n\right)$$

$$= e\left[\sum_{n=1}^{\infty}\frac{1}{(n-1)!}t^n + 1 + \sum_{n=1}^{\infty}\frac{1}{n!}t^n\right] = e\left\{1 + \sum_{n=1}^{\infty}\left[\frac{1}{(n-1)!} + \frac{1}{n!}\right]t^n\right\}$$

$$\xrightarrow{t = x-1} = e + \sum_{n=1}^{\infty}\left[\frac{e}{(n-1)!} + \frac{e}{n!}\right](x-1)^n, \quad x \in (-\infty, +\infty).$$

4. 将函数 $f(x) = \cos x$ 展开成 $\left(x + \dfrac{\pi}{3}\right)$ 的幂级数.

【解】
$$\cos x = \cos\left[\left(x+\frac{\pi}{3}\right) - \frac{\pi}{3}\right] = \cos\left(x+\frac{\pi}{3}\right)\cos\frac{\pi}{3} + \sin\left(x+\frac{\pi}{3}\right)\sin\frac{\pi}{3} = \frac{1}{2}\cos\left(x+\frac{\pi}{3}\right) + \frac{\sqrt{3}}{2}\sin\left(x+\frac{\pi}{3}\right)$$

$$= \frac{1}{2}\sum_{n=0}^{\infty}(-1)^n \frac{1}{(2n)!}\left(x+\frac{\pi}{3}\right)^{2n} + \frac{\sqrt{3}}{2}\sum_{n=0}^{\infty}(-1)^n \frac{1}{(2n+1)!}\left(x+\frac{\pi}{3}\right)^{2n+1}$$

$$= \frac{1}{2}\sum_{n=0}^{\infty}(-1)^n \left[\frac{1}{(2n)!}\left(x+\frac{\pi}{3}\right)^{2n} + \frac{\sqrt{3}}{(2n+1)!}\left(x+\frac{\pi}{3}\right)^{2n+1}\right] \quad (-\infty < x < +\infty).$$

5. 将函数 $f(x) = \dfrac{1}{x}$ 展开成 $(x-3)$ 的幂级数.

【解】
$$\frac{1}{x} = \frac{1}{3 + x - 3} = \frac{1}{3} \cdot \frac{1}{1 + \dfrac{x-3}{3}} = \frac{1}{3}\sum_{n=0}^{\infty}(-1)^n \cdot \left(\frac{x-3}{3}\right)^n \quad \left(-1 < \frac{x-3}{3} < 1\right)$$

$$= \frac{1}{3}\sum_{n=0}^{\infty}(-1)^n \frac{1}{3^n} \cdot (x-3)^n \quad (0 < x < 6).$$

6. 将函数 $f(x) = \dfrac{1}{x^2 + 3x + 2}$ 展开成 $(x+4)$ 的幂级数.

【解】
$$\frac{1}{x^2 + 3x + 2} = \frac{1}{(x+1)(x+2)} = \frac{1}{x+1} - \frac{1}{x+2} = \frac{1}{-3+(x+4)} - \frac{1}{-2+(x+4)}$$

$$= \frac{1}{2} \cdot \frac{1}{1 - \dfrac{x+4}{2}} - \frac{1}{3} \cdot \frac{1}{1 - \dfrac{x+4}{3}} = \sum_{n=0}^{\infty}\left(\frac{1}{2^{n+1}} - \frac{1}{3^{n+1}}\right)(x+4)^n,$$

其收敛域应满足 $\quad -1 < \dfrac{x+4}{2} < 1$ 和 $-1 < \dfrac{x+4}{3} < 1$,

化成 $\quad -6 < x < -2$ 和 $-7 < x < -1$,

即 $\quad -6 < x < -2$.

总之
$$\frac{1}{x^2 + 3x + 2} = \sum_{n=0}^{\infty}\left(\frac{1}{2^{n+1}} - \frac{1}{3^{n+1}}\right)(x+4)^n \quad (-6 < x < -2).$$

习题 12-5　函数的幂级数展开式的应用

1. 利用函数的幂级数展开式求下列各数的近似值:

(1) $\ln 3$（误差不超过 0.0001）.

【解】 $\ln\dfrac{1+x}{1-x} = \ln(1+x) - \ln(1-x) = 2\left(x + \dfrac{x^3}{3} + \dfrac{x^5}{5} + \cdots + \dfrac{x^{2n-1}}{2n-1} + \cdots\right) \quad (x \in (-1, 1))$.

令 $\dfrac{1+x}{1-x} = 3$, 得 $x = \dfrac{1}{2} \in [-1, 1)$.

$$\ln 3 = \ln \frac{1+\frac{1}{2}}{1-\frac{1}{2}} = 2\times\left(\frac{1}{2}+\frac{1}{3\times2^3}+\frac{1}{5\times2^5}+\cdots+\frac{1}{(2n-1)2^{n-1}}+\cdots\right),$$

设余项为 r_n,则

$$|r_n| = 2\left[\frac{1}{(2n+1)\cdot 2^{2n+1}}+\frac{1}{(2n+3)2^{2n+3}}+\cdots\right]$$

$$= \frac{2}{(2n+1)2^{2n+1}}\cdot\left[1+\frac{(2n+1)\cdot 2^{2n+1}}{(2n+3)\cdot 2^{2n+3}}+\frac{(2n+1)\cdot 2^{2n+1}}{(2n+5)\cdot 2^{2n+5}}+\cdots\right]$$

$$< \frac{2}{(2n+1)\cdot 2^{2n+1}}\cdot\left(1+\frac{1}{2^2}+\frac{1}{2^4}+\cdots\right) = \frac{2}{(2n+1)\cdot 2^{2n+1}}\cdot\frac{1}{1-\frac{1}{4}} = \frac{1}{3(2n+1)\cdot 2^{2n-2}}.$$

$$|r_5| < \frac{1}{3\cdot 11\cdot 2^8} \approx 0.00012,\ |r_6| < \frac{1}{3\cdot 11\cdot 2^{10}} \approx 0.00003.$$

取 $n=6$,则

$$\ln 3 \approx 2\times\left(\frac{1}{2}+\frac{1}{3\times 2^3}+\frac{1}{5\times 2^5}+\cdots+\frac{1}{11\times 2^{11}}\right) = 1.09858 \approx 1.0986.$$

(2) $\sqrt{e}$(误差不超过 0.001).

【解】 由于 $e^x = 1+x+\frac{x^2}{2!}+\cdots+\frac{x^n}{n!}+\cdots\ (x\in(-\infty,+\infty))$,取 $x=\frac{1}{2}$,则有

$$\sqrt{e} = 1+\frac{1}{2}+\frac{1}{2!\times 2^2}+\cdots+\frac{1}{n!\times 2^n}+\cdots$$

余项

$$r_{n-1} = \frac{1}{n!\ 2^n}+\frac{1}{(n+1)!\ 2^{n+1}}+\cdots,$$

于是

$$r_{n-1} = \frac{1}{n!\ 2^n}\cdot\left[1+\frac{n!}{(n+1)!}\cdot\frac{2^n}{2^{n+1}}+\frac{n!}{(n+2)!}\cdot\frac{2^n}{2^{n+2}}+\cdots\right]$$

$$= \frac{1}{n!\ 2^n}\left[1+\frac{1}{n+1}\cdot\frac{1}{2}+\frac{1}{(n+2)(n+1)}\cdot\frac{1}{2^2}+\cdots\right] < \frac{1}{n!\ 2^n}\cdot\frac{1}{1-\frac{1}{4}} = \frac{1}{3\cdot n!\ 2^{n-2}},$$

$$r_5 = \frac{1}{3\cdot 5!\ 2^3} = 0.0003.$$

取 $n=4$,则

$$\sqrt{e} \approx 1+\frac{1}{2}+\frac{1}{2!\ 2^2}+\frac{1}{3!\ 2^3}+\frac{1}{4!\ 2^4} \approx 1.6484 \approx 1.648.$$

(3) $\sqrt[9]{522}$(误差不超过 0.00001).

【解】 $\sqrt[9]{522} = \sqrt[9]{2^9+10} = 2\left(1+\frac{10}{2^9}\right)^{\frac{1}{9}}$,利用 $(1+x)^m$ 的展开式,取 $x=\frac{10}{2^9}$,$m=\frac{1}{9}$,则

$$\sqrt[9]{522} = 2\left(1+\frac{10}{2^9}\right)^{\frac{1}{9}}$$

$$= 2\left[1+\frac{1}{9}\times\frac{10}{2^9}+\frac{\frac{1}{9}\left(\frac{1}{9}-1\right)}{2!}\times\frac{10^2}{2^{18}}+\cdots+\frac{\frac{1}{9}\left(\frac{1}{9}-1\right)\times\cdots\times\left(\frac{1}{9}-n+1\right)}{n!}\times\frac{10^n}{2^{9n}}+\cdots\right]$$

$$= 2 \times \left(1 + \frac{1}{9} \times \frac{10}{2^9} - \frac{\frac{1}{9} \times \frac{8}{9}}{2!} \times \frac{10^2}{2^{18}} + \cdots\right),$$

而 $\frac{1}{9} \times \frac{10}{2^9} = 0.002170$, $\frac{\frac{1}{9} \times \frac{8}{9}}{2!} \times \frac{10^2}{2^{18}} = 0.000019$, 有

$$\sqrt[9]{522} \approx 2(1 + 0.002170 - 0.000019) \approx 2.00430.$$

（4）$\cos 2°$（误差不超过 0.0001）.

【解】 $2° = \frac{\pi}{90}$, 利用 $\cos x$ 展开式, 取 $x = \frac{\pi}{90}$ 即可.

$$\cos 2° = 1 - \frac{\left(\frac{\pi}{90}\right)^2}{2!} + \frac{\left(\frac{\pi}{90}\right)^4}{4!} - \cdots + (-1)^n \frac{\left(\frac{\pi}{90}\right)^{2n}}{2n!} + \cdots = 1 - \frac{1}{2!}\left(\frac{\pi}{90}\right)^2 \approx 0.9994.$$

2. 利用被积函数的幂级数展开式求下列定积分的近似值：

（1）$\int_0^{0.5} \frac{1}{1+x^4} dx$（误差不超过 0.0001）.

【解】 $\int_0^{0.5} \frac{1}{1+x^4} dx$

$$= \int_0^{0.5} [1 - x^4 + x^8 - \cdots + (-1)^n x^{4n} + \cdots] dx = \left(x - \frac{1}{5}x^5 + \frac{1}{9}x^9 - \frac{1}{13}x^{13} + \cdots\right)\bigg|_0^{0.5}$$

$$= \frac{1}{2} - \frac{1}{5} \times \frac{1}{2^5} + \frac{1}{9} \times \frac{1}{2^9} - \frac{1}{13} \times \frac{1}{2^{13}} + \cdots \approx \frac{1}{2} - \frac{1}{5} \times \frac{1}{2^5} + \frac{1}{9} \times \frac{1}{2^9} - \frac{1}{13} \times \frac{1}{2^{13}}$$

$$\approx 0.5 - 0.00625 + 0.00028 \approx 0.49403 \approx 0.4940.$$

（2）$\int_0^{0.5} \frac{\arctan x}{x} dx$（误差不超过 0.001）.

【解】 $\arctan x = x - \frac{x^3}{3} + \frac{x^5}{5} - \cdots + (-1)^n \frac{x^{2n+1}}{2n+1} + \cdots$ （$-1 < x < 1$），

$$\frac{\arctan x}{x} = 1 - \frac{x^2}{3} + \frac{x^4}{5} - \cdots + (-1)^n \frac{x^{2n}}{2n+1} + \cdots \quad (0 < x < 1).$$

$$\int_0^{0.5} \frac{\arctan x}{x} dx = \int_0^{0.5} \left(1 - \frac{x^2}{3} + \frac{x^4}{5} - \cdots + (-1)^n \frac{x^{2n}}{2n+1} + \cdots\right) dx$$

$$= \left(x - \frac{x^3}{9} + \frac{x^5}{25} - \frac{x^7}{49} + \cdots\right)\bigg|_0^{0.5} = \frac{1}{2} - \frac{1}{9} \times \frac{1}{2^3} + \frac{1}{25} \times \frac{1}{2^5} - \frac{1}{49} \times \frac{1}{2^7} + \cdots$$

$$\approx \frac{1}{2} - \frac{1}{9} \times \frac{1}{2^3} + \frac{1}{25} \times \frac{1}{2^5} - \frac{1}{49} \times \frac{1}{2^7} \approx 0.5 - 0.0139 + 0.0013 - 0.0002$$

$$\approx 0.4872 \approx 0.487.$$

3. 试用幂级数求下列各微分方程的解.

（1）$y' - xy - x = 1$.

【解】 设方程的通解为

$$y = C + \sum_{n=1}^{\infty} a_n x^n \quad (C \text{ 为任意常数}),$$

从而 $y' = \sum_{n=1}^{\infty} n a_n x^{n-1},$

代入方程，得 $\sum_{n=1}^{\infty} n a_n x^{n-1} - x\left(C + \sum_{n=1}^{\infty} a_n x^n\right) - x = 1,$

即 $a_1 + (2a_2 - C - 1)x + \sum_{n=1}^{\infty} [-a_n + (n+2)a_{n+2}]x^{n+1} = 1.$

故 $a_1 = 1,\quad a_2 = \dfrac{1+C}{2},\quad a_3 = \dfrac{1}{3},\quad a_4 = \dfrac{1+C}{2 \cdot 4},$

$a_5 = \dfrac{1}{3 \cdot 5},\quad a_6 = \dfrac{1+C}{2 \cdot 4 \cdot 6},\quad a_7 = \dfrac{1}{3 \cdot 5 \cdot 7},\quad \cdots,$

$a_{2n-1} = \dfrac{1}{1 \cdot 3 \cdot 5 \cdots (2n-1)},\quad a_{2n} = \dfrac{1+C}{2 \cdot 4 \cdot 6 \cdots (2n)},$

$y = C + \left[x + \dfrac{x^3}{3!!} + \dfrac{x^5}{5!!} + \cdots + \dfrac{x^{2n-1}}{(2n-1)!!} + \cdots \right] + \left[\dfrac{1+C}{2}x^2 + \dfrac{1+C}{4!!}x^4 + \cdots + \dfrac{1+C}{2n!!}x^{2n} + \cdots \right]$

$= C + \left[x + \dfrac{x^3}{3!!} + \dfrac{x^5}{5!!} + \cdots + \dfrac{x^{2n-1}}{(2n-1)!!} + \cdots \right] + (1+C) \left[-1 + 1 + \left(\dfrac{x^2}{2}\right) + \dfrac{1}{2!}\left(\dfrac{x^2}{2}\right)^2 + \cdots + \dfrac{1}{n!}\left(\dfrac{x^2}{2}\right)^n + \cdots \right]$

$= C - (1+C) + (1+C)e^{\frac{x^2}{2}} + \left[x + \dfrac{x^3}{3!!} + \cdots + \dfrac{x^{2n-1}}{(2n-1)!!} + \cdots \right]$

$= Ce^{\frac{x^2}{2}} + \left[-1 + x + \dfrac{x^3}{3!!} + \dfrac{x^5}{5!!} + \cdots + \dfrac{x^{2n-1}}{(2n-1)!!} + \cdots \right].$

(2) $y'' + xy' + y = 0.$

【解】 设 $y = \sum_{n=0}^{\infty} a_n x^n$ 为该方程的解，代入该方程，得

$$\sum_{n=2}^{\infty} a_n \cdot n(n-1)x^{n-2} + x\sum_{n=1}^{\infty} a_n \cdot nx^{(n-1)} + \sum_{n=0}^{\infty} a_n \cdot x^n = 0,$$

即 $\sum_{n=0}^{\infty} [(n+2)(n+1)a_{n+2} + (n+1)a_n]x^n = 0,$

因而 $(n+2)(n+1)a_{n+2} + (n+1)a_n = 0 \ (n = 0, 1, 2, \cdots),$

$$a_{n+2} = -\dfrac{1}{n+2}a_n \ (n = 0, 1, 2, \cdots).$$

当 $n = 2k - 2 > 0$ 时，

$$a_{2k} = -\dfrac{1}{2k}a_{2k-2} = \left(-\dfrac{1}{2k}\right)\left(-\dfrac{1}{2k-2}\right)\cdots\left(-\dfrac{1}{2}\right)a_0 = \dfrac{a_0}{k!}\left(-\dfrac{1}{2}\right)^k;$$

当 $n = 2k - 1 > 1$ 时，

$$a_{2k+1} = -\dfrac{1}{2k+1}a_{2k-1} = \left(-\dfrac{1}{2k+1}\right)\left(-\dfrac{1}{2k-1}\right)\cdots\left(-\dfrac{1}{3}\right)a_1$$

$$= (-1)^k \dfrac{1}{1 \cdot 3 \cdot 5 \cdots (2k+1)} a_1.$$

所以

$$y = \left[a_0 + \dfrac{a_0}{1!}\left(-\dfrac{1}{2}\right)x^2 + \dfrac{a_0}{2!}\left(-\dfrac{1}{2}\right)^2 x^4 + \cdots + \dfrac{a_0}{n!}\left(-\dfrac{1}{2}\right)^n x^{2n} + \cdots \right] +$$

$$\left[a_1 - \dfrac{a_1}{1 \cdot 3}x^3 + \dfrac{a_1}{1 \cdot 3 \cdot 5}x^5 + \cdots + (-1)^n \dfrac{a_1}{1 \cdot 3 \cdot 5 \cdots (2k+1)}x^{2k+1} + \cdots \right]$$

$$= a_0 \left[1 + \dfrac{1}{1!}\left(-\dfrac{x^2}{2}\right) + \dfrac{1}{2!}\left(-\dfrac{x^2}{2}\right)^2 + \cdots + \dfrac{1}{n!}\left(-\dfrac{x^2}{2}\right)^n + \cdots \right] +$$

$$a_1 \left[1 - \dfrac{x^3}{1 \cdot 3} + \dfrac{x^5}{1 \cdot 3 \cdot 5} + \cdots + (-1)^n \dfrac{x^{2k+1}}{1 \cdot 3 \cdot 5 \cdots (2k+1)} + \cdots \right]$$

$$= a_0 e^{-\frac{x^2}{2}} + a_1 \left[x - \dfrac{x^3}{1 \cdot 3} + \dfrac{x^5}{1 \cdot 3 \cdot 5} - \cdots + (-1)^n \dfrac{x^{2k+1}}{1 \cdot 3 \cdot 5 \cdots (2k+1)} + \cdots \right].$$

这就是原方程的通解,其中 a_0 和 a_1 为任意常数.

(3) $(1-x)y'=x^2-y$.

【解】 设 $y = \sum_{n=0}^{\infty} a_n x^n$ 是该方程的解,代入该方程,得

$$(1-x)\sum_{n=1}^{\infty} na_n x^{n-1} = x^2 - \sum_{n=0}^{\infty} a_n x^n,$$

即
$$\sum_{n=0}^{\infty} [(n+1)a_{n+1} + (1-n)a_n] x^n = x^2.$$

比较系数,得 $a_1 + a_0 = 0,\ 2a_2 = 0,\ 3a_3 - a_2 = 1,$

当 $n>3$ 时, $(n+1)a_{n+1} - (1-n)a_n = 0,$

因而 $a_1 = -a_0,\ a_2 = 0,\ a_3 = \dfrac{1}{3}.$

一般地,当 $n>3$ 时,

$$a_n = \frac{(n-2)}{n} a_{n-1} = \frac{n-2}{n} \cdot \frac{n-3}{n-1} \cdot \frac{n-4}{n-2} \cdot \frac{n-5}{n-3} \cdot \cdots \cdot \frac{2}{4} \cdot \frac{1}{3} = \frac{2}{n(n-1)}.$$

于是
$$y = a_0(1-x) + \frac{1}{3}x^3 + \frac{1}{6}x^4 + \frac{1}{10}x^5 + \cdots + \frac{2}{n(n-1)}x^n + \cdots$$
$$= a_0(1-x) + x^3\left[\frac{1}{3} + \frac{1}{6}x + \frac{1}{10}x^2 + \cdots + \frac{2}{n(n-1)}x^{n-3} + \cdots\right].$$

这就是原方程的通解,其中 a_0 为任意常数.

4. 试用幂级数求下列方程满足所给初始条件的特解:

(1) $y' = y^2 + x^3,\ y\big|_{x=0} = \dfrac{1}{2}.$

【解】 设方程的解为
$$y = \frac{1}{2} + \sum_{n=1}^{\infty} a_n x^n,$$

于是
$$y' = \sum_{n=1}^{\infty} na_n x^{n-1} = a_1 + \sum_{n=2}^{\infty} na_n x^{n-1},$$

代入方程,得 $a_1 + \sum_{n=2}^{\infty} na_n x^{n-1} = x^3 + \left(\dfrac{1}{2} \sum_{n=1}^{\infty} a_n x^n\right)^2$
$$= x^3 + \frac{1}{4} + \sum_{n=1}^{\infty} a_n x^n + a_1^2 x^2 + 2a_1 a_2 x^3 + (a_2^2 + 2a_1 a_3) x^4 + \cdots.$$

比较两边同次幂的系数,得

$$a_1 = \frac{1}{4},\ 2a_2 = a_1,\ 3a_3 = a_2 + a_1^2,\ 4a_4 = a_3 + 2a_1 a_2 + 1,\ \cdots,$$

由此得
$$a_1 = \frac{1}{4},\ a_2 = \frac{1}{8},\ a_3 = \frac{1}{16},\ a_4 = \frac{9}{32},\ \cdots,$$

故
$$y = \frac{1}{2} + \frac{1}{4}x + \frac{1}{8}x^2 + \frac{1}{16}x^3 + \frac{9}{32}x^4 + \cdots.$$

(2) $(1-x)y' + y = 1+x,\ y\big|_{x=0} = 0.$

【解】 设方程的解为
$$y = \sum_{n=1}^{\infty} a_n x^n,$$

由 $y\big|_{x=0} = 0$ 可知 $a_0 = 0$,于是

$$y = \sum_{n=1}^{\infty} a_n x^n,$$

代入方程，得 $(1-x)\sum_{n=1}^{\infty} na_n x^{n-1} + \sum_{n=1}^{\infty} a_n x^n = 1 + x$，即

$$\sum_{n=1}^{\infty} na_n x^{n-1} - \sum_{n=1}^{\infty} na_n x^n + \sum_{n=1}^{\infty} a_n x^n = 1 + x, \quad \sum_{n=1}^{\infty}(n+1)a_{n+1}x^n + \sum_{n=1}^{\infty}(1-n)a_n x^n = 1+x,$$

$$a_1 + \sum_{n=1}^{\infty}[(n-1)a_{n+1} + (1-n)a_n]x^n = 1+x,$$

比较两边同次幂的系数，得

$$a_1 = 1, \ 2a_2 = 1.$$

当 $n \geq 2$ 时，$(n+1)a_{n+1} + (1-n)a_n = 0$，

故

$$a_1 = 1, \ a_2 = \frac{1}{2}, \ a_3 = \frac{1}{3}a_2 = \frac{1}{6};$$

当 $n > 3$ 时，

$$a_n = \frac{n-2}{n}a_{n-1} = \frac{n-2}{n} \cdot \frac{n-3}{n-1}a_{n-2} = \frac{n-2}{n} \cdot \frac{n-3}{n-1} \cdot \frac{n-4}{n-2} \cdots \frac{2}{4}a_3$$

$$= \frac{n-2}{n} \cdot \frac{n-3}{n-1} \cdot \frac{n-4}{n-2} \cdots \frac{2}{4} \cdot \frac{1}{3} \cdot \frac{1}{2} = \frac{1}{n(n-1)},$$

于是

$$y = x + \frac{1}{2}x^2 + \frac{1}{6}x^3 + \cdots + \frac{1}{n(n-1)}x^n + \cdots. \qquad ①$$

由于

$$y' = 1 + x + \frac{1}{2}x^2 + \frac{1}{3}x^3 + \cdots + \frac{1}{n-1}x^{n-1} + \cdots, \qquad ②$$

$$y'' = 1 + x + x^2 + x^3 + \cdots + x^{n-2} + \cdots = \frac{1}{1-x},$$

所以

$$y' = \int y'' dx = \int \frac{1}{1-x}dx = -\ln(1-x) + C_1.$$

由式②可知，当 $x = 0$ 时，$y' = 1$，因而

$$C_1 = 1, \ y' = -\ln(1-x) + 1,$$

进一步可得

$$y = \int y' dx = \int [-\ln(1-x) + 1]dx = \int [-\ln(1-x)]dx + \int dx$$

$$= -x\ln(1-x) - \int (-x)\frac{-1}{1-x}dx + x = -x\ln(1-x) - \int \frac{x}{1-x}dx + x$$

$$= -x\ln(1-x) + \int x dx - \int \frac{1}{1-x}dx + x = -x\ln(1-x) + x + \ln(1-x) + x + C_2$$

$$= (1-x)\ln(1-x) + 2x + C_2.$$

由式①可知，当 $x = 0$ 时，$y = 0$，因而

$$C_2 = 0, \ y = (1-x)\ln(1-x) + 2x,$$

故满足初始条件的特解为 $y = (1-x)\ln(1-x) + 2x.$

5. 验证函数 $y(x) = 1 + \dfrac{x^3}{3!} + \dfrac{x^6}{6!} + \cdots + \dfrac{x^{3n}}{(3n)!} + \cdots \ (-\infty < x < +\infty)$ 满足微分方程 $y'' + y' + y = e^x$，并利用此结果求幂级数 $\sum_{n=0}^{\infty} \dfrac{x^{3n}}{(3n)!}$ 的和函数.

【解】 $y(x) = 1 + \dfrac{x^3}{3!} + \dfrac{x^6}{6!} + \cdots + \dfrac{x^{3n}}{(3n)!} + \cdots,$

$$y'(x) = \frac{x^2}{2!} + \frac{x^5}{5!} + \frac{x^8}{8!} + \cdots + \frac{x^{3n-1}}{(3n-1)!} + \cdots,$$

$$y''(x) = x + \frac{x^4}{4!} + \frac{x^2}{7!} + \cdots + \frac{x^{3n-2}}{(3n-2)!} + \cdots,$$

故
$$y'' + y' + y = e^x.$$

下面求解微分方程
$$\begin{cases} y'' + y' + y = e^x, \\ y(0) = 1, \\ y'(0) = 0. \end{cases}$$

对应的齐次微分方程 $y'' + y' + y = 0$ 的特征方程为 $r^2 + r + 1 = 0$,特征根为 $r_{1,2} = -\frac{1}{2} \pm \frac{\sqrt{3}}{2}\mathrm{i}$.

齐次微分方程 $y'' + y' + y = 0$ 的通解为
$$y = \mathrm{e}^{-\frac{x}{2}}\left(C_1 \cos\frac{\sqrt{3}}{2}x + C_2 \sin\frac{\sqrt{3}}{2}x\right).$$

令特解 $y^* = A\mathrm{e}^x$,将 $y^* = A\mathrm{e}^x$ 代入原微分方程 $y'' + y' + y = \mathrm{e}^x$ 中,求得 $A = \frac{1}{3}$,即特解 $y^* = \frac{1}{3}\mathrm{e}^x$.

微分方程 $y'' + y' + y = \mathrm{e}^x$ 的通解为
$$y = \mathrm{e}^{-\frac{x}{2}}\left(e_1 \cos\frac{\sqrt{3}}{2}x + C_2 \sin\frac{\sqrt{3}}{2}x\right) + \frac{1}{3}\mathrm{e}^x.$$

代入初始条件 $y(0) = 1, y'(0) = 0$,得
$$C_1 = \frac{2}{3}, \ C_2 = 0.$$

特解
$$y(x) = \frac{2}{3}\mathrm{e}^{-\frac{x}{2}}\cos\frac{\sqrt{3}}{2}x + \frac{1}{3}\mathrm{e}^x \quad (-\infty < x < +\infty),$$

即 $\sum \frac{x^{3n}}{(3n)!}$ 的和函数
$$y(x) = \frac{2}{3}\mathrm{e}^{-\frac{x}{2}}\cos\frac{\sqrt{3}}{2}x + \frac{1}{3}\mathrm{e}^x \quad (-\infty < x < +\infty).$$

6. 利用欧拉公式将函数 $\mathrm{e}^x \cos x$ 展开成 x 的幂级数.

【解】 记 $\quad u(x) = \mathrm{e}^x \cos x, \ v(x) = \mathrm{e}^x \sin x,$

令 $\quad f(x) = u(x) + \mathrm{i}v(x),$

则 $\quad f(x) = \mathrm{e}^x(\cos x + \mathrm{i}\sin x),$

由欧拉公式 $f(x) = \mathrm{e}^{(1+\mathrm{i})x}$,进一步有

$$f(x) = \mathrm{e}^{\sqrt{2}\left(\cos\frac{\pi}{4} + \mathrm{i}\sin\frac{\pi}{4}\right)x} = \sum_{n=0}^{\infty} \frac{x^n}{n!}\left[\sqrt{2}\left(\cos\frac{\pi}{4} + \mathrm{i}\sin\frac{\pi}{4}\right)\right]^n$$

$$= \sum_{n=0}^{\infty} \frac{x^n}{n!}\left(2^{\frac{n}{2}}\cos\frac{n\pi}{4} + \mathrm{i}\cdot 2^{\frac{n}{2}}\sin\frac{n\pi}{4}\right) \quad (x \in (-\infty, +\infty)),$$

$$\mathrm{e}^x \cos x = \mathrm{Re}f(x) = \mathrm{Re}\,\mathrm{e}^{(1+\mathrm{i})x} = \sum_{n=0}^{\infty} 2^{\frac{n}{2}}\cos\frac{n\pi}{4} \cdot \frac{x^n}{n!} \quad (x \in (-\infty, +\infty)).$$

*习题 12-6 函数项级数的一致收敛性及一致收敛级数的基本性质

1. 已知函数序列 $s_n(x) = \sin\frac{x}{n}$ $(n = 1, 2, 3, \cdots)$ 在 $(-\infty, +\infty)$ 上收敛于 0.

(1) 问 $N(\varepsilon, x)$ 取多大，能使当 $n>N$ 时，$s_n(x)$ 与其极限之差的绝对值小于正数 ε？

(2) 证明 $s_n(x)$ 在任一有限区间 $[a, b]$ 上一致收敛.

【解】 (1) 因为

$$|s_n(x)-0| = \left|\sin\frac{x}{n}\right| \leq \left|\frac{x}{n}\right|,$$

所以，对于任取的 $\varepsilon>0$，取 $N(\varepsilon, x) \geq \frac{|x|}{\varepsilon}$，则当 $n>N$ 时，$|s_n(x)-0| \leq \frac{|x|}{n} < \varepsilon$；

(2) 记 $A = \max\{|a|, |b|\}$，则 $\forall x \in [a, b]$，$|x| \leq A$，从而

$$|s_n(x)-0| \leq \frac{|x|}{n} < \frac{A}{n},$$

故 $\forall \varepsilon>0$，取 $N = \left[\frac{A}{\varepsilon}\right]+1$，当 $n>N$ 时，$|s_n(x)-0| \leq \frac{A}{n} < \varepsilon$，于是 $s_n(x)$ 在 $[a, b]$ 上一致收敛.

2. 已知级数 $x^2 + \frac{x^2}{1+x^2} + \frac{x^2}{(1+x^2)^2} + \cdots$ 在 $(-\infty, +\infty)$ 上收敛.

(1) 求出该级数的和；

(2) 问 $N(\varepsilon, x)$ 取多大，能使当 $n>N$ 时，级数的余项 r_n 的绝对值小于正数 ε；

(3) 分别讨论级数在区间 $[0, 1]$，$\left[\frac{1}{2}, 1\right]$ 上的一致收敛性.

【解】 (1) 该级数的和函数记为 $s(x)$，显然 $s(0)=0$，当 $x \neq 0$ 时，级数为公比是 $\frac{1}{1+x^2}$ 的等比级数，故 $s(x) = \frac{x^2}{1-\frac{1}{1+x^2}} = 1+x^2$，即

$$s(x) = \begin{cases} 0, & x=0, \\ 1+x^2, & x \neq 0; \end{cases}$$

(2) $r_n(x) = \frac{x^2}{(1+x^2)^n} + \frac{x^2}{(1+x^2)^{n+1}} + \cdots$.

当 $x=0$ 时，$r_n(x)=0$，$\forall \varepsilon>0$，取 $N=1$，就能使当 $n>N$ 时，$|r_n(x)|<\varepsilon$.

当 $x \neq 0$ 时，$r_n(x) = \frac{\frac{x^2}{(1+x^2)^n}}{1-\frac{1}{1+x^2}} = \frac{1}{(1+x^2)^{n-1}}.$

$\forall \varepsilon>0$，要使 $|r_n(x)|<\varepsilon$，只需

$$\frac{1}{(1+x^2)^{n-1}} < \varepsilon, \text{即} \ n > \frac{\ln\frac{1}{\varepsilon}}{\ln(1+x^2)}+1,$$

故取 $N \geq \left[\dfrac{\ln\frac{1}{\varepsilon}}{\ln(1+x^2)}\right]+1$ 即可；

(3) 在 $[0, 1]$ 上，级数的各项

$$u_n(x) = \frac{x^2}{(1+x^2)^n} \ (n=0, 1, 2, \cdots)$$

显然是连续的，但和函数 $s(x)$ 不连续，由教材 290 页中定理 1 可知，级数不一致收敛. 在 $\left[\frac{1}{2}, 1\right]$ 上，

$$|r_n(x)| = \frac{1}{(1+x^2)^n} \leq \left|r_n\left(\frac{1}{2}\right)\right| = \left(\frac{4}{5}\right)^{n-1},$$

$\forall \varepsilon > 0$（不妨设 $\varepsilon > 1$），可取 $N > \left[\dfrac{\ln\dfrac{1}{\varepsilon}}{\ln\dfrac{5}{4}}\right] + 1$，则当 $n > N$ 时，有 $|r_n(x)| < \varepsilon$，该级数一致收敛.

3.按定义讨论下列级数在所给区间上的一致收敛性：

(1) $\sum_{n=1}^{\infty} (-1)^{n-1} \dfrac{x^2}{(1+x^2)^n}$，$(-\infty, +\infty)$

【解】 此级数是交错级数，
$$|r_n(x)| \leq \frac{x^2}{(1+x^2)^{n+1}} \leq \frac{x^2}{(1+x^2)^n} = \frac{x^2}{1+nx^2+\cdots+x^{2n+2}} < \frac{1}{n},$$

从而 $\forall \varepsilon > 0$，取 $N = \left[\dfrac{1}{\varepsilon}\right] + 1$，则当 $n > N$ 时，$|r_n(x)| < \varepsilon$，级数是一致收敛的.

(2) $\sum_{n=0}^{\infty} (1-x)x^n$，$(0, 1)$.

【解】 设部分和函数为 $s_n(x)$，和函数为 $s(x)$，显然
$$s_n(x) = 1 - x^{n+1}, \quad s(x) = \lim_{n\to\infty} s_n(x) = 1 \ (0 < x < 1), \quad |r_n(x)| = x^{n+1},$$

$\forall n \in N$，取 $x_n = \left(\dfrac{1}{2}\right)^{\frac{1}{n+1}}$，于是 $|r_n(x_n)| = \dfrac{1}{2}$，故 $\exists \varepsilon_0 = \dfrac{1}{3}$，不论 n 多大，总 $\exists x_n = \left(\dfrac{1}{2}\right)^{\frac{1}{n+1}} \in (0, 1)$，有

$$|r_n(x_n)| = \frac{1}{2} > \frac{1}{3} = \varepsilon_0,$$

可见级数在 $(0, 1)$ 内不一致收敛.

4.利用魏尔斯特拉斯判别法证明下列级数在所给区间上的一致收敛性：

(1) $\sum_{n=1}^{\infty} \dfrac{\cos nx}{2^n}$，$(-\infty, +\infty)$.

【证】 $\forall x \in (-\infty, +\infty)$，$\left|\dfrac{\cos nx}{2^n}\right| \leq \dfrac{1}{2^n}$，又 $\sum_{n=0}^{\infty} \dfrac{1}{2^n}$ 收敛，故所给级数在 $(-\infty, +\infty)$ 上一致收敛.

(2) $\sum_{n=1}^{\infty} \dfrac{\sin nx}{\sqrt[3]{n^4+x^4}}$，$(-\infty, +\infty)$.

【证】 $\forall x \in (-\infty, +\infty)$，$\left|\dfrac{\sin nx}{\sqrt[3]{n^4+x^4}}\right| \leq \dfrac{1}{\sqrt[3]{n^4+x^4}} \leq \dfrac{1}{n^{\frac{4}{3}}}$，

而 $\sum_{n=0}^{\infty} \dfrac{1}{n^{\frac{4}{3}}}$ 收敛，故所给级数在 $(-\infty, +\infty)$ 上一致收敛.

(3) $\sum_{n=1}^{\infty} x^2 e^{-nx}$，$[0, +\infty)$.

【证】 首先，证明 $t^2 \leq 2e^t$，$t \in [0, +\infty]$，这可由 $e^t = 1 + t + \dfrac{t^2}{2!} + \cdots + \dfrac{t^n}{n!} + \cdots$ 得到，从而
$$\left|\frac{x^2}{e^{nx}}\right| \leq \frac{2x^2}{n^2 \cdot x^2} = \frac{2}{n^2},$$

又 $\sum_{n=1}^{\infty} \dfrac{2}{n^2}$ 收敛，于是所给级数在 $[0, +\infty)$ 上一致收敛.

(4) $\sum_{n=1}^{\infty} \frac{e^{-nx}}{n!}$, $(-10, 10)$.

【证】 记 $m=3^{10}-1$，则当 $n>3^{10}$ 时，$n! > (3^{10})^{n-m}$，从而

$$\frac{e^{10n}}{n!} = \frac{(e^{10})^n}{n!} < \frac{(e^{10})^n}{(3^{10})^{n-m}} \cdot (3^{10})^m = (3^{10})^m \cdot \left(\frac{e^{10}}{3^{10}}\right)^n,$$

显然 $\sum_{n=m+1}^{\infty} (3^{10})^m \cdot \left(\frac{e^{10}}{3^{10}}\right)^n$ 是公比为 $\frac{e^{10}}{3^{10}}<1$ 的等比级数，从而级数 $\sum_{n=m+1}^{\infty} \frac{e^{10n}}{n!}$ 收敛，即级数 $\sum_{n=1}^{\infty} \frac{e^{10n}}{n!}$ 收敛.

又 $\forall x \in (-10, 10)$，$\frac{e^{-nx}}{n!} \le \frac{e^{10n}}{n!}$，故级数 $\sum_{n=1}^{\infty} \frac{e^{-nx}}{n!}$ 在 $(-10, 10)$ 上一致收敛.

(5) $\sum_{n=1}^{\infty} \frac{(-1)^n(1-e^{-nx})}{n^2+x^2}$, $[0, +\infty)$.

【解】 $\left|\frac{(-1)^n(1-e^{-nx})}{n^2+x^2}\right| \le \frac{1}{n^2}$,

$\forall x \in [0, +\infty)$，又级数 $\sum_{n=1}^{\infty} \frac{1}{n^2}$ 收敛，故所给级数在 $[0, +\infty)$ 上一致收敛.

习题 12-7 傅里叶级数

1. 下列周期函数 $f(x)$ 的周期为 2π，试将 $f(x)$ 展开成傅里叶级数，如果 $f(x)$ 在 $[-\pi, \pi)$ 上的表达式为：

(1) $f(x) = 3x^2+1$ $(-\pi \le x < \pi)$.

【解】 $a_0 = \frac{1}{\pi}\int_{-\pi}^{\pi}(3x^2+1)dx = 2(\pi^2+1)$,

$a_n = \frac{1}{\pi}\int_{-\pi}^{\pi}(3x^2+1)\cos nx\,dx = \frac{1}{\pi}\left[\frac{1}{n}(3x^2+1)\sin nx\Big|_{-\pi}^{\pi} - \int_{-\pi}^{\pi}\frac{6x}{n}\sin nx\,dx\right]$

$= \frac{6}{n^2\pi}\left(x\cos nx\Big|_{-\pi}^{\pi} - \int_{-\pi}^{\pi}\cos nx\,dx\right) = \frac{12}{n^2}(-1)^n - \frac{6}{n^3\pi}\sin nx\Big|_{-\pi}^{\pi}$

$= (-1)^n \frac{12}{n^2}$ $(n = 1, 2, \cdots)$,

$b_n = 0$ $(n = 1, 2, \cdots)$.

$3x^2 + 1 = \pi^2 + 1 + 12\sum_{n=1}^{\infty}\frac{(-1)^n}{n^2}\cos nx$ $(x \in (-\infty, +\infty))$.

(2) $f(x) = e^{2x}$ $(-\pi \le x < \pi)$.

【解】 $a_0 = \frac{1}{\pi}\int_{-\pi}^{\pi}e^{2x}dx = \frac{e^{2\pi}-e^{-2\pi}}{2\pi}$,

$a_n = \frac{1}{\pi}\int_{-\pi}^{\pi}e^{2x}\cos nx\,dx = \frac{1}{2\pi}\left(e^{2x}\cos nx\Big|_{-\pi}^{\pi} + \int_{-\pi}^{\pi}e^{2x}\cdot n\sin nx\,dx\right)$

$= \frac{(-1)^n(e^{2\pi}-e^{-2\pi})}{2\pi} + \frac{n}{4\pi}\left(e^{2x}\sin nx\Big|_{-\pi}^{\pi} - \int_{-\pi}^{\pi}e^{2x}\cdot n\cos nx\,dx\right)$

$= \frac{(-1)^n(e^{2\pi}-e^{-2\pi})}{2\pi} - \frac{n^2}{4}a_n$,

故 $a_n = \frac{2(-1)^n(e^{2\pi}-e^{-2\pi})}{(n^2+4)\pi}$,

$$b_n = \frac{1}{\pi}\int_{-\pi}^{\pi} e^{2x}\sin nx dx = \frac{1}{2\pi}\left(e^{2x}\sin nx \Big|_{-\pi}^{\pi} - \int_{-\pi}^{\pi} e^{2x}\cdot n\cos nx dx\right)$$

$$= -\frac{n}{2}\cdot a_n = -\frac{n(-1)^n(e^{2\pi}-e^{-2\pi})}{(n^2+4)\pi}.$$

$f(x)$ 的傅里叶展开式为

$$f(x) = \frac{e^{2\pi}-e^{-2\pi}}{\pi}\left[\frac{1}{4} + \sum_{n=1}^{\infty}\frac{(-1)^n}{n^2+4}(2\cos nx - n\sin nx)\right]$$

$$(x \ne (2n+1)\pi, n = 0, \pm 1, \pm 2, \cdots).$$

(3) $f(x) = \begin{cases} bx, & -\pi \leq x < 0, \\ ax, & 0 \leq x < \pi \end{cases}$ (a, b 为常数, 且 $a > b > 0$).

【解】 $a_0 = \frac{1}{\pi}\int_{-\pi}^{0} bx dx + \frac{1}{\pi}\int_{0}^{\pi} ax dx = \frac{\pi}{2}(a-b)$,

$$a_n = \frac{1}{\pi}\int_{-\pi}^{0} bx\cos nx dx + \frac{1}{\pi}\int_{0}^{\pi} ax\cos nx dx$$

$$= \frac{b}{\pi}\left[\frac{x}{n}\sin nx + \frac{1}{n^2}\cos nx\right]\Big|_{-\pi}^{0} + \frac{a}{\pi}\left[\frac{x}{n}\sin nx + \frac{1}{n^2}\cos nx\right]\Big|_{0}^{\pi}$$

$$= \frac{1}{n^2\pi}(b-a)(1-\cos n\pi) = \frac{b-a}{n^2\pi}[1-(-1)^n] \quad (n = 1, 2, \cdots),$$

$$b_n = \frac{1}{\pi}\int_{-\pi}^{0} bx\sin nx dx + \frac{1}{\pi}\int_{0}^{\pi} ax\sin nx dx = \frac{b}{\pi}\left(-\frac{x}{n}\cos nx + \frac{1}{n^2}\sin nx\right)\Big|_{0}^{\pi}$$

$$= \frac{b}{\pi}\left(-\frac{\pi}{n}\cos n\pi\right) + \frac{a}{\pi}\left(-\frac{\pi}{n}\cos n\pi\right) = \frac{a+b}{n}(-1)^{n+1} \quad (n = 1, 2, \cdots),$$

$$f(x) = \frac{\pi}{4}(a-b) + \sum_{n=1}^{\infty}\left\{\frac{[1-(-1)^n](b-a)}{n^2\pi}\cos nx + \frac{(-1)^{n-1}(a+b)}{n}\sin nx\right\}$$

$$(x \ne (2n+1)\pi; n = 0, \pm 1, \pm 2, \cdots).$$

2. 将下列函数 $f(x)$ 展开成傅里叶级数:

(1) $f(x) = 2\sin\frac{x}{3}$ $(-\pi \leq x \leq \pi)$.

【解】 $a_n = 0$,

$$b_n = \frac{2}{\pi}\int_{0}^{\pi} 2\sin\frac{x}{3}\sin nx dx = \frac{2}{\pi}\int_{0}^{\pi}\left[\cos\left(\frac{1}{3}-n\right)x - \cos\left(\frac{1}{3}+n\right)x\right]dx$$

$$= \frac{2}{\pi}\left[\frac{\sin\left(n-\frac{1}{3}\right)\pi}{n-\frac{1}{3}} - \frac{\sin\left(n+\frac{1}{3}\right)\pi}{n+\frac{1}{3}}\right] = \frac{1}{\pi}\left(\frac{-\cos n\pi\cdot\frac{\sqrt{3}}{2}}{3n-1} - \frac{\cos n\pi\cdot\frac{\sqrt{3}}{2}}{3n+1}\right)$$

$$= (-1)^{n+1}\frac{18\sqrt{3}}{\pi}\cdot\frac{n}{9n^2-1},$$

故 $$f(x) = \frac{18\sqrt{3}}{\pi}\sum_{n=1}^{\infty}(-1)^{n+1}\frac{n\sin nx}{9n^2-1} \quad (-\pi < x < \pi).$$

(2) $f(x) = \begin{cases} e^x, & -\pi \leq x < 0, \\ 1, & 0 \leq x < \pi. \end{cases}$

【解】 $a_0 = \frac{1}{\pi}\left(\int_{-\pi}^{0} e^x dx + \int_{0}^{\pi} dx\right) = \frac{1+\pi-e^{-\pi}}{\pi}$,

$$a_n = \frac{1}{\pi}\left(\int_{-\pi}^{0} e^x\cos nx dx + \int_{0}^{\pi}\cos nx dx\right) = \frac{1-(-1)^n e^{-\pi}}{\pi(1+n^2)} \quad (n = 1, 2, \cdots),$$

$$b_n = \frac{1}{\pi}\left(\int_{-\pi}^{0} e^x \sin nx \, dx + \int_{0}^{\pi} \sin nx \, dx\right)$$

$$= \frac{1}{\pi}\left[\frac{-n[1-(-1)^n e^{-\pi}]}{1+n^2} + \frac{1-(-1)^n}{n}\right] \quad (n=1,2,\cdots),$$

故 $f(x) = \dfrac{1+\pi-e^{-\pi}}{2\pi} + \dfrac{1}{\pi}\sum_{n=1}^{\infty}\left[\dfrac{1-(-1)^n e^{-\pi}}{1+n^2}\right]\cos nx +$

$$\frac{1}{\pi}\sum_{n=1}^{\infty}\left[\frac{-n+(-1)^n n e^{-\pi}}{1+n^2} + \frac{1-(-1)^n}{n}\right]\sin nx \quad (-\pi < x < \pi).$$

(3) $f(x) = x\sin x \quad (-\pi \leq x \leq \pi)$.

【解】 先把$f(x)$延拓成周期为2π的周期函数, 由于$f(x)=x\sin x$是偶函数, 故其傅里叶系数 $b_n = 0 \ (n=1,2,\cdots)$.

$$a_0 = \frac{2}{\pi}\int_0^{\pi} f(x)dx = \frac{2}{\pi}\int_0^{\pi} x\sin x\, dx = \frac{2}{\pi}\left(-x\cos x\bigg|_0^{\pi} + \int_0^{\pi}\cos x\, dx\right) = \frac{2}{\pi}(\pi+0) = 2;$$

$$a_1 = \frac{2}{\pi}\int_0^{\pi} f(x)\cos x\, dx = \frac{2}{\pi}\int_0^{\pi} x\sin x\cos x\, dx = \frac{1}{\pi}\int_0^{\pi} x\sin 2x\, dx$$

$$= \frac{1}{2\pi}\left(-x\cos 2x\bigg|_0^{\pi} + \int_0^{\pi}\cos 2x\, dx\right) = -\frac{1}{2};$$

$$a_n = \frac{2}{\pi}\int_0^{\pi} f(x)\cos nx\, dx = \frac{2}{\pi}\int_0^{\pi} x\sin x\cos nx\, dx = \frac{1}{\pi}\int_0^{\pi} x[\sin(n+1)x - \sin(n-1)x]dx$$

$$= \frac{1}{\pi}\int_0^{\pi} x\sin(n+1)x\, dx - \frac{1}{\pi}\int_0^{\pi} x\sin(n-1)x\, dx = I_1 - I_2,$$

其中

$$I_1 = \frac{1}{\pi}\int_0^{\pi} x\sin(n+1)x\, dx = \frac{1}{\pi}\cdot\frac{1}{n+1}\left[-x\cos(n+1)x\bigg|_0^{\pi} + \int_0^{\pi}\cos(n+1)x\, dx\right] = \frac{(-1)^n}{n+1},$$

$$I_2 = \frac{1}{\pi}\int_0^{\pi} x\sin(n-1)x\, dx = \frac{1}{\pi}\cdot\frac{1}{n-1}\left[-x\cos(n-1)x\bigg|_0^{\pi} + \int_0^{\pi}\cos(n-1)x\, dx\right] = \frac{(-1)^n}{n-1}.$$

即

$$a_n = \frac{(-1)^n}{n+1} - \frac{(-1)^n}{n-1} = (-1)^{n-1}\frac{2}{n^2-1}, \ n=2,3,\cdots.$$

因$f(x)$满足收敛定理条件, 它在$(-\pi,\pi)$内连续, 故

$$f(x) = \frac{a_0}{2} + \sum_{n=1}^{\infty} a_n\cos nx = 1 - \frac{1}{2}\cos x + 2\sum_{n=2}^{\infty}\frac{(-1)^{n-1}}{n^2-1}\cos nx, \ x\in(-\pi,\pi).$$

3. 将函数$f(x) = \cos\dfrac{x}{2}\ (-\pi\leq x\leq\pi)$展开成傅里叶级数.

【解】 $b_n = 0$,

$$a_n = \frac{1}{\pi}\int_{-\pi}^{\pi}\cos\frac{x}{2}\cos nx\, dx = \frac{2}{\pi}\int_0^{\pi}\cos\frac{x}{2}\cos nx\, dx = \frac{1}{\pi}\int_0^{\pi}\left[\cos\left(\frac{1}{2}-n\right)x - \cos\left(\frac{1}{2}+n\right)x\right]dx$$

$$= \frac{1}{\pi}\left[\frac{\sin\left(\frac{1}{2}-n\right)x}{\frac{1}{2}-n} + \frac{\sin\left(\frac{1}{2}+n\right)x}{\frac{1}{2}+n}\right]\bigg|_0^{\pi} = \frac{2}{\pi}\left(\frac{-\cos n\pi}{2n-1} + \frac{\cos n\pi}{2n+1}\right)$$

$$= (-1)^{n+1}\frac{2}{\pi}\left(\frac{1}{2n-1} - \frac{1}{2n+1}\right) = (-1)^{n+1}\frac{4}{\pi}\left(\frac{1}{4n^2-1}\right) \ (n=0,1,2,\cdots).$$

令$n=0$, 得$a_0 = \dfrac{4}{\pi}$, 且$f(x) = \cos\dfrac{x}{2}$, 在$[-\pi,\pi]$上连续, 有

$$\cos\frac{x}{2} = \frac{2}{\pi} + \frac{4}{\pi}\sum_{n=1}^{\infty}(-1)^{n+1}\frac{\cos nx}{4n^2-1} \quad (-\pi \leqslant x \leqslant \pi).$$

4. 设 $f(x)$ 是周期为 2π 的周期函数，它在 $[-\pi, \pi)$ 上的表达式为

$$f(x) = \begin{cases} -\dfrac{\pi}{2}, & -\pi \leqslant x < -\dfrac{\pi}{2}, \\ x, & -\dfrac{\pi}{2} \leqslant x < \dfrac{\pi}{2}, \\ \dfrac{\pi}{2}, & \dfrac{\pi}{2} \leqslant x < \pi, \end{cases}$$

将 $f(x)$ 展开成傅里叶级数.

【解】 $a_n = 0$,

$$b_n = \frac{1}{\pi}\int_{-\pi}^{-\frac{\pi}{2}}\left(-\frac{\pi}{2}\sin nx\right)\mathrm{d}x + \frac{1}{\pi}\int_{-\frac{\pi}{2}}^{\frac{\pi}{2}}x\sin nx\mathrm{d}x + \frac{1}{\pi}\int_{\frac{\pi}{2}}^{\pi}\frac{\pi}{2}\sin nx\mathrm{d}x$$

$$= \left(\frac{1}{2n}\cos nx\right)\bigg|_{-\pi}^{-\frac{\pi}{2}} + \frac{1}{\pi}\left(-\frac{x}{n}\cos nx + \frac{1}{n^2}\sin nx\right)\bigg|_{-\frac{\pi}{2}}^{\frac{\pi}{2}} + \left(\frac{-1}{2n}\cos nx\right)\bigg|_{\frac{\pi}{2}}^{\pi}$$

$$= -\frac{1}{n}(-1)^n + \frac{2}{n^2\pi}\sin\frac{n\pi}{2} \quad (n = 1, 2, \cdots).$$

$$f(x) = \sum_{n=1}^{\infty}\left[\frac{(-1)^{n+1}}{n} + \frac{2}{n^2\pi}\sin\frac{n\pi}{2}\right]\sin nx \quad (x \neq (2n+1)\pi; n = 0, \pm 1, \pm 2, \cdots).$$

5. 将函数 $f(x) = \dfrac{\pi-x}{2}$ ($0 \leqslant x \leqslant \pi$) 展开成正弦级数.

【解】 对 $f(x)$ 进行奇延拓，成为 $F(x)$, 则

$$F(x) = \begin{cases} f(x), & x \in (0, \pi], \\ 0, & x = 0, \\ -f(-x), & x \in (-\pi, 0). \end{cases}$$

再对 $F(x)$ 进行周期延拓成 $G(x)$, $x \in (-\infty, +\infty)$,

$$G(x) \equiv f(x), x \in (0, \pi], G(0) = F(0) \neq f(0).$$

其他区间, $G(x) = F(x)$.

$a_n = 0$,

$$b_n = \frac{2}{\pi}\int_0^{\pi}\frac{\pi-x}{2}\sin nx\mathrm{d}x = \frac{2}{\pi}\left(\frac{x-\pi}{2n}\cos nx - \frac{1}{2n^2}\sin nx\right)\bigg|_0^{\pi} = \frac{1}{n} \quad (n = 1, 2, \cdots).$$

$$f(x) = \sum_{n=1}^{\infty}\frac{1}{n}\sin nx \quad (0 < x \leqslant \pi).$$

在 $x = 0$ 处，级数收敛于 0.

6. 将函数 $f(x) = 2x^2$ ($0 \leqslant x \leqslant \pi$) 分别展开成正弦级数和余弦级数.

【解】 展开成正弦级数, 把 $f(x)$ 作奇延拓, 有

$$a_n = 0 \ (n = 0, 1, 2, \cdots),$$

$$b_n = \frac{2}{\pi}\int_0^{\pi}2x^2\sin nx\mathrm{d}x = \frac{4}{\pi}\left[\frac{-x^2}{n}\cos nx + \frac{2x}{n^2}\sin nx + \frac{2}{n^3}\cos nx\right]\bigg|_0^{\pi}$$

$$= \frac{4}{\pi}\left[\left(\frac{2}{n^3} - \frac{\pi^2}{n}\right)(-1)^n - \frac{2}{n^3}\right] \quad (n = 1, 2, \cdots),$$

$$f(x) = \frac{4}{\pi}\sum_{n=1}^{\infty}\left[(-1)^n\left(\frac{2}{n^3} - \frac{\pi^2}{n}\right) - \frac{2}{n^3}\right]\sin nx \quad (x \in [0, \pi)),$$

$$f(\pi) = 2\pi^2.$$

展开成余弦级数,对 $f(x)$ 进行偶延拓,$F(x)=2x^2$,$x\in(-\pi,\pi]$,再对 $F(x)$ 进行周期延拓成 $G(x)$,当 $x\in(-\infty,+\infty)$ 时,$G(x)=F(x)$.而 $G(x)\equiv f(x)$,$x\in[0,\pi]$.

$$a_0 = \frac{2}{\pi}\int_0^\pi 2x^2 dx = \frac{4}{3}\pi^2,$$

$$a_n = \frac{2}{\pi}\int_0^\pi 2x^2 \cos nx dx = (-1)^n \frac{8}{n^2} \quad (n=1,2,\cdots),$$

$$f(x) = \frac{2}{3}\pi^2 + 8\sum_{n=1}^\infty \frac{(-1)^n}{n^2}\cos nx \quad (0\leq x\leq \pi).$$

7. 设周期函数 $f(x)$ 的周期为 2π. 证明:
(1) 若 $f(x-\pi)=-f(x)$,则 $f(x)$ 的傅里叶系数 $a_0=0$,$a_{2k}=0$,$b_{2k}=0$ $(k=1,2,\cdots)$;
(2) 若 $f(x-\pi)=f(x)$,则 $f(x)$ 的傅里叶系数 $a_{2k+1}=0$,$b_{2k+1}=0$ $(k=0,1,2,\cdots)$.

【证】 (1) $a_0 = \frac{1}{\pi}\int_{-\pi}^\pi f(x)dx = \frac{1}{\pi}\left[\int_{-\pi}^0 f(x)dx + \int_0^\pi f(x)dx\right]$

$= \frac{1}{\pi}\left\{\int_{-\pi}^0 f(x)dx + \frac{1}{\pi}\int_0^\pi [-f(x-\pi)]dx\right\}$,

在 $\int_0^\pi[-f(x-\pi)]dx$ 中,令 $x-\pi=u$,有

$$a_0 = \frac{1}{\pi}\left[\int_{-\pi}^0 f(x)dx - \int_{-\pi}^0 f(u)du\right] = 0,$$

$$a_n = \frac{1}{\pi}\left\{\int_{-\pi}^0 f(x)\cos nx dx + \int_0^\pi[-f(x-\pi)]\cos nx dx\right\}$$

$$= \frac{1}{\pi}\left[\int_{-\pi}^0 f(x)\cos nx dx - \int_{-\pi}^0 f(u)\cos(n\pi+nu)du\right].$$

当 $n=2k$ 时, $\cos(n\pi+nu)=\cos nu$,
从而知

$$a_{2k} = 0;$$

$$b_n = \frac{1}{\pi}\left[\int_{-\pi}^0 f(x)\sin nx dx - \int_0^\pi f(x-\pi)\sin nx dx\right]$$

$$= \frac{1}{\pi}\left[\int_{-\pi}^0 f(x)\sin nx dx - \int_{-\pi}^0 f(u)\sin(n\pi+nu)du\right].$$

当 $n=2k$ 时,$\sin(n\pi+nu)=\sin nu$,故知 $b_{2k}=0$ $(k=1,2,\cdots)$;

(2) $a_n = \frac{1}{\pi}\left[\int_{-\pi}^0 f(x)\cos nx dx + \int_{-\pi}^0 f(u)\cos(n\pi+nu)du\right]$,

$b_n = \frac{1}{\pi}\left[\int_{-\pi}^0 f(x)\sin nx dx + \int_{-\pi}^0 f(u)\sin(n\pi+nu)du\right].$

当 $n=2k+1$ 时,

$$\cos(n\pi+nu) = -\cos nu, \quad \sin(n\pi+nu) = -\sin nu,$$

故 $a_{2k+1}=0$,$b_{2k+1}=0$ $(k=0,1,2,\cdots)$.

习题 12-8　一般周期函数的傅里叶级数

1. 将下列各周期函数展开成傅里叶级数(下面给出函数在一个周期内的表达式):

(1) $f(x)=1-x^2$ $\left(-\frac{1}{2}\leq x<\frac{1}{2}\right)$.

【解】 $a_0 = \frac{1}{\frac{1}{2}}\int_{-\frac{1}{2}}^{\frac{1}{2}}(1-x^2)dx = \frac{11}{6}$,

$$a_n = 2\int_{-\frac{1}{2}}^{\frac{1}{2}}(1-x^2)\cos\left(\frac{n\pi x}{\frac{1}{2}}\right)dx = 4\int_0^{\frac{1}{2}}(1-x^2)\cos(2n\pi x)dx$$

$$= 4\left[\frac{1-x^2}{2n\pi}\sin(2n\pi x) - \frac{2x}{4n^2\pi^2}\cos(2n\pi x) + \frac{2}{8n^3\pi^3}\sin(2n\pi x)\right]\Big|_0^{\frac{1}{2}}$$

$$= \frac{(-1)^{n+1}}{n^2\pi^2} \quad (n = 1, 2, \cdots),$$

$$b_n = 0.$$

$$f(x) = \frac{11}{12} + \frac{1}{\pi^2}\sum_{n=1}^{\infty}\frac{(-1)^{n+1}}{n^2}\cos(2n\pi x) \quad (x \in (-\infty, +\infty)).$$

(2) $f(x) = \begin{cases} x, & -1 \leq x < 0, \\ 1, & 0 \leq x < \frac{1}{2}, \\ -1, & \frac{1}{2} \leq x < 1. \end{cases}$

【解】 $a_0 = \int_{-1}^0 x\,dx + \int_0^{\frac{1}{2}}dx - \int_{\frac{1}{2}}^1 dx = -\frac{1}{2}$,

$$a_n = \int_{-1}^0 x\cos n\pi x\,dx + \int_0^{\frac{1}{2}}\cos n\pi x\,dx - \int_{\frac{1}{2}}^1 \cos n\pi x\,dx$$

$$= \left(\frac{x}{n\pi}\sin n\pi x + \frac{1}{n^2\pi^2}\cos n\pi x\right)\Big|_{-1}^0 + \left(\frac{1}{n\pi}\sin n\pi x\right)\Big|_0^{\frac{1}{2}} - \left(\frac{1}{n\pi}\sin n\pi x\right)\Big|_{\frac{1}{2}}^1$$

$$= \frac{1}{n^2\pi^2}[1-(-1)^n] + \frac{2}{n\pi}\sin\frac{n\pi}{2} \quad (n = 1, 2, \cdots),$$

$$b_n = \int_{-1}^1 f(x)\sin n\pi x\,dx = \int_{-1}^0 x\sin n\pi x\,dx + \int_0^{\frac{1}{2}}\sin n\pi x\,dx - \int_{\frac{1}{2}}^1 \sin n\pi x\,dx$$

$$= -\frac{2}{n\pi}\cos\frac{n\pi}{2} + \frac{1}{n\pi} \quad (n = 1, 2, \cdots).$$

在 $(-\infty, +\infty)$ 上，$f(x)$ 的间断点为 $x = 2k, 2k+\frac{1}{2}$ $(k = 0, \pm 1, \pm 2, \cdots)$，所以

$$f(x) = -\frac{1}{4} + \sum_{n=1}^{\infty}\left\{\left[\frac{1-(-1)^n}{n^2\pi^2} + \frac{2\sin\frac{n\pi}{2}}{n\pi}\right]\cos n\pi x + \frac{1-2\cos\frac{n\pi}{2}}{n\pi}\sin n\pi x\right\}$$

$$(x \neq 2k, x \neq 2k+\frac{1}{2}, k = 0, \pm 1, \pm 2, \cdots).$$

(3) $f(x) = \begin{cases} 2x+1, & -3 \leq x < 0, \\ 1, & 0 \leq x < 3. \end{cases}$

【解】 $a_0 = \frac{1}{3}\left[\int_{-3}^0(2x+1)dx + \int_0^3 dx\right] = -1$,

$$a_n = \frac{1}{3}\int_{-3}^3 f(x)\cos\frac{n\pi x}{3}dx = \frac{1}{3}\int_{-3}^0(2x+1)\cos\frac{n\pi x}{3}dx + \frac{1}{3}\int_0^3\cos\frac{n\pi x}{3}dx$$

$$= \frac{6}{n^2\pi^2}[1-(-1)^n] \quad (n = 1, 2, \cdots),$$

$$b_n = \frac{1}{3}\int_{-3}^{3} f(x)\sin\frac{n\pi x}{3}dx = \frac{1}{3}\int_{-3}^{0}(2x+1)\sin\frac{n\pi x}{3}dx + \frac{1}{3}\int_{0}^{3}\sin\frac{n\pi x}{3}dx$$

$$= \frac{6}{n\pi}(-1)^{n+1} \quad (n=1,2,\cdots).$$

在 $(-\infty, +\infty)$ 上,$f(x)$ 的间断点为 $x = 3(2k+1)$ $(k=0, \pm1, \pm2, \cdots)$,故

$$f(x) = -\frac{1}{2} + \sum_{n=1}^{\infty}\left\{\frac{6}{n^2\pi^2}[1-(-1)^n]\cos\frac{n\pi x}{3} + (-1)^{n+1}\cdot\frac{6}{n\pi}\sin\frac{n\pi x}{3}\right\}$$

$$(x \neq 3(2k+1); \; k=0, \pm1, \pm2, \cdots).$$

2. 将下列函数分别展开成正弦级数和余弦级数：

(1) $f(x) = \begin{cases} x, & 0 \leq x < \frac{l}{2}, \\ l-x, & \frac{l}{2} \leq x \leq l. \end{cases}$

【解】 展开成正弦级数：作奇延拓,得 $F(x)$,使 $F(x) \equiv f(x)$,$x \in [0, l]$,再将 $F(x)$ 周期延拓成 $(-\infty, +\infty)$ 上以 $2l$ 为周期的周期函数 $G(x)$,在 $(-l, l]$ 上,$G(x) \equiv F(x)$.于是

$$a_n = 0,$$

$$b_n = \frac{2}{l}\left[\int_0^{\frac{l}{2}} x\sin\frac{n\pi x}{l}dx + \int_{\frac{l}{2}}^{l}(l-x)\sin\frac{n\pi x}{l}dx\right] = \frac{4l}{n^2\pi^2}\sin\frac{n\pi}{2} \quad (n=1,2,\cdots).$$

$$f(x) = \frac{4l}{\pi^2}\sum_{n=1}^{\infty}\frac{1}{n^2}\left(\sin\frac{n\pi}{2}\right)\sin\frac{n\pi x}{l} \quad (0 \leq x \leq l).$$

展开成余弦级数：类似于上面的延拓方法.把 $f(x)$ 进行偶延拓(此略).

$$a_0 = \frac{2}{l}\left[\int_0^{\frac{l}{2}} x\, dx + \int_{\frac{l}{2}}^{l}(l-x)\, dx\right] = \frac{l}{2},$$

$$a_n = \frac{2}{l}\left[\int_0^{\frac{l}{2}} x\cos\frac{n\pi x}{l}dx + \int_{\frac{l}{2}}^{l}(l-x)\cos\frac{n\pi x}{l}dx\right] = \frac{2}{l}\left[\frac{2l^2}{n^2\pi^2}\cos\frac{n\pi}{2} - \frac{l^2}{n^2\pi^2} - \frac{l^2}{n^2\pi^2}(-1)^n\right]$$

$$(n=1,2,\cdots),$$

$$b_n = 0.$$

$$f(x) = \frac{l}{4} + \frac{2l}{\pi^2}\sum_{n=1}^{\infty}\frac{1}{n^2}\left[2\cos\frac{n\pi}{2} - 1 - (-1)^n\right]\cos\frac{n\pi x}{l} \quad (0 \leq x \leq l).$$

(2) $f(x) = x^2 \quad (0 \leq x \leq 2).$

【解】 展开成正弦级数：注意到 $f(0) = 0$,作奇延拓得 $F(x)$,$x \in (-2, 2]$,使 $F(x) \equiv f(x)$,$x \in [0, 2]$;再将 $F(x)$ 周期延拓得 $G(x)$,$x \in (-\infty, +\infty)$,$G(x)$ 是以 4 为周期的连续函数,$G(x) \equiv F(x)$,$x \in (-2, 2]$,傅氏系数如下：

$$a_n = 0 \; (n=0,1,2,\cdots),$$

$$b_n = \frac{2}{2}\int_0^2 x^2\sin\frac{n\pi x}{2}dx = \left(\frac{-2}{n\pi}x^2\cos\frac{n\pi x}{2}\right)\Big|_0^2 + \frac{4}{n\pi}\int_0^2 x\cos\frac{n\pi x}{2}dx$$

$$= (-1)^{n+1}\frac{8}{n\pi} + \frac{8}{(n\pi)^2}\left(x\sin\frac{n\pi x}{2}\right)\Big|_0^2 - \frac{8}{(n\pi)^2}\int_0^2 \sin\frac{n\pi x}{2}dx$$

$$= (-1)^{n+1}\frac{8}{n\pi} + \frac{16}{(n\pi)^3}\left(\cos\frac{n\pi x}{2}\right)\Big|_0^2 = (-1)^{n+1}\frac{8}{n\pi} + \frac{16}{(n\pi)^3}[(-1)^n - 1],$$

故

$$f(x) = \sum_{n=1}^{\infty}\left\{(-1)^{n+1}\frac{8}{n\pi} + \frac{16}{(n\pi)^3}[(-1)^n - 1]\right\}\sin\frac{n\pi x}{2}$$

$$= \frac{8}{\pi} \sum_{n=1}^{\infty} \left\{ \frac{(-1)^{n+1}}{n} + \frac{2}{n^3 \pi^2} [(-1)^n - 1] \right\} \sin \frac{n\pi x}{2} \quad (x \in [0, 2)).$$

展开成余弦级数：将 $f(x)$ 作偶延拓，得 $F(x)$, $x \in (-2, 2]$，使 $F(x) \equiv f(x)$, $x \in [0, 2]$；再将 $F(x)$ 周期延拓得 $G(x)$, $x \in (-\infty, +\infty)$，$G(x)$ 是一以 4 为周期的连续函数，$G(x) \equiv F(x)$, $x \in (-2, 2]$.

$$a_0 = \frac{2}{2} \int_0^2 x^2 dx = \frac{x^3}{3} \Big|_0^2 = \frac{8}{3},$$

$$a_n = \frac{2}{2} \int_0^2 x^2 \cos \frac{n\pi x}{2} dx = \frac{2}{n\pi} \left(x^2 \sin \frac{n\pi x}{2} \Big|_0^2 - \int_0^2 2x \sin \frac{n\pi x}{2} dx \right)$$

$$= \frac{8}{(n\pi)^2} \left(x \cos \frac{n\pi x}{2} \Big|_0^2 - \int_0^2 2 \cos \frac{n\pi x}{2} dx \right)$$

$$= \frac{8}{(n\pi)^2} \left[2(-1)^n - \frac{2}{n\pi} \sin \frac{n\pi x}{2} \Big|_0^2 \right] = (-1)^n \frac{16}{(n\pi)^2},$$

$$b_n = 0 \quad (n = 1, 2, 3, \cdots),$$

故 $f(x) = \frac{4}{3} + \sum_{n=1}^{\infty} (-1)^n \frac{16}{(n\pi)^2} \cos \frac{n\pi x}{2} = \frac{4}{3} + \frac{16}{\pi^2} \sum_{n=1}^{\infty} \frac{(-1)^n}{n^2} \cos \frac{n\pi x}{2} \quad (x \in [0, 2]).$

*3. 设 $f(x)$ 是周期为 2 的周期函数，它在 $[-1, 1)$ 上的表达式为 $f(x) = e^{-x}$，试将 $f(x)$ 展开成复数形式的傅里叶级数.

【解】 $C_n = \frac{1}{2} \int_{-1}^{1} e^{-x} e^{-in\pi x} dx = \frac{1}{2} \int_{-1}^{1} e^{-(1+n\pi i)x} dx = (-1)^n \cdot \frac{e - e^{-1}}{2} \cdot \frac{1 - n\pi i}{1 + n^2 \pi^2}$

$$(n = 0, \pm 1, \pm 2, \cdots),$$

故 $f(x) = \sum_{-\infty}^{\infty} (-1)^n \frac{e - e^{-1}}{2} \cdot \frac{1 - n\pi i}{1 + n^2 \pi^2} \cdot e^{in\pi x} \quad (x \in \mathbf{R} \setminus \{2k+1 \mid k \in \mathbf{Z}\}).$

*4. 设 $u(t)$ 是周期为 T 的周期函数，已知它的傅里叶级数的复数形式为（参阅本节例题）

$$u(t) = \frac{k\tau}{T} + \frac{h}{\pi} \sum_{\substack{-\infty \\ n \neq 0}}^{\infty} \frac{1}{n} \sin \frac{n\pi \tau}{T} e^{\frac{2n\pi t}{T}i} \quad (-\infty < t < +\infty),$$

试写出 $u(t)$ 的傅里叶级数的实数形式（即三角形式）.

【解】 $C_n = \frac{h}{n\pi} \sin \frac{n\pi \tau}{T} \quad (n = \pm 1, \pm 2, \cdots),$

$$C_n = \frac{a_n - ib_n}{2},$$

$$C_{-n} = \frac{a_n + ib_n}{2} = \overline{C}_n \quad (n = 1, 3, \cdots),$$

故
$$a_n = \text{Re}(2\overline{C}_n), \quad b_n = \text{Im}(2\overline{C}_n).$$

而 C_n 为实数，故

$$a_n = \frac{2h}{n\pi} \sin \frac{n\pi \tau}{T}, b_n = 0 \quad (n = 1, 2, \cdots),$$

$$u(t) = \frac{h\tau}{T} + \frac{2h}{\pi} \sum_{n=1}^{\infty} \frac{1}{n} \sin \frac{n\pi \tau}{T} \cos \frac{2n\pi t}{T} \quad (-\infty < t < +\infty).$$

总习题十二

1. 填空：

(1) 对级数 $\sum_{n=1}^{\infty} u_n$，$\lim_{n\to\infty} u_n = 0$ 是它收敛的_____条件，不是它收敛的_____条件；

(2) 部分和数列 $\{s_n\}$ 有界是正项级数 $\sum_{n=1}^{\infty} u_n$ 收敛的_____条件；

(3) 若级数 $\sum_{n=1}^{\infty} u_n$ 绝对收敛，则级数 $\sum_{n=1}^{\infty} u_n$ 必定_____；若级数 $\sum_{n=1}^{\infty} u_n$ 条件收敛，则级数 $\sum_{n=1}^{\infty} |u_n|$ 必定_____.

【解】 (1) 应填必要；充分；(2) 应填充分必要；(3) 应填收敛；发散.

2. 下题中给出了四个结论，从中选出一个正确的结论.

设 $f(x)$ 是以 2π 为周期的周期函数，它在 $[-\pi, \pi]$ 上表达式为 $|x|$，则 $f(x)$ 的傅里叶级数为 (   ).

(A) $\dfrac{\pi}{2} - \dfrac{4}{\pi}\left[\cos x + \dfrac{1}{3^2}\cos 3x + \dfrac{1}{5^2}\cos 5x + \cdots + \dfrac{1}{(2n-1)^2}\cos(2n-1)x + \cdots\right]$

(B) $\dfrac{2}{\pi}\left[\dfrac{1}{2^2}\sin 2x + \dfrac{1}{4^2}\sin 4x + \dfrac{1}{6^2}\sin 6x + \cdots + \dfrac{1}{(2n)^2}\sin 2nx + \cdots\right]$

(C) $\dfrac{4}{\pi}\left[\cos x + \dfrac{1}{3^2}\cos 3\pi + \dfrac{1}{5^2}\cos 5x + \cdots + \dfrac{1}{(2n-1)^2}\cos(2n-1)x + \cdots\right]$

(D) $\dfrac{1}{\pi}\left[\dfrac{1}{2^2}\cos 2x + \dfrac{1}{4^2}\cos 4x + \dfrac{1}{6^2}\cos 6x + \cdots + \dfrac{1}{(2n)^2}\cos 2nx + \cdots\right]$

【解】 由于 $f(x) = |x|$ 在 $[-\pi, \pi]$ 上是偶函数，故其傅里叶级数必为余弦级数，可以排除 B. 又 $a_0 = \dfrac{2}{\pi}\int_0^\pi f(x)\mathrm{d}x = \dfrac{2}{\pi}\int_0^\pi x\mathrm{d}x = \pi \neq 0$，故排除 C 和 D，只能选择 A.

3. 判定下列级数的收敛性：

(1) $\sum_{n=1}^{\infty} \dfrac{1}{n\sqrt[n]{n}}$.

【解】 $\lim_{n\to\infty} n \cdot \dfrac{1}{n\sqrt[n]{n}} = \lim_{n\to\infty} \dfrac{1}{\sqrt[n]{n}} = 1$，该级数发散.

(2) $\sum_{n=1}^{\infty} \dfrac{(n!)^2}{2^{n^2}}$.

【解】 $\lim_{n\to\infty} \dfrac{u_{n+1}}{u_n} = \lim_{n\to\infty} \dfrac{[(u+1)!]^2}{2^{(n+1)^2}} \cdot \dfrac{2^{n^2}}{(n!)^2} = \lim_{n\to\infty} n^2 = +\infty$. 该级数发散.

(3) $\sum_{n=1}^{\infty} \dfrac{n\cos^2 \dfrac{n\pi}{3}}{2^n}$.

【解】 $\dfrac{n\cos^2 \dfrac{n\pi}{3}}{2^n} \leq \dfrac{n}{2^n}$，而级数 $\sum_{n=1}^{\infty} \dfrac{n}{2^n}$ 是收敛的，因为 $\lim_{n\to\infty} \dfrac{n+1}{2^{n+1}} \cdot \dfrac{2^n}{n} = \dfrac{1}{2} < 1$，由比较审敛法可知，原级数收敛.

(4) $\sum_{n=2}^{\infty} \dfrac{1}{\ln^{10} n}$.

【解】 注意到 $\lim\limits_{x\to+\infty}\dfrac{x}{\ln^{10}x}=\lim\limits_{x\to+\infty}\dfrac{x}{10\ln^9 x}=\cdots=\lim\limits_{x\to+\infty}\dfrac{x}{10!}=+\infty$，故 $\lim\limits_{n\to\infty}nu_n=\lim\limits_{n\to\infty}\dfrac{n}{\ln^{10}n}=\lim\limits_{x\to+\infty}\dfrac{x}{\ln^{10}x}=+\infty$. 该级数发散.

(5) $\sum\limits_{n=1}^{\infty}\dfrac{a^n}{n^s}$ ($a>0$, $s>0$).

【解】 对于 $s>0$,
$$\lim_{n\to\infty}\sqrt[n]{n^s}=\lim_{x\to+\infty}x^{\frac{s}{x}}=\exp\lim_{x\to+\infty}\dfrac{s\ln x}{x}=\exp\lim_{x\to+\infty}\dfrac{s}{x}=e^0=1.$$

$$\lim_{n\to\infty}\sqrt[n]{u_n}=\lim_{n\to\infty}\sqrt[n]{\dfrac{a^n}{n^s}}=a.$$

当 $a<1$ 时，级数收敛；当 $a>1$ 时，级数发散；当 $a=1$，又 $s>1$ 时，级数收敛；当 $a=1$，又 $s\le 1$ 时，级数发散.

4. 设正项级数 $\sum\limits_{n=1}^{\infty}u_n$ 和 $\sum\limits_{n=1}^{\infty}v_n$ 都收敛，证明级数 $\sum\limits_{n=1}^{\infty}(u_n+v_n)^2$ 也收敛.

【证】 设 $\sum\limits_{n=1}^{\infty}a_n$ 为收敛的正项级数，则必有 $\lim\limits_{n\to\infty}a_n=0$，某时刻后，必有 $a_n^2\le a_n$. 由比较审敛法可知，级数 $\sum\limits_{n=1}^{\infty}a_n^2$ 收敛.

本题中 $\sum\limits_{n=1}^{\infty}u_n$ 和 $\sum\limits_{n=1}^{\infty}v_n$ 收敛，故 $\sum\limits_{n=1}^{\infty}(u_n+v_n)$ 收敛，只要记 $a_n=u_n+v_n$，就可以推出 $\sum\limits_{n=1}^{\infty}(u_n+v_n)^2$ 收敛.

5. 设级数 $\sum\limits_{n=1}^{\infty}u_n$ 收敛，且 $\lim\limits_{n\to\infty}\dfrac{v_n}{u_n}=1$. 问级数 $\sum\limits_{n=1}^{\infty}v_n$ 是否也收敛？试说明理由.

【解】 当 $\sum\limits_{n=1}^{\infty}u_n$ 和 $\sum\limits_{n=1}^{\infty}v_n$ 都是正项级数时，结论成立；否则，结论非真，兹举反例如下.

令
$$u_n=(-1)^n\dfrac{1}{\sqrt{n}},\quad v_n=\left[(-1)^n\dfrac{1}{\sqrt{n}}+\dfrac{1}{n}\right],$$

则级数 $\sum\limits_{n=1}^{\infty}u_n$ 收敛，而 $\sum\limits_{n=1}^{\infty}v_n$ 发散，但是

$$\lim_{n\to\infty}\dfrac{v_n}{u_n}=\lim_{n\to\infty}\dfrac{(-1)^n\dfrac{1}{\sqrt{n}}+\dfrac{1}{n}}{(-1)^n\dfrac{1}{\sqrt{n}}}=\lim_{n\to\infty}\left[1+(-1)^n\dfrac{1}{\sqrt{n}}\right]=1.$$

级数 $\sum\limits_{n=1}^{\infty}\left[(-1)^n\dfrac{1}{\sqrt{n}}+\dfrac{1}{n}\right]$ 发散是因为 v_n 是由一收敛级数和一发散级数逐项相加得到的.

6. 讨论下列级数的绝对收敛性与条件收敛性：

(1) $\sum\limits_{n=1}^{\infty}(-1)^n\dfrac{1}{n^p}$.

【解】 $u_n=(-1)^n\dfrac{1}{n^p}$，则 $\sum\limits_{n=1}^{\infty}|u_n|=\sum\limits_{n=1}^{\infty}\dfrac{1}{n^p}$ 是 p-级数，此级数当 $p\le 1$ 时，发散；当 $p>1$ 时，收敛. 由此可知，$p>1$ 时，原级数绝对收敛.

当 $0<p\le 1$ 时，级数 $\sum\limits_{n=1}^{\infty}(-1)^n\dfrac{1}{n^p}$ 收敛，这容易由莱布尼茨判定法证出；当 $p\le 0$ 时，$\lim\limits_{n\to\infty}(-1)^n\dfrac{1}{n^p}\ne 0$，级数发散.

总之，原级数当 $p>1$ 时，绝对收敛；当 $0<p\leq 1$ 时，条件收敛；当 $p\leq 0$ 时，发散.

(2) $\sum\limits_{n=1}^{\infty}(-1)^{n+1}\dfrac{\sin\dfrac{\pi}{n+1}}{\pi^{n+1}}$.

【解】 $u_n=(-1)^{n+1}\dfrac{\sin\dfrac{\pi}{n+1}}{\pi^{n+1}}$，则有 $|u_n|\leq\dfrac{1}{\pi^{n+1}}=\left(\dfrac{1}{\pi}\right)^{n+1}$，而级数 $\sum\limits_{n=1}^{\infty}\left(\dfrac{1}{\pi}\right)^{n+1}$ 是公比 $q=\dfrac{1}{\pi}<1$ 的正项等比级数，它是收敛的.由比较审敛法可知，级数 $\sum\limits_{n=1}^{\infty}|u_n|$ 收敛，原级数绝对收敛.

(3) $\sum\limits_{n=1}^{\infty}(-1)^n\ln\dfrac{n+1}{n}$.

【解】 $u_n=(-1)^n\ln\dfrac{n+1}{n}$，则 $u_n=(-1)^n\ln\left(1+\dfrac{1}{n}\right)$.

由莱布尼茨判定法可知，级数 $\sum\limits_{n=1}^{\infty}(-1)^n\ln\dfrac{n+1}{n}$ 收敛.

$$|u_n|=\ln\left(1+\dfrac{1}{n}\right),\quad \lim_{n\to\infty}\dfrac{\ln\left(1+\dfrac{1}{n}\right)}{\dfrac{1}{n}}=1,$$

故级数 $\sum\limits_{n=1}^{\infty}|u_n|$ 发散.原级数条件收敛.

(4) $\sum\limits_{n=1}^{\infty}(-1)^n\dfrac{(n+1)!}{n^{n+1}}$.

【解】 $u_n=(-1)^n\dfrac{(n+1)!}{n^n}$，则 $\lim\limits_{n\to\infty}\dfrac{|u_{n+1}|}{|u_n|}=\lim\limits_{n\to\infty}\dfrac{(n+2)!}{(n+1)^{n+1}}\cdot\dfrac{n^n}{(n+1)!}=\lim\limits_{n\to\infty}\dfrac{n+2}{n+1}\cdot\dfrac{1}{\left(1+\dfrac{1}{n}\right)^n}=\dfrac{1}{e}<1$.

原级数绝对收敛.

7. 求下列极限:

(1) $\lim\limits_{n\to\infty}\dfrac{1}{n}\sum\limits_{k=1}^{n}\dfrac{1}{3^k}\left(1+\dfrac{1}{k}\right)^{k^2}$.

【解】 $\lim\limits_{n\to\infty}\sqrt[n]{\dfrac{1}{3^n}\left(1+\dfrac{1}{n}\right)^{n^2}}=\lim\limits_{n\to\infty}\dfrac{1}{3}\left(1+\dfrac{1}{n}\right)^n=\dfrac{e}{3}<1$,

级数 $\sum\limits_{n=1}^{\infty}\dfrac{1}{3^n}\left(1+\dfrac{1}{n}\right)^{n^2}$ 是收敛的正项级数，若记其部分和为 s_n，则 $s_n=\sum\limits_{k=1}^{n}\dfrac{1}{3^k}\left(1+\dfrac{1}{k}\right)^{k^2}$，它必是有界变量.而 $\left\{\dfrac{1}{n}\right\}$ 当 $n\to\infty$ 时是无穷小，因此有

$$\lim_{n\to\infty}\dfrac{1}{n}\sum_{k=1}^{n}\dfrac{1}{3^k}\left(1+\dfrac{1}{k}\right)^{k^2}=0.$$

(2) $\lim\limits_{n\to\infty}\left[2^{\frac{1}{3}}\cdot 4^{\frac{1}{9}}\cdot 8^{\frac{1}{27}}\cdot\cdots\cdot(2^n)^{\frac{1}{3^n}}\right]$.

【解】 由习题 12-3 中的 3(1) 题可知

$$\sum_{n=1}^{\infty}nx^{n-1}=\dfrac{1}{(1-x)^2}\quad(x\in(-1,1)),$$

必有

$$\sum_{n=1}^{\infty}nx^n=\dfrac{x}{(1-x)^2}\quad(x\in(-1,1)),$$

而 $\frac{1}{3} \in (-1, 1)$，于是

$$\lim_{n\to\infty}\left[2^{\frac{1}{3}} \cdot 4^{\frac{1}{9}} \cdot 8^{\frac{1}{27}} \cdots (2^n)^{\frac{1}{3^n}}\right] = 2^{\lim_{n\to\infty}\left(\frac{1}{3}+\frac{2}{3^2}+\cdots+\frac{n}{3^n}\right)} = 2^{\sum_{n=1}^{\infty}\frac{n}{3^n}} = 2^{\frac{\frac{1}{3}}{\left(1-\frac{1}{3}\right)^2}} = 2^{\frac{3}{4}} = \sqrt[4]{8}.$$

8. 求下列幂级数的收敛区间：

(1) $\sum_{n=1}^{\infty} \frac{3^n+5^n}{n} x^n$.

【解】 收敛半径 $R = \lim_{n\to\infty} \frac{3^n+5^n}{n} \cdot \frac{n+1}{3^{n+1}+5^{n+1}} = \lim_{n\to\infty} \frac{n+1}{n} \cdot \frac{\left(\frac{3}{5}\right)^n+1}{3 \cdot \left(\frac{3}{5}\right)^n+5} = \frac{1}{5}.$

当 $x = \frac{1}{5}$ 时，级数成为 $\sum_{n=1}^{\infty} \frac{1}{n}\left[\left(\frac{3}{5}\right)^n + 1\right]$，而 $\frac{1}{n}\left[\left(\frac{3}{5}\right)^n + 1\right] > \frac{1}{n}$，由比较审敛法可知，级数 $\sum_{n=1}^{\infty} \frac{1}{n}\left[\left(\frac{3}{5}\right)^n + 1\right]$ 发散；

当 $x = -\frac{1}{5}$ 时，级数成为 $\sum_{n=1}^{\infty} (-1)^n \frac{1}{n}\left[\left(\frac{3}{5}\right)^n + 1\right]$，容易由莱布尼茨判定法证得其收敛.

原级数收敛域为 $\left[-\frac{1}{5}, \frac{1}{5}\right)$.

(2) $\sum_{n=1}^{\infty} \left(1+\frac{1}{n}\right)^{n^2} x^n$.

【解】 $u_n = \left(1+\frac{1}{n}\right)^{n^2} x^n$，则 $\lim_{n\to\infty} \sqrt[n]{|u_n|} = \lim_{n\to\infty} \left(1+\frac{1}{n}\right)^n |x| = e|x|$.

当 $e|x| < 1$，即 $|x| < \frac{1}{e}$ 时，幂级数收敛；当 $e|x| > 1$，即 $|x| > \frac{1}{e}$ 时，幂级数发散；当 $x = \pm\frac{1}{e}$ 时，

$$|u_n| = \left(1+\frac{1}{n}\right)^{n^2}\left(\frac{1}{e}\right)^n.$$

$$\lim_{n\to\infty}\left(1+\frac{1}{n}\right)^{n^2}\left(\frac{1}{e}\right)^n = \lim_{x\to+\infty}\left(1+\frac{1}{x}\right)^{x^2}\left(\frac{1}{e}\right)^x = \exp\lim_{x\to+\infty}\ln\left[\left(1+\frac{1}{x}\right)^{x^2}\left(\frac{1}{e}\right)^x\right] = \exp\lim_{x\to+\infty}\left[x^2\ln\left(1+\frac{1}{x}\right)-x\right]$$

$$= \exp\lim_{x\to+\infty} \frac{\ln\left(1+\frac{1}{x}\right)-\frac{1}{x}}{\frac{1}{x^2}} \xlongequal{\frac{1}{x}=t} \exp\lim_{t\to 0^+} \frac{\ln(1+t)-t}{t^2} = \exp\lim_{t\to 0^+} \frac{\frac{1}{1+t}-1}{2t} = e^{-\frac{1}{2}} \neq 0,$$

此时，级数 $\sum_{n=1}^{\infty} u_n$ 发散.

总之，原级数收敛域为 $\left(-\frac{1}{e}, \frac{1}{e}\right)$.

(3) $\sum_{n=1}^{\infty} n(x+1)^n$.

【解】 收敛半径 $R=1$. 当 $x=0$ 时，级数发散；当 $x=-2$ 时，级数成为 $\sum_{n=1}^{\infty}(-1)^n n$，也发散. 幂级数当 $-1 < x+1 < 1$ 时，收敛，从而可知其收敛域为 $(-2, 0)$.

(4) $\sum_{n=1}^{\infty} \frac{n}{2^n} x^{2n}$.

【解】 幂级数只有偶数项 $\lim\limits_{n\to\infty}\left|\dfrac{u_{n+1}}{u_n}\right| = \lim\limits_{n\to\infty}\left|\dfrac{n+1}{2^{n+1}}x^{2(n+1)} \cdot \dfrac{2^n}{n \cdot x^{2n}}\right| = \dfrac{x^2}{2}.$

当 $\dfrac{x^2}{2}<1$,即 $|x|<\sqrt{2}$ 时,幂级数绝对收敛;当 $x=\pm\sqrt{2}$ 时,级数成为 $\sum\limits_{n=1}^{\infty}n$,发散.

幂级数收敛域为 $(-\sqrt{2},\sqrt{2})$.

9. 求下列幂级数的和函数:

(1) $\sum\limits_{n=1}^{\infty}\dfrac{2n-1}{2^n}x^{2(n-1)}.$

【解】 设 $s(x) = \sum\limits_{n=1}^{\infty}\dfrac{2n-1}{2^n}x^{2(n-1)}$,则

$$\int_0^x s(t)\mathrm{d}t = \dfrac{1}{2}\int_0^x(2n-1)\left(\dfrac{t}{\sqrt{2}}\right)^{2n-2}\mathrm{d}t = \dfrac{1}{\sqrt{2}}\sum\limits_{n=1}^{\infty}\left(\dfrac{x}{\sqrt{2}}\right)^{2n-1} = \dfrac{1}{\sqrt{2}} \cdot \dfrac{\dfrac{x}{\sqrt{2}}}{1-\left(\dfrac{x}{\sqrt{2}}\right)^2} = \dfrac{x}{2-x^2} \quad (|x|<\sqrt{2}).$$

$$s(x) = \left(\dfrac{x}{2-x^2}\right)' = \dfrac{2+x^2}{(2-x^2)^2} \quad (x \in (-\sqrt{2},\sqrt{2})).$$

*(2) $\sum\limits_{n=1}^{\infty}\dfrac{(-1)^{n-1}}{2n-1}x^{2n-1}.$

【解】 设和函数为 $s(x)$,则 $s(0)=0$,

$$s(x) = \sum\limits_{n=1}^{\infty}\dfrac{(-1)^{n-1}}{2n-1}x^{2n-1},\ s'(x) = \sum\limits_{n=1}^{\infty}(-1)^{n-1}x^{2n-2}.$$

当 $|x|<1$ 时,$s'(x)=\dfrac{1}{1+x^2}$,从而 $s(x) = \int_0^x \dfrac{1}{1+t^2}\mathrm{d}t + s(0) = \arctan x \quad (x \in (-1,1)).$

(3) $\sum\limits_{n=1}^{\infty}n(x-1)^n.$

【解】 由习题 12-3 中的 3(1) 的解答可知,幂级数 $\sum\limits_{n=1}^{\infty}nx^n$ 的和函数为 $s(x) = \dfrac{x}{(1-x)^2}$ ($x \in (-1,1)$).于是,$\sum\limits_{n=1}^{\infty}n(x-1)^n$ 的和函数必为

$$s(x) = \dfrac{x-1}{[1-(x-1)]^2} \quad (-1<x-1<1),$$

最后得 $s(x) = \sum\limits_{n=1}^{\infty}n(x-1)^n = \dfrac{x-1}{(2-x)^2} \quad (x \in (0,2)).$

*(4) $\sum\limits_{n=1}^{\infty}\dfrac{x^n}{n(n+1)}.$

【解】 设和函数为 $s(x)$,则 $s(0)=0$,不难用求数列极限的方法算出 $s(1)=1$.

当 $x \in [-1,0) \cup (0,1)$ 时,$s(x) = \dfrac{1}{x}\sum\limits_{n=1}^{\infty}\dfrac{x^{n+1}}{n(n+1)}$,则

$$xs(x) = \sum\limits_{n=1}^{\infty}\dfrac{x^{n+1}}{n(n+1)},\ [xs(x)]'' = \sum\limits_{n=1}^{\infty}x^{n-1} = \dfrac{1}{1-x},$$

由 $[xs(x)]' = \sum\limits_{n=1}^{\infty}\dfrac{x^n}{n}$ 可知 $[xs(x)]'\Big|_{x=0} = 0$,从而

$$[xs(x)]' = \int_0^x \dfrac{1}{1-t}\mathrm{d}t + [xs(x)]'\Big|_{x=0} = -\ln(1-x),$$

$$xs(x) = -\int_0^x \ln(1-t)\,dt = -x\ln(1-x) + x + \ln(1-x),$$

$$s(x) = 1 + \left(\frac{1}{x} - 1\right)\ln(1-x) \quad (x \in [-1, 0) \cup (0, 1)).$$

总之
$$s(x) = \begin{cases} 1 + \left(\dfrac{1}{x} - 1\right)\ln(1-x), & x \in [-1, 0) \cup (0, 1), \\ 0, & x = 0, \\ 1, & x = 1. \end{cases}$$

10. 设幂级数 $\sum_{n=1}^{\infty} a_n x^n$ 的系数 $a_1 = 1$, $a_2 = 0$, 且满足 $a_n = \dfrac{-1}{(n-1)(n-2)} a_{n-2}$ ($n \geq 3$, $n \in \mathbf{N}$). 试求该幂级数的收敛域与和函数 $f(x)$.

【解】 由于 $a_n = \dfrac{-1}{(n-1)(n-2)} a_{n-2}$ 且 $a_2 = 0$, 故 $a_{2k} = 0$ ($k = 2, 3, \cdots$). 从而

$$\sum_{n=1}^{\infty} a_n x^n = \sum_{k=0}^{\infty} a_{2k+1} x^{2k+1}.$$

由于 $a_{2k+1} = \dfrac{-1}{2k(2k-1)} a_{2k-1}$, 且 $\forall x \in (-\infty, +\infty)$, 有

$$\lim_{k \to \infty} \frac{|a_{2k+1} x^{2k+1}|}{|a_{2k-1} x^{2k-1}|} = \lim_{k \to \infty} \frac{|a_{2k+1}|}{|a_{2k-1}|} |x|^2 = \lim_{k \to \infty} \frac{1}{2k(2k-1)} |x|^2 = 0 < 1,$$

故该幂级数的收敛域是 $(-\infty, +\infty)$.

而
$$a_{2k+1} = \frac{-1}{2k(2k-1)} a_{2k-1} = \frac{-1}{2k(2k-1)} \cdot \frac{-1}{(2k-2)(2k-3)} a_{2k-3} = \cdots$$
$$= \frac{-1}{2k(2k-1)} \cdot \frac{-1}{(2k-2)(2k-3)} \cdot \cdots \cdot \frac{-1}{2 \times 1} a_1 = \frac{(-1)^k}{(2k)!}.$$

因此
$$\sum_{k=0}^{\infty} a_{2k+1} x^{2k+1} = \sum_{k=0}^{\infty} \frac{(-1)^k}{(2k)!} x^{2k+1} = x \cdot \sum_{k=0}^{\infty} \frac{(-1)^k}{(2k)!} x^{2k} = x\cos x,$$

即和函数为
$$f(x) = x\cos x, \quad x \in (-\infty, +\infty).$$

11. 求下列数项级数的和:

(1) $\sum_{n=1}^{\infty} \dfrac{n^2}{n!}$.

【解】 利用 $\sum_{n=0}^{\infty} \dfrac{1}{n!} = e$ 可解.

$$\sum_{n=1}^{\infty} \frac{n^2}{n!} = \sum_{n=1}^{\infty} \frac{n(n-1)}{n!} + \sum_{n=1}^{\infty} \frac{n}{n!} = \sum_{n=2}^{\infty} \frac{1}{(n-2)!} + \sum_{n=1}^{\infty} \frac{1}{(n-1)!}$$
$$= \sum_{n=0}^{\infty} \frac{1}{n!} + \sum_{n=0}^{\infty} \frac{1}{n!} = e + e = 2e.$$

(2) $\sum_{n=0}^{\infty} (-1)^n \dfrac{n+1}{(2n+1)!}$.

【解】 利用 $\sum_{n=0}^{\infty} \dfrac{(-1)^n}{(2n)!} = \cos 1$ 和 $\sum_{n=0}^{\infty} \dfrac{(-1)^n}{(2n+1)!} = \sin 1$ 可解.

$$\sum_{n=0}^{\infty} (-1)^n \frac{n+1}{(2n+1)!} = \frac{1}{2} \sum_{n=0}^{\infty} \frac{(-1)^n [(2n+1)+1]}{(2n+1)!}$$

$$= \frac{1}{2}\left[\sum_{n=0}^{\infty}\frac{(-1)^n}{(2n)!}+\sum_{n=0}^{\infty}\frac{(-1)^n}{(2n+1)!}\right]=\frac{1}{2}(\cos1+\sin1).$$

12. 将下列函数展开成 x 的幂级数：

(1) $\ln(x+\sqrt{x^2+1})$.

【解】 $[\ln(x+\sqrt{x^2+1})]'=\frac{1}{\sqrt{x^2+1}}$, $\ln(x+\sqrt{x^2+1})\Big|_{x=0}=0$,

故 $$\ln(x+\sqrt{x^2+1})=\int_0^x\frac{1}{\sqrt{t^2+1}}dt,$$

而当 $|t|\leqslant 1$ 时，

$$\frac{1}{\sqrt{t^2+1}}=(1+t^2)^{-\frac{1}{2}}=1+\sum_{n=1}^{\infty}(-1)^n\frac{(2n-1)!!}{(2n)!!}t^{2n},$$

故
$$\ln(x+\sqrt{x+1})=\int_0^x\left[1+\sum_{n=1}^{\infty}(-1)^n\frac{(2n-1)!!}{(2n)!!}t^{2n}\right]dt=x+\sum_{n=1}^{\infty}(-1)^n\frac{(2n-1)!!}{(2n)!!(2n+1)}x^{2n+1}$$
$$(x\in[-1,1]).$$

(2) $\frac{1}{(2-x)^2}$.

【解】 由于 $\frac{1}{2-x}=\frac{1}{2}\cdot\frac{1}{1-\frac{x}{2}}$，所以

$$\frac{1}{(2-x)^2}=\left(\frac{1}{2-x}\right)'=\left(\frac{1}{2}\cdot\frac{1}{1-\frac{x}{2}}\right)'=\left(\sum_{n=0}^{\infty}\frac{x^n}{2^{n+1}}\right)'=\sum_{n=1}^{\infty}\frac{n}{2^{n+1}}x^{n-1}\quad(x\in(-2,2)).$$

13. 设 $f(x)$ 是周期为 2π 的函数，它在 $[-\pi,\pi)$ 上的表达式为
$$f(x)=\begin{cases}0, & x\in[-\pi,0),\\ e^x, & x\in[0,\pi).\end{cases}$$

将 $f(x)$ 展开成傅里叶级数.

【解】 $f(x)$ 满足收敛定理的条件，且除了 $x=k\pi(k\in\mathbf{Z})$ 外处处连续.

$$a_0=\frac{1}{\pi}\int_{-\pi}^{\pi}f(x)dx=\frac{1}{\pi}\int_0^{\pi}e^xdx=\frac{e^{\pi}-1}{\pi};$$

$$a_n=\frac{1}{\pi}\int_{-\pi}^{\pi}f(x)\cos nx\,dx=\frac{1}{\pi}\int_0^{\pi}e^x\cos nx\,dx=\frac{1}{\pi}\int_0^{\pi}\cos nx\,de^x$$

$$=\frac{1}{\pi}\left(e^x\cos nx\Big|_0^{\pi}+n\int_0^{\pi}e^x\sin nx\,dx\right)$$

$$=\frac{(-1)^n e^{\pi}-1}{\pi}+\frac{n}{\pi}\left(e^x\sin nx\Big|_0^{\pi}-n\int_0^{\pi}e^x\cos nx\,dx\right)$$

$$=\frac{(-1)^n e^{\pi}-1}{\pi}-n^2 a_n,$$

故
$$a_n=\frac{(-1)^n e^{\pi}-1}{(n^2+1)\pi}\quad(n=1,2,\cdots);$$

而
$$b_n=\frac{1}{\pi}\int_{-\pi}^{\pi}f(x)\sin nx\,dx=\frac{1}{\pi}\int_0^{\pi}e^x\sin nx\,dx=\frac{1}{\pi}\int_0^{\pi}\sin nx\,de^x$$

$$= \frac{1}{\pi}\left(e^x \sin nx \bigg|_0^\pi - n\int_0^\pi e^x \cos nx dx\right) = -na_n \quad (n=1, 2, \cdots).$$

于是

$$f(x) = \frac{e^\pi - 1}{2\pi} + \frac{1}{\pi}\sum_{n=1}^\infty\left[\frac{(-1)^n e^\pi - 1}{n^2+1}\cos nx + \frac{(-1)^{n+1}e^\pi + 1}{n^2+1}n\sin nx\right], \quad x \in \mathbf{R}\setminus\{k\pi \mid k \in \mathbf{Z}\}.$$

14. 将函数 $f(x) = \begin{cases} 1, & 0 \le x \le h, \\ 0, & h < x \le \pi \end{cases}$ 分别展开成正弦级数和余弦级数.

【解】 将 $f(x)$ 作奇延拓,得 $F(x), x \in [-\pi, \pi]$.

$$F(x) = \begin{cases} f(x), & x \in (0, \pi], \\ 0, & x = 0, \\ -f(-x), & x \in [-\pi, 0). \end{cases}$$

再将 $F(x)$ 作周期延拓,得 $G(x), x \in (-\infty, +\infty)$,当 $x \in (0, \pi)$ 时,$G(x) \equiv f(x)$.

$$b_n = \frac{2}{\pi}\int_0^h \sin nx dx = \frac{2(1-\cos nh)}{n\pi}, \quad a_n = 0.$$

$$f(x) = \frac{2}{\pi}\sum_{n=1}^\infty \frac{1-\cos nh}{n}\sin nx \quad (x \in (0, h) \cup (h, \pi)).$$

再对 $f(x)$ 进行偶延拓,得 $F(x)$,对 $F(x)$ 进行周期延拓得 $G(x)$(此处略).

$$a_0 = \frac{2}{\pi}\int_0^h dx = \frac{2h}{\pi}, \quad a_n = \frac{2}{\pi}\int_0^h \cos nx dx = \frac{2\sin n\pi h}{n\pi}, \quad b_n = 0 \quad (n=1, 2, \cdots).$$

$$f(x) = \frac{h}{\pi} + \frac{2}{\pi}\sum_{n=1}^\infty \frac{\sin nh}{n}\cos nx \quad (x \in [0, h) \cup (h, \pi)).$$

下学期期末测试模拟试题

第一套

一、填空题(4 分×4=16 分)

1. 设函数 $z=(x,y)$ 由方程 $x^2+2y^2+3z^2+xy-z-9=0$ 确定,则函数的驻点是_____.

2. L 为 $x^2+y^2=1$ 一周,则 $\oint_L x^2 ds=$_____.

3. 设物体由平面 $x=0$, $y=0$, $x+z=a$ $(a>0)$ 与 $y=z$ 所围成,其密度为 $f(x,y,z)$ ($f(x,y,z)$ 为连续函数),则该物体的质量在直角坐标系下先对 y,再对 z,最后对 x 的三次积分是_____.

4. 设 $f(x)=\begin{cases} 0, & -\pi\leq x<0, \\ A, & 0\leq x\leq\pi, \end{cases}$ $f(x)$ 的傅里叶级数的系数 $b_{2k-1}=$_____ $(k=1,2,3,\cdots)$.

二、选择题(4 分×4=16 分)

1. 函数 $f(x,y)=\begin{cases} \dfrac{2xy}{x^2+y^2}, & x^2+y^2\neq 0, \\ 0, & x^2+y^2=0 \end{cases}$ 在点 $(0,0)$ 处( ).

   A. 连续且可导; B. 不连续且不可导;
   C. 可导且可微; D. 可导但不连续.

2. 设 L 是从点 $O(0,0)$ 沿折线 $y=1-|x-1|$ 至点 $A(2,0)$ 的折线段,则曲线积分 $I=\int_L -ydx+xdy$ 等于( ).

   A. 0; B. -1; C. 2; D. -2.

3. $\boldsymbol{F}=x^3\boldsymbol{i}+y^3\boldsymbol{j}+z^3\boldsymbol{k}$,则在点 $(1,0,-1)$ 处的 $\text{div}\boldsymbol{F}$ 为( ).

   A. 6; B. 0; C. $\sqrt{6}$; D. $3\sqrt{2}$.

4. 已知 $|\boldsymbol{a}|=1$,$|\boldsymbol{b}|=\sqrt{2}$,$(\widehat{\boldsymbol{a},\boldsymbol{b}})=\dfrac{\pi}{4}$,则 $|\boldsymbol{a}+\boldsymbol{b}|=$( ).

   A. $\sqrt{5}$; B. $1+\sqrt{2}$; C. 2; D. 1.

三、计算题(8 分×3=24 分)

1. 计算 $\iiint_\Omega (x^2+y^2+z^2)dxdydz$,其中 Ω 是由 $z=\sqrt{x^2+y^2}$ 与 $z=1$ 围成的闭区域.

2. 由点 $P(1,2,3)$ 向直线 $L:\dfrac{x-4}{2}=\dfrac{y+5}{-2}=\dfrac{z-1}{1}$ 引垂线,求垂足坐标.

3. 计算曲面积分 $\iint_\Sigma zdxdy+xdydz+ydzdx$. 其中 Σ 是柱面 $x^2+y^2=1$ 被平面 $z=0$ 及 $z=3$ 所截得的在第 I 卦限内的部分的前侧.

四、(9 分) 求幂级数 $\sum\limits_{n=1}^{\infty}(-1)^{n-1}\dfrac{n^2}{2+n^3}x^n$ 的收敛区间(要讨论端点).

五、(10 分) 在椭球面 $3x^2+y^2+z^2=16$ 上求距离平面 $3x+2y-3z=36$ 的最近点和最远点,并求最近和最远距离.

六、(10 分) 设 $f(x)$ 具有连续的一阶导数,且 $f(0)=-\dfrac{1}{2}$,确定 $f(x)$ 使曲线积分

$\int_{P_1}^{P_2} [e^x + f(x)]y\,dx - f(x)\,dy$ 与路径无关，并求当点 P_1, P_2 分别为 $(0,0)$, $(1,1)$ 时该线积分的值.

七、(8分) 证明:若级数 $\sum\limits_{n=1}^{\infty} u_n$ 满足条件:

(1) $\lim\limits_{n\to\infty} u_n = 0$; (2) $\sum\limits_{k=1}^{\infty}(u_{2k-1} + u_{2k})$ 收敛, 则 $\sum\limits_{n=1}^{\infty} u_n$ 收敛.

八、(7分) 设 $f(t)$ 连续, 证明:

$$\iint_D f(x-y)\,dx\,dy = \int_{-A}^{A} f(t)(A-|t|)\,dt,$$

其中 A 为正常数, $D: |x| \leq \dfrac{A}{2}, |y| \leq \dfrac{A}{2}$.

第二套

一、填空题(4分×4=16分)

1. 设 $y = y(x,z)$ 由 $xyz = e^{x+y}$ 确定, 则 $\dfrac{\partial y}{\partial x} = $ _____.

2. 设 $D = \{(x,y) \mid |x| + |y| \leq 1\}$, 则积分 $\iint\limits_D (x+|y|)\,d\sigma = $ _____.

3. 设 L 是曲线 $y = \sqrt{2x - x^2}$ 上从 $O(0,0)$ 到 $A(2,0)$ 的一段, 则 $\int_L y\,dx - x\,dy = $ _____.

4. 将 $f(x) = \begin{cases} e^x, & -\pi \leq x < 0 \\ 1, & 0 \leq x \leq \pi \end{cases}$ 展开成傅里叶级数时, $a_0 = $ _____.

二、选择题(4分×4=16分)

1. 若 $z = f(x,y)$ 在 $P_0(x_0, y_0)$ 处可微, 则 $f(x,y)$ 在 $P_0(x_0, y_0)$ 处下列结论中不成立的是( ).

A. 连续; B. 偏导数存在;
C. 偏导数连续; D. 切平面存在.

2. 设 a 为常数, 则级数 $\sum\limits_{n=1}^{\infty}(-1)^n \left(1 - \cos\dfrac{a}{n}\right)$ 必然( ).

A. 发散; B. 绝对收敛;
C. 条件收敛; D. 收敛性与 a 有关.

3. 下列二次曲面中为双曲抛物面的是( ).
A. $z = x^2 + y^2$; B. $z = y^2 + 2 - x^2$;
C. $z = 2 - \sqrt{x^2 + y^2}$; D. $z = \sqrt{a^2 - x^2 - y^2}$.

4. 下列运算中, 错误的是( ).

A. $\oint_{x^2+y^2=a^2}(x^2+y^2)\,ds = \oint_{x^2+y^2=a^2} a^2\,ds$;

B. $\oiint_{x^2+y^2+z^2=a^2}(x^2+y^2+z^2)\,dS = \oiint_{x^2+y^2+z^2=a^2} a^2\,dS$;

C. $\iiint_{x^2+y^2+z^2\leq a^2}(x^2+y^2+z^2)\,dv = \iiint_{x^2+y^2+z^2\leq a^2} a^2\,dv$;

D. $\oiint_{x^2+y^2+z^2=a^2}(x+y+z)\,dS = 0$.

三、计算题(6分×4=24分)

1. 设 $\Omega: 0 \leq x \leq a, 0 \leq y \leq b, 0 \leq z \leq c$, 求 $\iiint\limits_\Omega (x+2y+3z)\,dx\,dy\,dz$.

2. 设 Σ 为球面 $x^2+y^2+z^2=a^2$ 外侧,求 $\oiint\limits_{\Sigma} x^3 \mathrm{d}y\mathrm{d}z+y^3 \mathrm{d}z\mathrm{d}x+z^3 \mathrm{d}x\mathrm{d}y$.

3. 将 $f(x)=\dfrac{1}{x^2-x-2}$ 展开为 x 的幂级数,并指出收敛域.

4. 求过直线 $L: \dfrac{x-2}{5}=\dfrac{y+1}{2}=\dfrac{z-2}{4}$ 且垂直于平面 $\Pi: x+4y-3z+7=0$ 的平面方程.

四、(8分) 设函数
$$f(x, y, z)=xy+zx+yz-x-y-z+6,$$
问在点 $P(3, 4, 0)$ 处沿怎样的方向 l,f 的变化率最大?并求出最大的变化率.

五、(9分) 设 $D=\{(x, y)\mid 0\leqslant x\leqslant 1, 0\leqslant y\leqslant 1\}$,求 $\iint\limits_{D} \mathrm{e}^{\max\{x^2, y^2\}} \mathrm{d}x\mathrm{d}y$.

六、(9分) 设 L 是椭圆 $\dfrac{x^2}{a^2}+\dfrac{y^2}{b^2}=1$ 逆时针方向一周,求 $\oint\limits_{L} \dfrac{x\mathrm{d}y-y\mathrm{d}x}{x^2+y^2}$ $(a>0, b>0)$.

七、(9分) 设 $u=f(r)$,$r=\sqrt{x^2+y^2+z^2}$ 在 $r>0$ 内满足拉普拉斯方程
$$\dfrac{\partial^2 u}{\partial x^2}+\dfrac{\partial^2 u}{\partial y^2}+\dfrac{\partial^2 u}{\partial z^2}=0,$$
其中 $f(r)$ 二阶可导,且 $f(1)=f'(1)=1$.试将拉普拉斯方程化为以 r 为自变量的常微分方程,并求出 $f(r)$.

八、(9分) 设 $f(x)=\sum\limits_{n=0}^{\infty} a_n x^n$ 在 $[0, 1]$ 上收敛. 试证:当 $a_0=a_1=0$ 时,级数 $\sum\limits_{n=1}^{\infty} f\left(\dfrac{1}{n}\right)$ 必定收敛.

第三套

一、填空题(4 分×4 = 16 分)

1. 设 $x+2y+z-2\sqrt{xyz}=0$,则 $\dfrac{\partial z}{\partial x}=$ _____.

2. $\boldsymbol{a}=2\boldsymbol{i}-\boldsymbol{j}+2\boldsymbol{k}$,$\boldsymbol{x}$ 与 $\boldsymbol{a}$ 共线,且 $\boldsymbol{a}\cdot\boldsymbol{x}=-18$,则 $\boldsymbol{x}=$ _____.

3. 交换二次积分 $\int_{0}^{4} \mathrm{d}y \int_{-\sqrt{4-y}}^{\frac{1}{2}(y-4)} f(x, y) \mathrm{d}x$ 的积分次序得 _____.

4. 过 $A(3, 0, 0)$,$B(0, 5, 0)$,$C(0, 0, 4)$ 的平面方程是 _____.

二、选择题(4 分×4 = 16 分)

1. $f(x, y)$ 在点 (x, y) 可微分是 $f(x, y)$ 在该点连续的( )条件.
 A. 充分非必要; B. 必要非充分;
 C. 充分必要;   D. 既非充分也非必要.

2. 若级数 $\sum\limits_{n=1}^{\infty} u_n$ 条件收敛,则级数 $\sum\limits_{n=1}^{\infty} |u_n|$ 必定( ).
 A. 收敛;   B. 发散;
 C. 绝对收敛;   D. 可能收敛也可能发散.

3. 设曲面 Σ 是上半球面:$x^2+y^2+z^2=R^2$ $(z\geqslant 0)$,曲面 Σ_1 是曲面 Σ 在第 I 卦限中的部分,则有( ).
 A. $\iint\limits_{\Sigma} x\mathrm{d}S = 4\iint\limits_{\Sigma_1} x\mathrm{d}S$; B. $\iint\limits_{\Sigma} y\mathrm{d}S = 4\iint\limits_{\Sigma_1} x\mathrm{d}S$;
 C. $\iint\limits_{\Sigma} z\mathrm{d}S = 4\iint\limits_{\Sigma_1} x\mathrm{d}S$; D. $\iint\limits_{\Sigma} xyz\mathrm{d}S = 4\iint\limits_{\Sigma_1} xyz\mathrm{d}S$.

4. 与直线 $L: \dfrac{x+3}{-2} = \dfrac{y+4}{-7} = \dfrac{z-1}{3}$ 平行的平面是( ).

A. $4x - 2y - 2z = 3$; B. $2x - 4y + 5z = 2$;
C. $3x - 2y + 5z = 4$; D. $8x - 3y + 2z = 1$.

三、计算下列各题(7分×4=28分)

1. 已知 $u = f(x^2 - y^2, \mathrm{e}^{xy})$，其中 f 具有一阶连续偏导数，求 $\dfrac{\partial u}{\partial x}$, $\dfrac{\partial u}{\partial y}$.

2. 设 $z = x\ln(xy)$，求 $\dfrac{\partial^3 z}{\partial x \partial y^2}$.

3. 求函数 $u = xyz$ 在附加条件 $\dfrac{1}{x} + \dfrac{1}{y} + \dfrac{1}{z} = \dfrac{1}{a}$ $(x>0, y>0, z>0, a>0)$ 下的极小值.

4. 求 $\iiint\limits_{\Omega} \sin(\pi z^3)\mathrm{d}v$，其中 $\Omega: \sqrt{x^2+y^2} \leqslant z \leqslant 1$.

四、(8分) 判别级数 $\sum\limits_{n=1}^{\infty} \dfrac{(-1)^n}{n\ln\left(1+\dfrac{1}{n}\right)}$ 的敛散性，并说明理由.

五、(8分) 设 L 为圆周 $x^2 + y^2 = 4$ 的逆时针方向一周，求 $\oint_L \dfrac{y\mathrm{d}x - x\mathrm{d}y}{4x^2 + y^2}$.

六、(8分) 求平面 $3x + 5y - 4z - 6 = 0$ 与 $x - y + 4z - 2 = 0$ 等分角面的方程.

七、(8分) 求 $I = \iint\limits_{\Sigma} z^2 \mathrm{d}y\mathrm{d}z + y\mathrm{d}z\mathrm{d}x + z\mathrm{d}x\mathrm{d}y$，其中 Σ 为曲面 $z = 10 - x^2 - y^2$ $(1 \leqslant z \leqslant 10)$ 的上侧.

八、(8分) 设级数 $\sum\limits_{n=1}^{\infty} a_n$ 绝对收敛，试证：级数 $\sum\limits_{n=1}^{\infty} \dfrac{n^2+1}{n^2} a_n$ 也绝对收敛.

第四套

一、填空题(4分×4=16分)

1. 函数 $z = x\mathrm{e}^{2y}$ 在点 $P(1, 0)$ 沿从 $P_1(1, 0)$ 到 $Q(2, -1)$ 的方向之方向导数为_____.

2. 设 Σ 为球面 $x^2+y^2+z^2=a^2$ $(a>0)$，则 $\oiint\limits_{\Sigma}(x+y+z)^2\mathrm{d}S = $ _____.

3. $\boldsymbol{a} = (2, 1, 2)$, $\boldsymbol{b} = (4, -1, 10)$, $\boldsymbol{c} = \boldsymbol{b} - \lambda\boldsymbol{a}$, $\boldsymbol{a} \perp \boldsymbol{c}$, 则 $\lambda = $ _____.

4. 已知 $\sum\limits_{n=1}^{\infty}(-1)^{n-1}u_n = 2$, $\sum\limits_{n=1}^{\infty}u_{2n-1} = 5$, 则 $\sum\limits_{n=1}^{\infty}u_n = $ _____.

二、选择题(4分×4=16分)

1. 抛物线 $y = x^2$ 上到直线 $x - y - 2 = 0$ 的距离最近的点是( ).

A. $\left(\dfrac{1}{2}, \dfrac{1}{4}\right)$; B. $(0, 0)$; C. $(1, 1)$; D. $\left(-\dfrac{1}{2}, \dfrac{1}{4}\right)$.

2. 设 Ω 为平面 $x+y+z=1$ 与三坐标面所围成的空间区域，则三重积分 $\iiint\limits_{\Omega}(x+y+z)\mathrm{d}v = $ ( ).

A. $\dfrac{1}{12}$; B. $\dfrac{1}{6}$; C. $\dfrac{1}{8}$; D. $\dfrac{1}{24}$.

3. 设 L 为星形线 $x^{\frac{2}{3}} + y^{\frac{2}{3}} = a^{\frac{2}{3}}$ $(a>0)$，则下列各曲线积分中，其值为 0 者是( ).

A. $\oint_L (x^2+y^2)\mathrm{d}s$; B. $\oint_L (xy^2+yx^2)\mathrm{d}s$;

C. $\oint_L (x+y)^2\mathrm{d}s$; D. $\oint_L x^2y^2\mathrm{d}s$.

4. 下列各级数中, 发散者为( ).

A. $\sum_{n=1}^{\infty} \frac{(-1)^{n-1}}{n}$; B. $\sum_{n=1}^{\infty} \left(\frac{2n}{3n+1}\right)^n$;

C. $\sum_{n=1}^{\infty} \frac{4+(-1)^n}{3^n+n}$; D. $\sum_{n=1}^{\infty} \frac{3^n}{n^4}$.

三、计算下列各题(7分×4=28分)

1. 求过点 $M_0(3, 1, -2)$ 和直线 $L: \frac{x-4}{5}=\frac{y+3}{2}=\frac{z}{1}$ 的平面方程.

2. 设 $a>0$, $a<z\leq 2a$, $x^2+y^2+z^2=2az$, 求全微分 $\mathrm{d}z$.

3. 求 $\iiint_\Omega (x^2+y^2)\mathrm{d}v$. Ω: 曲面 $z=\sqrt{x^2+y^2}$ 与平面 $z=1$ 围成.

4. 求 $\iint_\Sigma z^2 \mathrm{d}S$. Σ 是柱面 $x^2+y^2=R^2(R>0)$ 介于平面 $z=0$ 和 $z=H(H>0)$ 之间的部分.

四、(8分)

计算二重积分 $\iint_D y\sqrt{x^2-y^2}\mathrm{d}\sigma$, 其中 D 为直线 $y=x$, $x=1$, $y=0$ 围成的闭区域.

五、(8分)

计算 $\oint_L \left(1-\frac{y^2}{x^2}\cos\frac{y}{x}\right)\mathrm{d}x + \left(\sin\frac{y}{x}+\frac{y}{x}\cos\frac{y}{x}+x^2\right)\mathrm{d}y$, 式中 L 是曲线 $x^2+y^2=2y$, $x^2+y^2=4y$, 直线 $x-\sqrt{3}y=0$, $y-\sqrt{3}x=0$ 所围成区域 D 的正向边界曲线.

六、(8分)

将函数 $f(x)=\frac{1}{3+4x}$ 展开为 $(x+2)$ 的幂级数并给出收敛域.

七、(8分)

设 $a>0$, 物体占有空间 Ω 是由 yOz 坐标面上曲线 $y^2+(z-a)^2=a^2$ 绕 z 轴旋转一周所形成的曲面围成的闭区域, 体密度函数为常数 ρ_0. 求该物体对于 z 轴的转动惯量.

八、(8分)

设曲面 Σ 为抛物面 $z=1-x^2-y^2 (0\leq z\leq 1)$, 取上侧. 求 $\iint_\Sigma 2x^3\mathrm{d}y\mathrm{d}z + 2y^3\mathrm{d}z\mathrm{d}x + 2\mathrm{d}x\mathrm{d}y$.

第五套

一、填空题(4分×4=16分)

1. 直线 $\frac{x-1}{2}=\frac{y+2}{-1}=\frac{z}{3}$ 与平面 $x-y+2z+6=0$ 的交点是_____.

2. 设 Σ 为球面 $x^2+y^2+z^2=a^2(a>0)$, 则 $\oiint_\Sigma (x+y)^2\mathrm{d}S=$ _____.

3. 小山高度为 $z=5-x^2-2y^2$. 在 $\left(-\frac{3}{2}, -1, \frac{3}{4}\right)$ 处登山, 最陡方向是 $l=$ _____.

4. 设 $f(x)$ 为周期为 2π 的周期函数, 它在 $[-\pi, \pi)$ 上的表达式为

$$f(x)=\begin{cases} -1, & -\pi\leq x<0, \\ 5, & 0\leq x<\pi, \end{cases}$$

若 $f(x)$ 的 Fourier 级数的和函数为 $s(x)$, 则 $s(\pi)+s\left(\frac{\pi}{2}\right)=$ _____.

二、选择题(4分×4=16分)

1. 设 a, b, c 为非零向量，则 $(a \times b) \times c = ($).
   A. $a \times (b \times c)$;　　B. $(b \times a) \times c$;　　C. $c \times (a \times b)$;　　D. $c \times (b \times a)$.

2. 函数 $z = f(x, y)$ 在 (x_0, y_0) 可微分的充分条件是 $f(x, y)$ 在 (x_0, y_0) 处( ).
   A. 两个偏导数连续；　　　　　　　　B. 两个偏导数存在；
   C. 存在任何方向的方向导数；　　　　D. 函数连续且存在偏导数.

3. 设 $D: x^2 + y^2 \leq 2x$, $f(x, y)$ 在 D 上连续，则 $\iint\limits_D f(x, y) d\sigma = ($).

   A. $\int_0^\pi d\theta \int_0^{2\sin\theta} f(r\cos\theta, r\sin\theta) r dr$;
   B. $\int_0^{2\pi} d\theta \int_0^{2\cos\theta} f(r\cos\theta, r\sin\theta) r dr$;
   C. $\int_{-\frac{\pi}{2}}^{\frac{\pi}{2}} d\theta \int_0^{2\cos\theta} f(r\cos\theta, r\sin\theta) r dr$;
   D. $\int_{-\frac{\pi}{2}}^{\frac{\pi}{2}} d\theta \int_\theta^{2\sin\theta} f(r\cos\theta, r\sin\theta) r dr$.

4. 若级数 $\sum\limits_{n=1}^\infty u_n$ 与 $\sum\limits_{n=1}^\infty v_n$ 都发散，则必有( ).
   A. $\sum\limits_{n=1}^\infty (u_n + v_n)$ 发散；　　　　B. $\sum\limits_{n=1}^\infty (|u_n| + |v_n|)$ 发散；
   C. $\sum\limits_{n=1}^\infty (u_n^2 + v_n^2)$ 收敛；　　　　D. $\sum\limits_{n=1}^\infty (u_n + v_n)$ 收敛.

三、计算下列各题(7分×4=28分)

1. 求过点 $(-1, 2, 3)$ 垂直于直线 $\dfrac{x}{4} = \dfrac{y}{5} = \dfrac{z}{6}$，而与平面 $7x + 8y + 9z + 10 = 0$ 平行的直线方程.

2. 计算二重积分 $\iint\limits_D \sqrt{x^2 + y^2} dxdy$，其中积分区域 D 为 $x^2 + y^2 \leq 4$.

3. 计算函数 $z = (1 + xy)^x$ 在点 $P(1, 1)$ 处的全微分.

4. 求 $\iint\limits_\Sigma z^2 dS$，$\Sigma$ 是锥面 $z = \sqrt{x^2 + y^2}$ 被平面 $z = 0$ 和 $z = H (H > 0)$ 截下的部分.

四、(8分) 将函数 $f(x) = \dfrac{1}{x^2 + 4x + 3}$ 展开成 $(x - 1)$ 的幂级数，并给出收敛域.

五、(8分) 计算三重积分 $\iiint\limits_\Omega (x^2 + y^2 + x) dv$，其中 Ω 是由抛物面 $x^2 + y^2 = 2z$ 及平面 $z = 5$ 所围成的空间闭区域.

六、(8分) 设 L 是由直线 $x + 2y = 2$ 上从 $A(2, 0)$ 到 $B(0, 1)$ 的一段，及圆弧 $x = -\sqrt{1 - y^2}$ 上从 $B(0, 1)$ 再到 $C(-1, 0)$ 的有向曲线，计算 $\int_L (x^2 - 2y) dx + (3x + ye^y) dy$.

七、(8分) 计算曲面积分 $\oiint\limits_\Sigma x^3 dydz + y^3 dzdx + z^3 dxdy$，其中 Σ 为球面 $x^2 + y^2 + z^2 = 2az(a > 0)$ 的外侧.

八、(8分) 设 $u = f(x^2 + y^2, z)$，f 具有二阶连续偏导数，而 $z = z(x, y)$ 由方程 $x + y - z = e^z$ 确定，求 $\dfrac{\partial^2 u}{\partial x \partial y}$.

下学期期末测试模拟试题参考答案

第一套

一、1. $(0, 0)$.　　2. π.　　3. $\int_0^a dx \int_0^{a-x} dz \int_0^z f(x, y, z) dy$.　　4. $\dfrac{2A}{(2k-1)\pi}$.

二、1. D 2. D 3. A 4. A

三、1. $I = \int_0^{2\pi} d\theta \int_0^{\frac{\pi}{4}} d\varphi \int_0^{\frac{1}{\cos\varphi}} r^4 \sin\varphi\, dr = \frac{3\pi}{10}$.

2. 以 $s=(2,-2,1)$ 为法向量，过点 $P(1,2,3)$ 作平面 $\Pi: 2x-2y+z-1=0$. 将直线写成参数式 $x=2t+4, y=-5-2t, z=1+t$. 代入平面方程，得 $t=-2$. 直线与平面的交点 $(0, -1, -1)$ 即为所求之垂足.

3. $D_1: 0 \leq y \leq 1, 0 \leq z \leq 3; D_2: 0 \leq x \leq 1, 0 \leq z \leq 3$.
$$I = \iint_{D_1} \sqrt{1-y^2}\, dydz + \iint_{D_2} \sqrt{1-x^2}\, dxdz = 2\int_0^1 \sqrt{1-x^2}\, dx \int_0^3 dz = \frac{3\pi}{2}.$$

四、收敛半径 $R=1$. 当 $x=-1$ 时，发散；当 $x=1$ 时，收敛，收敛域为 $(-1, 1]$.

五、椭球面上的点 (x, y, z) 到已知平面的距离 $d = \frac{|3x+2y-3z-36|}{\sqrt{22}}$.

令 $F = (3x+2y-3z-36)^2 + \lambda(3x^2+y^2+z^2-16)$. 再令 $F_x=0, F_y=0, F_z=0$，解出可能的极值点 $(1, 2, -3)$ 和 $(-1, -2, 3)$. 最远距离为 $d(-1,-2,3) = \frac{52}{\sqrt{22}}$，最近距离为 $d(1, 2, -3) = \frac{20}{\sqrt{22}}$.

六、$P = [e^x + f(x)]y, Q = -f(x)$. 令 $\frac{\partial Q}{\partial x} = \frac{\partial P}{\partial y}$，解出 $f(x) = -\frac{1}{2}e^x$.

$$\int_{(0,0)}^{(1,1)} \left[e^x + \left(-\frac{1}{2}e^x\right)\right]y\, dx - \left(-\frac{1}{2}e^x\right)dy = \frac{1}{2}e^x y \Big|_{(0,0)}^{(1,1)} = \frac{e}{2}.$$

七、$s_{2n} = (u_1 + u_2) + (u_3 + u_4) + \cdots + (u_{2n-1} + u_{2n})$,
$s_{2n+1} = u_1 + u_2 + \cdots + u_{2n} + u_{2n+1}$.

设 $\sum_{k=1}^{\infty}(u_{2k-1} + u_{2k}) = s$，则 $\lim_{n\to\infty} s_{2n} = s$. 又 $\lim_{n\to\infty} u_n = 0$，故 $\lim_{n\to\infty} u_{2n+1} = 0$，从而
$$\lim_{n\to\infty} s_{2n+1} = \lim_{n\to\infty}(s_{2n} + u_{2n+1}) = s.$$

八、$\iint_D f(x-y)\, dxdy = \int_{-\frac{A}{2}}^{\frac{A}{2}} dx \int_{-\frac{A}{2}}^{\frac{A}{2}} f(x-y)\, dy \xrightarrow{x-y=t} \int_{-\frac{A}{2}}^{\frac{A}{2}} dx \int_{x-\frac{A}{2}}^{x+\frac{A}{2}} f(t)\, dt$

$= \int_{-A}^0 f(t)\, dt + \int_{-\frac{A}{2}}^{t+\frac{A}{2}} dx + \int_0^A f(t)\, dt \int_{t-\frac{A}{2}}^{\frac{A}{2}} dx$

$= \int_{-A}^0 f(t)(t+A)\, dt + \int_0^A f(t)(-t+A)\, dt = \int_{-A}^A f(t)(A-|t|)\, dt.$

第二套

一、1. $\frac{y(x-1)}{x(1-y)}$. 2. $\frac{2}{3}$. 3. π. 4. $\frac{1}{\pi}(1-e^{-\pi}) + 1$.

二、1. C 2. B 3. B 4. C

三、1. $\iiint_\Omega z\, dv = ab\int_0^c z\, dz = \frac{1}{2}abc^2$. 故

$$\text{原式} = \left(\frac{a}{2} + 2 \cdot \frac{b}{2} + 3 \cdot \frac{c}{2}\right)abc = \frac{1}{2}abc(a+2b+3c).$$

2. $I = 3\iiint_\Omega (x^2+y^2+z^2)\, dv = 18\iiint_{\Omega_1} z^2\, dv = 18\int_0^a z^2 \pi(a^2-z^2)\, dz = \frac{36}{15}\pi a^4$.

式中 Ω 为 $x^2+y^2+z^2 \leq a^2$, Ω_1 为 $x^2+y^2+z^2 \leq a^2, z \geq 0$.

3. $f(x) = \frac{1}{3}\left(\frac{1}{x-2} - \frac{1}{x+1}\right) = -\frac{1}{6} \cdot \frac{1}{1-\frac{x}{2}} - \frac{1}{3} \cdot \frac{1}{1+x} = -\frac{1}{6}\sum_{n=0}^{\infty}\left(\frac{x}{2}\right)^n - \frac{1}{3}\sum_{n=0}^{\infty}(-1)^n x^n$

$= \sum_{n=0}^{\infty}\left(-\frac{1}{3}\right)\left(\frac{1}{2^{n+1}} + (-1)^n\right)x^n, \; x \in (-1, 1)$.

4. $22x - 19y - 18z - 27 = 0$.

四、$\mathrm{grad} f|_P = (3, 2, 6)$, $\left.\dfrac{\partial f}{\partial l}\right|_P = |\mathrm{grad} f||_P = \sqrt{3^2 + 2^2 + 6^2} = 7$.

五、用直线 $y = x$ 把积分区域分成上(D_2)、下(D_1)两部分，则由对称性

$$I = 2\iint_{D_1} e^{x^2} dx dy = 2\int_0^1 dx \int_0^x e^{x^2} dy = 2\int_0^1 x e^{x^2} dx = e - 1.$$

六、$P = \dfrac{-y}{x^2+y^2}$, $Q = \dfrac{x}{x^2+y^2}$, $\dfrac{\partial Q}{\partial x} = \dfrac{y^2-x^2}{(x^2+y^2)^2} = \dfrac{\partial P}{\partial y}$, $(x,y) \neq (0,0)$.

取 Γ 为 $x^2 + y^2 = R^2$ 逆时针一周, $0 < R < \min\{a, b\}$, $D: x^2 + y^2 \leq R^2$，则

$$\text{原式} = \oint_{\Gamma} \frac{x dy - y dx}{x^2 + y^2} = \frac{1}{R^2}\oint_{\Gamma} x dy - y dx = \frac{1}{R^2}\iint_D 2 d\sigma = \frac{1}{R^2} \cdot 2 \cdot \pi R^2 = 2\pi.$$

七、$\dfrac{\partial^2 u}{\partial x^2} + \dfrac{\partial^2 u}{\partial y^2} + \dfrac{\partial^2 u}{\partial z^2} = 0$, 化成 $f''(r) + \dfrac{2}{r}f'(r) = 0$. 利用 $f'(1) = 1$, $f(1) = 1$ 解得 $f(r) = 2 - \dfrac{1}{r}$.

八、$f(1) = \sum_{n=0}^{\infty} a_n$ 收敛, 故 $\lim_{n \to \infty} a_n = 0$. 必有 $M > 0$, 使 $|a_n| < M$.

当 $a_0 = a_1 = 0$ 时, $f(x) = a_2 x^2 + a_3 x^3 + \cdots + a_n x^n + \cdots$.

$$f\left(\frac{1}{n}\right) = \frac{a_2}{n^2} + \frac{a_3}{n^3} + \cdots + \frac{a_n}{n^n} + \cdots \leq \frac{M}{n^2}\left(1 + \frac{1}{n} + \frac{1}{n^2} + \cdots + \frac{1}{n^n} + \cdots\right)$$

$$< \frac{M}{n^2}\left(1 + \frac{1}{n} + \frac{1}{n^2} + \cdots + \frac{1}{n^n}\right) = \frac{M}{n^2} \cdot \frac{1}{1 - \frac{1}{n}} = \frac{M}{n(n-1)}.$$

由于级数 $\sum_{n=2}^{\infty} \dfrac{M}{n(n-1)}$ 收敛, 故级数 $\sum_{n=1}^{\infty} f\left(\dfrac{1}{n}\right)$ 收敛.

第三套

一、1. $\dfrac{yz - \sqrt{xyz}}{\sqrt{xyz} - xy}$.   2. $(-4, 2, -4)$.   3. $\int_{-2}^{0} dx \int_{2x+4}^{4-x^2} f(x, y) dy$.   4. $\dfrac{x}{3} + \dfrac{y}{5} + \dfrac{z}{4} = 1$.

二、1. A   2. B   3. C   4. A

三、1. $\dfrac{\partial u}{\partial x} = 2x f'_1 + y e^{xy} f'_2$; $\dfrac{\partial u}{\partial y} = -2y f'_1 + x e^{xy} f'_2$.   2. $-\dfrac{1}{y^2}$.

3. 函数 $u = xyz$ 在 $(3a, 3a, 3a)$ 处取得极小值 $27a^3$.

4. $I = \int_0^1 \pi z^2 \sin(\pi z^3) dz = -\dfrac{1}{3}\cos(\pi z^3)\Big|_0^1 = \dfrac{2}{3}$.

四、由于 $\lim_{n \to \infty} \dfrac{1}{n \ln\left(1 + \dfrac{1}{n}\right)} = \lim_{n \to \infty} \dfrac{\dfrac{1}{n}}{\ln\left(1 + \dfrac{1}{n}\right)} = 1 \neq 0$, 故原级数发散.

五、在 L 内作椭圆 $l: 4x^2 + y^2 = \varepsilon^2 (\varepsilon > 0)$, 取逆时针一周.

$$P = \frac{y}{4x^2 + y^2}, \quad Q = -\frac{x}{4x^2 + y^2}, \quad \frac{\partial Q}{\partial x} = \frac{4x^2 - y^2}{(4x^2 + y^2)^2} = \frac{\partial P}{\partial y}, \quad (x, y) \neq (0, 0).$$

$$I = \oint_L \frac{y\mathrm{d}x - x\mathrm{d}y}{4x^2 + y^2} = \frac{1}{\varepsilon^2}\oint_L y\mathrm{d}x - x\mathrm{d}y = \frac{1}{\varepsilon^2}\cdot(-2)\cdot\frac{\pi}{2}\varepsilon^2 = -\pi.$$

六、$7x+5y+4z-14=0$ 和 $x+5y-8z-2=0$.

七、补充平面 $\Sigma_1: z=1$ ($x^2+y^2\leq 9$) 取下侧，Σ 与 Σ_1 围成的区域为 Ω，则

$$I = \oiint_{\Sigma+\Sigma_1} - \iint_{\Sigma_1} = \iiint_\Omega 2\mathrm{d}v - \iint_{\Sigma_1} = 2\int_1^{10}\pi(10-z)\mathrm{d}z + 9\pi = 81\pi + 9\pi = 90\pi.$$

八、因为 $0 < \frac{n^2+1}{n^2} < 2$，故 $\left|\frac{n^2+1}{n^2}a_n\right| \leq 2|a_n|$. 由于 $\sum_{n=1}^\infty |a_n|$ 收敛，故 $\sum_{n=1}^\infty \left|\frac{n^2+1}{n^2}a_n\right|$ 收敛，从而 $\sum_{n=1}^\infty \frac{n^2+1}{n^2}a_n$ 绝对收敛. 或

$$\left|\frac{n^2+1}{n^2}a_n\right| = \left|a_n + \frac{1}{n^2}a_n\right| \leq |a_n| + \left|\frac{1}{n^2}a_n\right| \leq |a_n| + \frac{1}{2}\left(\frac{1}{n^4} + a_n^2\right).$$

由于 $\sum_{n=1}^\infty |a_n|$ 收敛，故 $\sum_{n=1}^\infty a_n^2$ 收敛，而 $\sum_{n=1}^\infty \frac{1}{n^4}$ 收敛，故 $\sum_{n=1}^\infty \left|\frac{n^2+1}{n^2}a_n\right|$ 收敛，于是 $\sum_{n=1}^\infty \frac{n^2+1}{n^2}a_n$ 绝对收敛.

第四套

一、1. $\frac{\sqrt{2}}{2}$.   2. $4\pi a^4$.   3. 3.   4. 8.

二、1. A   2. C   3. B   4. D

三、1. $8x-9y-22z-59=0$.   2. $\frac{(a-z)^2+xy}{(a-z)^3}$.

3. $I = \int_0^{2\pi}\mathrm{d}\theta\int_0^1\mathrm{d}r\int_r^1 r^3\mathrm{d}z = 2\pi\int_0^1(r^3-r^4)\mathrm{d}r = \frac{\pi}{10}$ 或 $I = \frac{\pi}{2}\int_0^1 z^4\mathrm{d}z = \frac{\pi}{10}$.

4. $I = \int_0^H z^2\cdot 2\pi R\mathrm{d}z = \frac{2}{3}\pi RH^3$.

四、$I = \int_0^1\mathrm{d}x\int_0^x y\sqrt{x^2-y^2}\mathrm{d}y = -\frac{1}{2}\cdot\frac{2}{3}\int_0^1(x^2-y^2)^{\frac{3}{2}}\Big|_0^x\mathrm{d}x = \frac{1}{3}\int_0^1 x^3\mathrm{d}x = \frac{1}{12}$.

五、$P = 1 - \frac{y^2}{x^2}\cos\frac{y}{x}$, $Q = \sin\frac{y}{x} + \frac{y}{x}\cos\frac{y}{x} + x^2$. $\frac{\partial Q}{\partial x} - \frac{\partial P}{\partial y} = 2x$.

$$I = \iint_D 2x\mathrm{d}\sigma = \int_{\frac{\pi}{6}}^{\frac{\pi}{3}}\mathrm{d}\theta\int_{2\sin\theta}^{4\sin\theta} 2r^2\cos\theta\mathrm{d}r = \frac{112}{3}\int_{\frac{\pi}{6}}^{\frac{\pi}{3}}\sin^3\theta\cos\theta\mathrm{d}\theta = \frac{14}{3}.$$

六、$f(x) = -\frac{1}{5}\cdot\frac{1}{1 - \frac{4}{5}\cdot(x+2)} = -\frac{1}{5}\sum_{n=0}^\infty\left(\frac{4}{5}\right)^n(x+2)^n = -\sum_{n=0}^\infty\frac{4^n}{5^{n+1}}(x+2)^n$.

令 $\left|\frac{4(x+2)}{5}\right| < 1$，解出 $-\frac{13}{4} < x < -\frac{3}{4}$.

七、$I_0 = \rho_0\iiint_\Omega(x^2+y^2)\mathrm{d}v = \rho_0\int_0^{2\pi}\mathrm{d}\theta\int_0^{\frac{\pi}{2}}\mathrm{d}\varphi\int_0^{2a\cos\varphi} r^2\sin^2\varphi\cdot r^2\sin\varphi\mathrm{d}r$

$$= 2\pi\rho_0\cdot\frac{(2a)^5}{5}\int_0^{\frac{\pi}{2}}\sin^3\varphi\cos^5\varphi\mathrm{d}\varphi = 2\pi\rho_0\cdot\frac{(2a)^5}{5}\int_0^{\frac{\pi}{2}}(\cos^7\varphi - \cos^5\varphi)\mathrm{d}\cos\varphi$$

$$= 2\pi\rho_0\cdot\frac{(2a)^5}{5}\cdot\left(\frac{1}{6} - \frac{1}{8}\right) = \frac{8}{3}\rho_0\pi a^5.$$

八、补充平面 $\Sigma_0: z = 0$ $(x^2 + y^2 \leq 1)$ 取下侧，Σ 与 Σ_0 围成闭区域 Ω，则

$$I = \oiint_{\Sigma+\Sigma_0} - \iint_{\Sigma_0} = 6\iiint_{\Omega}(x^2+y^2)dv + 2\pi = 6\int_0^{2\pi}d\theta\int_0^1 dr\int_0^{1-r^2}r^3 dz = \pi + 2\pi = 3\pi.$$

第五套

一、1. $(-1, -1, -3)$. 2. $\dfrac{8}{3}\pi a^4$. 3. $3i+4j$. 4. $\pi - \dfrac{1}{2}$.

二、1. D 2. A 3. C 4. B

三、1. $\dfrac{x+1}{1} = \dfrac{y-2}{-2} = \dfrac{z-3}{1}$. 2. $I = \int_0^{2\pi}d\theta\int_0^2 r^2 dr = \dfrac{16}{3}\pi$.

3. $dz = (1+xy)^x\left\{\left[\ln(1+xy) + \dfrac{xy}{1+xy}\right]dx + \dfrac{x^2}{1+xy}dy\right\}$, $dz\Big|_{(1,1)} = (2\ln 2+1)dx + dy$.

4. $I = \iint_{x^2+y^2 \leq H^2}(x^2+y^2)\sqrt{2}dxdy = \sqrt{2}\int_0^{2\pi}d\theta\int_0^H r^3 dr = \dfrac{\sqrt{2}}{2}\pi H^4$.

或 $I = \int_0^H z^2 \cdot 2\pi z \cdot \sqrt{2}dz = \dfrac{\sqrt{2}}{2}\pi H^4$.

四、$f(x) = \dfrac{1}{2(1+x)} - \dfrac{1}{2(3+x)} = \dfrac{1}{4}\cdot\dfrac{1}{1+\dfrac{x-1}{2}} - \dfrac{1}{8}\cdot\dfrac{1}{1+\dfrac{x-1}{4}}$

$= \dfrac{1}{4}\sum_{n=0}^{\infty}(-1)^n\dfrac{(x-1)^n}{2^n} - \dfrac{1}{8}\sum_{n=0}^{\infty}(-1)^n\dfrac{(x-1)^n}{4^n}$

$= \sum_{n=0}^{\infty}(-1)^n\left(\dfrac{1}{2^{n+2}} - \dfrac{1}{2^{2n+3}}\right)(x-1)^n$, $x \in (-1, 3)$.

五、由于 $\iiint_{\Omega} x dv = 0$，故

$$I = \int_0^{2\pi}d\theta\int_{\frac{1}{2}}^{\sqrt{10}}dr\int_r^5 r^3 dz = \dfrac{250}{3}\pi. \text{ 或 } I = \int_0^5\left(\int_0^{2\pi}d\theta\int_0^{\sqrt{2z}}r^3 dr\right)dz = \dfrac{250}{3}\pi.$$

六、补充直线段 $\overline{CA}$，则 L 与 $\overline{CA}$ 围成闭区域 D，$P = x^2 - 2y$，$Q = 3x + ye^y$，$\dfrac{\partial Q}{\partial x} - \dfrac{\partial P}{\partial y} = 5$.

原式 $= \oint_{L+\overline{CA}} - \int_{\overline{CA}} = 5\iint_D dxdy - \int_{\overline{CA}} = 5\left(\dfrac{\pi}{4} + 1\right) - \int_{-1}^2 x^2 dx = \dfrac{5}{4}\pi + 2$.

七、设曲面围成的区域为 Ω，则由 Gauss 公式得

原式 $= 3\iiint_{\Omega}(x^2+y^2+z^2)dv = 3\int_0^{2\pi}d\theta\int_0^{\frac{\pi}{2}}d\varphi\int_0^{2a\cos\varphi}r^4\sin\varphi dr = \dfrac{32}{5}\pi a^5$.

八、$\dfrac{\partial z}{\partial x} = \dfrac{1}{1+e^z}$, $\dfrac{\partial u}{\partial x} = f'_1\cdot 2x + f'_2\cdot\dfrac{\partial z}{\partial x} = f'_1\cdot 2x + \dfrac{f'_2}{1+e^z}$,

$\dfrac{\partial^2 u}{\partial x\partial y} = 2x\left(f''_{11}\cdot 2y + f''_{12}\cdot\dfrac{1}{1+e^z}\right) - \dfrac{1}{(1+e^z)^2}\cdot e^z\cdot\dfrac{1}{1+e^z}f'_2 +$

$\dfrac{1}{1+e^z}\left(f''_{21}\cdot 2y + f''_{22}\cdot\dfrac{1}{1+e^z}\right)$

$= 4xy f''_{11} + \dfrac{2(x+y)}{1+e^z}f''_{12} + \dfrac{1}{(1+e^z)^2}f''_{22} - \dfrac{e^z}{(1+e^z)^3}f'_2$.